Journal
für
die Baukunst.

In zwanglosen Heften.

Herausgegeben

von

Dr. A. L. Crelle,

Königlich-Preufsischem Geheimen-Ober-Baurathe, Mitgliede der Königlichen Akademie der Wissenschaften zu Berlin, Correspondenten der Kaiserlichen Akademie der Wissenschaften zu St. Petersburg und der Königlichen Akademieen der Wissenschaften zu Neapel und Brüssel, auswärtigem Mitgliede der Königlichen Akademie der Wissenschaften zu Stockholm, Ehrenmitgliede der Hamburger Gesellschaft zur Verbreitung der mathematischen Wissenschaften.

Ein und zwanzigster Band.

In vier Heften.

Mit zwolf Figurentafeln.

Berlin.

Bei G. Reimer

1845.

Inhalt des ein und zwanzigsten Bandes.

Erstes Heft.

Zweites Heft.

Drittes Heft.

Viertes Heft.

Journal
für
die Baukunst.

In zwanglosen Heften.

Herausgegeben

von

Dr. A. L. Crelle,

Königlich Preufsischem Geheimen-Ober-Baurathe, Mitgliede der Königlichen Akademie der Wissenschaften zu Berlin, Correspondenten der Kaiserlichen Akademie der Wissenschaften zu St. Petersburg und der Königlichen Akademieen der Wissenschaften zu Neapel und Brüssel, auswärtigem Mitgliede der Königlichen Akademie der Wissenschaften zu Stockholm, Ehrenmitgliede der Hamburger Gesellschaft zur Verbreitung der mathematischen Wissenschaften

Ein und zwanzigster Band.

Erstes Heft.

Mit sieben Figurentafeln.

Berlin.

Bei G. Reimer.

1844.

1.

Historisch-hydrographische Nachrichten von den Häfen und andern Schiffahrts-Anstalten Ostfrieslands bei der Stadt Emden und in den Emsmündungen,

nebst

practischen Vorschlägen zur Verbesserung des Fahrwassers, zur völligen Sicherung der Stadt und Umgegend gegen Zerstörung durch hohe Sturmfluthen, und zur Vermehrung der innern Entwässerungs-Anlagen des Binnenlandes zum Besten der Landwirthschaft.

(Von *D. Reinhold*, Königl. Hannöverschem Wasserbau-Inspector.)

Inhalts-Verzeichnifs.

Einleitung.

Allgemeine Bemerkungen über den Handel und die Schiffahrt Ostfrieslands.

§. 1.

Die Provinz Ostfriesland hat, einschliefslich der Inseln, eine Oberfläche von 52½ Quadratmeilen, wovon etwa 40 Quadratmeilen cultivirtes Land, zum Theil von der gröfsten Fruchtbarkeit, die übrigen 12½ Quadratmeilen gröfstentheils noch uncultivirt sind. Nach der neusten Übersicht vom Jahre 1842 kommen etwa 23¼ Quadratmeilen auf die Marsch, 16 Quadratmeilen auf die Sände, 12½ auf die Moorgegend und ¾ Quadratmeilen auf die 6 Inseln Borkum, Juist, Norderney, Baltrum, Langeroge und Spiekeroge. Diese ganze Fläche hatte im Jahre 1842 eine Bevölkerung von 166 223 Seelen.

Der jährliche reine Ertrag vom Ackerbau, von der Viehzucht und dem Gewerbfleifse ist im Durchschnitt etwa . . . . 2¾ Mill. Thlr Courant. Der Betrag des in Ostfriesland jährlich Eingeführten zum eigenen Verbrauch ist etwa . . . . 1¾ – –
so dafs die jährliche Ausfuhr die Einfuhr um etwa . . . . 1 Mill. Thlr. Courant übersteigt. Im Allgemeinen ist die Einnahme von der Production und dem Handel Ostfrieslands etwa doppelt so grofs, als die Ausgabe.

Ostfrieslands hydrographische Lage an der Küste der Nordsee, von der schiffbaren Ems und mehreren Nebenflüssen und Canälen durchschnitten, begünstigte schon seit langer Zeit nicht allein den Seehandel im Grofsen mit allen überseeischen Staaten und Welttheilen, sondern auch den Handelsverkehr mit dem Innern des nordwestlichen Deutschlands zwischen der Weser, Lippe, dem Rhein und der Ems, sowohl zu Wasser, als zu Lande; und dieser Handel wurde noch durch die vor etwa 20 Jahren, zufolge der nach dem 30ten Artikel der Wiener Congrefsacte zwischen den Kronen Hannover und Preufsen abgeschlossenen Convention ausgeführten Schiffbarmachung der obern Ems bis zur Hannöverisch-Preufsischen Landesgrenze, so wie durch die Ausführung der jetzt noch in der Ausführung begriffenen Handels- und Poststrafsen, die von den Haupt-Handelsstädten Ostfrieslands, Emden, Leer, Norden u. s. w. theils durch das Grofsherzogthum Oldenburg nach Hannover, Bremen und Hamburg etc., theils über Lingen, Münster etc. nach Westphalen und den Rheinlanden ins Innere von Deutschland, so wie nach Holland, Belgien und Frankreich etc. führen, und endlich durch den zwischen den Kronen Hannover und Preufsen am 13ten März 1843 abgeschlossenen Tractat über die Fortsetzung der Schiffbarmachung der Ems von der Hannöverisch-Preufsischen Landesgrenze zwischen Rheina und Salzbergen bis Greven unweit Münster, immer mehr belebt und erweitert.

Der Schiffahrtsverkehr Ostfrieslands, zur See und ins Innere von Deutschland, ist im Verhältnifs der Oberfläche des Landes und dessen Seelenzahl, so wie dessen hydrographischen Beschaffenheit und Lage nach, bedeutend und steht in dieser Hinsicht dem keines Küstenlandes der Nord- und Ostsee Deutschlands nach. Aus diesem Grunde sind denn die Strom- und Seehäfen ***Ostfrieslands*** zunächst für das Königreich ***Hannover*** einer eben so grofsen, wenn nicht vielleicht noch gröfseren Fürsorge und Beförderung werth und bedürftig, wie die Häfen an der Weser und Elbe, bei Bremen, Harburg, Hamburg u. s. w.

Über den im Jahre 1842 in Ostfriesland und der angrenzenden Herrlichkeit Papenburg stattgehabten Schiffahrts- und Rhederei-Betrieb, theilen wir hier aus den in No. 51. und 53. des Ostfriesischen Amtsblattes vom 26. Juni 1843 enthaltenen officiellen Übersichten das Nachstehende mit.

Übersicht des Schiffahrtsverkehrs in den Ostfriesischen Häfen und Syhlen im Jahre 1842

	Namen der Häfen.	Eingelaufene Schiffe. Anzahl.	Eingelaufene Schiffe. Tragfähigkeit nach Lasten von 4000 Pfd.	Ausgelaufene Schiffe. Anzahl.	Ausgelaufene Schiffe. Tragfähigkeit nach Lasten von 4000 Pfd.
1.	Emden	725	13 590	606	13 018
2.	Leer	642	12 706	741	14 554
3.	Norden	105	1 831	104	1 955
4.	Halte	156	3 898	148	3 375
5.	Weener	51	1 275	61	943
6.	Ditzum	28	723	29	636
7.	Hatzum	101	1 558	149	2 558
8.	Adersum	83	1 831	74	1 543
9.	Petkum	1	31	2	53
10.	Larrelt	6	111	6	113
11.	Greetsyhl	29	46	26	583
12.	Norddeich	5	26	4	31
13.	Nefsmer Syhl . . .	3	36	6	78
14.	Westeraccumer Syhl .	21	444	30	649
15.	Benser Syhl . . .	29	319	27	355
16.	Neuharrlinger Syhl . .	31	415	42	593
17.	Carolinen Syhl . . .	161	2 621	187	318
	Zusammen in 1842	2177	42 031	2241	34 919
	In 1841	1844	36 658	2131	40 953
	Also 1842 mehr gegen 1841	333	5 346	110	— —

Ostfriesland und Papenburg besafsen im Jahre 1842 zusammen gegen 520 Seeschiffe, wovon 160 auf Papenburg, also 360 auf Ostfriesland kamen. Die Gesammttragfähigheit dieser Schiffe betrug zwischen 17 000 und 18 000 Lasten von 4000 Pfd., und das Anlagecapital, die Last eines segelfertigen Seeschiffes zu 120 Thlr. gerechnet, etwa 2 Millionen Thlr. Aufserdem sind noch etwa 750 Flufs- und Wattschiffe vorhanden. In Emden befinden sich noch 12 Heringsbuisen und 1 Jägerschiff. Die Bemannung aller Schiffe beträgt im Ganzen etwa 3000 Köpfe.

Im Jahre 1842 wurden 319 Seepässe ausgegeben. In demselben Jahre wurden in Ostfriesland und Papenburg überhaupt auf 57 Zimmerwerften 51 Seeschiffe und 17 Flufs- und Wattschiffe im Bau vollendet. Aufserdem blieben am Ende des Jahres 1842 25 Seeschiffe und 4 Flufs- und Wattschiffe im Bau begriffen.

Aus diesen amtlichen Angaben erhellet, dafs die Anzahl der See- und Stromschiffe, so wie der Schiffahrtsverkehr von Ostfriesland und Papenburg ganz bedeutend ist, und den bei weitem gröfsten Theil der Hannöverischen Handelsmarine bildet.

Diesem Verkehr steht aber jetzt noch eine bedeutende Erweiterung bevor, die insbesondere auch einen günstigen Einflufs auf den Verkehr zwischen dem nordwestlichen Deutschland und namentlich mit Rheinland-Westphalen haben wird, indem jetzt auch eine Dampfschiffahrt auf der Ems ins Leben tritt, die einer bedeutenden Ausdehnung von der Ems bis in die Lippe und den Rhein fähig ist.

In der 1ten Abtheilung No. 22. der Gesetzsammlung für das Königreich Hannover, Jahrgang 1843, ist der zwischen den Kronen Preufsen und Hannover zu Berlin am 3ten März 1843 abgeschlossene Vertrag über die Erweiterung der Emsschiffahrt und über die auf der Ems zu erhebenden Schiffahrts-Abgaben etc. enthalten, dem zufolge in den nächsten 4 bis 5 Jahren die Ems nun auch noch von der Hannöverisch-Preufsischen Landesgrenze unterhalb der Stadt Rheina an, bis zum Dorfe Greven, auf etwa 4½ Meilen lang schiffbar gemacht und von Greven bis Münster eine etwa 2 Meilen lange Chaussée gebaut werden soll, nachdem von Seiten der Krone Hannover zufolge Art. 30. der Wiener Congrefsacte die Ems von der Ostfriesischen Grenze bei Halte bis zur Hannöverisch-Preufsischen Grenze bei Rheina in den Jahren 1817 bis 1827 bereits schiffbar gemacht und in derselben Zeit ein Gleiches von Seiten Preufsens mit der Lippe von Lippstadt bis Wesel geschehen ist.

Zur möglichsten Vervollständigung dieser Wasserstrafse und zur Verbindung der Ems mit dem Rheine bedarf es dann blofs noch eines Verbindungscanals zwischen der Ems und der Lippe, von etwa 6½ Meilen lang, vom Dorfe

Greven an, über Münster, Drensteinfurt bis Hamm, um eine ununterbrochene Wasserstrafse für Stromdampfschiffe von Ostfriesland bis in den Rhein zu bekommen. Über diesen Gegenstand giebt folgende Schrift nähern Aufschlufs:

„Ideen über die im Entstehen begriffene Dampfschiffahrt auf dem „Emsstrom in Ostfriesland, und Vorschläge zu deren Beförderung „und Fortsetzung bis in die Lippe und den Rhein, vermittels eines Ver- „bindungscanals zwischen der Ems und der Lippe, von der Stadt „Rheina über Münster nach Hamm und von da die Lippe herabwärts „bis Wesel am Rhein. Entworfen von Carl Reinhold, Königl. Hannöver- „schem Geometer. Leer und Aurich 1843, bei Praetorius und Seyde."

Der oben gedachte, für Ostfriesland, so wie für Rheinland-Westphalen sehr nützliche und folgenreiche Schiffahrtsvertrag eröffnet den Bewohnern jener Stromgebiete für die Zukunft die erfreuliche Aussicht, die Ems mit dem Rheine durch eine ununterbrochene Wasserstrafse verbunden zu sehen und daraus eine bedeutende Vermehrung des gemeinschaftlichen Handelsverkehrs und der daraus folgenden Nahrungsquellen zu ziehen.

In der von mir im Jahre 1822 bei *Schulz* und *Wundermann* zu Hanau herausgegebenen Schrift:

„Der Rhein, die Lippe und Ems, und deren künftige Verbindung etc."

habe ich den grofsen Nutzen dieser Stromverbindung bereits vor 26 Jahren gezeigt und erwiesen, dafs, wenn nicht die Ems mit der Lippe und dem Rheine verbunden wird, also keine ununterbrochene Wasserstrafse von Emden bis Wesel Statt findet, die Schiffbarmachung der Ems und Lippe, jede allein für sich, bei Weitem nicht so grofsen Erfolg und Nutzen, weder für Rheinland-Westphalen, noch für Ostfriesland haben werde, als eine ununterbrochene Verbindung; die auch nun hoffentlich in den nächsten 4 bis 5 Jahren durch die Canalverbindung von Greven über Münster nach Hamm zu erwarten steht. Dieselbe wird etwa 1 Million Thaler kosten und es wird also zwar das zur Schiffbarmachung der Ems und Lippe bereits angewendete Capital von etwa 2 Millionen auf 3 Millionen Thaler erhöht werden, indefs wird auch dadurch eine nie versiegende Erwerbs-Quelle wieder eröffnet werden, welche dann den Staaten und ihren Einwohnern diese bedeutenden Ausgaben auf directem und indirectem Wege mit der Zeit vielfach wieder ersetzen und aufserdem weiter bis in die spätesten Zeiten fortwirken wird.

Aufser den genannten, theils schon ausgeführten, theils im Werke begriffenen, theils projectirten Anlagen von Kunststrafsen, schiffbaren Strömen und Canälen, welche die Nordseeküste Ostfrieslands zwischen der Weser und der Ems mit dem Innern des nordwestlichen Deutschlands, und die Weser, Ems, Lippe und den Rhein theils jetzt schon verbinden, theils künftig verbinden werden, giebt es noch eine andere, grofsartigere Anlage, die sich parallel mit den Küsten der Ost- und Nordsee durch das nördliche Deutschland zwischen der Oder und Elbe theils schon jetzt erstreckt, theils seit den letzten Jahren fortwährend im Bau begriffen ist, und deren Verlängerung den Handels- und Schiffahrtsverkehr aller der genannten Küstenländer an der Ost- und Nordsee zwischen der Oder, Elbe, Weser, Ems, Lippe und dem Rheine unendlich erleichtern und vermehren wird, nämlich: das *Eisenbahnnetz* im nördlichen Deutschland zwischen der Oder, Elbe, Weser, Ems und dem Rheine. Wirft man einen Blick auf die neuste Eisenbahncarte von Deutschland, so wird man sehen, dafs die von Stettin und Frankfurt a. d. O. bis Berlin, und von da über Köthen, Halle, Magdeburg bis Braunschweig kürzlich vollendete Eisenbahn, deren Fortsetzung zwischen Braunschweig und Hannover im laufenden Jahre 1843 in thätigster Arbeit ist, und welche von Hannover bis Preufs. Minden an der Weser zum Anschlufs an die Rhein-Weserbahn, so wie von Hannover nach Harburg und Bremen nach der Elbe und Weser, den Beschlüssen der hohen Staatsregierungen zufolge weiter geführt werden wird, von der Stadt Hannover aus etwa über Nienburg an der Weser, und von da nach Bremen, so wie noch über Delmenhorst und Oldenburg bis zur schiffbaren Hunte und weiter nach Ostfriesland über Aurich nach Emden bis zur Mündung der Ems in die Nordsee zu verlängern sein würde. Dadurch würden dann die Küstenländer der Ost- und Nordsee zwischen der Oder, Elbe, Weser, Hunte, der Ems, Lippe und dem Rhein verbunden werden. Das grofse Eisenbahnnetz Deutschlands würde zum allgemeinen Wohle vervollständigt und der grofse Zweck eines allgemeinen Handels- und Zollverbandes von ganz Deutschland vollkommener erreicht werden.

Hauptsächlich wäre dazu zunächst erforderlich, dafs aufser den Deutschen Staaten, die bis jetzt den deutschen Zollverein bilden, auch noch die Staaten an der Ost- und Nordseeküste, zwischen der Oder, Elbe, Weser, Hunte und Ems, nämlich Mecklenburg, Dännemark, die Hanseestädte Bremen, Lübeck und Hamburg, Hannover und Oldenburg dem Zollverbande hinzutreten, um die noch bestehenden Hindernisse eines freien Handelsverkehrs zum allgemeinen Wohle Deutschlands wegzuräumen. Dies zu erzielen gebührt der Weisheit der hohen Staatsregierungen und der Zeit, und es ist dieser guten Sache der beste Erfolg zu wünschen.

Erster Abschnitt.

Entstehung, Topographie, Schiffahrts- und Entwässerungs-Anlagen der Stadt Emden.

§. 2.

Die Entstehung der Stadt Emden wird von den ältern und neuern Geschichtschreibern in den Anfang der christlichen Zeitrechnung gesetzt.

Nach der Eroberung von Batavien, oder des jetzigen Königreichs der Niederlande (Holland) und eines Theils Deutschlands durch die Römer, lief kurz vor oder nach Christi Geburt, also etwa vor 1840 bis 1850 Jahren, eine römische Flotte mit einem Heere in die Mündungen der Ems ein und landete unter ***Caesar germanicus*** da, wo jetzt die Stadt Emden steht.

Nach dieser Landung an den Ufern der Ems sollen die Römer zu ihrem Schutze und zur Behauptung der eroberten Küste an jener Stelle Verschanzungen und ein Festungswerk (Castellum) gebaut haben, unter dessen Schutze sich späterhin die Urbewohner des Küstenlandes, die Chauken, nach und nach ansiedelten. Den Strom, an welchem die Römer das Castell anlegten, nannten sie ***Amisia,*** und die Festung ***Castellum ad Amisiam.*** Ob die Urbewohner, die Chauken, den Strom und das Castell ebenso, oder wie sie sonst ihn nannten, darüber sagt die Geschichte nichts sicheres.

Das Küstenland war zur Zeit der Römer noch nicht durch Deiche gegen die täglichen Meeresfluthen geschützt, sondern die Meeresgestade waren mit hohen Eichenwäldern besetzt und das Land erfuhr täglich zwei mal Ebbe und Fluth, so dafs die Bewohner desselben auf Hügeln leben mufsten und weder Ackerbau noch Viehzucht, sondern nur Fischerei und Jagd treiben konnten; bis sie endlich späterhin das Land eindeichten, und bis auch sie selbst durch die Römer cultivirt wurden.

Das römische Castellum ad Amisiam stand wahrscheinlich da, wo in späterer Zeit die Burg der Ostfriesischen Häuptlinge, nachherigen Grafen und Fürsten Ostfrieslands, erbaut wurde, und in der Nähe der Stelle der jetzigen grofsen Kirche und der Militaircaserne. In dem hier beigefügten Grundrifs des Herrn ***Cramer*** von der Stadt Emden (Taf. 1.) bezeichnet No. 19. die jetzige Caserne, No. 20. die jetzige grofse Kirche und Litt. ***N.*** den Kirchhof, der von einem Theile der Emsmauer eingeschlossen ist.

Auf dem Grundrisse der Stadt Emden von ***Nicolaus Geilkerk*** vom Jahre 1616, zu der Geschichte Ostfrieslands von ***Ubbo Emmius*** etc., sieht man bei ***A*** die grofse Kirche und bei ***B*** die fürstliche Burg oder das Castell des Grafen an den auf dem Grundrisse des Herrn etc. ***Cramer*** vorhin bemerkten Stellen. Es ist daher ohne vieles Bedenken anzunehmen, dafs da, wo im Jahre 1616, und früher, ein mit Mauern befestigtes Castell oder die feste Burg der Grafen von Ostfriesland stand, höchst wahrscheinlich auch das erste feste Castell am Ufer der Ems von den Römern gebaut war, und dafs diese Stelle, als passend und günstig für den Zweck der Behauptung und Vertheidigung des Landes und des Stromes, auch nachher von den Nachkommen beibehalten wurde, als ***Emden,*** welches zur Zeit der Römer wahrscheinlich höchstens nur aus einem Lager des römischen Armee-Corps und aus wenigen Hütten der Urbewohner Ostfrieslands, der Chauken, bestand, in den folgenden Jahrhunderten mehr bevölkert und angebaut und späterhin mit Wällen, Mauern, Bastionen und Gräben befestigt wurde und Canäle, Syhle und einen Hafenraum erhielt.

Die Vergleichung des von ***Nic. Geilkerk*** im Jahre 1616 herausgegebenen Planes der Stadt Emden mit dem Grundrisse von ***Cramer*** vom Jahre 1825 zeigt, dafs sich in diesem Zeitraume von 209 Jahren die Stadt Emden an bebauter Oberfläche etwa verdoppelt hat.

Die weiter unterhalb der Stadt Emden, am linken oder westlichen Ufer der Ems auf Niederländischem Boden liegende befestigte kleine Stadt ***Delfzyl,*** mit einem guten Seehafen, soll, Ostfriesischen Geschichtschreibern zufolge, zu eben der Zeit, als die Römer im Anfange der christlichen Zeitrechnung Holland und Ostfriesland etc. eroberten, von ihnen ebenfalls ursprünglich als Castell angelegt worden sein, um auch dort, wie zu Emden, festen Fufs für die Eroberung des Landes zu fassen. Woher der Name ***Delfzyl*** komme, ist zwar gleichgültig; doch ist es wahrscheinlich, dafs er aus den niederländischen Wörtern ***delven*** (graben) und ***zyl*** (Auswässerung, also Schleuse oder Syhl) zusammengesetzt ist.

Emden bestand ursprünglich aus den drei Dörfern, ***Emutha,*** oder Emetha, Emeden u. s. w. genannt, unmittelbar an der Ems, westlich des Delfts gelegen; ***Grofs-Faldern,*** und ***Klein-Faldern.*** Woher der Name ***Emden*** entstanden sei, darüber sind die Ostfriesischen Historiker nicht einig. Die Römer nannten den Strom, an welchem das jetzige Emden liegt ***Amisia,*** und das Castell, welches sie damals anlegten, hiefs, wie schon gesagt, ***Castellum ad Amisiam.*** Da nun in der alt-ostfriesischen Sprache Ea, Ee oder Ehe ein kleines fliefsenles Binnenwasser und das Wort Mude den Mund, die Ausmündung oder das Aufsentief desselben bedeutet, so ist es nicht unwahrscheinlich, dafs das Wort Emden aus den Wörtern Ee und Mude entstand, indem die Urbewohner Ostfrieslands sich an der dortigen Stelle neben der Einmündung eines Binnenwassers in die Ems zuerst angebaut haben mögen; woraus denn nach und nach die vorhin genannten drei Dörfer und aus diesen zuletzt die Stadt Emden entstanden sein wird, die Anfangs *Emuda* geheifsen haben mag.

Die Lage Emdens an einem grofsen, schiffbaren Strome war von hinreichend starker Anziehungskraft, dafs, nachdem hier einmal ein fester Punct durch das römische Castell gewonnen war, welches nach dem Abzuge der römischen Legionen und Flotten wahrscheinlich von den Urbewohnern des Landes, den Chauken, besetzt wurde, sich um dasselbe nach und nach immer mehr Eingeborne ansiedelten; so dafs mit der Zeit Colonieen, Dörfer und, aus deren Verbindung und vielleicht gemeinschaftlichen Befestigung gegen Feinde, eine Stadt und Festung wurde. Schon im Jahre 1276 war Emden eine *Stadt.* Sie schlug bereits im Jahre 1230 Münzen; wie *Friedrich Arends* und andere Ostfriesische Historiker und Geographen melden.

Als im Jahre 1277 der Dollart einbrach, war, wie Emden, auch Torum schon eine Stadt. Emden ist also eine der ältesten Städte Ostfrieslands, und die eigentliche Hauptstadt der Provinz; wenn sie auch nicht immer die Residenz des Landesfürsten war. Die Stadt hat sich schnell vergröfsert, ist schnell stark und grofs, wohlhabend und blühend geworden, und hat ihren frühern Wohlstand, durch welchen sie in ihren damaligen Perioden im In- und Auslande glänzte, der Schiffahrt und dem Handel zu danken; wie dies die Geschichte Osfrieslands und insbesondere die der Stadt Emden berichtet: auf welche ich mich beziehe. Im Jahre 1412 trieb Emden unter *Hisko,* dem Häuptlinge daselbst, Handel mit den sogenannten Victualienbrüdern, die ihre geraubten Waaren dort verkauften.

Zufolge eines Aufsatzes in dem vom Stadt-Secretair zu Emden, Herrn Dr. jur. *G. W. Bueren,* im Jahre 1836 herausgegeben Jahrbüchlein für Ostfriesland und Harlingerland: „Über den Friedens- und Handels-Vertrag vom „19ten October 1556, zwischen *Maria,* Königin von Schottland und *Anna,* „Gräfin von Ostfriesland, auf Antrag der Stadt Emden und durch deren Se„cretair, *Hoitet Tjabbern,* abgeschlossen und Anno 1557 beiderseitig ratificirt; „mit Urkunden aus dem Archive der Stadt Emden." wehte damals die Emdener Flagge schon auf allen Meeren.

Emdens Haupt-Epoche der Blüthe seines Handels fängt vom Niederländischen Revolutionskriege an, als unter Alba die Spanier die Niederlande besetzt hatten, und seit 1567, ihre Heimath verlassend, viele Niederländer in Emden Schutz fanden; so dafs damals schon 6000 Einwohner und 600 Schiffe daselbst waren. Emdens Handel breitete sich seit jener Zeit immer mehr aus, und erreichte den höchsten Gipfel seiner Gröfse im 30jährigen Kriege, in welchem diese Stadt von den Feinden verschont und zum Schutzort für viele Tausend Ostfriesen wurde. Im Jahre 1616 war die Stadt so wohlhabend, dafs sie, einige Zeit nach dem Einbruche des Dollarts, von Nesserland bis Pogum ein Pfahlhaupt von 1200 Ruthen lang schräg durch den Emsstrom auf ihre Kosten bauen konnte; welches Haupt in Bau und Erhaltung, nebst Zinsen, nach den jetzigen Preisen etwa eine Million Thaler gekostet haben mag. Der Zweck des Baues war, den dort durchgebrochenen, von den Mauern sich entfernenden Strom wieder vor die Thore herzuleiten, an welchen jetzt noch die Inschrift steht: ***Et pons est Emdae et portus et aura Deus.***

Aber Emden litt auch schon in frühern Zeiten, wie in neuern, grofse Verluste; namentlich durch die Störung seiner Schiffahrt durch die Spanier, die im Jahre 1607 dreifsig Emdener Schiffe wegnahmen; so wie durch die Pest, welche im Jahre 1665 5500 Einwohner wegraffte, deren die Stadt im Jahre 1652 noch 20 000 zählte. Diese Zahl hat sich bis zum Jahre 1821 und zuletzt weiter bis auf etwa 11 900 vermindert. Zufolge des statistischen Repertorii des Königreichs Hannover vom Canzleirath ***Ubbelohde,*** Hannover 1823, hatte Emden damals 11 371 Einwohner und 2445 Feuerstellen. Nach der beim Amtsblatte No. 75. befindlichen Beilage des Ostfriesischen landständischen Administrations-Collegii vom 19ten September 1840 gab es im Jahre 1840 in Emden 1915 Feuerstellen, mit 2 849 870 Thaler Courant in der Brandcasse gegen Feuer versichert, also durchschnittlich eine Feuerstelle mit 1488 Thaler.

Zur Zeit des Spanischen Erbfolgekrieges hob sich Emden zwar etwas wieder; aber durch die verheerende Fluth um Weihnachten 1717 und durch die in einen Bürgerkrieg, den sogenannten Appelkrieg, ausartenden Zwistigkeiten zwischen dem Fürsten und der Stadt, versank dieselbe in eine grofse Schuldenlast.

Im Jahre 1744 bekam Emden unter der Regierung Friedrichs des Grofsen Sicherheit und Ruhe, und entledigte sich ihrer Schulden durch Vergleich. Nach und nach blühete der Handel wieder auf. Im Jahre 1751 wurde hier eine Ostindische Compagnie errichtet, die mehrere Schiffe aussandte, aber nur 6 Jahre bestand; so wie die Bengalische Gesellschaft, die nur 2 Schiffe aussandte. Dennoch wurde 1781 eine Ostindische Compagnie wieder errichtet, die bis 1788 dauerte.

Im Jahr 1751 wurde Emden für einen Freihafen erklärt; wodurch die Stadt, besonders im siebenjährigen und im nordamerikanischen Kriege, grofse Vortheile gewann und Schiffe nach Nord-Amerika und Westindien sandte. Das gleiche Mittel würde die Stadt Emden, und wenn es auf alle Ostfriesische Handels-Örter an der Ems ausgedehnt würde, diese sämmtlich bedeutend heben und den Handel und die Schiffahrt Ostfrieslands sehr blühend machen.

Die im Jahre 1769 gestiftete Heringsfischerei-Gesellschaft hat Vieles zum Wohle der Stadt und namentlich zur Beschäftigung und Ernährung vieler Handwerker und der Armen beigetragen. Es ist daher zu bedauern, dafs die Zahl der Heringsbüsen so sehr abgenommen hat. Schon 1553 war auf Veranlassung der Gräfin *Anna* eine Herings-Fischerei-Anstalt in Emden errichtet worden, welche noch zu Ende des Jahrhunderts bestand. Früherhin beschäftigte die Heringsfischerei jährlich etwa 1500 Menschen. Im Jahre 1805 waren 57 Heringsbüsen und 3 Jägerschiffe vorhanden. Jede auslaufende Büse erhielt vom Staate 300 Thlr. Prämie. In glücklichen Jahren fing jede Büse im Durchschnitte 30 bis 40 Lasten Heringe. Die Kriegesperiode von 1806 bis 1813 verhinderte das Auslaufen dieser Schiffe, und die Gesellschaft verkaufte deshalb im Jahre 1811 alle Büsen, nebst Geräthen und Gebäuden: ein harter Schlag für die Stadt. Im Jahre 1814 ward die Gesellschaft wieder errichtet, lösete sich aber im Jahre 1820 abermals auf, und der damalige Director derselben, der verstorbene Königlich-Niederländische Consul, Herr *J. P. Abegg*, verlegte die Büsen und die Anstalt nach Enkhüisen in Holland. Die nachherigen und jetzt nach bestehenden Gesellschaften der Herren etc. *Cammenga, Rodewyk* u. s. w. betreiben zwar das Geschäft mit etwa 12 Büsen möglichst thätig und sehr umsichtig, werden auch vom Staate durch Prämien unterstützt, und liefern Heringe, die den besten Holländischen an Güte und Geschmack nichts nachgeben; allein das Geschäft hat doch bei weitem die Ausdehnung nicht mehr, wie in früheren Jahren; so dafs dieser Industriezweig der Stadt und der Provinz nicht mehr so viel Nutzen bringt, wie in den blühenden Perioden der frühern Zeit. Im Jahre 1824 waren noch 24 Büsen mit 3 Jägerschiffen vorhanden, welche 384½ Lasten Hering und 10 Lasten Laberdan fingen; im Jahre 1840 nur 12 Büsen und 1 Jägerschiff, die 190 Lasten Hering und 18½ Lasten Laberdan einbrachten. Die Anzahl der Heringsbüsen hat sich bis 1843 nicht vermehrt.

Seit dem Frieden von 1795 hob sich der Handel von Emden, und überhaupt von Ostfriesland, sichtbar, und blühte bis 1806 mehr als je. Der englische Handel mit Holland und Frankreich wurde gröfstentheils durch Ostfriesische und besonders Emdner Handelshäuser und mit Ostfriesischen und Papenburger Schiffen getrieben; vorzüglich während der Sperre der Holländischen Häfen von 1798 bis 1800 und während der Blocade der Elbe und Weser von 1803 bis 1805. Allein im Jahre 1806 wurden fast sämmtliche Schiffe, etwa 277 an der Zahl, zuerst von den Engländern, und darauf von den Franzosen in Beschlag genommen und confiscirt, an Werth über 2 Millionen Gulden Holländisch. Aller Handel und Schiffahrt, und auch die Heringsfischerei, stockte durch die Invasion der Franzosen in Deutschland im November 1806; zugleich hörte die Bank in Emden auf, welche für den Handelsverkehr und für den Credit und Geld-Umlauf von ganz Ostfriesland so nützlich und unentbehrlich war, und die Stadt Emden, so wie die ganze Provinz, litt durch den Verlust ihrer Haupt-Nahrungsquellen, Handel und Schiffahrt, harte, noch jetzt nicht überwundene Schläge; nächstdem, dafs auch Ostfriesland, so wie ganz Deutschland, unter Französischer Herrschaft bis Ende 1813 gänzlich erschöpft wurde. Der Handel hat sich zwar seit jener Zeit wieder gehoben, ist aber nicht wieder zu der Höhe gestiegen, auf welcher er von 1798 bis 1805 war. Indefs ist er doch bei weitem beträchtlicher, als in manchen Perioden der früheren Zeit; wie folgende in den Zeitungen jährlich bekannt gemachten Auszüge der Zollregister nachweisen.

Zufolge dieser officiellen Nachrichten liefen nemlich in den Hafen der Stadt Emden ein:

Im Jahre 1826	376	Schiffe von	10 509	Lasten,
- - 1827	442	- -	12 687	-
- - 1828	396	- -	10 796	-
Also im Durchschnitt	405	Schiffe von	11 331	Lasten.

Es liefen aus:

Im Jahre 1826	332	Schiffe von	8 405	Lasten,
- - 1827	411	- -	12 818	-
- - 1828	393	- -	11 323	-
Im Durchschnitt	379	Schiffe von	10 852	Lasten.

Es liefen also nach diesem dreijährigen Durchschnitte in Emden jährlich zusammen aus und ein 784 Schiffe von 22 183 Lasten Tracht.

Dagegen wurden in den Jahren 1770 bis 1780 jährlich an Schiffen

einclarirt	. . . .	102 Schiffe,
ausclarirt	. . . .	125 –
	Zusammen	227 Schiffe.

Von 1787 bis 1803 wurden jährlich im Durchschnitte

einclarirt	. . . .	109 Schiffe,
ausclarirt	. . . .	109 –
	Zusammen	218 Schiffe.

Im Durchschnitt beider Perioden	222 Schiffe.
In den drei Jahren 1826, 1827 und 1828 waren im Durchschnitte jährlich ein- und ausclarirt worden	379 –
Also mehr als in den früheren Perioden jährlich	157 Schiffe.

Vom Jahre 1842 sehe man die Tabelle in der Einleitung §. 1.

Daraus geht hervor, dafs, wenn auch in einzelnen blühenden Perioden, wie von 1798 bis 1805, die Schiffahrt und der Handel Emdens unstreitig ausgedehnter und erfolgreicher als von 1814 bis jetzt war, es dennoch auch in frühern Zeiten Perioden gegeben hat, wo beides bei Weitem unter dem jetzigen Handelsverkehr stand, und wenigstens um ein Drittheil geringer war als jetzt; wie z. B. in der Periode von 1770 bis 1780.

Indessen ist Handel und Schiffahrt in Emden und ganz Ostfriesland zum allgemeinen Wohle der Provinz und des ganzen Vaterlandes immer noch einer Verbesserung und Emporhebung sehr bedürftig, und auch fähig, und der Beherzigung werth, vorzüglich da die Schiffahrt Ostfrieslands den gröfsten Theil der Seeschiffahrt des Königreichs Hannover ausmacht und nicht allein eine der bedeutendsten Erwerbsquellen der Provinz, sondern auch der Staatscasse ausmacht und als der Kern und die Zierde der Hannöverschen Flagge zur See überall geachtet und gesucht ist.

Möge daher Dasjenige möglichst bald auch von der Stadt Emden wieder in vollem Umfange des Wortes wahr werden, was die Inschrift auf dem von dem vormaligen Rector der Stadt Emden *Georg Schede* 1625 herausgegebenen Prospecte von Emden sagt:

Insignis portu, celebris sic cernitur Emda,
Nympha Aquilonari longe pulcerrima coelo,
Neptuno apta domus multis circumdata lymphis,
Queis curvae magno torquentur pondere naves,

Ad portum et merces varias revehuntque vehuntque
Digna opibus magnis coeloque extollere famam
Emda, decus gentis Frisonam nobile serva,
Nominis Ebraca deducti ab origine laudem!

Dafs Emden künftig, wie früher der Rector ***Schede*** sagte, ***insignis portu et decus gentis Frisonum*** werden und bleiben möge, ist es, was der Verfasser der vorliegenden Schrift wünscht und bei derselben im Auge hat.

Eine sehr bis ins Einzelne gehende Beschreibung der Stadt Emden hier zu liefern, ist nicht unsere Absicht, und auch wohl nicht das Bedürfnifs der Leser, da weit vollkommnere Beschreibungen in den Händen des Publicums sind; auf welche wir uns beziehen. Was aber für den vorliegenden Zweck nöthig ist, erhellet zunächst aus dem hier beigefügten Grundrisse des Herrn ***Cramer*** von der Stadt Emden und aus dessen hiebeigefügten Erklärungen, welche dem Leser vorläufig eine summarische Übersicht des ***Locals*** der Stadt in so fern geben werden, als er ihrer zur Verständlichung des Folgenden bedarf.

Aus den folgenden topischen und geschichtlichen Hauptmomenten der Stadt Emden, die ich hier als passend und zweckmäfsig ausgehoben habe, wird das Nöthige zu entnehmen sein.

Erklärung der Carte (Taf. I.).

Die ***hellblaue*** Farbe giebt die überschwemmt gewesenen Gegenden der Stadt an; die ***dunkelblaue*** die aufgewühlten Löcher in den Strafsen. Die steinroth bezeichneten Stellen sind die eingestürzten Häuser und die stark beschädigten oder gänzlich zerstörten öffentlichen und Privatbauten. Die nicht colorirten Flächen sind die wenigen hochliegenden Strafsen und Örter, die der Gewalt der Fluthen nicht ausgesetzt sind und wasserfrei liegen.

Eintheilung der Stadt.

I. Die Altstadt.
II. Mittelfaldern.
III. Nordfaldern.
IV. Südfaldern.
V. Boltenthors-Vorstadt.
VI. Neuen-Thors-Vorstadt.

Hauptstrafsen.

1. Die grofse Strafse.
2. Kleine Brückstrafse.
3. Grofse Brückstrafse.
4. Vesterbuttfenne.
5. Faldernstrafse.
6. Neuen-Thors-Strafse.

7. Aufser dem alten neuen Thore.
8. An dem Raths-Delfe.
9. Boltenthors-Strafse.
10. Kleine Oderstrafse.
11. Grofse Osterstrafse.
12. Neue Strafse.
13. Krahn-Strafse.
15. Mühlen-Strafse.

Öffentliche und Hauptgebäude.

15. Das Rathhaus.
16. Das Amthaus.
17. Das Zucht- oder Spinnhaus.
18. Das Werkhaus.
19. Die Caserne.
20. Das Gasthaus.
21. Das Zollhaus.
22. Die Klunderburg.
23. Die Official-Wohnung des Amtmanns.
24. Das Dornumer Haus.
25. Die Wage.
26. Die grofse Kirche.
27. Die Gasthaus-Kirche.
28. Die neue Kirche.
29. Die französisch-reformirte Kirche.
30. Die lutherische Kirche.
31. Die katholische Kirche.
32. Die Mennoniten Kirche.
33. Die Synagoge.

Plätze.

34. Der neue Markt.
35. Der alte Markt.
36. Der Apfelmarkt.

Häfen und Tiefe.

37. Das Larrelter Tief.
38. Der Stadtgraben.
39. Das Hinter-Tief.
40. Das Trecktief.
41. Das Wolthuser-Tief.
42. Das Oldersumer-Tief.
43. Der alte Graben.
44. Der Burggraben.
45. Der Raths-Delft.
46. Der Faldern-Delft.
47. Das Osterpipen-Tief.
48. Das Osterstrafsen-Tief.
49. Das Brückstrafsen-Tief.
50. Das Lindengrabens-Tief.
51. Der Canal.
52. Das alte Fahrwasser.

Siele und Verlaate.

53. Der rothe oder Faldernsiel.
54. Der neue Siel.
55. Der Gast- oder Fleischhaussiel.
56. Neuen-Thors-Siel.
57. Verlaate.

Hauptbrücken, welche die verschiedenen Stadttheile verbinden.

58. Rathsbrücke.
59. Boltenthors-Pipe.
60. Blumen-Pipe.
61. Die bunte Pipe.

62. Norder Thors-Pipe.
63. Oster-Pipe.
64. Zug- oder Kettenbrücke.
65. Pförtchen der langen Brücke (Wasserpforte).
66. Der Beckhof.
67. Beckhofs Thor (Pallisaden).
68. Geerds Zwinger.
69. Boltenthor.
70. Heu-Zwinger.
71. Albringwehrster Zwinger.
72. Neue Thor.
73. Vogelsang-Zwinger.
74. Marienwehrster Zwinger.
75. Norder Thor.
76. Gelber Mühlen-Zwinger.
77. Rother Mühlen-Zwinger.
78. Weizen-Mühlen-Zwinger.
79. Herren-Thor.
80. Ein Aufsenbollwerk.
81. Herrenthors-Pallisaden.
82. Die Kom.
83. Stelle zu einem neuen Bollwerke.
84. Die Sperrkette der Häfen.

Vorzügliche Fabriken und Haupt-Nahrungszweige sind.

85. Windmühlen.
86. Schiffbauereien.
87. Lohgerbereien.
88. Kalkbrennereien.
89. Tau-Schlägereien.
90. Seifensiedereien.
91. Stärkefabriken.
92. Die Glashütte.
93. Pack- u. Zeughaus der Fischerei-Compagnie *„Vissers-Hoop"* unter Direction des Hrn. Senat. *C. Tholen.*
94. Gerberei der Netze (ist gemeinschaftlich).
95. Gemeinschaftliche Hechlerei der Fischerei-Compagnie *„Vissers-Hoop"* und des Herrn Senat. *van Camminga.*
96. Gemeinschaftliche Tau-Schlägerei der Vorigen.
97. Pack- und Zeughaus der Fischerei-Compagnie *„Harmonie"* unter Direction des Kaufmanns Herrn *Rodewyk.*
98. Das des Hrn. Senat. *van Camminga „Hittland."*
99. Hechlerei der Fischerei-Compagnie *„Harmonie."*

Kurze Beschreibung der Stadt Emden.

Emden ist jetzt die Hauptstadt des Fürstenthums Ostfriesland und, nächst der Residenz Hannover, gewifs die schönste, gröfste und reichste Stadt des Königreichs Hannover. Sie hat eine für Handel und Schiffahrt sehr vortheilhafte Lage am nördlichen Ufer der Ems (Taf. II.), von welcher sie ihren Namen führt, und an dem daran stofsenden Dollart. Letzterer ist der Meerbusen, welcher sich in einem Zeitraume von zehn Jahren, im letzten Viertel des dreizehnten Jahrhunderts durch Mitwirkung schrecklicher Fluthen und wüthender Orcane aus dem fruchtbarsten, glücklichsten Lande gebildet hat, und nun zum ewigen schauervollen Andenken in unabsehbare Ferne seine tobenden Wellen dahinwälzt. Emden war zu der Zeit noch sehr unbedeutend. Es gehörten dazu noch nicht die Dörfer Faldern, welche 1570 zu der Stadt gezogen und mit Wällen und Gräben eingeschlossen wurden; es hatte auch noch keine Vorstädte, die erst 1606 mit leichten Wällen umgeben, zehn Jahre später stärker befestigt und nun, mit einem Graben umzogen, völlig der Stadt einverleibt wurden. Es war fast an allen Seiten vom Meere umflossen, hatte so in jener fürchterlichen Catastrophe bei den Anschwellungen der Ems eine höchst gefahrvolle Lage und litt so, wie bei nachherigen Fluthen, oft sehr; allein die vereinte Kraft seiner Bewohner lenkte gröfsere Gefahren ab, entrifs durch Mauern und Deiche dem Meere wiederum das Land, und baute kühn darauf Häuser und Burgen. Die Namen verschiedener Strafsen beweisen dies; welche deshalb auch noch jetzt bestehen und bis auf die späteste Nachkommenschaft unverändert bleiben werden.

Ihrer Lage gemäfs sind Handel und Schiffahrt die Hauptnahrungszweige der Stadt; doch hat sie auch bedeutende Strumpf- und Zwirn-Manufacturen, Tabaks- und Leder-Fabriken, Schiffswerfte und Heringsfischerei-Gesellschaften: welches alles eine bedeutende Zahl von Einwohnern beschäftigt und ihnen hinlängliches Auskommen verschafft.

Die beiden Häfen, der Raths- und Faldern-Delft, sind sehr geräumig und sicher, dringen tief in die Stadt hinein, und erleichtern dadurch sehr das Ein- und Ausladen der Schiffe. Die vielen kleinen Canäle, welche die Stadt sonst noch durchschneiden, stehen fast mit allen andern der südwestlichen Hälfte Ostfrieslands in Verbindung; wodurch denn das Transportiren der Landesproducte nach Emden sehr befördert wird. Durch dreifsig Brücken, die, bis auf drei, alle von Steinen sind, und unter welchen eine grofse Zug- oder Kettenbrücke ist, sind die verschiedenen Theile der Stadt in Verbindung gesetzt. Vier grofse Siele (Schleusen): der rothe, Neuen-Thors- und Fleischhaus-Siel, trennen die beiden Häfen von den kleinern Canälen der Stadt und verhüten dadurch das Eindringen des Seewassers ins Innere des weit niedriger liegenden Landes. Dann sind noch in und an der Stadt in dem Graben eilf Verlaate, (keine Schleusen), zu verschiedenen Zwecken.

Die Stadt bildet beinahe einen Halbzirkel, hat an der Landseite schöne, mit Bäumen bepflanzte Wälle, in welchen neun Bastionen oder Zwinger liegen, und wird von einem breiten Graben umgeben; die Seeseite ist durch eine starke Mauer und durch Deiche gegen den Wellenschlag gesichert. Die Stadt hat schön gepflasterte, gerade und ebene Strafsen, 2260 massive Häuser, und über 11 000 Einwohner, welche in fünf Klüfte (Haufen) und wiederum in dreiundzwanzig Compagnien getheilt sind. Die Regierung der Stadt ist einem Magistrate anvertraut, welcher aus einem Königlichen Commissarius loci, zur Wahrnehmung landesherrlicher Rechte, zwei Bürgermeistern, einem Syndicus, sechs Rathsherren, einem Camerarius und zwei Secretären besteht, und in eine Justiz- und eine Administrations-Abtheilung zerfällt. Neben dem Magistrate besteht noch ein Collegium Stadtverordneter, aus vierundzwanzig Mitgliedern und einem Secretäre, welches die Bürgerschaft vertritt und gemeinschaftlich mit ihr das Wohl der Stadt fördert. Eine kaufmännische Deputation untersucht alle Handlungs- und Schiffahrts-Angelegenheiten, und der Magistrat entscheidet darüber; sie hat zwei Alt-Älterleute, acht Älterleute und einen Secretär. Dann sind in der Stadt noch andere Collegien, Institute, Gesellschaften, und verschiedene Zünfte.

Unter den öffentlichen Gebäuden zeichnet sich besonders das in den Jahren 1574 bis 1576 erbaute schöne Rathhaus aus. Es hat ein aufserordentliches Ansehen, ist ungefähr 60 Schritte lang, 20 breit, zwei Stockwerke hoch, und mit einem hohen Zeltdache bedeckt, aus dessen Mitte sich ein schöner Thurm von drei Geschossen erhebt. Der Hauptgiebel ist mit grofsen, getäfelten Quadern von gelbem Sandsteine aufgeführt und über den langen Fenstern in Bogen reich mit Verzierungen in halb erhabner Arbeit geschmückt. Die drei andern Seiten sind schlicht und lagenweise aus rothen gebackenen Steinen aufgeführt. Zwischen dem ersten und zweiten Stockwerk zieht sich um das Gebäude ein Kranz herum, und gleich unter dem Dache springt ein 3 bis 4 Fufs breiter Säulengang hervor, der ebenfalls das Gebäude ganz umgiebt. Der Hauptgiebel hat einen schönen Balcon, unter welchem sich ein Bogen zur Durchfahrt befindet; über demselben erhebt sich das Frontispice des Rathhauses, welches mit folgenden Wappen geschmückt ist. Oben im Dreiecke erhebt sich das gräfliche Stamm-Wappen, die cirksenaische Harpie mit ihren vier Sternen aus goldenen Rittersporen; unter demselben zur Rechten ist das Königlich-Schwedische Wappen; in der Mitte das Gräflich-Oldenburgische mit Delmenhorst, und zur Linken das Emdner Stadtwappen. (Mit dem Königlich-Schwedischen Hause und dem gräflich Oldenburgischen ist das Ostfriesische durch Vermählungen verwandt gewesen. Der damals regierende Graf Edzard II. war seit 1560 mit der Prinzessin Catharina, Tochter des Königs Gustav von Schweden, vermählt.) Inwendig ist das Rathhaus gut eingerichtet, und unter den Gemächern zeichnet sich besonders der Raths-Saal durch Schönheit und Gröfse aus.

Das Amthaus ist ein schönes Gebäude, in jetzigem Geschmack, mit einem Zeltdache, und 1821 aufgeführt. Es ist ungefähr 30 Schritte lang, verhältnifsmäfsig breit, und ein Stockwerk hoch; unten sind die Gerichtsstuben, oben die Gefängnisse.

Das Zucht- oder Spinnhaus ist ein etwa 48 Schritte langes und 18 Schritte breites Gebäude; ebenfalls mit einem Zeltdache bedeckt, und ein Stockwerk hoch. Vor wenigen Jahren ist es zweckmäfsiger eingerichtet worden und hat auch äufserlich ein gefälligeres Ansehen bekommen. Ursprünglich hiefs dieses Gebäude das Gödenster Haus, und 1778 wurde es unter dem Namen Spinnhaus in ein Zuchthaus verwandelt. Eine lange, dicke, hohe Mauer verbindet es mit dem Werkhause, welches wenige Schritte kürzer ist.

Das jetzige Zollhaus ist 1583 erbaut. Ursprünglich war es ein Schiefshaus zur Deckung der beiden Häfen. Es liegt an der rechten Seite in der Emsmauer; an der hintern und linken steht es im Delfe. An diesen beiden Seiten ist es rund wie ein Thurm ausgebaut, und es sind darin die Schiefslöcher noch vorhanden. Der Giebel nach der Stadt ist ziemlich hoch und mit dem in Sandstein ausgehauenen Emder Wappen verziert.

Die Wage auf dem neuen Markte ist zwar ein einfaches, aber doch schönes und grofses Gebäude von einem Stockwerke mit Zeltdach, erst 1803 aufgeführt und ungefähr 30 Schritte lang und 17 breit.

Die Caserne ist 1775 auf landschaftliche Kosten erbaut. Sie ist ein Stockwerk hoch und ein ungemein langes Gebäude, welches mit seinen beiden Flügeln einen Exercierplatz einschliefst, der ungefähr 20 000 Quadratschritte Flächen-Inhalt hat. Die vordere Seite ist über 200 und jeder Flügel etwa 100 Schritte lang.

Durch Alter, altmodische Schönheit und Gröfse zeichnen sich vor andern Gebäuden noch aus: die Klunderburg, die Officialwohnung des Amtmanns, und das sogenannte Dornumer Haus.

Es befinden sich in der Stadt 4 reformirte Kirchen, an welchen 7 Prediger stehen: die grofse-, die Gasthaus-, die neue- und die französisch-reformirte Kirche. Erstere ist ein grofses, uraltes Gebäude, dessen Entstehen gänzlich unbekannt ist und in dunkler Vorzeit verschwindet. Diese Kirche hat allmälig durch den Anbau neuer Giebel nach dem Bedürfnifs der sich vergröfsernden

Gemeinde ihren jetzigen Umfang erhalten. 1455 erbaute Graf Ulrich den grofsen Chor daran, und es kann jetzt die Kirche über 4000 Menschen aufnehmen. Vor der Reformation hatte sie 13 Altäre, für eben so viele Priester. Die Gasthauskirche ist länger als die grofse, aber unverhältnifsmäfsig schmal, liegt ganz versteckt, und hat ein Satteldach mit einem äufserst dünnen, hohen Thurm, der ganz die Gestalt einer Nadel hat. Ursprünglich war sie die Kirche des daran liegenden Franciscaner-Klosters, wurde aber 1557, mit dem Kloster, der damaligen Regentin von Ostfriesland, Gräfin Anna, übergeben, welche sie in eine reformirte Kirche und das Kloster in ein Armen- oder Gasthaus dieser Gemeinde verwandelte. Die neue Kirche in Nord-Faldern ist auf Kosten der Bürger 1647 durch *Martin Faber*, einen unserer vorzüglichsten Rathsherrn, erbaut. Sie ist sowohl äufserlich als innerlich ein prächtiges Gebäude, und sehr grofs. Innerlich bis an das Gewölbe bildet sie ein halbes Achteck; von da concentriren sich die abgeschnittenen Ecken an schönen dorischen Säulen, auf welchen ein herrliches halbes Kreuzgewölbe ruht. Mitten aus dem Kreuzdache, wo die vier spitzen, hohen Giebel sich schneiden, erhebt sich ein schöner Thurm von zwei Geschossen, welcher mit einer grofsen deutschen Kaiserkrone bedeckt ist. Die französich-reformirte Kirche, auf der Wage, ist erst 1803 eingeweiht.

Die Lutheraner haben eine Kirche, an welcher zwei Prediger stehen. Sie liegt in Mittel-Faldern auf dem alten Bollwerke und ist erst 1774 erbaut, ziemlich grofs, hat äufserlich ein gutes Ansehen und ist mit einem gebrochenen Dache bedeckt. Ihre Länge beträgt ungefähr 30, ihre Breite 25 Schritte.

Die Mennoniten-Kirche liegt in der Hofstrafse, ist sehr klein und blofs durch ihre Thüre und die langen, halbrunden Fenster als Kirche kenntlich.

Die katholische Kirche, innerlich das zierlichste Gebäude der Stadt, hat ein Frontispice, welches von vier viereckigen Wandpfeilern getragen wird, und ist mit einem gebrochenen Dache bedeckt. Sie ist 20 Schritte breit und 45 lang. Innerlich an den Wänden ziehen sich sehr schöne viereckige jonische Wandsäulen in der Kirche umher, welche ein reich verziertes Gesimse tragen, auf welchem ein mehr als halbrundes Gewölbe ruht, das durch Gewinde von Eichenlaub in halb erhabner Arbeit in Tafeln getheilt ist. Zwischen den Wandsäulen sind halbrunde Fenster, welche das Licht aus der Höhe in die Kirche werfen. Um den Altar stehen in einem Halbzirkel ganz runde jonische Säulen, welche eine halbe, prachtvoll verzierte Kuppel in Gestalt einer grofsen Muschel tragen. Der Altar ist sehr einfach, aber äufserst geschmackvoll und mit einem originalen, in Rom verfertigten Gemälde des daselbst verstorbenen Malers *Tjarko*

Meyer Cramer geschmückt, die Auferstehung Christi vorstellend. Das Bild ist etwa 12 Fufs hoch und 6 breit. Die Figuren im Vordergrunde, welche die römische Wache bilden, sind mehr als lebensgrofs.

Die Synagoge liegt in der Judenstrafse, ganz versteckt hinter Häusern; sie ist für die zahlreiche Gemeinde zu klein.

Es befinden sich in der Stadt eine lateinische Schule von drei Classen, eine französische, und neun Trivial-Schulen; nemlich fünf reformirte, eine Gasthausschule, zwei lutherische und eine katholische.

Viele Denkmäler und andere Merkwürdigkeiten uralter Zeiten besitzt Emdem eben nicht; allein die wenigen, welche da sind, haben sicher für die friesische Geschichte Werth, und verdienen deshalb, nicht vernachlässigt zu werden. Aus dem 15ten Jahrhundert sieht man ein Denkmal in der Gasthauskirche, welches seines hohen Alters und des Mannes wegen, den es angeht, die gröfste Aufmerksamkeit verdient; es liegt darunter der Sohn *Uke* des furchtbaren *Focke Uken,* ein Schwager des letzten Emder Häuptlings der Familie Abdena Ismel's darunter begraben. Er wurde 1432 zwischen Marienwehr und Suiderhusen von den Hamburgern, welche die Stadt Emden damals im Besitz und eine Bande abgeschickt hatten, die sich im Schilfrohr am Wege versteckte, meuchlerisch überfallen und, da er sich nicht ergeben wollte, nach tapferer Gegenwehr niedergehauen. Er war nach Osterhusen hin beschieden, um gemeinschaftlich mit seinem Vater zu berathschlagen, auf welche Weise dieser gegen die Hamburger und andere Feinde, die ihn besiegt und viele seiner Besitzungen unter sich vertheilt hatten, Rache nehmen könne. Sein Vater Focke und der Häuptling Ismel von Osterhusen bemerkten von den Wällen der Burg, dafs Uke und die Hamburger an einander gerathen waren. Sogleich brachten sie Alles auf die Beine und zogen in gröfster Eile hin, um dem Scharmützel ein Ende zu machen; allein schon zu spät. Als sie ankamen, war Uke bereits erschlagen. Mit unbändiger Wuth stürzte nun Focke auf die Hamburger und entrifs den theuren Leichnam seines Sohnes den Feinden. Zuerst liefs er ihn in Hinte beisetzen; nachher wurde er nach Emden gebracht und in der Franciscaner Kloster-Kirche begraben. Er ruht in dem Trauchor der jetzigen Gasthauskirche, an der Nordseite desselben, halb in der Mauer, unter einem feinen gelben Sandsteine, auf welchem der Häuptling in voller Rüstung lebensgrofs in halberhabner Arbeit abgebildet ist. Die halb aus dem Steine hervorragenden Füfse sind abgestofsen; die Mönchsschrift in der Einfassung des Bildes ist sehr beschädigt und verwittert; doch lieset man noch deutlich den Namen Oldersum unter den Worten: „Er war Häuptling dieses Fleckens „und hinterliefs eine Wittwe Hebe und eine Tochter Theda. Diese verheirathete „sich nachher mit Ulrich Cirksena von Greetsyhl, welches Paar 1464 am „21sten December in der Gasthauskirche öffentlich durch einen Kaiserlichen „Herold als erster Graf und Gräfin von Ostfriesland ausgerufen wurde."

Die grofse Kirche prangt mit einem Grabmal des Grafen Enno II., welches seine Wittwe, Gräfin Anna, ihm 1548 hat errichten lassen. Ursprünglich mufs dieses sehr schön und ein Meisterstück der Bildhauerkunst gewesen sein. Das französische Freicorps, welches 1761 das Land verheerend durchzog und das Heiligste nicht schonte, unter Anführung des *Marquis de Conflans*, hat aber leider auch daran seinen ungezügelten Muthwillen geübt, das Grabmal ruinirt und die auf einem grofsen Mantel mit zusammengelegten offenen Händen halb liegende lebensgrofse Figur des Grafen verstümmelt und ihr Kopf, Finger und Füfse abgeschlagen. Die Stücke sind nachher wieder gesammelt und zusammengesetzt worden; wodurch auch das Bild des Grafen bis auf die Finger wieder herausgekommen ist; aus den andern zerschlagenen Figuren und Allegorieen in halberhabener Arbeit hat aber kein Ganzes wieder gebildet werden können; und so liegen diese denn unregelmäfsig umher. Eine doppelte Säulenreihe von 6 Pfeilern in reinem jonischen Styl, zwischen welchen sich wieder eine Doppelreihe von 20 kleineren Säulen befindet, die eine Mauer tragen, welche sich mit dem Hauptgesimse der grofsen Säulen vereinigt, trennt das Grabmal von der Kirche. An dieser Mauer ist an der äufsern Seite auf 10 Tafeln, zwei und zwei über einander, des Grafen Leichenzug in ganz erhabener Arbeit abgebildet. An den grofsen Säulen dieser Seite sind vier sehr schöne Caryatiden, und unter den kleinen befinden sich acht, nicht minder schöne und künstliche. Oben auf der Mauer stehen die Statuen zweier starken Ritter, mit Speeren und faltenreichen Wappenröcken in voller Rüstung; derjenige rechts stützt mit seiner linken Hand das gräflich Oldenburgische Wappen mit Delmenhorst, oder das der Gräfin als Comtesse von Oldenburg; der Ritter links stützt mit der rechten Hand das gräflich Ostfriesische, oder die cirksenaische Harpie. Zwischen beiden Rittern, auf einem Aufsatze, sitzt die Hoffnung, eine zarte, lebensgrofse, nackte weibliche Figur, einen Delphin lenkend und in dem rechten Arm den Anker haltend; sie steht mit den schrotigen, kalten, eisernen Rittern in einem ein unangenehmes Gefühl erregenden Contraste. Ein kleiner, hübscher langhaariger Hund, in feinstem Marmor ausgehauen, ist ebenfalls bemerkenswerth. Er hat sich durch die um das Grabmal herumliegenden, schildtragenden Löwen durchgeschlichen und zu des Grafen Füfsen niedergelegt; auch sonst ist er noch mehrere Male auf den 10 Tafeln an der Mauer abgebildet. Wahrscheinlich war er ein Liebling des Grafen, und so hat die Gräfin ihn bestimmt, den theuern Herrn auf immer mit zu beschützen. Die vielen äufserst sauber ausgearbeiteten Figuren und die Correctheit der Zeichnung verrathen einen tüchtigen Meister.

In dem Trauchor der grofsen Kirche sind die Eingeweide des hier 1500 in Emden in der alten Münze verstorbenen Herzogs Albrecht von Sachsen begraben, dessen einbalsamirter Körper in einem bleiernen Sarge nach Meifsen geführt und daselbst beigesetzt ist. Zum Andenken daran ist eine grofse, viereckige gelbe Kupferplatte über der Stelle in die Mauer gelegt und darauf das Herzogliche Wappen gravirt. Darunter stehen in lateinischer Sprache die Worte: „Hemme, ich bitte dich, deinen Schritt, Wanderer, der du vorüber-„gehst! Hier liegen begraben die Eingeweide des Herzogs Albrecht von „Sachsen, des ersten Gouverneurs von Friesland, der nach seinen cicambri-„schen und friesischen Siegen den Fürsten Furcht und den Völkern Schrecken „einjagte. Gehe glücklich von hier und denke, wie elend das menschliche „Geschlecht ist!"

Über der Osterthüre der grofsen Kirche befindet sich ein zwar kleines, aber für die Stadt Emden und die reformirte Kirche überaus ruhmvolles Denkmal aus der Reformationszeit, nemlich das sogenannte ***Schepken Christi***, mit der ehrenvollen Umschrift: „***Gods kerck vervolgt, verdreven, heeft God hyr „trost gegeven.***" Viele aus Holland, Brabant, Frankreich, England etc. vertriebene Protestanten flüchteten in dieser bedrängten Zeit nach Emden und suchten im Schofs seiner bereits reformirten Kirche Schutz. Sie wurden von den Bürgern aufs freundlichste empfangen, und der Emder Kirchenrath gab ihnen Prediger. Aus Dankbarkeit, und da sie sich auf immer verpflichtet fühlten, so wie zum Andenken an ihre gefahrvollen Seereisen, stifteten sie dieses kleine Denkmal, und es nannten, aus eben dem Grunde, nachher die Niederländer die Emder Kirche „die Mutterkirche oder Herberge der Kirche Gottes."

Die Rüstkammer auf dem Rathhause enthält eine überaus schöne Sammlung von Rüstungen und Waffen aller Art. Viele derselben müssen Häuptlingen angehört haben, da sie durch Schönheit und auch dadurch, dafs es *ganze* Rüstungen sind, vor andern sich auszeichnen. Die des Stifters der Rüstkammer, ***Bolardus,*** wird ebenfalls noch gezeigt; sie ist sehr schön und überaus künstlich zusammengesetzt; auch die des Grafen Ludwig von Nassau, welcher am

21ten Juli 1568 in der Schlacht bei Jemgum durch die Spanier unter persönlicher Anführung des Herzog Alba eine gänzliche Niederlage erlitt und nur mit genauer Noth sich selbst durch schnelle Flucht nach Emden retten konnte; sie ist durch das Visir mit drei Biegeln als Grafen-Rüstung kenntlich. Dann ist noch eine Rüstung merkwürdig, wegen des auf der linken Brust eingravirten Crucifixes, vor welchem ein geharnischter Ritter mit abgesetztem Helme knieet. Vielleicht hat sie einem der Heerführer angehört, welcher die Friesen mit nach Palästina führte, oder der nach den Kreuzzügen das heilige Grab besuchte. Die Panzer oder die halben Harnische haben keine Helme, sondern nur Sturmhauben. Diese werden, weil sie alle gleich sind und nur einzelne derselben bestimmte Verzierungen haben, den Emder Bürger-Compagnieen angehört haben; denn Jedermann war verpflichtet, wenn er sich als Bürger aufnehmen liefs, Panzer und Lanze anzuschaffen und unter die Fahne zu treten, die die Nummer der Abtheilung der Stadt führte, in welcher er wohnte. Die Waffen, als Lanzen, Hellebarden, Gewehre, Schwerter aller Art, sind meistens künstlich und schön.

Die Stadt Emden liegt, mit Ausnahme der Vorstädte, auf Anhöhen oder sogenannten Werften, wie die Dörfer an den Küsten Ostfrieslands; allein nur wenige Strafsen in der Altstadt sind höher als die Deiche und durch ihre natürliche Lage gegen die gewöhnliche Überströmung im Herbste und Winter gesichert. Die Vorstädte, der nördliche Theil Nordfalderns und ganz Südfaldern sind fast dem flachen Lande gleich; daher diese Stadttheile entweder durch Kunst geschützt, oder, wo ihre Lage es nicht gestattet, ungehindert der Gewalt der Wellen ausgesetzt sind. Der gröfste, bebauteste und volkreichste Theil der Stadt ist ihnen Preis gegeben; und so ist jeder Bewohner dieser Quartiere genöthigt, sich bei Überströmungen gegen Gefahr und Unglück so gut es gehen will zu schützen und den tobenden, Verderben drohenden Wellen möglichste Schranken zu setzen. Südfaldern ist ganz mit einem Deiche umzogen und gegen die gewöhnlichen hohen Strumfluthen geschützt; der nördliche Theil Nordfalderns ist es durch den neuen Siel und die nördliche Reihe der grofsen Brückenstrafse mit ihren Schützungen, welche hier förmlich die Stelle eines Deichs vertreten; die Vorstädte sind durch den Fleischhaus-, den alten-, den Neuen-Thors- und den neuen Siel, so wie auch durch die nördliche Linie Häuser auf dem alten Bollwerke, mit der Schützung im alten neuen Thore, gesichert; ferner durch die nördliche Reihe Häuser zwischen den beiden Sielen. Mittelfaldern wird ganz überströmt; blofs der Torfmarkt, hinter dem

Kessel und die Gärten hinter der lutherischen Kirche sind theilweise verschont. In der Altstadt liegen die höchsten und die daran grenzenden Strafsen, je nach der Höhe der Fluth, mehr oder weniger wasserfrei; wie auch der Katzenwall und die dahin führenden Strafsen.

Bei mehr als gewöhnlichen Überfluthungen ist der Schaden an Waaren und Möbeln beträchtlich, und der an den Strafsen und andern Bauten immer bedeutend. Von seinem Entstehen an bis auf die jetzigen Zeiten ist Emden der Gewalt der tobenden Fluthen und rasenden Stürme ausgesetzt gewesen, und vieler derselben gedenken die Jahrbücher der Geschichte als solche, gegen welche die menschlichen Kräfte scheiterten, und welche den Einwohnern unnennbares Elend und Verderben bereiteten. Den Fluthen, welche noch jetzt im schauervollen Andenken des Volkes sind, können die vom 3ten und 4ten Februar des Jahres 1825 füglich angereiht werden. Auch wenn keine Geschichtschreiber wahre und getreue Schilderungen ihrer schrecklichen Verwüstungen für die Nachkommenschaft aufbewahrt hätten, würden sie durch Überlieferungen von Munde zu Munde der Vergessenheit entrissen bleiben.

Anhaltende Stürme aus Südwesten bereiteten jene schrecklichen Tage vor. Mit grofser Gewalt trieben sie die Unheil bringenden Fluthen aus dem Atlantischen Meere durch den Canal in die Nordsee und hinderten dem zum Verderben bestimmten Wasser den Rückzug dorthin. Die Nordsee schwoll so an, dafs schon die vorhergehenden Fluthen bei diesem Winde eine ungewöhnliche Höhe erreichten. Der Wind wurde nun kräftiger, wendete sich mehr nach Westen, überschritt am Morgen des 3ten Februar diese Richtung, und gelangte nach Nordwesten. Hier setzte sich der Sturm fest, wurde immer stärker, wüthete gegen Abend mit der Macht eines Orcans, und stürzte nun aus diesem gefürchteten Winkel Elend und Verderben auf die unglücklichen Küsten. Schon gegen 7 Uhr Abends hatte das Wasser mehr als die Höhe gewöhnlicher Fluthen erreicht, und gegen halb acht Uhr lief es schon förmlich über und verbreitete sich durch die der Fluth gewöhnlich unterworfenen Strafsen in die Stadt. Nichts war jetzt gewisser, als dafs die Wellen ungewöhnlich hoch steigen und unabwendbares Unglück herbeiführen würden; es war eine Springfluth, und es konnte diese, welche sich jetzt schon mit einer so entsetzlichen Gewalt zeigte, noch bis 12 Uhr wachsen, ehe sie ihre gröfste Höhe erreichte. Der Orcan begann wüthender zu toben: eine schwere undurchdringliche Finsternifs verbreitete sich über das Wasser, und Regenschauer und dichter Hagelschlag peitschten die Wellen stärker und stärker gegen die schwachen

Mauern der Häuser. Schaurig heulend durchtobte der Sturm die Strafsen der Stadt; schnell herabschiefsende Blitze enthüllten auf Augenblicke die gräfslichen Gefahren, die von allen Seiten drohten; ein stockender Donner krachte entsetzlich, und der Boden erzitterte, wie wenn ein Erdbeben unter dem Wasser in den Adern der Erde wüthete. Die Wellen hatten eine wunderliche Bewegung, führten schweren Sand mit sich, und waren von einer empfindlichen Kälte durchdrungen. Alle niedrigen Theile der Stadt, die ihrer natürlichen Lage nach nicht beschützt werden können, waren nach 3 Uhr gänzlich überschwemmt. Nach kurzer Zeit fingen die Wellen an sich schneller über einander zu werfen, Verwüstungen anzurichten, in die andern Quartiere der Stadt zu fallen und die Schützungen in der grofsen Brückstrafse, so wie die in dem Alten- und Neuen-Thor zu unterwühlen, um nach Zertrümmerung derselben ungebundener überall Schaden zu verbreiten. Noch vor der gefürchteten Höhe der Fluth konnten jene Thore dem gewaltigen Drange des Wassers nicht mehr widerstehen; sie wurden krachend aus ihren Fugen getrieben, von den rasenden Wellen zurückgeschleudert, und diese stürzten nun mit Gewalt und unheilbringend in die bis dahin noch verschonten Gegenden der Stadt. Der Deich Südfalderns erfuhr mehrere Kappstürzungen; Deichbrüche erfolgten und es jagten die Fluthen wild brausend und wirbelnd sich um die Ecken der Häuser und Strafsen herum, einen Ausweg aus diesem sie einschliefsenden ungeheuern Kessel suchend. Pfeilschnell schossen die verderblichen Wellen ungehindert durch die schöne Stadt in das innere niedriger liegende Land, wühlten die Strafsen aus, rissen Alles mit sich fort, fingen an die Grundfesten der Häuser selbst anzugreifen, und stürzten diejenigen nieder, welche ihrer gewaltigen Macht nicht widerstehen konnten. Die schauervollste Nacht ruhte auf dem Wasser und verhüllte mit dichtem Schleier das Spiel der unheilstiftenden Gewalten. Düstere Ahndung erfüllte die Seele Aller über das, was die ersehnten, verhängnifsvollen Stunden der Dämmerung offenbaren würden. Langsam endlich, nach 1 Uhr, traten die Fluthen zurück, und erst der helle Morgen zeigte ganz, wie entsetzlich sie rings umher Verwüstungen, Elend und Jammer verbreitet hatten. Die Communication der verschiedenen Stadttheile war aufgehoben. Wo sonst ebene Strafsen, waren jetzt Tiefen von ungeheurem Umfange, durch welche noch zur Ebbezeit das Wasser durchflofs. Was war jetzt zu hoffen! Der Sturm rasete noch heftiger und wüthender als in der vergangenen angstvollen Nacht; die Stadt war aller ihrer Schützungen beraubt und ganz offen; sie ragte nur aus einer unabsehbaren, sie umgebenden, ungewissen

Tiefe hervor, und mufste so, sollte der Orcan anhalten, und sollten noch einige Fluthen erfolgen, unausbleiblich ein Raub der Elemente werden. Angst und Beklemmung ergriff alle Bewohner; das bange Schweigen eines Jeden sagte nur zu deutlich, was in seiner Seele vorging. Schon um 9 Uhr stürzten die Wellen mit verstärkter Gewalt schäumend durch die Stadt und begannen von Neuem ihr grausames Spiel. Häuser stürzten ein, Mauern versanken in die alles verschlingende Tiefe, und Bäume, Fenster, Balken, Wachthäuser etc. stürzten mit der unglaublichsten Geschwindigkeit durch die Strafsen und waren im Nu dem ihnen ängstlich folgenden Auge entschwunden. Schrecklich ertönte es durch Nordfaldern, als ein Theil des Bauhofes krachend einstürzte und die rasenden Wellen Möbel aller Art mit sich fortschleuderten; schrecklicher aber war noch der Anblick und der Gedanke, dafs die Strafsen von den schäumenden Wirbeln tiefer ausgewühlt werden könnten und dafs sie gegen ein ähnliches Schicksal keinen Augenblick sicher wären. So vergingen langsam die Stunden bis zur Ebbezeit. Nach 12 Uhr trat dieselbe ein; das Wasser fing nun zwar langsam an zu fallen, allein von dem eigentlichen Zurücktreten desselben konnte man noch nichts wahrnehmen, weil es noch immer mit gleicher Gewalt durch die Stadt in das innere Land stürzte, und dies natürlich nicht eher aufhören konnte, als bis endlich die Höhe der Strafsen es allmälig entkräftete und in die Häfen zurücktrieb. Dadurch gezwungen traten dann endlich die schrecklichen Fluthen ihren Rückzug an; der Sturm legte sich und es sprofs neue Hoffnung auf, noch dem Verderben und gänzlichem Untergange entrissen zu werden. Diese ging in Erfüllung; die Fluthen kehrten nicht wieder —.

Der durch diese Fluth verursachte Schaden in den Strafsen und an den öffentlichen Bauten ist auf 25 000 Thlr. angeschlagen worden, und der Privatschaden auf 114 197 Thlr. 33 Stüber Cour.; und zwar für Wäsche und Kleidungsstücke 3416 Thlr. 19 St.; für Bett- und Hausgeräthe 17 195 Thlr. 15 St.; für Handwerksgeräthschaften 4892 Thlr. 39 St.; für Waaren 53 268 Thlr. 20 St.; für ertrunkenes Vieh 1024 Thlr. 27 St.; für Früchte, Heu und Dünger 2051 Thlr. 51 St.; an Immobilien 32 348 Thlr. 24 St. u. s. w.

(Die Fortsetzung folgt.)

2.
Technische Auseinandersetzungen über die sogenannten atmosphärischen Eisenbahnen; insbesondere über die Bahn bei Dublin. Urtheile verschiedener Sachverständiger über diese neue Eisenbahn-Art. Desgleichen Einiges von den Vorschlägen zu noch andern Arten von Eisenbahnen.

Vorbemerkung des Herausgebers des gegenwärtigen Journals.

Bekanntlich ist bei Dublin in Irland, die Eisenbahn zwischen Dublin und Kingstown fortsetzend, von letzterem Ort bis Dalkey eine *sogenannte atmosphärische Eisenbahn* erbaut worden, welche jetzt auch befahren wird. Auch ist allgemein bekannt, dafs diese sogenannte atmosphärische Eisenbahn von den gewöhnlichen darin sich unterscheidet, dafs auf ihr die Wagenzüge nicht durch Dampfwagen fortgezogen werden, sondern dafs zwischen die Schienen eine die ganze Bahn entlang laufende eiserne Röhre gelegt ist, die man *Triebröhre* nennen kann, und in welcher ein mit dem vordersten Wagen des Wagenzuges in Verbindung gebrachter Kolben sich befindet, *vor* welchem die Luft vermittels einer zur Seite der Bahn feststehenden Dampfmaschine ausgepumpt oder vielmehr verdünnt wird, wodurch denn die Luft *hinter* dem Kolben, die *nicht* verdünnt ist, das Übergewicht bekommt und den Kolben und mittels desselben den vordersten Wagen und den an denselben angehängten Wagenzug forttreibt.

Da diese neue Art von Eisenbahnen, in die Augen springend, die grofsen Vortheile hat, dafs man, *erstlich,* wenn man die Triebröhre grofs genug macht, eine beliebig stärkere Triebkraft hervorbringen kann, als Dampfwagen füglich haben können, so dafs sich so auch *steilere* Stellen einer Eisenbahn ohne Schwierigkeit ersteigen lassen; *zweitens,* dafs hier keine Dampfwagen und Tender mit wegzuführen sind und also an der fortzuschaffenden Fracht gewonnen wird; *drittens,* dafs die *Feuersgefahr* für die Passagiere und die zu transportirenden Güter nicht Statt findet, und *viertens,* dafs die feststehenden Dampfmaschinen länger vorhalten, als die auf den Dampfwagen mitfahrenden Maschinen: so hat die neue Erfindung ***wohlverdienterweise*** grofse Aufmerksamkeit erregt, welche noch dadurch gesteigert worden ist, dafs man auch hin und wieder vermuthet und selbst behauptet hat, die ***Transportkosten,*** wenn nicht gar die ***Anlagekosten,*** wären geringer als bei den Dampfwagen-Eisenbahnen.

Das letztere einstweilen dahingestellt, ist jedenfalls von dem neuen Princip, richtig angewendet, ein ***sehr grofser*** Nutzen zu ***hoffen.*** Denn die atmosphärischen Eisenbahnen, freilich vorausgesetzt, dafs die Probe bei Dublin hinreichend sei, zu beweisen, dafs dergleichen Eisenbahnen ohne Gefahr ***überall*** ausführbar sind, haben jedenfalls die vorhin aufgezählten vier Vortheile; und von diesen sind der erste und dritte sehr bedeutend. Kann man nemlich ohne die bisherigen kostbaren und gefährlichen Mittel auch steile Abhänge ersteigen, so sind erst jetzt Eisenbahnen ***überall,*** auch über Gebirge hinweg, und auch da, wo Dampfwagen-Eisenbahnen nicht ohne sehr grofse Kosten und Gefahr, oder gar nicht mehr möglich sind, practicabel; das Eisenbahnwesen hat also dann eine grofse Vervollkommnung erlangt und geht gleichsam erst jetzt der Vollendung entgegen. Nicht minder wichtig ist die Wegschaffung der Feuersgefahr für die Passagiere und Güter.

Es ist daher gewifs von sehr grofsem Interesse, von dieser neuen Erfindung nähere Kenntnifs zu nehmen; und zwar sind hier ***technische*** Kenntnisse, bis ins Detail, unumgänglich nothwendig. Insbesondere haben nemlich die atmosphärischen Eisenbahnen schon die eine ***sehr grofse technische*** Schwierigkeit, die Triebröhre, was sie nothwendig sein mufs, ***luftdicht*** zu machen und zu erhalten, während gleichwohl die Stange, mittels welcher der Triebkolben im ***Innern*** der Röhre mit dem vordern Wagen ***aufserhalb*** derselben in Verbindung zu bringen ist, nothwendig aus dem Innern der Röhre durch einen längsaus laufenden Schlitz in der Röhre hinaus ins Freie treten mufs. Diese sehr schwierige technische Aufgabe ist bei Dublin durch die Herren ***Clegg*** und ***Samuda*** auf eine, wie die Erfahrung zeigt, wenigstens ***zulängliche*** Weise gelöset worden, obgleich die Art der Lösung noch sehr unvollkommen sein dürfte. Es kommt immer noch mehr oder weniger auf diese technische Hauptschwierigkeit an. Sodann sind specielle ***technische*** Begriffe von der neuen Art von Eisenbahnen deshalb unumgänglich nöthig, damit man sich nicht über die ***Kosten*** täuschen möge: denn im Voraus darf wohl bemerkt werden, dafs allem Anschein nach eine atmosphärische Eisenbahn ***auf einem für Dampfwagen eingerichteten Damm,*** also in Fällen, wo auch eine Dampfwagen-

Eisenbahn ohne besondere Schwierigkeit möglich ist, durchaus nicht weniger, sondern vielmehr ***bei weitem*** mehr ***zu bauen*** kosten dürfte, als eine Bahn mit Dampfwagen; und auch die ***Transportkosten*** auf derselben sind in ***solchem Falle*** schwerlich geringer. Eine atmosphärische Eisenbahn dürfte wahrscheinlich nur dann weniger zu bauen kosten, wenn zu der Bahn für Dampfwagen des Terrains wegen ***sehr theure*** Erd-Arbeiten, Bahnbrücken etc. nöthig sein würden; die in solchem Fall für die atmosphärische Bahn auf das Gewöhnliche sich reduciren und wobei also die Ersparung die sonstigen Mehrkosten aufheben und mehr als aufheben kann. Die Transportkosten aber sind auch dann für ***längere*** Linien, wenigstens wenn man die Bahn ***so*** baut wie bei Dublin, schwerlich geringer. Immer bleiben indessen die oben aufgezählten Vortheile.

Es ist schon ungemein viel über die atmosphärischen Eisenbahnen geschrieben worden, und es fehlt auch nicht an Nachrichten darüber für Nichttechniker, die zum Theil wohl nur von Nichttechnikern herrühren; welche dann aber sehr leicht irre leiten können. Die nothwendigen ***technischen*** Begriffe geben nur Berichte von ***Technikern.*** Unter diesen scheinen mir insbesondere zunächst zwei wichtig: der erste, vielleicht von den Erbauern der Dubliner Bahn selbst, den Herren ***Clegg*** und ***Samuda*** veranlafst, in dem Civil-Engineer and Architects Journal: der zweite ein ***officieller*** Bericht des Herrn ***Mallet,*** Inspecteur divisionnaire des ponts et chaussées, der von der Französischen Regierung damit beauftragt gewesen ist. Wir wollen daher zunächst diese beiden Berichte den Lesern dieses Journals hier mittheilen; und zwar in beiden, wie immer, Maafse, Gewicht und Geld auf Preufsische reducirt, ohne welche Reduction die Übertragung nicht vollständig, sondern vielmehr völlig unzulänglich sein würde. Der Bericht des Herrn ***Mallet*** erstreckt sich zugleich auf eine nähere vergleichende Berechnung der ***Baukosten*** und der ***Transportkosten*** nach dem neuen und nach dem alten System, so wie auf die ***allgemeine*** Anwendbarkeit des atmosphärischen Systems. Das was hierüber der Bericht sagt, hat viel Widerspruch gefunden; und in der That dürfte man fast gestehen müssen, dafs Herr ***Mallet*** eine gewisse ***Vorliebe*** für das neue System gefafst hat. Insbesondere hat Herr ***Petiet,*** ein einsichtiger und ***practischer*** Ingenieur, der auch die Benutzung einer der beiden Eisenbahnen zwischen Paris und Versailles längere Zeit speciell geleitet hat und also schon dadurch mit dem Eisenbahnwesen practisch sehr bekannt geworden sein mufs, erhebliche Einwendungen gegen die Aufstellungen des Herrn ***Mallet*** gemacht. Sie finden sich in dem Französischen Journal des chemins de fer, welches den *Mallet*schen Bericht aufgenommen hat. Wir geben sie, jede an ihren Ort beigefügt; und es wird interessant sein, zu sehen, wie weit selbst gleich sachverständige Männer in ihren Ansichten und Berechnungen von einander abweichen können.

So wie in Frankreich das atmosphärische Eisenbahnsystem viel Aufmerksamkeit und auch die der Regierung erregt hat, so ist das Gleiche natürlich nicht minder in England geschehen, und es ist gar viel darüber geschrieben und gestritten worden. Unter andern hat bei Gelegenheit einer neuen Eisenbahn zwischen London und Epsom, die man nach dem atmosphärischen Prinzip zu bauen gedenkt, die Regierung nach der dortigen Gewohnheit durch eine Commission die Meinungen und die Berichte über die Erfahrungen der vorzüglichsten practischen Eisenbahnbaumeister über den Gegenstand einverlangt, und auch der berühmte Ingenieur *Stephenson* hat über die Eisenbahn bei Dublin einen ausführlichen Bericht erstattet. Diese weitläuftigen, einen ziemlichen Quartband füllenden Verhandlungen sind von Herrn *A. Lauvray* ins Französische übersetzt und in dem Journal des chemins de fer, so wie, besonders zusammengestellt, unter dem Titel „Système atmosphérique. Enquête devant la commission de la chambre des communes pour le chemin de fer de Londres à Epsom etc. Paris 1844." erschienen. Da diese Schrift wie gesagt voluminös ist und die in derselben zum Theil herrschende Form von Frage und Antwort sie noch weitläuftiger macht und zugleich das Technische, worauf es uns hier ankommt, zerstückelt, so läfst sich füglich auch nicht einmal ein Auszug davon geben, sondern wir müssen Diejenigen, welche sich für den Gegenstand näher interessiren, darauf verweisen. Damit aber von den trefflichen einzelnen practischen Bemerkungen, die sich darin finden, für diejenigen Leser des gegenwärtigen Journals, die die Schrift nicht selbst lesen wollen, nichts Wesentliches verloren gehe, wird der Herausgeber nicht unterlassen, bei Dem, was er weiterhin über atmosphärische Eisenbahnen zu sagen haben wird, entweder mit ausdrücklicher Hinweisung, oder stillschweigend, darauf Rücksicht zu nehmen. Es ist durchaus nöthig, dafs man über einen Gegenstand, bei welchem das *Technische* eine *Hauptsache* ist, erst alle Äufserungen erfahrner Männer vom Fache höre, ehe man sich selbst ein Urtheil darüber bildet und, wenn es eine Wahl gilt, entscheidet.

Die Bahn bei Dublin ist die einzige bis jetzt wirklich ausgeführte und ihren Dienst thuende atmosphärische Eisenbahn. Wären die Umstände bei derselben einigermafsen alle die verschiedenen, welche bei Eisenbahnen vorkommen können, so wäre der dortige Erfolg allerdings so ziemlich entscheidend. Allein, weit entfernt davon, ist die Dubliner Bahn einestheils nur eine ganz kleine Strecke von nur 740 Ruthen, mithin noch nicht einmal eine einzelne Station lang: anderntheils kommen bei weitem nicht die verschiedenen Fälle bei derselben vor, welche überhaupt vorkommen können; denn die Bahn *steigt ununterbrochen,* und nur *bergauf* werden die Wagenzüge von dem *Luftdrucke* getrieben; *bergab* treibt sie lediglich die Kraft der *Schwere.* Die Bahn ist also noch nicht einmal in dem Falle, wo es gilt, einen Berg zu ersteigen oder zu *übersteigen:* weder *dann,* wenn der Abhang *nicht so stark* ist, dafs die Kraft der Schwere allein hinreicht, um die Wagenzüge bergab zu treiben, sondern auch noch für die Bergabfahrt entweder der Luftdruck oder eine andere Kraft zu Hülfe genommen werden mufs: noch dann, wenn der Abhang *so sehr stark und lang* ist, dafs man die Schwere nicht mehr mit ihrer vollen Kraft wirken lassen darf, sondern stärker hemmen mufs, als es bei Dublin nöthig ist; sei es auf die gewöhnliche Weise, oder durch den Luftdruck. Noch weniger giebt die Erfahrung bei Dublin darüber Auskunft, wie es sich mit einer atmosphärischen Eisenbahn verhalten würde, wenn sie der Terrainform wegen nothwendig *abwechselnd* bergauf und bergab steigen müfste; wie dies bei längern Linien gewöhnlich der Fall ist. Die Erfahruug bei Dublin ist also noch *auf keine Weise* hinreichend, um zu entscheiden, ob eine atmosphärische Eisenbahn, die Vortheile und Nachtheile gegen einander abgewogen, vor den bis jetzt gewöhnlichen Constructionen wirklich den Vorzug habe: nicht einmal beim Übersteigen von Bergen, in Fällen, die dem bei Dublin nicht hinreichend ähnlich sind, noch weniger für längere Linien; und man würde sich gar sehr übereilen, wenn man *für* oder *gegen* das atmosphärische Eisenbahnsystem in jedem vorkommenden Falle schon jetzt absprechen und wohl gar schon im Voraus die Kosten und den Ertrag berechnen wollte. Das letzteres gewifs der Fall sei, davon geben die einander gradezu widersprechenden Rechnungs-Resultate der Herren *Mallet* und *Petiet* den Beweis. Die Französische Regierung hat, wie auch aus den Zeitungen bekannt, die namhafte Summe von 480 Tausend Thalern aus Staatscassen zu einer *Beihülfe* bestimmt, um eine atmosphärische Eisenbahn in längerer Ausdehnung und unter verschiedeneren Terrain-Verhältnissen zu erbauen; wovon das Resultat zu erwarten ist. Bis jetzt kann und darf man mit *Sicherheit* nur nach dem Vorhandenen urtheilen.

Dem gegenwärtigen Artikel wird der Herausgeber noch einige Nachrichten, so gut sie zu haben sind, von verschiedenen Vorschlägen anschliefsen, die theils zur noch besseren Benutzung des Luftdrucks als bewegende Kraft auf Eisenbahnen, theils zu noch andern Arten, als durch Dampfkraft, die Wagen auf Eisenbahnen fortzutreiben, gemacht worden sind.

Eigene, weiter eingehende Bemerkungen über den Gegenstand wird der Herausgeber diesem Artikel nicht beifügen, sondern dieselben einem folgenden besondern Aufsatze vorbehalten; der dann gleichsam einen ***zweiten Theil*** zu dem gegenwärtigen bilden wird. In diesem zweiten Aufsatze wird der Herausgeber versuchen, den Gegenstand in ***weiterem Umfange,*** nemlich die Frage, wie überhaupt und wie am vortheilhaftesten die Spannung der Luft, sei es durch ***Verdünnung,*** oder durch ***Zusammenpressung,*** als bewegende Kraft auf Eisenbahnen sich dürfte benutzen lassen, theoretisch und practisch zu untersuchen. Er wird dabei Alles an Erfahrungen zu Hülfe nehmen und berücksichtigen, was sich ihm darbietet. Die theoretischen Gesetze aber, nemlich die unwandelbaren Prinzipien der Physik, müssen nothwendig, um von bisherigen Erfahrungen und auf den Grund derselben zu neuen, noch bevorstehenden Dingen zu gelangen, ebenfalls zu Hülfe genommen werden.

Zuerst zu dem Vorhandenen.

Cleggs und Samuda's atmosphärische Eisenbahn.

(Aus „The civil Engineer- and Architects-Journal," Tom. 3. 1840. S. 259 etc.)

---

1. Bei der Eisenbahn der Herren *Clegg* und *Samuda* ist der Druck der atmosphärischen Luft die bewegende Kraft. Die Luft wird durch Auspumpen zur Wirksamkeit gebracht. Die hier beigefügten Figuren werden die folgende Beschreibung erläutern.

Fig 1. ist die äufsere Ansicht der Eisenbahn, mit einem darüber hingehenden Wagenzuge.

Fig. 2. ist der Grundrifs der Eisenbahn, mit der obern Fläche der Triebröhre, an dem Ende derselben, wo sich das Eintrittsventil befindet, welches weggenommen gezeichnet ist, um die Construction sichtbar zu machen.

Fig. 3. ist ein Längs-Durchschnitt der Eisenbahn nach der punctirten Linie *mm* Fig. 4. Er zeigt die Verbindung zwischen dem Kolben und dem Wagenzuge; so wie die Art, wie das continuirlich fortlaufende Ventil gehoben wird.

Fig. 4. ist der Querschnitt des Nemlichen.

Fig. 5. ist ein Querschnitt der Triebröhre nach einem gröfsern Maafsstabe. Er zeigt das fortlaufende Ventil und die Decke desselben, nebst dem Heizer *N*, letztern durch punctirte Linien.

Fig. 6. ist der Grundrifs des fortlaufenden Ventils nach gröfserem Maafsstabe. [Diese Figur fehlt auf der Tafel des Originals D. H.]

2. Die bewegende Kraft wird dem Wagenzuge durch eine fortlaufende Röhre *A* mitgetheilt, welche zwischen den Bahnschienen liegt. Aus dieser Röhre wird die Luft durch stehende Dampfmaschinen ausgepumpt, die zur Seite der Eisenbahn, 400 bis 1200 Ruthen, je nach der Lage der Bahn und der Frequenz auf derselben, von einander entfernt aufgestellt sind. Ein Kolben *B*, welcher in die Röhre gebracht ist, wird mit dem vordern, den Zug führenden Wagen durch einen längsaus laufenden Schlitz in der Röhre hindurch in Verbindung gebracht und durch die Luft *hinter* dem Kolben fortgetrieben; denn die Luft *vor* demselben ist ausgepumpt. Die fortlaufende Röhre liegt zwischen den Schienen auf den Querhölzern unter denselben und ist auf diesen Querhölzern festgebolzt. Inwendig ist die Röhre *nicht ausgebohrt*, aber ein Zehntel Zoll dick mit Talg überzogen, um die innere Fläche auszugleichen und die unnöthige Reibung des Kolbens zu verhindern. Oben ist in der Röhre ein 2 Zoll breiter Schlitz, der von einem Ventil *C* (Fig. 5.) bedeckt wird, welches durch die ganze Länge der Bahn fortläuft. Das Ventil besteht aus einem Streifen Leder, welcher, wie in Fig. 5. zu sehen, zwischen eisernen Platten festgeniethet ist. Die obern Platten sind breiter als der Schlitz und werden von der äufsern Luft, wenn diejenige in der Röhre ausgepumpt ist, auf das Leder *angedrückt*. Die untern Platten verschliefsen den Schlitz, wenn das Ventil heruntergelassen ist, ergänzen die Cylinderfläche der Röhre, und hindern die Luft, in die Röhre zu dringen. Die eine Seite der ledernen Klappe wird durch eiserne Stangen 2 (Fig. 5.) niedergedrückt, welche durch die Schraubenbolzen 4 an einer längsaus laufenden Rippe der Röhre festgehalten werden. Das Leder zwischen den eisernen Tafeln läfst sich auf diese Weise hinaufbiegen, wie bei einem gewöhnlichen Pumpenventil. Die andere Seite der fortlaufenden Klappe fällt in einen Raum, der mit einer Zusammensetzung aus Wachs (beeswax) und Talg gefüllt ist. Diese Mischung ist in der Temperatur der Atmosphäre fest und wird, um einige Grade mehr erwärmt, flüssig. [Aber die Temperatur der Atmosphäre ist sehr verschieden. D. H.] Über dem fortlaufenden Ventil befindet sich eine, dasselbe gegen den Schnee und

Regen beschützende Decke 1. Dieselbe besteht aus 5 F. langen, dünnen eisernen Tafeln, durch Leder angehängt. Das Ende jeder Tafel greift unter das Ende der ihr in der Richtung der Bewegung des Kolbens folgenden nächsten Tafel, damit so die Tafeln der Decke um so sicherer eine nach der andern aufgehoben werden mögen. Unter dem vordersten Wagen im Zuge befindet sich der Kolben *B*, mit Zubehör. An einer horizontalen Stange, die vom Kolben ausgeht, ist, 6 Fufs hinter demselben, ein aufrechter Arm *C* (Fig. 3.) befestigt. Dieser Arm reicht durch den fortlaufenden Schlitz der Röhre hindurch, ist an den Wagen befestigt und theilt demselben, so wie dem ihm folgenden Wagenzuge, seine Bewegung mit, sobald Luft aus der Röhre gepumpt ist. An der Kolbenstange befinden sich zwei stählerne Rollen *H, H, ...,* zwei vor und zwei hinter dem aufrechten Arm *C*. Sie dienen, die fortlaufende Klappe aufzuheben, um dem aufrechten Arme Raum zum Durchgang zu verschaffen; so wie, der Luft Zutritt hinter den Kolben zu geben. Eine andere stählerne Rolle *D* (rechts in Fig. 3.) ist an den Wagen befestigt und wird von einer Feder angedrückt, um dadurch die Klappe, indem sie auf der obern Platte der Klappe hinter dem Arm *C* sich herbewegt, wieder fest zu verschliefsen. Eine kupferne Röhre *N* (Fig. 5.), der Heizer, von etwa 5 Fufs lang, die beständig durch ein kleines Feuerstübchen *Z* (Fig. 4.) heifs erhalten wird, und die ebenfalls unter dem Wagen befestigt ist, streift über die Mischung aus Wachs und Talg hin und schmilzt die von dem Ventil durchbrochene Oberfläche derselben, welche dann, nachdem sie wieder abgekühlt ist, die Klappe hermetisch verschliefst. So setzt jeder Wagenzug sogleich wieder die Röhre für den nächsten Zug in Stand.

3. Die fortlaufende Triebröhre wird durch besondere Ventile *f* und *Q* Fig. 2. in Theile getheilt, deren Länge sich nach der Entfernung der neben der Bahn stehenden Maschinen von einander richtet. Diese Ventile öffnet der Wagenzug selbst, so wie er sich fortbewegt. Sie sind so eingerichtet, dafs sie beim Übergange von einer Röhrenstrecke in die andere keinen Aufenthalt und keine Verminderung der Geschwindigkeit veranlassen. Das Ausgangsventil *Q* am Ende der Strecke, zunächst der stehenden Maschine, wird durch die *Zusammenpressung der Luft* vor dem Kolben geöffnet; welche nothwendig erfolgt, so wie derselbe den mit der Luftpumpe im Zusammenhange stehenden Röhren-Arm passirt ist. Das Eingangsventil *f*, am Anfange der nächsten Röhrenstrecke, ist ein Waage- oder Balancierventil, welches sich sofort öffnet, wie der Kolben in die Röhre eingetreten ist. Die Hauptröhre ist

vermittels tief ausgehöhlter Stöfse zusammengesetzt, in deren jedem ein ringförmiger Raum in der Mitte der Dichtung sich befindet, der mit einer halbflüssigen Masse gefüllt ist. So wird jedes Eindringen der Luft in die Röhre verhindert.

4. Auf den Grund der bisherigen Versuche rechnen die Erfinder, dafs, wenn die Luftröhre $17\frac{1}{2}$ Zoll im Durchmesser hat, täglich gegen 100 Tausend Centner, nemlich 50 Tausend Centner hin und eben so viel zurück, fortgeschafft werden können; die Steigung der Bahn im Durchschnitt 1 auf 100 angenommen.

5. Anmerkung. Eine Röhre von $17\frac{1}{2}$ Zoll im Durchmesser hat $240\frac{1}{2}$ Q. Z. Querschnitt. Der gewöhnliche, durch die Ausschöpfung der Luft hervorgebrachte Druck auf den Kolben sei 8 Pfd. auf den Quadratzoll. Dieses ist der vortheilhafteste Druck rücksichtlich des Ausschöpfens, und es bleibt noch viel übrig bis zur Luftleere [welche etwa 15 Pfd. Druck auf den Quadratzoll geben würde. D. H.], um im Nothfall schwerere Wagenzüge fortzubewegen. Es ist also $8 . 240\frac{1}{2} = 1924$ Pfd. Druck vorhanden, mit welchem ein Wagenzug von 887 Ctr. $6\frac{1}{2}$ Meilen in der Stunde auf einem Abhange von 1 auf 100 fortgeschafft werden kann. [Der 100te Theil von 887 Ctr. für das Ersteigen des Abhanges von 1 auf 100 beträgt 976 Pfd. Dieselben von 1924 Pfd. abgezogen, lassen 848 Pfd. Kraft für die Überwindung der Reibung und der andern Hindernisse; was den 115ten Theil der Last ausmacht und also sehr reichlich gerechnet ist. D. H.] 1068 Ruthen Röhre enthalten 21 360 C. F. Luft und 8 Funfzehntheile davon betragen 11 392 C. F., welche ausgepumpt werden müssen, um einen Druck von 8 Pfd. auf den Quadratzoll hervorzubringen. Die Luftpumpe mufs zu dem Ende 65 Zoll im Durchmesser, also 23,29 Q. F. Querschnitt haben. Der Kolben mufs 213,6 F. in der Minute durchlaufen, so dafs die Pumpe $23{,}29 . 213{,}6 = 4977$ C. F. und wenn die Luft bis 8 Pfd. Druck auf den Quadratzoll gebracht ist, 2323 C. F., folglich im Durchschnitt 3650 C. F. ausschöpft, mithin, um die 11 392 C. F. Luft auszupumpen, $\frac{11\,392}{3650} = 3{,}1$ Minuten Zeit braucht. Nun ist der Querschnitt der Luftpumpe 14mal so grofs als der der Röhre: also wird sich die Luft in der Röhre 14mal so geschwind bewegen als in der Luftpumpe, mithin $213{,}6 . 14 = 2990$ F. in der Minute oder 14 950 Ruthen oder etwa $7\frac{1}{2}$ Meile weit in der Stunde. Wegen der Unvollkommenheit der Wirkung der Luftpumpe, wegen einiges Entweichens von Luft u. s. w. dürfte sich aber diese Geschwindigkeit auf 12 820 R. oder etwa $6\frac{1}{2}$ Meile in der Stunde vermindern, und die Zeit zum Auspumpen der Luft aus der Röhre dürfte also bis auf 4 Minuten zunehmen. Demnach wird

sich der Wagenzug durch die 1068 Ruthen lange Bahnstrecke in $\frac{1068}{12\,820}$ Stunden oder etwa 5 Minuten bewegen. In den folgenden 4 Minuten kann die Luftröhre wieder für den nächsten Wagenzug vorbereitet werden; thut zusammen 9 Minuten. Also sind 15 Minuten Zeit zwischen zwei Wagenzügen vollkommen hinreichend; und wenn täglich 14 Stunden lang gefahren wird, so können in diesen 14 Stunden 56 Wagenzüge hin- und zürück fortgeschafft werden, also 2.56.887, thut nahe an 100 Tausend Centner täglich. Die hiezu nöthige Dampfmaschine bedarf 110 Pferde Kraft für die 1068 Ruthen Bahn, thut 206 Pferde Kraft auf die *Meile.* [Warum nach dieser Berechnung die Geschwindigkeit, mit welcher der Wagenzug von der Luft fortgetrieben wird, zu der Geschwindigkeit des Kolbens der Luftpumpe umgekehrt wie der Quecrschnitt der Triebröhre zu dem des Pumpenstiefels sich verhalten soll, ist nicht gut einzusehen. Wenn die Pumpe erst zu schöpfen anfängt, ist noch fast gar keine Triebkraft vorhanden, und der Wagenzug steht also still. Er fängt erst an, sich zu bewegen, nachdem der durch das Auspumpen der Luft hervorgebrachte Druck der äufsern Luft auf den Luftröhrenkolben über den Widerstand des Wagenzuges das *Uebergewicht* erlangt hat; und dann hängt weiter die Geschwindigkeit der Bewegung der Wagen von dem Abhange der Bahn, von dem etwa nöthigen Hemmen u. s. w. ab. Diese Geschwindigkeit ist also weit entfernt, zu der Geschwindigkeit des Kolbens der Luftpumpe ohne Weiteres in einem *directem* Verhältnifs zu stehen. D. H.]

6. Es kommt weiter auf eine vergleichende Berechnung der *Kosten* der beiden Arten von Eisenbahnen an.

Die Nothwendigkeit, dafs eine Eisenbahn für *Dampfwagen* möglichst horizontal liege, verursacht meistens ungeheure Ausgaben für Erd-Arbeiten, Brücken und Tunnels; so wie auch für die mehrere Landfläche, die entweder zu der Verlängerung der Linie, um am Damm zu sparen, oder zu den Böschungen der Aufschüttungen und Einschnitte nöthig ist. Zu einem 30 F. tiefen Einschnitte oder 30 F. hohen Damm sind wenigstens 60 F. breit Land an jeder Seite zu den Böschungen nöthig, damit die Böschungen flach genug werden: thut 5 Ruthen breit Land, wenn nicht etwa der Boden Felsen ist. Die hier folgende vergleichende Berechnung ist auf die Erfahrung bei Chausséen (turnpike roads) und Eisenbahnen gegründet; und zwar auf die Rechnungs-Ablegung der verschiedenen Gesellschaften, deren Eisenbahnen in gutem Stande sind.

A. An ***Baukosten*** einer Eisenbahn ***für Dampfwagen*** ist nach dem Maafsstabe der 5 vorzüglichsten Eisenbahnen [in England], deren Kosten die Vorausbe-

rechnung überstiegen haben, auf die (Preufsische) Meile zu rechnen 1 124 160 Thlr.
Für die Dampfwagen auf die Meile . . . . 49 964 -

Thut zusammen auf die (Preufsische) Meile 1 174 124 Thlr.

[Es ist hier nicht etwa bei dieser *ungeheuern* Summe ein Rechnungsfehler in der Reduction. Im Original steht 37 600 Pfd. Sterling für die Englische Meile, was zu 6 Thlr. 20 Sgr. das Pfd. St. 250 667 Thlr. und da 4,684 Engl. Meilen auf eine Preufsische gehen, die obige Summe giebt. D. H.]

Die Kosten einer *atmosphärischen Eisenbahn* würden folgende sein.

Die Chausséen in England haben im Durchschnitt 93 680 Thlr. die Preufsische Meile gekostet (3000 Pfd. St. die Englische Meile). Für den Damm der atmosphärischen Eisenbahn wollen wir ansetzen . . . . . 124 907 Thlr.

Für Brücken noch aufserdem . . . . 62 458 -

Für Schienen, Schienenstühle, Unterlagehölzer und Legungskosten derselben . . . . 78 063 -

Für die Triebröhre, mit allem Zubehör, und zwar zu einer Bahn, auf welcher 7200 Ctr. in der Stunde und 100 000 Ctr. täglich in 14 Arbeitsstunden auf einem Abhange von 1 auf 100 fortzuschaffen sind, ... 162 380 -

Für die stehenden Maschinen, Luftpumpen und Maschinengebäude . . . . 43 718 -

Für die Luftkolben . . . . 624 -

Thut zusammen auf die Meile 472 150 Thlr.

also gegen obige . . . . 1 174 124 -

weniger 701 974 Thlr.

[Wenn nur nicht die wirklichen Kosten die voraus berechneten ebenfalls wieder übersteigen werden. D. H.]

B. Die jährlichen Kosten der *Erhaltung* der Bahn und der Fortschaffung von 40 000 Ctr. täglich, was mehr ist, als zwischen Liverpool und Manchester transportirt wird, sind wie folgt anzuschlagen.

Auf einer Bahn *für Dampfwagen.*

5 pr. C. Zinsen und Amortisation des Capitals von 1 174 124 Thlr. Baukosten . . . . 58 706 Thlr.

Erhaltungskosten der Bahn . . . . 14 052 -

Dampfwagen, Brennstoff etc. . . . . 56 208 -

Thut zusammen 128 966 Thlr.

Auf einer ***atmosphärischen*** Eisenbahn.

5 pr. C. Zinsen und Amortisation des Capitals von 472 150 Thlr.	23 607 Thlr.
Erhaltung und Bedienung der Bahn	9 368 -
Abnutzung der stehenden Maschinen, 5 pr. C. ihrer Kosten,	2 186 -
20 047 Ctr. Kohlen, zu 10 Sgr., ...	6 649 -
Gehalt der Maschinisten und Feuerschürer	1 874 -
Gehalt der Wagenzugführer	812 -
Erneuerung des Luftkolben-Apparats; Schmiere etc. . .	6 245 -
Thut zusammen	50 741 Thlr.
Also gegen obige	128 966 -
Jährlich weniger auf die Meile	78 225 Thlr.

Der Centner 1 Meile weit zu transportiren kostet, den obigen Beträgen gemäfs:

Auf der Dampfwagen-Bahn	3,606 Spf.,
Auf der atmosphärischen Bahn	1,405 Spf.,

mit Ausschlufs der Kosten der Fahrzeuge und der Verwaltung, die auf beiden Arten von Bahnen dieselben sein mögen.

7. Aus der obigen Beschreibung und aus den Berechnungen der Erfinder der atmosphärischen Eisenbahn, so wie aus dem Erfolge der im letzten Monat fast täglich wiederholten Versuche wird der Leser im Stande sein, über die Wahrscheinlichkeit der allgemeinen Einführung des atmosphärischen Systems zu urtheilen. Wir unsererseits wünschen angelegentlich, dafs den Erfindern eine reichliche Vergeltung der grofsen Kosten und Arbeiten zu Theil werden möge, welche sie an ihren ersten Versuchen gewendet haben. Diese Versuche haben sie mit grofser Einsicht angestellt.

[Wie unzuverlässig die obige Berechnung der Wirkungen des atmosphärischen Systems und auch die der Anlage- und Betriebskosten desselben sei, braucht wohl nicht erst bemerkt zu werden. Es fehlt noch *sehr* viel, um den Leser in Stand zu setzen, zu urtheilen, ob die allgemeine Einführung der atmosphärischen Eisenbahnen statt der Dampfwagenbahnen rathsam sei, oder nicht. D. H.]

Bericht über die atmosphärische Eisenbahn zwischen Kingstown und Dalkey in Irland und über die allgemeine Anwendung des atmosphärischen Systems. Erstattet von Herrn Mallet, Inspecteur divisionnaire des ponts et chaussées.

Nebst den Bemerkungen dazu des Herrn Petiet, Ingenieurs der Eisenbahn zwischen Paris und Versailles auf dem rechten Ufer der Seine.

(Die Bemerkungen des Herrn *Petiet* sind in *runde* Klammern geschlossen und jede ist bei ihrem *Anfange* mit *P.* bezeichnet. Die Anmerkungen des Herausgebers des gegenwärtigen Journals sind, wie gewöhnlich, in *eckige* Klammern eingeschlossen und jede ist an ihrem *Ende* mit D. H. bezeichnet.

---

8. In der jetzigen Zeit der Vervollkommnung alles Dessen, was materiellen Gewinn bringt und wobei diese oder jene physicalischen Kenntnisse dienlich sind, war es sehr natürlich, auch an die Benutzung des ***Drucks der Luft*** zu denken. Die Idee, eine Röhre auszupumpen und einen Kolben in derselben von der äufsern Luft forttreiben zu lassen, müssen gewifs Viele gehabt haben; aber zwischen der ersten Idee und der practischen und nützlichen Ausführung liegt viel. An Planen zur Ausführung und auch an Versuchen, hat es nicht gefehlt.

9. Ehe man auf Das sieht, was in diesem Punct in dem jetzigen Jahrhundert und besonders in der neusten Zeit geschahe, wird es gut sein, sich an ***Papin*** zu erinnern, welcher zuerst vorschlug, einen Cylinder auszupumpen, um auf weite Entfernungen hin zu wirken.

Im Jahr 1810 schlug der Dänische Ingenieur ***Medhurst*** vor, Briefe und Waaren in einen 6 Fufs hohen und 5 Fufs breiten Canal, in welchem sich eine Stein- oder Eisenbahn befinden sollte, durch den Druck der Luft fortzuschaffen. Im Jahr 1824 trieb Herr ***Vallance*** diesen Vorschlag noch weiter. Er wollte den Kolben, die Wagen und die Reisenden in einen weiten Tunnel einschliefsen. Aber die Versuche, welche er anstellte, hatten keinen genugthuenden Erfolg. Der nemliche Herr ***Medhurst*** sah bald ein, dafs auf eine solche Weise die Lösung der Aufgabe nicht geschehen könne, und er war es, der zuerst vorschlug, die Luftröhre nur klein zu machen und den Kolben in derselben den Druck der Luft auf ihn durch einen längsaus laufenden Schlitz in der Röhre nach aufsen hin mittheilen zu lassen. Er verschlofs diesen

Schlitz durch eine hydraulische Vorrichtung, welche er Wasserventil nannte. Wie es scheint, mifslang der Versuch, den er damit machte. Im Jahr 1834 brachte Herr ***Pinkus*** ein Seil an die Stelle des Wasserventils; aber ohne bessern Erfolg. Die Herren ***Clegg*** und ***Samuda*** waren glücklicher. Sie verschlossen den Schlitz der Luftröhre mit einem Streifen Leder, der an der einen Seite fest war, durch Rollen an der Kolbenstange gehoben wurde, und vermöge seines Gewichts wieder zurückfiel. Die Fuge wurde mit einer Mischung von Wachs und Talg hermetisch verschlossen. Im Jahre 1838 wurden durch Herrn ***James Bonfil*** Versuche mit dieser Vorrichtung zu ***Chaillot*** angestellt. Sie hatten gröfsere und entscheidendere Versuche zu Wormwood-Scrubbs bei London zur Folge. Herr ***Teisserenc*** hat über diese Versuche berichtet. Zu gleicher Zeit führte Herr ***Bonfil*** im Havre eine gleiche Vorrichtung aus, die in den Werkstätten des Herrn ***Nilhus*** in Wirksamkeit war.

10. Bewogen durch diese Ergebnisse und der Meinung, dafs das neue System ausgedehntere Erfolge haben dürfte, schlug Herr ***Pim***, Cassirer der Gesellschaft der Eisenbahn zwischen Dublin und Kingstown, vor, dasselbe zu der Fortsetzung dieser Bahn von ***Kingstown*** bis ***Dalkey*** anzuwenden. Er legte darüber der Regierung einen Aufsatz vor und erhielt für seine Gesellschaft ein Anlehen von 166 666 Thlr. 20 Sgr. Das Gerücht von den Erfolgen dieses zweiten Versuchs, in weit gröfserem Maafsstabe als der zu Wormwood-Scubbs, verbreitete sich in Frankreich. Bald darauf trugen Herr ***Teste***, Minister des öffentlichen Bauwesens, und Herr ***Legrand***, Unterstaatssecretair für das Bauwesen, deren Aufmerksamkeit durch den Bericht des Herrn ***Teisserenc*** auf diesen Gegenstand gelenkt worden war, und die nun jene Vervollkommnung näher kennen zu lernen wünschten, welche auf die Angelegenheit der Französischen Eisenbahnen möglicherweise einen wesentlichen Einflufs haben könnten, mir auf, nach Irland zu reisen. Die Ergebnisse dieser Reise sind es, von welchen ich hier Bericht erstatten werde. Ich werde diesem Berichte Bemerkungen über die allgemeine Anwendung des atmosphärischen Eisenbahnsystems beifügen.

11. Mein Bericht wird vier Abschnitte haben.

In dem *ersten* Abschnitt werde ich die ***Beschreibung*** der Eisenbahn von ***Kingstown*** nach ***Dalkey*** geben; so wie die der dortigen Bewegungs-Vorrichtung und der Versuche, welche ich angestellt habe.

Der *zweite* Abschnitt wird die Bemerkungen über die *allgemeine Anwendung* des atmosphärischen Systems enthalten.

Der ***dritte*** wird eine Vergleichung der ***Anlagekosten*** einer Eisenbahn für Dampfwagen mit denen einer atmosphärischen Bahn geben.

Der *vierte* Abschnitt wird die Vergleichung der Kosten der ***Benutzung*** der einen und der andern Art von Eisenbahnen enthalten.

Erster Abschnitt.

Beschreibung der Eisenbahn zwischen Kingstown und Dalkey und der dortigen Bewegungs-Vorrichtung; nebst den Ergebnissen der auf dieser Bahn angestellten Versuche.

12. Die Eisenbahn zwischen *Kingstown* und *Dalkey* ist, wie schon gesagt, die Fortsetzung derjenigen zwischen *Dublin* und *Kingstown.* Diese letztere ist etwa 2788 Ruthen lang und es fahren darauf etwa 4500 Menschen täglich [also über $1\frac{1}{2}$ Millionen jährlich. D. H.]. Diese Bahn ist von der gewöhnlichen Art.

Die Vereinigung derselben mit ihrer Fortsetzung findet etwa 53 Ruthen jenseits der Station von Kingstown Statt (Man sehe Taf. IV. Fig. 1. und 2.). Die atmosphärische Eisenbahn wendet sich rechts unter einem Winkel von etwa 7 Graden ab. Sie hat an ihrem Anfange zwei Krümmungen in entgegengesetzter Richtung und geht darauf bis auf 217 Ruthen geradlinig fort. Dann kommt ein Bogen von nicht weniger als 70 Graden am Mittelpunct und 47 Ruthen Halbmesser. Durch diesen Bogen biegt sich die Eisenbahn schroff rechts. Dem Bogen folgt unmittelbar eine Biegung in entgegengesetzter Richtung, weil hier ein Haus nicht wegzuschaffen war; denn die Gesellschaft für die atmosphärische Eisenbahn hatte nicht die Expropriations-Berechtigung. Auf diese Biegung folgt wieder eine entgegengesetzte, aber wenig bemerkliche, durch einen Kreisbogen von 46 Ruthen Halbmesser. Hierauf folgt eine sanftere Krümmung und ein neuer Kreisbogen von 65 Ruthen Halbmesser und etwa 60 Grad am Mittelpunct, der die Bahn links lenkt. Dann folgt eine 170 Ruthen lange gerade Linie: die längste der ganzen Bahn. Es folgen ferner zwei wenig merkliche Krümmungen, in einander entgegengesetzter Richtung; und dann folgt eine gerade Linie bis zu Ende. ***Die gesammte atmosphärische Eisenbahn ist 740 Ruthen lang.***

Die Erbauer hatten, wie gesagt, nicht das Expropriationsrecht. Sie haben mit den Unternehmern des Hafens von Kingstown unterhandelt, welche ihnen die Hälfte der Strafse abgetreten haben, auf welcher sie die bei Dalkey brechenden Granitblöcke transportiren. Aus diesem Grunde hat die Bahn so viele Biegungen.

13. Von der Plateform am Anfange der Bahn fährt man 70 Ruthen lang einen Abhang von 1 auf 227 *hinab* (Fig. 3.). Von da *steigt die Bahn fortwährend bis Dalkey;* und zwar zusammen 68,8 F. hoch. Aber das Gefälle der Bahn, welches auf [740 weniger 70, also] 670 Ruthen Länge 1 auf 116 durchschnitlich betragen würde, ist sehr ungleich. Es beträgt auf 148 R. lang; 1 auf 106; dann auf 41 R. lang 1 auf 218. Hierauf beträgt es 1 auf 104, 1 auf 139, 1 auf 100, 1 auf 132. Dann wieder auf 26 R. lang 1 auf 213 und auf 187 R. lang 1 auf 115; für die 87 noch übrigen Ruthen der Bahn sogar 1 auf 57.

Die Bahn läuft an ihrem Anfange durch einen 291 Fufs langen Tunnel und hierauf zwischen zwei senkrechten Mauern fort, welche nur 11 F. 8 Z. von einander entfernt sind und die fast auf die ganze Länge die Eisenbahn einschliefsen. Die unterbrochenen Verbindungswege werden durch 12 Brücken hergestellt.

14. Die Bahn hat ein gewöhnliches Schienenpaar. Die Schienen sind auf Längshölzer befestigt, welche von Querhölzern getragen werden. In den Krümmen hat man an der innern Seite Gegenschienen gelegt, damit die Wagen nicht aus der Spur kommen können.

15. In der Mitte der Bahn liegt eine $14\frac{1}{2}$ Zoll weite Röhre, welche von 26 zu 26 Zoll halbmondförmige, unten 7 Zoll breite Verstärkungen hat. Diese Verstärkungen verlaufen sich nach oben gegen die längsausgehenden Reifen der Röhre (7.). Die Dicke der Verstärkungen ist 8 Linien. Die Röhrenwände sind oben $7\frac{1}{2}$, unten $8\frac{3}{4}$ Linien dick. Diese Anordnung bezweckt, die Röhre gegen den Druck der Luft zu festigen, der die Ränder des Schlitzes zusammenzutreiben strebt. Die Röhre ist auf Querhölzer nach Fig. 7. befestigt.

Die Röhrenstücke sind 8 F. 9 Zoll lang und jedes tritt in das folgende 5 Zoll tief hinein. Zwischen die umfassende Röhre und das Ende der hineintretenden ist ein Raum, den man mit einer Mischung von Wachs und Öl gefüllt hat. Diese Mischung wird durch Hede festgehalten, die in Theer getaucht und durch Schläge mit hölzernen Hämmern, von dem Ende der Muffe und seitwärts längs des Schlitzes für die fortlaufende Klappe, zusammengetrieben ist; denn auch die Zusammensetzung der Röhren mufs nothwendig für das Längsventil gespalten sein. Jedes Röhrenstück hat an seinem Ende einen Wulst.

Die Röhren sind *geschlossen* gegossen. Der Schlitz in denselben ist durch eine Hobelmaschine durchgeschnitten, welche auf 8 Röhrenstücke zugleich wirkte. Die Breite des Schlitzes beträgt $28\frac{1}{8}$ Linie. Die längsauslaufende Klappe besteht hauptsächlich aus einem Streifen des besten Rindleders. Fig. 7. zeigt sie im Querschnitt. Sie ist oben und unten mit eisernen Tafeln bekleidet, und so breit, als die Klappe den Schlitz bedeckt, ist das Leder verdoppelt. Das untere dieser beiden Leder wird durch eine eiserne Tafel *p* (Fig. 6.) an seinem Ort festgehalten, die eiserne Tafel aber wiederum durch einen senkrecht und einen wagerecht wirkenden Bolzen. Der Kopf des ersteren stützt sich auf die Platte *p* und zugleich auf die an die Röhren angegossene Schiene *a*, und klemmt so den Rand des Leders der Klappe fest. Dieser Rand, über die Tafel hinausgehend, taucht sich in eine Mischung von Wachs und Talg. Der andere Rand der Klappe legt sich, niederfallend, in eine gleiche Mischung von Wachs und Talg an einen andern an die Röhre angegossenen Vorsprung *a'*. Die obere eiserne Verstärkung der Klappe ist 34 Linien breit und 3 Linien dick; die untere ist $27\frac{1}{8}$ Linie breit und $2\frac{1}{8}$ Linie dick; die beiden Leder sind $5\frac{1}{8}$ Linien dick. Die gesammte Dicke der Klappe beträgt also $3 + 2\frac{1}{8} + 5\frac{1}{8} = 10\frac{2}{8}$ Linien oder etwa $\frac{7}{8}$ Zoll.

16. Nachdem ich diesen Haupttheil der Vorrichtung beschrieben habe, werde ich sagen, wie die Bewegung vor sich geht. Die längsaus laufende Klappe wird durch Rollen, von ungleichen Durchmessern, welche sich in der Kolbenstange drehen, Fig. 4. und 5. aufgehoben; und zwar nicht ganz, sondern nur bis zu einem Winkel von etwa 45 Graden, welcher genügt, um den von dem vordern leitenden Wagen in die Triebröhre hineinreichenden Arm durchzulassen. Nachdem dieser Arm vorbeigegangen ist, fällt die Klappe durch ihr eignes Gewicht wieder zu und wird anfangs noch durch zwei andere Rollen *hinter* dem Arm unterstützt. Sobald die Klappe wieder an ihre Stelle gelangt ist, wird sie durch eine Rolle, die an den vordern leitenden Wagen *hinter* dem Kolben befestigt ist, stark angedrückt. Hinter dieser Rolle befindet sich ein Cylinder, mit glühenden Kohlen gefüllt, welcher bestimmt ist, die Mischung von Wachs und Talg flüssig zu machen. Ich komme weiter unten auf diesen Cylinder zurück. Fig. 8. giebt einen Begriff davon.

17. Ich werde jetzt die *Eingangsklappe* beschreiben. Sie ist ungefähr 30 F. vom Anfange der Röhre entfernt. Unter der Triebröhre befindet sich hier eine halbkreisförmige Erweiterung derselben, mit senkrechten Seitenwänden. *MN* (Fig. 11.) ist die Klappe, welche die Triebröhre luftdicht ver-

schliefst. *OP* ist eine andere Klappe vor der Erweiterung der Röhre. Die beiden Klappen sind mit einander verbunden und an eine gemeinschaftliche Axe befestigt; wie es Fig. 11. zeigt. Die Klappe *MN* hat 14½ Zoll im Durchmesser, die Klappe *OP* 15 Zoll. Die eine der beiden senkrechten Wände der Erweiterung hat zwei kleine Öffnungen *o* und *o'*, die eine an der einen, die andere an der andern Seite der Klappe *OP* und der Scheidewand, welche sie aufnimmt. Soll die Bewegung beginnen, so bringt man den Kolben in die Röhre *Y* und schöpft die Luft aus *X* aus. Die alsdann in *Y* einschlossene Luft hat dieselbe Spannung, wie die äufsere Luft. Ebenso die Luft in der Kammer *Z*, weil *o'* offen ist. Unter diesen Umständen bewegt sich noch nichts, weil die Klappe *OP gröfser* ist als die *MN* und also erstere letztere zudrückt. Selbst wenn die beiden Klappen gleich grofs wären, würde es sich, wie sich weiter unten zeigen wird, noch eben so verhalten. Nun schiebt man das Gleitventil *T* so, dafs *o'* der äufsern Luft verschlossen wird und *o* und *o'* mit einander in Verbindung kommen. Dadurch wird die Luft aus *Z* nach *X*, wo die Luft dünner ist, so zu sagen hingesogen, und die Luft in *X* und *Z* bekommt nun die *gleiche* Spannung. Also öffnet nunmehr die dichtere Luft in *Y* die Klappe *MN*, und die Klappe *OP* legt sich gegen die Scheidewand zwischen der Röhre und der Erweiterung. Die Luftröhre ist also nun offen, und der Kolben geht hindurch. Sobald solches geschehen ist, bringt ein Arbeiter die Klappe und das Schiebeventil wieder in ihre vorige Lage. (*P.* Diese Vorrichtung ist sinnreich, und man sieht wohl ein, dafs sich die Klappe mit Recht nach der Richtung der Bewegung des Kolbens öffnet.)

Weiterhin werde ich beschreiben, wie der Wagenzug selbst die Klappe der Luftröhre öffnet.

18. Die *Ausgangsklappe* ist sehr einfach. Sie besteht aus einem hölzernen mit Leder gefütterten Deckel. Das Gelenke derselben befindet sich an dem untern Theile der Röhre.

19. Die Triebröhre erstreckt sich nicht bis ans Ende der Bahn. Die Röhre ist nur 604 R. lang. Der Wagenzug mufs also 136 Ruthen Weges blofs durch die erlangte Bewegung durchlaufen. (*P.* Es ist seltsam, dafs man die Triebröhre gerade vor dem steilsten Abhange hat aufhören lassen. Unter Umständen kann ja die erlangte Geschwindigkeit unzureichend sein, um diesen Abhang noch hinaufzukommen.) In einiger Entfernung vom Ende theilt sich die Saugröhre. Sie hat eben dieselben Maafse, wie die Triebröhre. Man sieht sie aufserhalb der Schienenbahn am Fufse der Böschung des Dammes.

Sie läuft unter die Luftpumpe hinunter, die jenseits der Strafse steht, auf welcher man noch immer die Steine von Dalkey nach dem Hafen von Kingstown transportirt. Diese Röhre ist, wegen ihrer Länge von 120 Ruthen und ihres ansehnlichen Durchmessers, ein wahrer *Sammelbehälter* verdünnter Luft.

20. Die Luftpumpe wird vermittels einer Dampfmaschine mit Condensation, Absperrung und einfacher Wirkung von 100 Pferden Kraft in Bewegung gesetzt. Der Cylinder der Dampfmaschine hat $33\frac{1}{4}$ Zoll im Durchmesser, der Cylinder der Luftpumpe 65 Zoll. Der Hub der beiden Kolben beträgt 64 Zoll. In der Minute macht der Kolben 22 Schläge und der Druck beträgt $2\frac{2}{3}$ Atmosphären. In der Stunde werden $4\frac{5}{8}$ Pfund Kohlen auf jede Pferdekraft verbrannt [also 484 Pfd. in der Stunde. D. H.]. Diese Maschine ist augenscheinlich für diese Eisenbahn zu stark. Man ist der Meinung, dafs sie noch für ein 2564 R. lange Bahn ausreichend sein würde. Hier bedient man sich kaum der Hälfte ihrer Kraft.

21. Die 740 R. lange Bahn ist in Strecken von 10,68 Ruthen lang getheilt, und die Abtheilungen sind auf den Mauern, welche die Eisenbahn einschliefsen, durch schwarze Striche angezeichnet. Weiterhin, wo die Einschliefsungsmauern aufhören, sind die Theilungspuncte auf den Böschungen durch weifs angestrichene Pfähle bezeichnet. Die 740 R. lange Bahn hat 69 solcher Theile. Je der vierte Theilungspunct (die Strecke einer Viertel Englischen Meile) hat noch ein besonderes Zeichen.

22. An der Mauer des Luftpumpen-Gebäudes, nahe an dem Luftpumpen-Cylinder, ist ein Barometer befestigt, dessen oberer Theil mit der Saugeröhre in Verbindung gebracht ist. Ein anderer, unmittelbar hinter der Eingangsklappe mit der Triebröhre in Verbindung stehender Barometer befindet sich an der Futtermauer am Eingange des Tunnels; ein dritter auf dem vordersten Leitwagen. Dieser letztere steht vermittels einer gekrümmten Röhre, die durch den Verbindungs-Arm des Wagens und des Luftkolbens und durch den Luftkolben hindurchgeht, mit dem innern Raume der Triebröhre in Verbindung. Die Barometer, deren *oberen* Theile mit der Saugröhre und der Triebröhre in Verbindung stehen, zeigen so den Unterschied zwischen der Spannung der äufsern Luft und der in der Röhre an. [Nemlich die Spannung der äufsern Luft, welche hier die gröfsere ist, treibt das Quecksilber des Barometers auf seinen *höchsten* Punct, und der Raum *über* dem Quecksilber ist, wie bekannt, luftleer und hat folglich *gar keine* Gegenspannung. Wird nun dieser Raum *über* dem Quecksilber mit der verdünnten Luft in Verbin-

dung gebracht, so drückt diese Luft das Quecksilber *hinunter*. Dasselbe steht also an der Barometerröhre um so *niedriger*, je dichter noch die Luft in der Röhre ist, und steigt um so höher, je mehr sie verdünnt wird. D. H.]

23. Auf dem vordersten Leitwagen (Fig. 1.) befindet sich noch ein anderes Instrument. Ein Ingenieur nemlich hatte, als er die ungeheure Geschwindigkeit sahe, mit welcher der Wagenzug fortgetrieben werden konnte, und die, als man nicht hemmte, über 15 Meilen in der Stunde betragen zu haben scheint, dem Herrn *Samuda* die Bemerkung gemacht, dafs möglicherweise bei einer so grofsen Geschwindigkeit die äufsere Luft gar nicht schnell genug dem Kolben werde folgen können und man also nicht den Druck derselben vollständig gewinne. In Folge dieser Bemerkung liefs Herr *Samuda* an einer Seite des Wagens eine kleine Röhre anbringen, welcher hinter dem Kolben anfing und in der Richtung der Barometerröhre nach oben bis vor den Beobachter hin sich erstreckte. Die Röhre endigte in einen Heber, in welchen Quecksilber gegossen war. Einer der Arme des Hebers war offen. Wäre nun die obige Befürchtung gegründet gewesen, so würde das Quecksilber in dem letzten Arm tiefer gesunken sein, als es im andern stand. [Nemlich die äufsere Luft würde dann stärker auf das Quecksilber gedrückt haben, als die Spannung der Luft *hinter* dem Kolben, die, wenn die Luft dem Kolben nicht schnell genug hätte folgen können, geringer gewesen wäre, als die der ruhenden äufsern Luft. D. H.] Aber das geschah nicht. Das Quecksilber blieb in den beiden Armen des Hebers gleich hoch stehen. Die Bewegung des Wagens versetzte es sogar nicht einmal in Schwingungen; wie man hätte glauben sollen, dafs es geschehen müsse. Die Einwendung würde nicht gemacht worden sein, wenn der Ingenieur bedacht hätte, dafs sich die Luft mit einer Geschwindigkeit von 1274 F. in der Secunde in einen luftleeren Raum stürzt. [Auch ist es wohl deshalb natürlich, dafs das erfolgen mufste, was geschah, da es ja eben der Druck der Luft ist, der die Geschwindigkeit des Kolbens hervorbringt, und dafs also, so wie im geringsten die Spannung der Luft hinter dem Kolben abnimmt, auch die Geschwindigkeit desselben abnehmen mufs. D. H.]

Ich komme jetzt zu meinen Versuchen auf dieser Eisenbahn.

24. Ich begann dieselben am 12ten November bei schönem Wetter, nachdem ich am Sonntage vorher die Eisenbahn in allen ihren Theilen genau besichtigt hatte. Ich beschäftigte mich zuerst damit, zu ermitteln, bis zu welchem Grade die Luft in der Röhre *ausgeschöpft* werde. Die Ergebnisse der hierüber mit Unterstützung des Herrn *Jos. Samuda* gemachten Versuche finden

sich in der hier folgenden Tafel. Ehe man die Luftpumpe in Bewegung setzte, verschlofs man gehörig die Eintritts- und die Ausgangsklappe.

Tafel der Versuche über das Ausschöpfen der Luft. [Um die Brüche zu vermeiden, und da es *hier* nur mehr auf *Vergleichungen* ankommt, ist das Englische Maafs beibehalten. D. H.]

Höhe des Quecksilbers in Englischen Zollen.	Zeit, welche über das Steigen des Quecksilbers verlief, in Secunden.					
	Erster Versuch.	Zweiter Versuch.	Dritter Versuch.	Vierter Versuch.	Fünfter Versuch.	Durchschnitt.
1						
2						
3						
4						15
5	30 (5–6)	—	—			—
6		—	—			11
7	15	—	—	40 (5–10)	49 (5–10)	11
8	10	—	—			9
9	10	—	—			9
10	15	—	—			11
11	10	—	—	10	10	10
12	12	—	—	10	11	11
13	11	—	—	10	10	10
14	12	13	—	13	10	12
15	12	12	—	11	15	13
16	15	15	—	16	15	15
17	15	15	45	15	15	15
18	18	17	—	17	13	16
19	25	18	20	22	—	21
20	35	22	20	29	—	26
21	32	28	25	39	—	31
22	43	35	37	45	—	40
23	60	50	50	75	—	59
24	85	70	83	90	—	82
25	110	—	—	115	—	113

Die erste Spalte dieser Tafel giebt die Quecksilberhöhen in Englischen Zollen an. [Nemlich da der ***verschlossene*** Raum ***über*** dem Quecksilber im Barometer mit der Triebröhre in Verbindung stand, so mufste das Quecksilber mit dem in der offenen Kugel, wo es dem Drucke der ***äufsern*** Luft ausgesetzt war, in der Waage stehen, oder sich ***gar nicht*** in der Barometerröhre erheben, wenn noch ***gar keine*** Luft aus der Luftröhre und also aus dem verschlossenen Raum über dem Quecksilber ausgeschöpft war. So wie die Ausschöpfung begonnen hatte, verdünnte sich die Luft in der Triebröhre und in dem Raum über dem Quecksilber; der Druck der äufsern Luft bekam das Übergewicht und das Quecksilber in der Barometerröhre *stieg* allmälig, so wie die Ausschöpfung fortgesetzt wurde. D. H.] Die Höhe des Quecksilbers im Barometer unter dem vollen Druck der äufsern Luft beträgt, wie bekannt, gewöhnlich 29 Zoll [30 Z. Englisch. Dieses ist ein sehr hoher Barometerstand. Der mittlere Barometerstand würde wohl nur zu 28 Zoll anzunehmen sein. D. H.] Die fünf folgenden Spalten geben an, wieviele Secunden über das Aufsteigen des Quecksilbers von der einen zur andern Höhe vergingen. [Der Herr Verfasser hat auch noch die Zeit des Anfangs und des Endes dieser Zeiträume angegeben; was hier füglich wegbleiben konnte. D. H.] Auf die ersten 4 bis 5 Zoll stieg das Quecksilber fast augenblicklich, und schwankend. Daher ist hier keine Zeit angegeben. Von dem 5ten Zoll an wurde das Aufsteigen des Quecksilbers etwas regelmäfsiger; jedoch waren die Schwankungen immer noch beträchtlicher, als weiterhin. Daraus erklären sich die 15 Secunden vom 4ten bis zum 5ten Zolle, während weiterhin, bis zum 13ten Zolle, die Aufsteigung fast regelmäfsig nur 10 Secunden von Zoll zu Zoll dauerte. Vom 13ten Zoll an nahm die Zeit zur Aufsteigung, wie es die Tafel zeigt, zu. Bis zum 22ten oder 23ten Zoll erhob sich das Quecksilber noch leicht. Aber von da weiter waren 1 bis 1½ Minuten und, um bis zum 24ten und 25ten Zoll zu gelangen, fast 2 Minuten zu einem Zoll nöthig. Indessen gelangten wir bei allen Versuchen bis zu dieser Höhe; das Quecksilber schwankte dann zwischen 24¾ und 25¼ Zoll. Die ganze Zeit, um diese Quecksilberhöhe zu erreichen, kann zu 9½ bis 10 Minuten angenommen werden; aber, wie mir Herr *Samuda* bemerklich machte und wie ich auch späterhin gesehen habe, genügt schon eine viel geringere Höhe. Wir schöpften die Triebröhre bis zu jenem Grade nur des Versuchs wegen aus. Eine Quecksilberhöhe von 13 bis 14 Zoll Englisch [also 12½ bis 13½ Zoll Preufs.], die hinreichend und angemessen ist, läfst sich in 2 Minuten erlangen; eine Höhe von 22 Zoll [21⅓ Z. Preufs.] in 5 Minuten. (*P*. Also die gröfste Quecksilberhöhe betrüge etwa *Fünfsechstheil* des atmospärischen Drucks. Um einen luft*leeren* Raum hervorzubringen, würde die Kraft der Maschine von 100 Pferden fast ganz erschöpft werden. [*Keine*, noch so grofse Kraft sogar würde *dazu* hinreichend sein. D. H.] Dieses bestärkt mich in meiner Meinung, dafs man mit dem Ausschöpfen nicht über 20 Zoll oder *Zweidrittheil* Atmosphären gehen müsse, um mit Kosten-Ersparnifs auf der Bahn zu fahren. Unter diesem Drucke beträgt die Zugkraft des Kolbens der dortigen Eisenbahn 1166 Pfd.; was weniger ist als die Kraft der gewöhnlichen Dampfwagenmaschinen.)

Ich sehe aus dem Berichte des Herrn ***Teisserenc,*** dafs man bei dem ersten Versuche mit einer atmosphärischen Eisenbahn, zu Wormwood-Scrubs bei London, gewöhnlich nur bis auf 18 Zoll, und nur mit grofser Mühe bis zu 23 Zoll Quecksilberhöhe gelangte. Also hat hier schon eine merkliche Vervollkommnung Statt gefunden.

25. Nach diesen Versuchen machte ich andere, in der entgegengesetzten Absicht; also um zu sehen, in welcher Zeit die gewonnene Verdünnung der Luft wieder ***verloren*** gehe, nemlich das Quecksilber im Barometer wieder falle [was sich also auf die Undichtigkeit der Klappen bezieht. D. H.]. Ich habe hierüber zwei Versuche angestellt; Herr ***Samuda,*** vom 11ten Zoll an, einen dritten. Die Ergebnisse zeigt die folgende Tafel.

Tafel der Zeit, in welcher die Senkung des Quecksilbers im Barometer von Zoll zu Zoll erfolgt, also die gewonnene Verdünnung der Luft in der Triebröhre wieder verloren geht.

Höhe des Quecksilbers in Englischen Zollen.	Zeit, welche über das Fallen des Quecksilbers von Zoll zu Zoll verging, *in Secunden.*			
	Erster Versuch.	Zweiter Versuch.	Dritter Versuch.	Durchschnitt.
24–23	37	—	—	37
23–22	22	29	—	26
22–21	34	29	—	32
21–20	30	31	—	30
20–19	31	29	—	30
19–18	31	32	—	32
18–17	32	31	—	32
17–16	32	32	—	32
16–15	33	33	—	33
15–14	33	33	—	33
14–13	32	32	—	32
13–12	33	35	—	34
12–11	33	31	—	32
11–10	32	33	35	33
10–9	32	36	35	34
9–8	33	29	35	32
8–7	28	30	34	31
7–6	27	31	30	29
6–5	24	21	25	23
5–4	20	21	25	22
4–3	17	—	20	19
3–2	—	—	20	20

Man sieht aus dieser Tafel, dafs das Quecksilber vom 24ten bis zum 7ten Zoll, je in 32 bis 33 Secunden um einen Zoll sank, und dafs also in diesem Umfange das Eindringen der äufsern Luft in die Triebröhre der Eisenbahn von der Spannung der verdünnten Luft in derselben *unabhängig* war. Vom 23ten bis zum 22ten Zoll fanden sich zwar nur 26 Secunden, aber dieses war wohl nur eine zufällige Abweichung. Vom 7ten Zoll an drang die Luft schnell ein; bis zu 20 Secunden für den Zoll. Die ganze Zeit des Eindringens der Luft, von 24 Zoll Quecksilberhöhe an, betrug bei dem einen Versuch 10 Min. 26 Sec., bei dem andern 9 Min. 58 Sec.

26. Die Versuche mit dem *Aufsteigen* des Quecksilbers wurden immer nach dem Durchgange eines oder mehrerer Wagenzüge gemacht. Ich stellte auch noch einen Versuch nach erfolgtem Wieder-Eindringen der Luft an. Es verhielt sich hier bis zum 20ten Zolle ganz wie vorhin; aber der höhere Barometerstand wurde schwieriger erreicht; woraus also folgte, dafs die Klappe auf dem Schlitz der Röhre nach dem Durchgange eines Wagenzuges besser schlofs. Dieses war auch zu erwarten; denn nachdem erst die Luft wieder in die Röhre eingelassen war, konnte die Klappe nicht so gut schliefsen, als nachdem sie von der Rolle am Wagenzuge angedrückt und die Dichtungsmasse flüssig gemacht worden war. Ich hätte erwartet, dafs der Unterschied gröfser sein würde, und ich glaube auch, dafs sich, wenn der Versuch wiederholt worden wäre, gefunden haben würde, dafs die Klappe immerfort weniger genau schliefst. Die Rolle, welche das Rad andrückt, ist gewifs wesentlich nöthig. Ebenso die Verdichtungsmasse. Aber diese Masse leistet nur ihre Dienste, nachdem sie *flüssig* gewesen ist, und der heifse Cylinder geht zu schnell vorüber, als dafs seine Wirkung nachhaltig sein könnte. Bei einer Geschwindigkeit von 30 F. in der Secunde, die nur schwach ist, verweilt der Cylinder auf jedem Puncte nur Einzehntheil Secunde, denn er ist nur 3 F. lang. Die nützliche Wirkung des Cylinders ist das *Zusammendrücken.* Er prefst die Verdichtungsmasse gegen den Rand der Klappe und verschliefst so die Zwischenräume.

27. Unter den mit dem Barometer angestellten Versuchen darf ich denjenigen nicht übergehen, welcher von Herrn *Samuda* und Herrn *Pim,* dem Cassirer der Gesellschaft der Eisenbahn von Dublin nach Kingstown und dem Urheber der hiesigen atmosphärischen Eisenbahn, gemeinschaftlich angestellt worden ist. Diese beiden Herren beobachteten, jeder mit einem Chronometer in der Hand, der eine den Barometer an der Dampfmaschine der Luft-

pumpe, der andere den Barometer unter dem Tunnel zu Kingstown. Ihr Zweck war, die Geschwindigkeit zu ermitteln, mit welcher sich die Verdünnung der Luft *fortpflanzt*. Die Ergebnisse enthält folgende Tafel.

Höhe des Quecksilbers in Englischen Zollen.	Zeit der Beobachtung. Zu Dalkey. Min.	Sec.	Zu Kingstown. Min.	Sec.	Unterschied. Secunden.
4	35	15	35	50	35
5	35	20	32	59	39
6	35	30	36	8	38
7	35	45	36	15	30
8	35	55	36	25	30
9	36	5	36	33	28
10	36	15	36	42	27
11	36	25	36	53	28
12	36	36	37	3	27
13	36	47	37	13	26
14	37	0	37	27	27
15	37	11	37	41	30
16	37	25	37	57	32
17	37	50	38	20	30
18	38	12	38	42	30
19	38	35	39	8	33
20	39	4	39	42	38
21	39	40	40	27	47
22	40	30	41	25	55

Der Durchschnitt der Zeit-Unterschiede ist 30 Secunden. Diese Zeit verging, ehe der Barometer am Tunnel dieselbe Höhe zeigte, wie der Barometer an der Luftpumpe. Die Entfernung war 730 Ruthen: also pflanzte sich die Verdünnung der Luft mit einer Geschwindigkeit von 292 F. in der Secunde fort. Ich habe bei dem Durchschnitt die beiden letzten Zeit-Unterschiede von 47 und 55 Secunden nicht in Rechnung gebracht und betrachte sie als eine zufällige Abweichung, wahrscheinlich aus der Schwierigkeit entstanden, die Quecksilberhöhen von 21 bis 22 Zoll zu beobachten. Auf dieser Höhe beginnt das Quecksilber stark zu schwanken, während es bis dahin fast regelmäfsig emporsteigt.

28. Der letzte Versuch, welchen ich mit dem Barometer gemacht habe, bezog sich auf die ***Reibung des Kolbens und der Rollen, welche die Klappe heben, der Rolle, welche sie wieder andrückt, und des vorerwähnten, zur Flüssigmachung der Verdichtungsmasse bestimmten Cylinders.*** Wir brachten den Wagen, an welchen der Kolben befestigt ist, in

den geradlinigen Theil der Eisenbahn, welcher 1 auf 115 Abhang hat. Das Gewicht dieses Wagens betrug $80\frac{4}{5}$ Ctr. Er war mit 13 Personen besetzt, welche, zu 150 Pfd. gerechnet, noch $17\frac{7}{10}$ Ctr. Gewicht gaben, so dafs der Wagen überhaupt $98\frac{1}{2}$ Ctr. wog. Ich liefs die Triebröhre so weit ausschöpfen, dafs der Wagen sich in eine langsame und regelmäfsige Bewegung setzte. Anfangs, um erst die Trägheit der Massen zu überwinden, mufste der Barometer auf 4 bis 5 Zoll Höhe gebracht werden, aber nachdem die Bewegung regelmäfsig geworden war, schwankte das Quecksilber zwischen 1 und 2 Zoll (Engl.). Die Verdünnung der Luft wurde durch einen Arbeiter geregelt, welcher die Verbindungsklappe zwischen der Saugröhre und der Triebröhre mehr oder weniger öffnete. In jener war die Verdünnung der Luft bis auf 25 Zoll gebracht. Die Stelle, wo man den Versuch anstellte, war sehr nahe an dem Verbindungs-Orte der beiden Röhren. Um nicht zu wenig zu rechnen, schlug ich die Reibung auf 2 Zoll Druck, also auf Ein Pfund für den Quadratzoll an. Der hiezu gehörige Druck auf die Kolbenfläche betrug also 170 Pfd. (Preufs.). Die zur Überwindung der Reibung des Wagens auf den Schienen nöthige Kraft beträgt den 250ten Theil von $98\frac{1}{2}$ Ctr., also $43\frac{1}{3}$ Pfd., diejenige zum Ersteigen des Abhanges den 115ten Theil der Last, also 94 Pfd.; und $43\frac{1}{3}$ und 94, zusammen $137\frac{1}{3}$ Pfd., von 170 abgezogen, läfst $32\frac{2}{3}$ Pfd. zur Überwindung der Reibung des Kolbens etc. übrig; was auf den Quadratzoll etwa $\frac{1}{5}$ Pfd. ausmacht. (***P.*** Dieser Versuch scheint mir wenig sicher. Der Barometer ist hier wegen der Schwankungen des Quecksilbers ein sehr unsicheres Werkzeug. Herr *Mallet* sagt, das Quecksilber habe zwischen 1 und 2 Zoll *geschwankt*. Nimmt man 1 Zoll an, statt 2, so ergiebt sich *Null* für die Reibung des Kolbens. Der Widerstand mufs auch offenbar mit der Geschwindigkeit zunehmen, da die Trägheit der Masse des Ventils zu überwinden ist; [welches letztere aber doch wohl nur eine sehr geringe Kraft erfordern dürfte. D. H.])

Herr *Teisserenc* fand durch einen zu Wormwood-Scrubbs mit Sorgfalt angestellten Versuch, dafs die Barometerhöhe, bei welcher der Wagen eine langsame und regelmäfsige Bewegung annahm, $3\frac{1}{2}$ Zoll betrug; was auf 1 Quadratzoll Kolbenfläche $1\frac{7}{10}$ Pfd. und 108 Pfd. für die $63\frac{1}{2}$ Q. Z. (Engl.) des Kolbens ausmachte. Der Versuch wurde auf einer horizontalen Strecke der Bahn angestellt. Zieht man 50 Pfd. für die Reibung der Wagenräder ab, so bleiben 58 Pfd. für die Reibung des Kolbens etc. Da die Triebkraft auf 18 Zoll Druckhöhe 572 Pfd. betrug, so schlofs Herr *Teisserenc,* dafs die Reibung des Kolbens davon der 10te Theil sei. Es ist aber nicht zu verwundern, dafs

Herr *Teisserenc* eine stärkere Reibung des Kolbens fand, als ich; denn die Eisenbahn von Wormwood-Scrubbs war in dem allerübelsten Zustande, und gleichsam aufgegeben, während sich die Bahn zwischen Kingstown und Dalkey in dem allerbesten Stande befand. Was den geringen Betrag von 34 Pfd., wovon der gröfsere Theil auf die Reibung des Kolbens kommt, erklärt, ist, dafs die Triebröhre inwendig durchweg einen Überzug von Talg hat. Vor dem Legen der Röhrenstücke sind die Enden der Stücke erwärmt und mit einer gewissen Masse Talg bestrichen worden. Man hat darauf das Röhrenstück in eine drehende Bewegung gebracht, und ein Arbeiter breitete die Talgmasse gleichförmig aus. Aufserdem *hängt* der Kolben ganz an dem vordersten Wagen, so dafs die Reibung an seinem ganzen Umfange gleich ist. Die Bewegung des Kolbens breitet vollends den Talg in der übrigens *nicht* ausgebohrten Röhre gleichförmig aus. Ich habe beobachtet, dafs der Kolben nicht das Geringste davon mit sich fortführte. Herr *Teisserenc* bemerkt hier noch ganz richtig, dafs, während die Triebkraft im Verhältnifs des *Quadrats* des Durchmessers der Triebröhre wächst, die Reibung des Kolbens nur in dem *einfachen* Verhältnifs des Durchmessers zunimmt. Die Querschnitte der Kolben zu Wormwood-Scrubbs und zu Kingstown verhalten sich zu einander fast wie 1 zu 3, ihre Umfänge dagegen nur wie 7 zu 12.

Ich komme jetzt zu den Versuchen in Betreff der *Geschwindigkeit.*

29. Bei dem ersten Versuch stand der Barometer auf 24 Zoll Preufs. Der Wagenzug bestand aus 7 Fahrzeugen, die zusammen 450 Ctr. wogen. Die 6 Personenwagen waren mit 200 Personen besetzt, so dafs man das gesammte Gewicht des Wagenzuges auf 749 Ctr. annehmen konnte. Nachdem der Kolben in die Röhre gebracht war, sahe man den Barometer am vordern Wagen allmälig bis auf $8\frac{1}{4}$ Zoll Pr. sich erheben, obgleich die Eintrittsklappe noch verschlossen blieb. Deshalb habe ich eben bei dieser Klappe gesagt, dafs dieses Ventil auch dann noch sich nicht öffnet, wenn selbst die Gegenklappe *nicht* gröfser ist. Wie leicht zu sehen, mufste hier der Wagenzug durch Hemmen zurückgehalten werden. In der That wurde derselbe schon von 766 Pfd. Luftdruck fortgetrieben. So wie nun das Ventil geöffnet wurde, stieg das Quecksilber in dem Barometer am Leitwagen sogleich auf 24 Zoll Pr. Man lösete jetzt die Bremsen, und wir fuhren mit einer sehr grofsen Geschwindigkeit fort. Ich maafs sie bei diesem Versuche noch nicht, sondern begnügte mich, die Zeit der Abfahrt anzumerken. In der Krümmung, deren Halbmesser 47 R. ist und deren Bogen 70 Grade fafst, wurde die Bewegung durch

Hemmen gemäfsigt. Wir empfanden gleichwohl einen starken Druck nach der Seite und wurden heftig Einer gegen den Andern geworfen, als wir von der einen Krümme in die andere von entgegengesetzter Richtung übergingen. Dies geschah auch bei der Brücke über die Strafse von Glastoole. Bei allen Fahrten, wo die Geschwindigkeit gegen 6½ Meilen auf die Stunde betrug, empfanden wir an jener Stelle diesen Stofs; und zwar nur an dieser einen Stelle. Ohne die Gegenschienen würden dort die Wagen wahrscheinlich aus den Schienen geschleudert werden. Die Fahrt wurde in 3¼ Minuten zurückgelegt. Dieses würde auf die 740 Ruthen Länge, wenn die Geschwindigkeit gleichförmig gewesen wäre, etwa 7 Meilen auf die Stunde betragen. Herr *Samuda* hat in dem geradlinigen Theile der Bahn Geschwindigkeiten von 8½ Meilen auf die Stunde beobachtet. (***P.*** Die obige Bemerkung wegen der Krümme ist ein Fingerzeig für Die, welche in einer Krümme von einigen wenigen Ruthen Halbmesser die Geschwindigkeit zu verdoppeln gedenken.)

30. Nachdem der Wagenzug nach Kingstown zurückgebracht worden war, fand sofort eine zweite Fahrt Statt. Der Barometer zeigte 24¼ Zoll Pr. Die Fahrt wurde in 3 Minuten 7 Sec. zurückgelegt. An einzelnen Stellen war die Geschwindigkeit 9½ Meile auf die Stunde. Während der Fahrt sank der Barometer bis auf 20⅓ Zoll Pr. Dieses geschah, weil man schneller fuhr, als die Luft ausgeschöpft werden konnte; die verdünnte Luft in der Triebröhre wurde um etwas zusammengedrückt, und deshalb sank das Quecksilber.

Bei dem weiter folgenden Versuch mit dem nemlichen Wagenzuge verhielt es sich umgekehrt. Wir fuhren mit 7¾ Zoll Pr. Druck ab, also mit 681 Pfd. Triebkraft. Die Geschwindigkeit war geringer und wir sahen das Quecksilber allmälig bis auf 19⅜ Zoll steigen. Die Luft wurde jetzt schneller ausgeschöpft, während wir fuhren. Dieses ist eine zu bemerkende Eigenschaft der atmosphärischen Eisenbahnen. So wie die Geschwindigkeit wegen des zu grofsen Gewichts des Wagenzuges oder eines sonstigen Aufenthalts abnimmt, nimmt die Triebkraft zu. (***P.*** Dies ist aber nicht sehr erwünscht, wenn man aus irgend einem Grunde die Bewegung verzögern *mufs.*) Diese Fahrt erforderte 4½ Minuten; was 4¾ Meilen in der Stunde ausmacht. An einigen Stellen aber betrug die Geschwindigkeit bis 6½ Meilen.

31. Bei den folgenden Versuchen habe ich die Geschwindigkeit genauer beobachtet. Bei jeder 10⅔ Ruthen langen Abtheilung des Weges wurde die verflossene Zeit durch ein Instrument angemerkt, welches die Form einer Uhr hatte. Es machte einen Strich auf ein dazu bereitetes Papier, so wie man eine

Feder andrückte. Das Papier ward in eine gleichförmige umlaufende Bewegung gebracht. Aus den Zeitmomenten lassen sich die Geschwindigkeiten finden. Ich habe den Betrag dieser Geschwindigkeiten auf die Stunde berechnet, und für verschiedene Wagenzüge. Zur besseren Übersicht sind in der folgenden Tafel die Geschwindigkeiten von 107 zu 107 Ruthen [¼ Engl. Meile] angegeben.

Gewicht des Wagenzuges in Centnern.	Geschwindigkeit auf die Stunde in Preufs. Meilen.					
	Auf die 1ten 107 R.	Auf die 2ten 107 R.	Auf die 3ten 107 R.	Auf die 4ten 107 R.	Auf die 5ten 107 R.	Auf die 6ten 107 R.
591	4,03	5,68	5,65	5,94	6,86	6,97
591	3,83	5,46	5,65	5,36	6,05	6,61
749	3,86	6,88	6,19	6,88	6,42	6,29
1380	2,85	3,68	4,21	4,17	4,47	44,6
	Geschwindigkeit der Rückfahrt unter der Wirkung der Schwere.					
591	2,92	4,33	4,74	4,39	4,53	4,49

Über die 642 Ruthen hinaus, auf 42 Ruthen, war die Geschwindigkeit die in dem letzten Abschnitt. Der Kolben hatte die Triebröhre verlassen. Als man hemmte, um anzuhalten, war die Geschwindigkeit beim ersten Versuche noch 3,84 Meilen in der Stunde, bei dem zweiten Versuch nur 2,65 Meilen.

Zufolge (Fig. 1.) befinden sich die Krümmen in dem obigen 4ten Abschnitt. Auch ergab sich die gröfste Geschwindigkeit nur in dem 5ten und 6ten Abschnitt. An einigen Stellen betrug sie in diesen beiden Abschnitten bei den beiden ersten Versuchen bis 8½ Meilen auf die Stunde. (*P.* Es ist wohl schwer zu glauben, dafs auf etwa 100 R. lang die Geschwindigkeit so sehr sich verändern könne. Auf Schätzungen und Näherungen ist nicht sicher zu bauen.) Bei dem dritten Versuch, mit einem Wagenzuge von 749 Ctr. schwer, ist nach einer Secunden-Uhr beobachtet worden. Die Ergebnisse sind weniger sicher, als die der vorigen Versuche. Mit dem Wagenzuge von 1380 Ctr. bei dem vierten Versuche sind die Geschwindigkeiten nach dem Austritt aus den Krümmungen zwar ebenfalls gröfser, aber sie sind durchweg gleichförmiger.

Noch bemerke ich, dafs die Geschwindigkeit gleich nach der Abfahrt beim ersten Versuch 0,96, beim zweiten 1,39 Meilen war; aber in der 6ten Abtheilung, also nachdem 64 Ruthen zurückgelegt waren, und zwar in 30 bis 40 Secunden, betrug sie schon 5,13 M. bei der ersten und 4,52 Meilen bei der zweiten Fahrt. Diese auf solche Weise schneller als mit Dampfwagen erreichte Geschwindigkeit rührte zum Theil von dem Abhang bei dem Anfange der Bahn her.

Bei dem in der Tafel angegebenen Versuch einer ***Rückfahrt*** mit einem 591 Ctr. schweren Wagenzuge, der, sich selbst überlassen, ***blofs von der Kraft der Schwere bergab fortgetrieben wurde***, war die gröfste Geschwindigkeit 4,74 Meilen; und zwar in der 3ten Abtheilung. Es ist diese Stelle ungefähr die Mitte der Bahn, und man befindet sich auf einer auf 106 Ruthen lang beinahe geraden Linie. Nach der Abfahrt betrug die Geschwindigkeit 1726 Ruthen auf die Stunde; am Fufse des 87 R. langen Abhanges von 1 auf 57 betrug sie 7691 Ruthen. Die Fallhöhe ist 18,4 F. Bei freiem Falle würde dieses eine Geschwindigkeit von 17 092 R. auf die Stunde geben.

32. Nach meiner Abreise von Dublin hat man noch 4 Versuche mit Wagenzügen von 591, 1190, 1388 und 1407 Ctr. schwer angestellt. Man findet die Nachricht davon in der Railway-Times vom 2ten December 1843. Auf 21 Ruthen lang ist man mit einer Geschwindigkeit von 10,89 Meilen in der Stunde gefahren. (***P.*** Ich bestreite geradezu diese Geschwindigkeit auf eine so kurze Strecke. Ein Irrthum von einer Secunde, wie er sehr leicht ist, ändert das berechnete Ergebnifs sehr. Um die Geschwindigkeit einer so schweren und so schnell bewegten Masse zu *ändern*, ist eine grofse Kraft nöthig; und die Änderung auf 21 Ruthen lang kann nur unbedeutend sein, nachdem der Wagenzug seine normale Geschwindigkeit erlangt hat. Nur auf gröfsere Längen läfst sich sicher messen.)

Folgendes sind die Resultate der 3 letzten von den vorhin erwähnten 4 Versuchen. Der erste ist den meinigen ähnlich; deshalb übergehe ich ihn.

	Gewicht des Wagenzuges in Centnern.	Geschwindigkeit auf die Stunde in Preufs. Meilen					
		Auf die 1ten 107 R.	Auf die 2ten 107 R.	Auf die 3ten 107 R.	Auf die 4ten 107 R.	Auf die 5ten 107 R.	Auf die 6ten 107 R.
No. 2.	1190	2,56	4,27	4,70	4,59	4,59	4,49
No. 3.	1388	2,40	3,85	4,06	3,76	3,93	3,42
No. 4.	1407	2,56	3,63	3,85	3,31	3,55	2,67

Bei No. 2. waren 7 Wagen mit 47 Personen besetzt, 5 Wagen mit Gütern und 100 Ctr. Eisen.

Bei No. 3. waren 7 Wagen mit 121 Personen besetzt und 200 Ctr. Eisen.

Bei No. 4. waren 7 Wagen mit 134 Personen besetzt und 200 Ctr. Eisen.

Die Geschwindigkeit in den ersten 107 Ruthen ist für die 3 Wagenzüge fast dieselbe, nemlich $2\frac{1}{2}$ Meilen in der Stunde. Auf den folgenden Wegestrecken aber nimmt sie ab, so wie die Ladung zunimmt. Die gröfste Geschwindigkeit findet sich in der dritten Wegestrecke; nemlich 4,7 Meilen in der Stunde mit 1190 Ctr. Ladung, 4,06 Meilen mit 1388 und 3,85 Meilen mit 1407 Ctr. Ladung. Diese dritte Wegestrecke hat gerade die Krümmen, also hat man wahrscheinlich bei diesen Versuchen nicht gehemmt, wie bei den meinigen und bei weniger schweren Ladungen.

Bei diesen Versuchen ist auch noch die Quecksilberhöhe *während* der Fahrt angegeben. Sie betrug bei No. 2. 24 Zoll Pr. bei der Abfahrt und 23 Zoll bei der Ankunft. Bei No. 3. senkte sich das Quecksilber von 24 Zoll um $\frac{1}{2}$ Zoll und erhob sich dann wieder auf 24 Zoll; bei No. 4. ebenso, aber nur um $\frac{3}{4}$ Zoll. Bei allen 3 Fahrten war der Widerstand ungefähr mit der Triebkraft im Gleichgewicht.

33. Wenn man auf dieser Eisenbahn Wagenzüge bis zu 1407 Ctr. sich fortbewegen sieht, so fragt man sich, ob dieselben nicht hier das Maximum sind, was sich durch die Triebröhre und auf diesem Abhange fortschaffen läfst. Es ist schwierig, hier das Maximum durch *Rechnung* zu finden, weil die Gefälle der Bahn so verschieden sind. Reducirt man sie auf einen *mittleren* Abhang, indem man auf die *Länge* jedes einzelnen Abhanges Rücksicht nimmt, so ergiebt sich ein Abhang von 1 auf $105\frac{1}{2}$. (*P.* Hier scheint ein Rechnungsfehler zu sein. Der mittlere Abhang beträgt nur 1 auf 143. In der That liegt zufolge des Längsdurchschnitts der Bahn (Fig. 3.) der höchste Punct über dem niedrigsten 5,71 Ruthen hoch. Die Länge des Abhanges ist 547 Ruthen; die beigeschriebene Höhe ist 3,84 Ruthen; was einen mittleren Abhang von 1 auf 143 giebt, und was dann die folgende Rechnung bedeutend ändert. Der Fehler war übrigens leicht wahrzunehmen; denn practische Ergebnisse stimmen mit einer theoretischen Rechnung so genau niemals. [Wie es scheint hat aber Herr *Mallet* aus den verschiedenen *Brüchen*, welche die Abhänge ausdrücken, ein Mittel genommen. D. H.])

Der Druck auf den Kolben bei $24\frac{3}{4}$ Engl. Zoll Barometerhöhe beträgt	2233 Pfd.
Davon für die Reibung des Kolbens etc. abgezogen . .	33 –
Bleiben	2200 Pfd.

Die Last, welche diese übrig bleibende Triebkraft den mittlern Abhang von 1 auf $105\frac{1}{2}$ hinaufzuziehen vermag, müfste mit $\frac{1}{250}$ wegen der Reibung der Räder auf der Bahn, $+\frac{1}{105\frac{1}{2}}$ wegen des Abhanges, also mit $\frac{1}{250}+\frac{1}{105\frac{1}{2}}=\frac{711}{250.211}$ multiplicirt werden, um die 2200 Pfd. Kraft zu geben: also müfsten, um die

Last aus der Kraft zu finden, 2200 Pfd. mit $\frac{250.211}{711}$ multiplicirt werden. Dieses giebt $\frac{2200.250.211}{711.110} = 1483$ Ctr. für die gröfste Last, welche sich auf der Bahn bergan fortschaffen liefse; was den obigen 1407 Ctrn. so nahe kommt, wie es nur in solchen Fällen erwartet werden darf. [Die Rechnung des Herrn Verfassers weicht um etwas von der vorstehenden ab. Der Herr Verfasser findet statt 1483 Ctr. nur 1425 Ctr. D. H.] Man hat also in der That bei den Versuchen das ***Maximum*** erreicht; die Geschwindigkeit der Bewegung war 6623 Ruthen in der Stunde. Auf horizontaler Bahn würden die 2200 Pfd. Triebkraft $\frac{2200.250}{110} = 5000$ Ctr. fortzuschaffen vermögen. (*P.* Ich bemerke, dafs mir das Vertrauen, welches Herr *Mallet* in die Zahlen setzt, die ein englisches Journal angiebt, um darnach, wie es hier sogleich im Folgenden geschieht, so bestimmt diese Eisenbahn für vollkommen gelungen zu erklären, ein wenig zu grofs zu sein scheint. Es wäre hier der Nutz-Effect dem theoretischen *ganz gleich;* was nicht zugegeben werden kann.)

34. Aus den hier berichteten Thatsachen und aus den von mir angestellten Versuchen ist zu schliefsen, dafs bei der Eisenbahn zwischen Kingstown und Dalkey die Aufgabe *als gelöset* betrachtet werden darf; so wie auch für jede ebenso lange und selbst längere Linie unter ähnlichen Umständen. Man hat hier einige Einwürfe gemacht. Man hat z. B. gefürchtet, dafs die längsaus laufende Schliefsklappe der Triebröhre nicht von langer Dauer sein werde. Aber nach Dem, was mir Herr *Samuda* gesagt hat, scheint es, dafs sie noch gar nicht gelitten habe. Man mufs nicht übersehen, dafs die Klappe nur so weit aufgebogen wird, als nöthig ist, die Verbindungsstange des Kolbens mit dem vordersten Wagen durchzulassen, nemlich nur bis auf etwa 45 Grad; was das Leder nicht angreift. Ich habe in London in den Werkstätten des Herrn *Samuda* einige Theile einer Klappe gesehen, die zwei Jahre lang auf der Eisenbahn zu Wormwood-Scrubbs in Dienst gewesen war; dem Regen und der Luft ausgesetzt. Das Leder war allerdings hart und starr, aber ich glaube, dafs es, eingeschmiert, noch ferner dienstfähig gewesen sein würde.

Man hat auch gesagt, dafs die Rollen am Kolben, bei ihrer schnellen Umdrehungs-Geschwindigkeit von 20 Umläufen in der Secunde, bei 10 Meilen Fortbewegung des Wagenzuges in der Stunde, an der Axe brennen würden. Bei Gebläsen ist aber die Umlaufsgeschwindigkeit noch gröfser, ohne dafs man einen Nachtheil davon wahrnimmt.

Der einzige Theil der Vorrichtung, welcher sich abnutzt, ist das Leder des Kolbens, obgleich es gegen Talg läuft. Nach Herrn *Samuda* mufs dasselbe erneuert werden, wenn es 24 Meilen durchlaufen hat. [Das ist allerdings etwas bald. D. H.]

35. Was ich bis jetzt berichtet habe, sind Thatsachen und Erfahrungs-Ergebnisse. Ich werde jetzt sagen, wie nach meiner Ansicht das atmosphärische System auf *längere* Linien anwendbar sein dürfte. Ich werde dabei verschiedene ungleiche Fälle voraussetzen.

(*P.* Meine Bemerkungen über diesen ersten Abschnitt durften nur sehr allgemein sein. Es galt hier eine blofse *Beschreibung*, und ich habe mich auf die Bemerkungen über einige Thatsachen beschränkt. Es ist gewifs, dafs die Eisenbahn bei Dalkey *Dienste leistet.* Um aber den Erfolg und den Ertrag näher zu beurtheilen, mufs die Benutzung erst mehrere Monate fortgesetzt worden sein. Ich glaube auch, dafs diese Eisenbahn unter genauer Aufsicht, mit einer einfachen Verwaltung, wie der Transport blofs nach einer Richtung auf einer ganz nach einer Seite hin abhängenden Bahn sie zuläfst, befriedigende Ergebnisse liefern werde. Weiter unten werde ich natürlich auseinanderzusetzen haben, was ich unter befriedigende Erfolge verstehe.)

(Die Fortsetzung folgt.)

3.

Beobachtungen über die steilsten natürlichen Erdböschungen.

(Von Herrn *Leblanc*, Bataillons-Chef im Königl. Französischen Genie-Corps.)

(Aus dem Mémorial de l'officier du génie.)

[Es ist von dem trefflichen Mémorial de l'officier du génie nach längerer Zeit in diesem Jahre (1844) wieder ein neuer Band, der 14te, erschienen. Da diese Schrift nicht käuflich ist, und also, zumal in Deutschland, nur wenig bekannt werden kann, so wird es gut sein, wiederum aus diesem Bande des Mémorials den Lesern des gegenwärtigen Journals Dasjenige mitzutheilen (die Worte ins Deutsche, Maafs, Gewicht und Geld ins Preufsische übersetzt), was für sie von Interesse sein dürfte. Den Anfang mache der in der Überschrift genannte Aufsatz. D. H.]

Bei der Gelegenheit, welche ich hatte, in den Voghesen und im Jura eine Menge Bergland durch horizontale Curven auszumessen, wobei wir uns Instrumente bedienten, die den Abhang angaben, ist uns eine Thatsache aufgefallen, die gleich sehr die Ingenieure, Togographen und Geologen interessiren wird.

Nirgends nemlich haben wir in diesen Bergen steilere Abhänge als 7 auf 10 oder von einem gröfseren Winkel gegen den Horizont als 35 Grad gefunden. Wir haben senkrechte und selbst überhangende *Felsen* angetroffen, aber nirgends *Erd*böschungen von mehr als 35 Grad gegen den Horizont. Diese Böschung fand sich bei den Erdstürzen fast überall.

Wir haben eine Menge von Abhängen gemessen, und darunter Abhänge von mehr als 1200 F. hoch. Mehrere derselben waren noch in der Bildung begriffen; nemlich die Krone bestand noch aus senkrechten Felsen, von welchen der Frost in jedem Winter beträchtliche Theile ablösete. Diese Erd-Abhänge scheinen ungemein steil zu sein; man würde sie nur höchst schwierig haben erklettern können und die meisten Ingenieurs schätzten ihre Böschung auf

45, 50 und selbst 60 Grad gegen den Horizont. Aber sobald man sie ausmafs, fanden sich nicht mehr als 7 auf 10 oder 35 Grad.

Der Abhang der Erdstürze im Jura, die aus festem Kalk (Corallenkalk) gebildet sind, aus welchem auch die obern Theile der Berge bestehen, sind selten steiler als 33 Grad. Der Kalkstein liegt hier auf Mergel (Oxforder Mergel oder Muschel-Erde), welcher den Fufs der Erdstürze bildet und welcher noch flacher sich lagert, mit Böschungen von 1 auf 2 bis 1 auf 4, also von 12 bis 27 Grad. Diese letztern Böschungen scheinen daraus entstanden zu sein, dafs das Wasser, mit dem Mergel sich mischend, eine halbflüssige Masse, eine Art von Mörtel, gebildet hat, der in wirklichem Flufs gewesen ist.

Wenn der Bergsturz aus festen Felsstücken entstanden und sehr hoch ist, so trifft es sich öfters, dafs am Fufse des Sturzes die grofsen Steine, welche weithin gerollt wurden, auf eine geringe Höhe eine Art Anschmiegung an das Thal bildeten; aber der übrige Abhang war immer ganz geradlinig. Man sieht ein besonders deutliches Beispiel von jener Anschmiegung links an der Strafse von Münster (in den Voghesen) nach der Schlucht von Schluh.

Die Bemerkung ist sonderbar, dafs die oben genannte gröfste Böschung der Erdstürze fast genau *die der Diagonale eines Cubus ist.*

Zu diesen Resultaten waren wir 1837 gelangt. Seitdem haben wir die Untersuchungen des Gegenstandes auf den Rhein-Ufern, in den Alpen, Apenninen, im Atlas und bei Algier fortgesetzt. Wir haben die Beobachtungen einer Menge von Ingenieurs und Geologen gesammelt und die Ausmessungen der Böschungen benutzt, von welchen sich Nachrichten von *E. de Beaumont* in den Memoiren zur geologischen Beschreibung von Frankreich finden; ferner die Abhandlung von *Poncelet* in dem Mémorial de l'officier du génie No. 13., die Beobachtungen von *Bouguer* in Perù, vom Obristlieutenant *St. Hypolite* in der Auvergne, vom Capitain *Hossard* in den Pyrenäen, vom Capitain *St. Laurent* in Africa und von *Desmadril* in den Entwürfen zur Carte von Frankreich. Wir haben ferner Versuche mit regelmäfsigen Körpern gemacht, z. B. mit feinem bleiernen Jagdschrot, mit verschiedenen Arten von Körnern etc. Alle diese Notizen haben wir in eine Übersichtstafel vereinigt, die sich in dem Bulletin der geologischen Gesellschaft von Frankreich findet und die hier weiter unten folgt.

Obgleich einige Resultate ein wenig von den obigen abweichen, so bleiben die letztern doch im Ganzen dieselben; besonders bei den Erdstürzen. Die Abhänge der meisten aus Felsen entstandenen Erdstürze sind nicht steiler als 35 Grad gegen den Horizont. No. 3. und 11. in der Tafel zeigen, dafs die Böschung von der Dichtigkeit der Masse unabhängig ist. Bleischrot und Hirse nehmen fast dieselbe Böschung an, nemlich einen Abhang von 22 bis 23 Graden; die Schneelavinen und die Erdstürze von Felsen-Böschungen von 35 Grad.

Die Versuche mit Körpern, welche von Natur glatt sind, zeigen, dafs die Neigung des Abhangs von dem Grade der Glätte abhängt; ein wenig Staub bringt die Böschung von Getreidekörnern von 26 auf 35 Grad (No. 3. und 9. der Tafel). Die an Trümmern von Sandstein und Trachit beobachteten Böschungen, welche bis zu 37, 38 und 39 Grad gehen, sind deshalb so steil, weil diese Körper sehr rauhe Oberflächen haben (No. 12. der Tafel). Endlich ist anzumerken, dafs, während *ein wenig* Wasser dem Sande und der Erde steilere Böschungen giebt, *mehr* Wasser sie sehr flach macht (No. 1. und 2.).

Die *sehr* steilen Böschungen von 38, 42 und selbst 45 Graden, welche zuweilen die Erde annimmt, sind nicht *bleibend;* auch findet man sie in den Bergen nirgend, sondern nur in neu entstandenen und wenig hohen Erdstürzen.

Was sich aus diesen Thatsachen für das *Bauen* abnehmen läfst, ist Folgendes. *Erstlich.* Wo es auf den Seitendruck der Erde ankommt, kann man im Allgemeinen eine natürliche Böschung von 35 Graden gegen den Horizont annehmen. *Zweitens.* In Fällen von etwas hohen Erdmassen ist es nicht rathsam, eine steilere Böschung als 35 Grad anzunehmen; wie man auch immer die Oberfläche durch befestigende Pflanzen zu schützen suchen mag. Die Böschungen *Vaubans* von 33 Grad sind nicht den Beschädigungen ausgesetzt gewesen, wie sie häufig an unsern jetzigen Böschungen von 45 Graden vorkommen.

Die Topographen müssen auf ihre Bezeichnungen von steileren Böschungen als 35 Grad verzichten; wenigstens werden sie dieselben nur selten nöthig haben. Sie haben ferner zu bemerken, dafs besonders die beiden Böschungen von 33 und von 35 Graden, unter welchen sich die Erdstürze von Felsen bilden, in den Bergen sehr häufig vorkommen; und dann die Abhänge von 14 und von 17 Graden, in welchen sich Thon und vom Wasser durchdrungener Mergel zu erhalten pflegen. Die letztere Masse, die sehr häufig vorkommt, ist weniger regelmäfsig, als die erste. Ihre Böschung ist bald steiler, bald flacher; sie gleicht, wie schon gesagt, einer halbflüssigen Masse: einem Mörtel, der in Flufs gewesen ist.

Tafel der natürlichen Böschungen verschiedener Erd-Arten und anderer Massen.

1. Kegelförmige Körper, von Sturzbächen herabgewälzt, nehmen in Aufschüttungen bis zu 223 F. hoch auf dem nemlichen Boden immer den nemlichen Abhang an von	1 bis 4 Gr. 30 M. oder 1 auf 50 bis 1 auf $12\frac{1}{2}$.
2. Der steilste Abhang vom Oxford-Mergel im Jura und vom Gipsmergel bei Paris beträgt . .	14 bis 18 Grad oder 1 auf 4 bis 1 auf 3.
3. Bleischrot, Senfkörner und Getraide nimmt eine Böschung an von	24 bis 26 Grad oder 1 auf $2\frac{1}{3}$ bis 1 auf 2.
4. Seifen-Erde, nach *Coulomb*, ...	30 bis 40 Grad oder 1 auf 1,724 bis 1 auf 1,19.
5. Bohnen, Wicken, Hanfkörner	$31\frac{1}{2}$ Grad oder 1 auf 1,695.
6. Der äufsere Abhang des obern Kraterkegels des Ätna, so wie der innere Abhang des Brunnens von Pariou in der Auvergne beträgt . .	32 Grad oder 1 auf 1,587.
7. Der Abhang des groben Kalksteins und Mergels an dem grofsen Damm der Eisenbahn von Paris nach Versailles auf dem linken Ufer der Seine, ferner die mit Schubkarren aufgeschütteten Böschungen in der Picardie und die Erdstürze des Corallenkalkes im Jura und in den Alpen betragen . . .	32 bis 33 Grad oder 1 auf 1,587 bis 1 auf 1,539.
8. Die von *Vauban* für Befestigungen vorgeschriebene Böschung ist	33 Grad oder 1 auf $1\frac{1}{2}$.
9. Getraide, mit Staub oder Durchgesiebtem gemengt, nimmt eine Böschung an von	34 Grad oder 1 auf 1,493.
10. Feiner Sand und gepulverter Sandstein, nach *Rondelets* Erfahrungen, ...	$34\frac{1}{2}$ Grad oder 1 auf 1,46.

11. Die steilsten Abhänge der Thäler von Belle-Ile, des Schnees auf dem Montblanc, der Schiefer im Col d'Orbe in den Voghesen und unterhalb Ehrenbreitstein, der Grauwackenbrüche am rechten Rhein-Ufer eine Viertelmeile oberhalb Bonn, der Sandsteintrümmer in den Steinbrüchen bei Longjumeau, der Erdstürze der Kreidefelsen an den Ufern der Somme, der Sandsteinfelsen in den Voghesen an der Strafse nach Strasburg, der alten eingestürzten Gipsbrüche bei Belleville, der mit Schubkarren aufgeschütteten Steintrümmer bei Paris, der Trümmer eines offenen Bruchs von grobkörnigem Kalkstein bei Pont-Saint-Maxence, des durchgesiebten Gipses, der Holzkohlen, des Getraides in den Pariser Militair-Magazinen, kleiner Steinkohlen etc. betragen . . 35 Grad oder 7 auf 10 (1 auf 1,428).

12. Die Trachite von Volkembourg bei Bonn und in den Euganeischen Bergen in Italien haben eine Böschung von . . . . 36 bis 38 Grad oder 1 auf 1,388 bis 1 auf 1,284.

13. Die fetten Erden bei Soissons, nach der Messung des Commandanten *Lebros*, ... 36 Grad oder 1 auf 1,388.

14. Die Erdstürze von den Kreidefelsen an den Ufern der Somme . . . . 37 Grad oder 1 auf 1,324.

15. Die von *Bouguer* (Histoire de l'académie des sciences 1755 S. 107) in Perù beobachteten und gemessenen Abhänge . . . . 35 bis 37 Grad oder 1 auf 1,428 bis 1 auf 1,324.

16. Feuchter Quarzsand, in kleinen Haufen von 23 Zoll hoch, ... 38 Grad oder 1 auf 1,284.

17. Feuchter Gipssand, in kleinen Haufen von 23 Zoll hoch, ... 45 Grad oder 1 auf 1.

4.

Vorläufige Nachricht von der Clapeyronschen Vervollkommnung der Dampfmaschinen, und besonders auch der Dampfwagen auf Eisenbahnen.

Bericht der von der Französischen Akademie ernannten Commissarien Herren *Poncelet, Piobert* und *Lamé* über die im Mai 1842 vorgelegte Abhandlung des Herrn *Clapeyron,* betreffend die Bewegung der Gleitventile in den Maschinen auf Dampfwagen und über die Anwendung der Absperrung des Dampfes. (Comptes rendus des séances de l'académie de sciences tome XVIII. S. 275 etc. vom 19ten Febr. 1844.)

[Das hier Folgende ist eine vorläufige Nachricht von einer nicht etwa blofs theoretischen, sondern *practisch bewährten* weitern Vervollkommnung der Dampfmaschinen, die noch weiter geht, als die neusten englischen Verbesserungen; nemlich bis zu einer Verstärkung der Kraft der nach der ältern Art gebauten Maschinen um *40 bis 50 pro Cent;* und zwar *ohne* neue Maschinentheile und *ohne* Vermehrung des Aufwandes an Brennstoff, also *ohne* Erhöhung der Kosten der Erbauung und des Gebrauchs der Maschinen, und die sich zugleich an schon vorhandenen Maschinen durch eine geringe Abänderung anbringen läfst. Die Nachricht ist, wie gesagt, nur *vorläufig;* denn sie besteht nur in einem *Gutachten* über die Abhandlung selbst, in welcher sich die Vervollkommnung beschrieben findet. Die Abhandlung selbst ist, wie am Schlusse des Gutachtens zu sehen, in den „Mémoires des savants étrangers" drucken zu lassen beschlossen worden. Es ist zu wünschen, dafs sie *bald* öffentlich bekannt werde. Früher sind freilich oft mehrere Jahre vergangen, ehe ein neuer Band jener Memoiren erschien. Hoffentlich aber wird es jetzt anders sein; denn in der That sind in der letzten Zeit zwei neue Bände der Memoiren, der 7te und 8te, schnell hinter einander herausgekommen, und der Inhalt des letzten Bandes ist noch ziemlich neu. Vielleicht wird auch die Abhandlung des Herrn *Clapeyron* noch auf andere Weise näher bekannt. Der Herausgeber dieses Journals wird sich Mühe geben, selbige zu erlangen, und dann ihren Inhalt hier mittheilen. Einstweilen hat er, da der Gegenstand interessant ist, nicht säumen wollen, so viel davon zu geben, als bis hierzu bekannt wurde;

und zwar um so mehr, da wohl anzunehmen, dafs die hierbei besonders interessirten Geschäftsmänner in der Regel meistens nicht Zeit finden, die Comptes rendus der Pariser Akademie der Wissenschaften zu lesen. Da jede Vermehrung der Kraft der Dampfmaschinen, auch auf *Eisenbahnen*, nothwendig auf den *Geld-Ertrag* der letzteren wesentlich einwirken mufs, so scheint es ihm, dafs die Eisenbahnen, so wie die Dampfmaschinen-Fabriken, selbst wenn sie auch die auf gleichem Wege schon der Vervollkommnung entgegengegangenen neueren englischen Maschinen besitzen oder kennen sollten, wohlthun dürften, auch die neue *Clapeyron*sche Anordnung nicht zu übersehen.

Zu bemerken ist übrigens, dafs nicht wohl Grund vorhanden ist, etwa an den Mittheilungen in dem hier folgenden Gutachten zu *zweifeln;* denn dieselben gehen nicht etwa von dem Erfinder aus, oder von Andern, die ein persönliches Interesse an der Erfindung haben könnten, sondern von zur Prüfung *amtlich* ernannten sachverständigen Personen, alle drei von so berühmten Namen, dafs auch diese ihre Namen noch für die Urpartheilichkeit ihrer Äufserungen bürgen dürften. D. H.]

Es könnte scheinen, als handele es sich blofs um Das, was man *Voreilen des Gleitventils* zu nennen pflegt, dessen Nutzen in mehreren Schriften abgehandelt worden ist [Man sehe z. B. die in dem gegenwärtigen Journal deutsch mitgetheilte Schrift des Herrn Grafen von *Pambour* über Dampfwagen auf Eisenbahnen; und zwar insbesondere den Abschnitt über das *Voreilen des Gleitventils*, im 11ten Bande des Journals S. 30 etc. D. H.]: aber die Aufgabe, welche Herr *Clapeyron* sich gestellt und die er gelöset hat, ist, wie man sehen wird, allgemeiner und bedeutender. Um zu zeigen, worauf es bei dieser Aufgabe ankommt, müssen wir einige einleitende Bemerkungen vorausschicken.

In jeder Dampfmaschine giebt es für eine der Flächen des Kolbens bei dessen Hin- und Hergange während eines vollständigen Umlaufes des Schwungrades *vier* verschiedene Zeit-Abschnitte, deren beziehliche Dauer auf die Wirkung der Maschine einen bedeutenden Einflufs hat.

In der *ersten* der vier Perioden ist der Kolben in Berührung mit dem Dampfe im Kessel und bewegt sich im Allgemeinen in der Richtung, in welcher ihn der Dampf forttreibt. Hierauf wird die Verbindung mit dem Dampfkessel unterbrochen und der Dampf zwischen dem Kolben und der Vertheilungs-vorrichtung wirkt abgesperrt (par détente). Dieses ist der *zweite* Zeit-Abschnitt. Die *dritte* Periode beginnt in dem Augenblick, wo die Verbindung mit dem Condensator oder mit der freien Luft sich öffnet, und endigt, wenn diese Verbindung wieder abgeschnitten wird. Während dieser Periode ist die Bewegung des Kolbens im Allgemeinen rückläufig. Die *vierte* Periode endlich währt von der Abschliefsung der Verbindung mit dem Condensator bis zu dem Augenblick, wo wieder die Verbindung mit dem Dampfkessel hergestellt wird. Während dieser Periode ist der Dampf, der Anfangs die Spannung im Condensator hat, zwischen dem Kolben und der Vertheilungs-Vorrichtung eingesperrt, und kann selbst eine gewisse Zusammenpressung erleiden. Der Kürze wegen wollen wir die vier Zeit-Abschnitte, die der *Zuleitung*, der *Absperrung*, der *Ausströmung* und der *Zusammenpressung* nennen.

Stellt man durch eine gerade Linie, als Abscissen-Axe, den von dem Kolben durchlaufenen Raum vor, und durch senkrechte Ordinaten auf diese Axe den Druck des Dampfes auf die Kolbenfläche während der Dauer seines Laufes, sowohl hin als zurück: so werden die obern Endpuncte der Ordinaten eine geschlossene krumme oder gebrochene Linie bilden, und die *Fläche* zwischen dieser Linie und der Abscissen-Axe wird die Summe der *Wirkung* des Dampfes vorstellen.

Die beste Anordnung der Bewegung des Gleitventils und die beste Vertheilung wird dann die sein, bei welcher jene geschlossene *Fläche*, für die gleiche aus dem Kessel genommene Dampfmenge, ein Maximum ist. Dieses Maximum hat Herr *Clapeyron* durch eine Menge theoretischer und practischer Untersuchungen zu finden sich bemüht. Er ist längere Zeit der Ingenieur der Eisenbahn zwischen St. Germain und Versailles (auf dem rechten Ufer der Seine) gewesen und hat hier seine besondere Aufmerksamkeit auf die Dampfwagen gerichtet. Ehe wir das Resultat seiner Arbeiten mittheilen, ist es noch nöthig, zu sagen, auf welchem Standpunct die Auflösung der Aufgabe war, als Herr *Clapeyron* anfing, sich damit zu beschäftigen.

Vor 8 oder 10 Jahren hatten die meisten Dampfwagen-Fabricanten die Gewohnheit, dem Theile des Gleitventils, welcher eine Art von hin- und her- sich bewegender Klappe bildet, und welchen man in den Werkstätten etwas seltsamerweise *Ventilzaum* oder *Ventilsperre* (bride du tiroir) nennt, genau die Breite oder Dicke zu geben, welche die Öffnung der Verbindung mit dem Dampf-Cylinder hat. [Die zu der oben erwähnten, in diesem Journal mitgetheilten Schrift des Herrn *v. Pambour* gehörenden *Zeichnungen* des Gleitventils, Fig. 8. 9. 10. 13. und 26. (Band 10. Heft 1. Taf. IX. und X.) können zur Erleichterung des Verständnisses Dessen dienen, was in dem gegenwärtigen Berichte gesagt wird. D. H.] Nach dieser anfänglichen Einrichtung befindet sich das Gleitventil in der *Mitte* seines Laufes, wenn der Kolben am *Ende* des seinigen ist, und die Ventilsperre bedeckt gerade die Öffnung der Verbindung mit dem Dampf-Cylinder (Man sehe Fig. 10.). Die Periode der *Zuleitung* währt also dann durch die ganze Zeit des *Hingangs* des Kolbens; die Periode der *Absperrung* ist Null; die Periode der *Ausströmung* dauert wieder während des ganzen *Rücklaufes* des Kolbens, und endlich die vierte Periode, die der *Zusammenpressung*, ist wieder Null.

Das geschlossene Polygon, dessen Oberfläche die Summe der Wirkung des Dampfes vorstellt, ist, wenn man die *Gegenspannung*, die späterhin bemerkt wurde, nicht berücksichtigt, ein *Rechteck*, dessen horizontale Seite der Kolbenlauf, und dessen verticale Seite der Unterschied zwischen der anfänglichen Spannung des Dampfes im Cylinder und der im Condensator oder der der Luft ist. Dieses ist auch das geometrische Bild der in der gewöhnlichen Theorie der Dampfmaschinen ohne Absperrung angenommenen Formel.

Aber die Practiker hatten seit lange bemerkt, dafs man sehr an Kraft der Maschinen gewinne, und Brennstoff spare, wenn man, ohne etwas am Ventil zu ändern, die excentrische Scheibe auf der gebogenen Rad-Axe, welche die Bewegung des Ventils lenkt, stetig so sich drehen läfst, dafs die Zuleitung und Entlassung des Dampfs, anstatt genau in dem Augenblick zu beginnen, wo der Kolben an die Enden seines Laufs gelangt ist, um einen gewissen Theil *früher* anfängt. Diese Anordnung wurde unter der Benennung *Voreilen des Gleitventils* eingeführt. [Herr *v. Pambour* handelt davon an dem angeführten Orte. D. H.] Die im Jahr 1837 aus England für die Eisenbahn von St. Germain eingeführten Dampfwagen hatten ebenfalls diese Einrichtung.

Die Erklärung des Nutzens der Anordnung war kein Geheimnifs. Man wufste dafs das Voreilen des Ventils die Wirkung hatte, die Gegenspannung zu vermindern, welche, ohne Voreilen, während der ganzen Zeit von der Öffnung der Entlassung des Dampfs an bis zu dem Augenblick Statt findet, wo sich zwischen dem Dampf, der seine Wirkung gethan hat, und der Spannung im Condensator oder der der Luft, das Gleichgewicht herstellt. Auch wufste man, dafs durch das Voreilen des Ventils der Dampf auf die Fläche des Kolbens gelangt, ehe dieselbe den Boden des Cylinders erreicht hat; und man verminderte diesen Übelstand dadurch, dafs man die Ventilsperre nach dem Kessel hin um etwa eine Linie vergröfserte oder dieselbe aufsen etwas übergreifen liefs. Das Voreilen des Gleitventils findet sich in der ersten Ausgabe des Werks des Herrn *v. Pambour* abgehandelt. [An dem oben angezeigten Orte. D. H.]

Späterhin haben die Herren *Flachat* und *Petiet* diesen Gegenstand in ihrer Schrift „Guide du Mécanicien" im Jahre 1840 noch weiter untersucht. Diese Ingenieurs rathen, die Dampfwagenmaschinen so anzuordnen, dafs der Dampf einen Augenblick eher *zugelassen* wird, ehe der Kolben seine Bahn wechselt; und anfange, *entlassen* zu werden, wenn die Kurbel noch 25 Grad zu durchlaufen hat, ehe sie zu ihrer kraftlosen Stelle gelangt. Der Dampf wird alsdann nur während 87 pro Cent des Kolbenlaufes zugelassen. Die Herren *Flachat* und *Petiet* haben den Nutzen dieser Dampfsparung gezeigt. Dann haben sie auch durch passend scheinende Voraussetzungen und durch eine näherungsweise Rechnung das Gesetz der veränderlichen Spannung des Dampfs während seines Entweichens zu finden und durch Zahlen den Gewinn auszudrücken gesucht, der sich erlangen läfst, wenn man jene Spannung, die *ohne* Voreilen des Ventils einen sehr bedeutenden Theil der Wirkung wegnimmt, noch zur Vermehrung derselben zu benutzen sucht. Aber, den Maschinenverfertigern nachahmend, haben sich die Herren *Flachat* und *Petiet* zu bald durch die erlangten practischen Vortheile auf der Bahn des Fortschrittes aufhalten lassen, die sie selbst eröffnet hatten.

Bis dahin war man nur mit der Absicht beschäftigt, die Verbindung des Cylinderraums mit der äufsern Luft oder mit dem Condensator früher zu öffnen, als der Kolben das Ende seines Laufes erreicht hat. Die Bedeckung des Ventils von Aufsen hatte nur den Zweck, den Dampf nur erst in der Nähe des Stillstandspunctes zuzulassen. Man hatte zwar bemerkt, dafs diese Bedeckung eine wirkliche Absperrung hervorbringe, aber man betrachtete dieselbe nur als eine glückliche *Folge* der Anordnung, ohne sich zu bestreben, diese Wirkung noch zu verstärken.

Die Verstärkung der Wirkung ist es insbesondere, welche die von Herrn *Clapeyron* vorgeschlagenen Anordnungen bezwecken; und durch diese Absicht unterscheiden sich seine Anordnungen wesentlich von Dem was man *Voreilen des Gleitventils* nennt. Bis dahin wurde die *Absperrung* als eine *Folge* der Anordnung des Ventils betrachtet: Herr *Clapeyron* betrachtet sie als einen *Zweck* derselben; und er hat dadurch eine namhafte Verstärkung der Wirkung erlangt, ohne irgend einen neuen Maschinentheil und ohne irgend etwas an den wesentlichen Bedingungen der Zulassung und Entlassung des Dampfes zu ändern.

Kehren wir jetzt zu den oben bezeichneten vier verschiedenen Zeit-Abschnitten in der Hin- und Herbewegung des Dampfkolbens zurück. Es ist offenbar, dafs die Zeitperiode der ***Zulassung*** des Dampfs in dem Augenblick anfangen mufs, wo der Kolben seinen Lauf beginnt, und dafs sie endigen mufs, sobald so viel Dampf eingetreten ist, als die Verdampfungskraft der Esse liefert. Die Periode der ***Absperrung*** scheint beim ersten Anblick so lange währen zu müssen, bis der Dampf, der sich ausgedehnt hat, nur noch die Spannung der äufsern Luft oder die im Condensator besitzt. Aber hier kommen zwei practische Umstände in Betracht, die man nicht aufser Acht lassen darf. Erstlich nemlich läfst sich der Raum des Cylinders nicht über ein gewisses Maafs vergröfsern; und dann mufs, beim Dampfwagen, der ausströmende Dampf eine hinreichende Spannung behalten, um schnell zu entweichen oder, wie die Practiker glauben, um den Zug zu befördern. [Nemlich den Luftzug, der das Feuer in der Esse anbläset. D. H.] Um diese Bedingungen zu berücksichtigen, mufs die Periode der ***Absperrung*** so zu sagen während des möglich-gröfsten Theils des Kolbenlaufes dauern. Die *dritte* Periode, die der ***Ausströmung***, mufs in dem Augenblick endigen, wo der Kolben seinen ***Hingang*** geendigt hat; indessen kann man mit Vortheil etwas hiervon ablassen, um den Cylinderraum zu verkleinern, und kann die dritte Periode schon endigen lassen, wenn der Kolben bei seinem ***Rücklauf*** sich nur erst wenig von dem Stillstandspunct entfernt hat. Endlich mufs die *vierte* Periode, die der Znsammenpressung, in dem Augenblick endigen, wo der Kolben seinen Lauf geschlossen hat.

Dieses sind die Bedingungen einer guten Anordnung des Gleitventils. Ihre Erfüllung läfst sich durch mehrere längst bekannte Vorrichtungen erreichen, die auch den Vortheil einer *veränderlichen* Absperrung gewähren. Aber solche Vorrichtungen machen die Dampfwagenmaschinen *noch* znsammengesetzter; während gerade diese Maschinen wo möglich einfacher sein sollten, als alle andern Dampfmaschinen. Nun sind aber an dem gewöhnlichen Gleitventil mehrere Maafse *unbestimmt*, und Herr *Clapeyron* hat es sich zur Aufgabe gemacht, diese Maafse so zu bestimmen, dafs dadurch, *ohne* neue Maschinentheile, die Erfüllung der obigen Bedingungen erzielt werde.

Um *vier* Bedingungen zu erfüllen, müssen *vier* unbestimmte Gröfsen vorhanden sein. Es fragt sich, ob sie hier vorhanden sind. Wir wollen annehmen, das Ventil befinde sich in der Mitte seines Laufs (Fig. 10.). Die Verbindungs-Öffnung nach dem Cylinder ist alsdann durch das Ventil bedeckt, welches im allgemeinen zu beiden Seiten über die Öffnung hinausreicht. Nach der Seite des Dampfs hin nennt man die Bedeckung die *äufsere;* nach der Seite der äufsern Luft oder des Condensators hin könnte man sie die *innere* nennen. Über das Maafs dieser *beiden* Bedeckungen kann man verfügen. Ferner läfst sich die excentrische Scheibe, welche das Ventil führt, nach Belieben gegen die Arme der Kurbel stellen. Dieses ist eine *dritte* unbestimmte Gröfse. Aber hiermit ist auch die Unbestimmtheit zu Ende. Also giebt es für die *vier* Bedingungen nur *drei* unbestimmte Gröfsen: nemlich die *äufsere Bedeckung,* die *innere Bedeckung* und den *Winkel* der excentrischen Scheibe gegen die Kurbel. [Das was unter Unbestimmtheit der äufsern und innern Bedeckung gemeint ist, scheint darin zu bestehen, dafs, wie z. B. in Fig. 10. zu sehen, das Ventil schon anfangen kann, die Ausgangs-Öffnung für den Dampf *e* zu verschliefsen, ehe es noch die Zuleitungs-Canäle 1. und 2. ganz geöffnet hat; *oder auch nicht.* D. H.]

Von den vier Bedingungen mufste also eine *aufgegeben* werden, und es war nun zu untersuchen, *welche* drei Bedingungen für die Wirkung der Maschine die wesentlichsten sind. Diese Untersuchung beschäftigt einen Theil der Abhandlung des Herrn *Clapeyron.* Wir müssen uns hier darauf beschränken, die practischen Resultate anzuzeigen, zu welchen der Verfasser gelangt ist.

In der Maschine *Le Creuzot,* an welcher die ersten Versuche gemacht wurden und deren neue Einrichtung im Jahre 1840 angefangen wurde, betrug die *äufsere* Bedeckung 13¾ Linien oder ein Viertel des Ventillaufs; die *innere* Bedeckung betrug 82¼ Linien, und der Winkel zwischen der Kurbel-Axe und der Axe der excentrischen Scheibe 55 Grad. Bei dieser Einrichtung endigte, wie der Verfasser es durch eine sehr einfache geometrische Zeichnung nachweiset, die *Zulassungs*-Periode, wenn der Kolben 70 pr. C. seines Laufes zurückgelegt hat. Die *Absperrungs*-Periode endigt bei 96 pr. C. des Kolbenlaufes, und die Kurbel ist alsdann noch um 19 Grad von ihrer wirkungslosen Lage entfernt. Die *Entlassungs*-Periode dauert bis der Kolben 79 pr. C. seines *Rücklaufs* vollendet hat; worauf die *Zusammenpressung* anfängt, welche in dem Augenblick endigt, wo sich die Verbindung des Cylinders mit dem Kessel von Neuem öffnet, und wo der Kolben beinahe seinen Stillstandspunct erreicht hat, indem alsdann die Kurbel nur noch 6 Grad von ihrer wirkungslosen Lage entfernt ist.

Herr *Clapeyron* giebt in seiner Abhandlung zu, dafs in der vierten Periode der Dampf, welcher Anfangs die Spannung dessen im Condensator hat, zusammengedrückt werden kann, ohne tropfbar flüssig zu werden; und zwar wegen der starken Hitze, welche in dem Dampfwagen die Wände des Cylinders behalten müssen. Es waren über diesen bemerkenswerthen Umstand directe Versuche zu wünschen. Herr *Clapeyron* stellte sie mit dem *Watt*schen Indicator an, und die Curve, welche das Instrument zog, bestätigte seine Vermuthungen.

Die auf solche Weise erwiesene Zusammenpressung des Dampfs scheint beim ersten Anblick die Wirkung der Maschine zu schwächen, und es scheint, dafs solches die englischen Maschinenbauer bewogen habe, die Bedeckung des Ventils danach zu vergröfsern. Die Zusammenpressung schadet aber, wie Herr *Clapeyron* bemerkt, nur insofern, als der zusammengeprefste Dampf zu einer stärkern Spannung als der des Dampfs im *Kessel* gelangt. Geschieht dies nicht, so wird sich in dem Augenblick des Anfangs der *Zulassungs*-Periode in den Raum zwischen dem Kolben und den Enden des Cylinders und in den dahin führenden Röhren Dampf befinden, welcher keine stärkere Spannung hat als der im Kessel; der Verbrauch an Dampf wird also um den Theil vermindert, welcher nach der gewöhnlichen Voraussetzung jene Räume auszufüllen hatte. Diesen Räumen aber läfst sich immer eine solche Ausdehnung geben, dafs der Dampf wirklich keine stärkere Spannung erhält, als die im Kessel.

Wenn man die Anordnung des Herrn *Clapeyron* mit der bisherigen vergleicht, so findet man, dafs er an den *Anfängen* der *Zulassung* und *Entlassung* des Dampfs nichts änderte. Aber er benutzte eine Unbestimmtheit, die noch übrig blieb, um die *Absperrung* angemessen zu verlängern. Die Erfolge, welche er mit dem Creuzot erlangte, bewogen ihn, in andern Maschinen die Absperrung *noch mehr* zu verlängern. Er liefs sie schon beginnen, wenn der Kolben 65 pr. C. [statt der obigen 70. D. H.] seines Laufes zurückgelegt hat.

Es sind bis jetzt von den Dampfwagen der Eisenbahn zwischen Paris und Versailles auf dem rechten Ufer der Seine Dreizehn auf diese Weise eingerichtet worden. An 7 Wagen hat man den Cylindern statt der bisherigen 13 Zoll, 15 Zoll Durchmesser gegeben, an 6 andern 13 statt der bisherigen 11 Zoll. *Von allen diesen Dampfwagen hat sich die Wirkung um 40 bis 50 pr. C. vergröfsert.* Der Verbrauch von Brennstoff hat sich vermindert; was indessen zum Theil andern Ursachen als der Benutzung der

Absperrung zuzuschreiben ist. Die Methode des Herrn ***Clapeyron,*** der Vertheilung oder der ***festen Absperrung***, ist jetzt in den meisten Werkstätten für den Bau und die Reparatur von Dampfwagen angenommen worden.

Vor der Benutzung dieser Vervollkommnung konnten die Dampfwagen der oben genannten Eisenbahn den Abhang von 1 auf 200, der in der Gesammtlänge von 4779 Ruthen vorkommt, nur mit 8 Bahnwagen übersteigen. Jetzt bringen die nemlichen, umgebauten Maschinen, ohne mehr Dampf zu verbrauchen, mit der Normalgeschwindigkeit von $5\frac{1}{3}$ Meilen in der Stunde, 12 Wagen, 1500 Ctr. schwer, fort; und das bergauf, über einen Abhang, dessen Steilheit, und besonders dessen Länge, eine grofse Schwierigkeit war.

Es ist in der That wunderbar, dafs ein so bedeutender Gewinn wie der von 40 bis 50 pr. C. der Wirkung einer gleichen Dampfmasse durch einige Linien mehr Bedeckung des Gleitventils, welches doch nur ein so kleiner Maschinentheil eines Dampfwagens ist, zu erreichen war. Es könnte auch auffallend scheinen, dafs dieser bedeutende Gewinn durch eine so geringe Veränderung, die sich an allen Dampfmaschinen anbringen läfst, erst ***so spät*** entdeckt wurde. Aber die bemerkenswerthen Untersuchungen des Herrn ***Clapeyron,*** die er uns mitgetheilt hat, ergeben, dafs die Wichtigkeit der Regelung des Gleitventils in der That schon vor 1805 von ***Watt*** selbst geahndet worden ist; dafs man darauf in seinen Werkstätten Rücksicht nahm, und dafs die englischen Maschinenbauer aus ***Watts*** Schule sie als ihr ausschliefsliches Eigenthum geheim hielten; dafs die französischen Marine-Ingenieurs, welche englische Maschinen für die Dampfschiffe des Staats erhielten und versuchten, die Vortheile der Anordnung erkannten, und dafs einer derselben, Herr ***Reech,*** den Gegenstand genauer untersuchte und eine wichtige Abhandlung darüber schrieb, welche die Verwaltung nächstens bekannt zu machen hat. Andere Nachrichten ergeben, dafs seit 1840 die Ingenieurs der englischen Eisenbahnen auf eine Anordnung der Gleitventile der Dampfwagenmaschinen gekommen sind, die mit der des Herrn ***Clapeyron*** viel Ahnlichkeit hat, die aber doch wieder in mehreren wesentlichen Puncten davon abweicht.

Wir hatten anfänglich die Absicht, diese historischen Untersuchungen weiter zu entwickeln; aber das Maafs eines Berichtes, welches hier schon überschritten ist, zwang uns, diese Entwicklung auf eine folgende Sitzung zu verschieben. [Sie folgt hier unten. D. H.] Diese Entwicklung bezieht sich nur indirect auf den Gegenstand, über welchen wir zu berichten hatten.

Ihre Commissarien sind der Meinung, dafs die Abhandlung des Herrn

Clapeyron, sowohl wegen der theoretischen Entwicklungen, als wegen der Ergebnisse, welche dieselben zur Folge gehabt haben, des Beifalls der Akademie sehr würdig ist und in das „Recueil des Mémoires des savants étrangers" aufgenommen zu werden verdient.

Dieses Gutachten wird von der Akademie genehmigt

Zusatz des Herrn Lamé zum vorstehenden Bericht.

Nachdem der Zweck und die Ergebnisse der Arbeit des Herrn *Clapeyron* im Vorstehenden entwickelt worden sind, hat es mir nöthig geschienen, Nachrichten über Das, was früher wegen der Anordnung der Gleitventile der Dampfmaschinen geschehen war, zu sammeln.

Um zu dem Zeitpunct zu gelangen, wo die ersten Bemühungen Statt fanden, einen weniger ganz leeren Raum hinter dem Dampfkolben, ehe er seinen Rücklauf antritt, zu erzielen, mufs man bis zu dem berühmten *Watt* zurückgehen. Dieser Zeitpunct wird durch die Copie einer Zeichnung aufser Zweifel gestellt, welche Herr *Miller*, ein berühmter englischer Maschinenbauer, Herrn *Campagnac* mittheilte. Man sehe hierüber die interessante Correspondenz zwischen den Herrn *Miller* und *Campagnac* in No. 4. und 5. des Jahrgangs 1843 der „Revue générale de l'Architecture et des travaux publics." [Von Herrn *Daly*. Wir werden sie vielleicht ebenfalls später mittheilen. D. H.] Die Zeichnung ist nach *Watts* Angabe gemacht, und vom Jahre 1805. Man ersieht daraus, dafs schon damals *Watt* erkannte, das Gleitventil sei so einzurichten, dafs die Zuströmung des Dampfes abgeschnitten werde, wenn der Kolben 87 pr. C. seines Laufes zurückgelegt hat, und dafs die Verbindung mit dem Condensator zu öffnen sei, wenn dem Kurbelarm noch $24\frac{1}{2}$ Grad bis zu seiner wirkungslosen Lage zu durchlaufen übrig bleiben.

Diese Regel wurde in den Werkstätten von *Watt* und *Bolton* zu Soho beibehalten, wo *Miller* sie gegen 1814 oder 1815 fand. Einige wenige andern Maschinenbauer erhielten davon Kenntnifs; und diese wesentliche Verbesserung, welche man dem Genie *Watts* verdankte, blieb lange Zeit das ausschliefsliche Eigenthum einiger seiner Schüler.

Als die französische Marine, nachdem sie aus England Maschinen für ihre Dampfschiffe erhalten hatte, anfing, nach dem Muster derselben andere Maschinen in den französischen Werkstätten bauen zu lassen, wurde man von dem Unterschiede der Wirkung dieser, dem Anscheine nach *gleichen* Maschinen überrascht. Die französischen Maschinen entwickelten nicht Dampf genug; die

Zahl der Kolbenschläge war geringer, und die Schiffe bewegten sich weniger schnell, obgleich man mehr Brennstoff nöthig hatte.

Endlich ward man inne, dafs der Unterschied der Wirkung lediglich von der Regulirung des Gleit-Ventils herrührte. Die englischen Maschinen sperrten die Zuströmung des Dampfes ab, wenn der Kolben erst 80, und selbst erst 70 pr. C. seines Laufes zurückgelegt hatte, während die französischen Maschinen den Dampf bis zum Ende des Kolbenlaufs zutreten liefsen.

Diese Bemerkung gebührt vorzüglich den beharrlichen Nachforschungen des Herrn Marine-Ingenieurs *Reech*. In einem Bericht vom 7ten Decbr. 1836 an den Marine-Minister zeigt er, dafs die Wirkung der französischen Maschinen nicht mehr geringer sein werde, wenn man die excentrische Scheibe auf der Kurbel-Axe so stelle, dafs die Zuströmung des Dampfes schon abgeschnitten werde, wenn der Kolben erst 70 bis 80 pr. C. seines Laufes vollendet habe. Herr *Hubert*, Schiffbaudirector im Hafen von Rochefort, schlägt in einem Bericht vom 16ten März 1837 vor, die Zuströmung des Dampfs in die Cylinder abzuschneiden, wenn der Kolben 80 pr. C. seines Laufes zurückgelegt hat; ohne sonst etwas an der Maschine zu ändern.

Nach neuern Versuchen zu Lorient an den Packetboten des mittelländischen Meeres, so wie nach Versuchen im Jahre 1837 zu Lorient und Indret an den Dampfbooten der Königlichen Marine, welche seine früheren Versicherungen bestätigten, sah Herr *Reech* seine Rechnungen abermals durch, vervollständigte sie und schrieb eine Abhandlung, welche er den 1ten Mai der Akademie vorlegte, aber im Juni 1839 zurücknahm, um sie dem Marine-Minister zu übergeben.

Eines der hervortretendsten Ergebnisse des Herrn *Reech* ist in folgender Stelle seiner Abhandlung ausgesprochen.

„Wenn man an Dampfmaschinen mit niedrigem Druck, wie die des „Dampfschiffs Sphinx gebaut, und mit einem Gleitventil, welches die Zuströ„mung des Dampfs absperrt, sobald der Kolben 90 pr. C. seines Laufes zurück„gelegt hat, den Splint (toc) der excentrischen Scheibe auf der Kurbel-Axe „vor- oder zurücksteckt, um den Zeitpunct der Absperrung des Dampfs von „80 bis zu 100 pr. C. des Kolbenlaufs zu verändern, während alles Übrige „dasselbe bleibt, so findet sich die Wirkung, weit entfernt, in geradem Ver„hältnifs zu dem Dampfverbrauch zu stehen, auf ihr Minimum gebracht, wenn „die Absperrung des Dampfs erst beim *Ende* des Laufs des Dampfkolbens „erfolgt. Sie nimmt schnell zu, wenn man weniger Dampf zuläfst: bis zu

„dem Punct, wo der Kolben 85$\frac{5}{7}$ pr. C. seines Laufs zurückgelegt hat. Hier „ist sie ***am gröfsten.*** Für noch weniger nimmt sie wieder ab; aber nicht „im Verhältnifs des weniger zugelassenen Dampfs: das Verhältnifs der Wirkung zu dem Dampfverbrauch nimmt noch ferner zu."

Es ist hier nicht der Ort, die gelehrte Abhandlung des Herrn ***Reech*** weiter zu verfolgen. Das Vorige reicht hin, um zu zeigen, dafs seine Untersuchungen rücksichtlich Dessen, was die Maschinen auf ***Dampfschiffen*** betrifft, ***früher*** angestellt sind.

An den ***Dampfwagenmaschinen*** haben englische Ingenieurs, wie es aus verschiedenen Artikeln im Railway-Magazine, namentlich in den Nummern vom 27ten November, 11ten und 18ten December 1841 zu ersehen ist, die Regelung der Schiebeventile allmälig verändert und zuletzt eine Ersparung an Brennstoff erzielt, welche ***Watt*** auf 30 pr. C. schätzt. Die älteste Regelung der Ventile scheint nicht über 1840 hinauszugehen. Sie wurde im folgenden Jahre für mehrere Dampfwagen der Eisenbahn zwischen Liverpool und Manchester angenommen und hat sich seitdem in ganz England und auf dem Continent verbreitet.

Seinerseits war Herr ***Clapeyron*** auf theoretischem Wege zu einem ähnlichen Resultat gelangt, und seit dem Mai 1840 brachte er seine Anordnung an den Creuzot an. Obgleich nun die beiden Vervollkommnungen offenbar auf dem gleichen Grunde beruhen, sind sie doch in ihren Zwecken verschieden. Die englischen Ingenieurs bezweckten die Ersparung von ***Brennstoff:*** Herr ***Clapeyron*** die Verstärkung der ***Kraft*** der Maschinen, ohne den Verbrauch von Brennstoff zu vergröfsern.

Die beiden neuen Verfahren unterscheiden sich aufserdem noch in zwei wesentlichen Puncten. Die englischen Maschinenbauer sperren den Zutritt des Dampfs in den Cylinder nicht eher ab, bis der Kolben 70 pr. C. seines Laufes zurückgelegt hat: Herr ***Clapeyron*** schon bei 65 pr. C. Dann schaffen die Erstern bei allen ihren Dampfmaschinen die innere Bedeckung des Ventils gänzlich weg, während Herr ***Clapeyron beide*** Bedeckungen für wesentlich nothwendig hält. Die Beibehaltung beider hat sich ihm durch vergleichende Versuche, welche er in seiner Abhandlung beschreibt, als nothwendig erwiesen.

Die innere Bedeckung, und also der Winkel, unter welchem die ***Ausströmung*** des Dampfs beginnt, hängt von dem Zeitraum ab, dessen der Dampf bedarf, um den Überschufs seiner Spannung zu verlieren. Dieser Winkel mufs um so kleiner sein, je geräumiger die Ausströmungs-Öffnungen sind, und um so gröfser, je kleiner sie sind. An seinen neuen Cylindern hat Herr *Clapeyron* die Dampfröhren bedeutend gröfser machen lassen; und dieser Umstand scheint den Gewinn zu erklären, welcher durch die innere Bedeckung gegen die englischen Maschinen erlangt worden ist.

Dieses sind die historischen Thatsachen im Betreff der Anordnung derjenigen Theile der Dampfmaschinen, welche den Dampf zu- und ablassen. Es ist bemerkenswerth, dafs in England und in Frankreich Theoretiker und Practiker fast zu denselben Resultaten gelangt sind, sowohl bei den feststehenden, als bei den Schiff- und Eisenbahn-Maschinen, ohne dafs allem Anschein nach irgend eine Verbindung zwischen ihnen Statt gehabt hätte. Wenn man die frühe Zeit *Watts* erwägt, so fragt man sich nothwendig, wie eine so einfache Anordnung, durch welche sich die Wirkung einer Maschine, ohne Vermehrung des Brennstoffverbrauchs, um 40 bis 50 pr. C. verstärken läfst, fast ein halbes Jahrhundert lang das Geheimnifs einer kleinen Zahl von Maschinenbauer hat bleiben können. Wir sehen hier einen Grund, uns zu freuen, dafs die Akademie den Vorschlag am Schlufs unsers Berichts angenommen hat. Die Veröffentlichung der Arbeiten des Herrn *Clapeyron* wird dazu beitragen, die Verbreitung der Kenntnifs eines nützlichen Gegenstandes zu fördern; so wie auch wahrscheinlich noch fernere Untersuchungen veranlassen, die nöthig sind, um noch einiges andere Zweifelhafte aufzuklären, nemlich die Grenze der Absperrung, die sich ohne neue Maschinentheile erreichen läfst; die unbedingte oder bedingte Nothwendigkeit der innern Bedeckung, und endlich die Möglichkeit, durch die Vergröfserung des freien Raums im Cylinder und den Dampfleitungsröhren denjenigen Verlust an Kraft ganz zu vermeiden, der durch Zusammenpressung des Dampfs entstehen würde.

5.

Hydrotechnische Beschreibung der Wasserstrafse von der Nordsee nach dem Schwarzen Meere, welche durch die Verbindung mehrerer Ströme und Flüsse gebildet ist.

(Von dem verstorbenen Königl. Preufs. Geheimen Regierungs- und Baurath *J. C. Wutzke.*)

(Fortsetzung des Aufsatzes No. 12. im dritten und No. 15. im vierten Heft 20ten Bandes.)

Sechster Abschnitt.

Die Wasserstrafse geht weiter von Bromberg abwärts in den Braheflufs, dessen früher gedacht ist; von da die Weichsel hinunter bis zur Montauer Spitze; dann die Nogat hinunter nach Elbing, oder die Weichsel hinunter nach Danzig. Von der Ausmündung der Brahe kann man auch mit Oderkähnen auf der Weichsel aufwärts nach Thorn und Warschau gelangen, so wie in das Hinterland auf dem Bug- und Narewflufs; welche Flüsse ich in den Beiträgen zur Kunde Preufsens beschrieben habe.

Die Fahrzeuge, welche die Weichsel aus der obern Gegend und vom Narew- und Bugflufs hinunter kommen und nach Danzig oder zum Theil nach Elbing gehen und die an den Ufern der Weichsel, des Bug und Narew gebaut werden, sind folgende.

Erstlich die ***Jadwikin,*** welche 10 bis 30 Last zu 4000 Berliner Pfund (nach der Festsetzung von 1816 gerechnet) tragen und mit 4 bis 10 Mann besetzt sind.

Zweitens die ***Lübschen,*** welche die Form der Oderkähne haben, aber viel plumper gebaut sind. Sie tragen 20 bis 40 Last und sind mit 10 bis 15 Mann besetzt.

Drittens die ***Dubassen*** werden am Narew gebaut, haben eine ungeschickte, muschelartige Form, Segel und Steuerräder und tragen 50 bis 70 Last.

Viertens die ***Komägen*** sind 40 bis 60 Fufs lang, 25 bis 30 Fufs breit, tragen 50 bis 60 Last und sind mit 12 bis 15 Mann besetzt.

Fünftens die *Galler*, eine Art Prahme von 30 bis 40 Last, sind mit 8 bis 12 Mann besetzt, gehen nur den Strom hinunter und werden dann verkauft und zerschlagen.

Auch kommen *Holzflöfse* oder *Traften*, mit Getreide, Asche und Brennholz beladen, den Strom nach Danzig und Elbing hinunter. Es wäre sehr zu wünschen, dafs auch hier die Art der Schiffahrt verbessert würde. Man könnte diese Wasserstrafse sehr gut mit Oderkähnen beschiffen. Allein die örtlichen Verhältnisse und alten Gewohnheiten zu überwinden ist sehr schwer.

Schon in den frühesten Zeiten waren die Weichsel und die übrigen Wasserläufe in Preufsen sehr wichtig. Die alten Völker, welche das Küstenland der Ostsee zwischen der Memel und dem Drevenzflufs bewohnten, lebten der Geschichte nach von der Jagd und dem Fischfange und hielten einige Seen, Ströme und Flüsse, als Lebens-Adern in der Oberfläche der Erde, heilig. (Man sehe *Hartknoch*, Seite 121 und 145.) Sie hemmten die Ströme und Flüsse nicht in ihrem Lauf durch Aufstauungen zu Mühlen und Fischteichen u. s. w. und versumpften also nicht grofse Thal-Ebenen und Fluthbetten; wie es späterhin durch Dergleichen und durch die Bebauung der Fluth- und Stromthäler, durch Anlage der Städte und Dörfer etc. geschehen ist. Damals, als die Gewässer heilig gehalten wurden, hatte die Strompolizei einen religiösen Sinn; während sie jetzt stets gegen Willkür und Eigennutz kämpfen mufs. Auch die Wälder waren den alten Preufsen heilig (*Hartknoch*, Seite 60 und 121); was sie gegen Zerstörungen sicherte, so dafs sie dem Küstenlande zum Schutz gegen die rauhen, der Vegetation nachtheiligen Windstriche erhalten wurden.

Durch den Anbau des Landes ist das Clima und der Boden auch hier bedeutend verändert worden. Der Schnee wird jetzt auf den Feldern durch die Sonne leichter aufgelöset; die Wasser ergiefsen sich nun schneller in die Bäche, Flüsse und Ströme und bringen oft zerstörende Überschwemmungen und Beschädigungen der Wasserstrafsen hervor.

Als das Küstenland Ostpreufsens bekannter geworden war und die Deutschen Ritter auf Veranlassen der Polen solches zu erobern und die christliche Religion darin zu verbreiten kamen, drangen sie auf der Weichsel, von Thorn aus, wo sie zuerst den Strom überschritten und festen Fufs fafsten, nach dem Frischen Haf vor. Als sie die Weichsel von Thorn hinunterschifften, fanden sie weiter unterhalb in der Niederung ein Gewebe von Strom-Armen und das Land mit Wald und Gebüsch bewachsen und zum Theil versumpft. Sie liefsen hier mehrere Durchstiche der Stromkrümmen machen, um die Wasserstrafse zu reguliren; auch schon im Jahre 1288, als die Niederung noch eine Wildnifs war, unter der Leitung des Landmeisters ***Meineke (Moinhardt) von Querfurth*** an der Nogat und der Weichsel Deiche oder Dämme, von nicht weniger als 25 Meilen lang, durch Hülfe der Einwohner ausführen; was dann die Bedeichung der Weichselniederungen gründete. Jetzt soll die Länge dieser Deiche 45 Meilen betragen. Die Weichselniederung, von Thorn ab, enthält 36 Quadratmeilen und man findet darin über 200 Wasser-Auswurfmühlen. Die Niederung ist sehr gut angebaut. Sie ist eine fruchtbare Ebene, wird aber dem Reisenden bald einförmig. Von dem Thal-Ufer hat man angenehme Fernsichten; besonders bei Danzig sind sie sehr schön. Die Ritter bauten ferner mehrere Schlösser: in Schwetz, Dirschau etc., als feste Puncte zur Beherrschung der Wasserwege und zur Behauptung des Landes; von welchen ich in meinen Bemerkungen über die alten Schlösser in Preufsen, im Jahre 1836 mehr gesagt habe.

Siebenter Abschnitt.

Von der Niederung der Weichsel und Nogat drangen die Eroberer zu Wasser über das Frische Haf, den Pregelstrom, der sich durch eine fruchtbare Gegend hinunterzieht, bis zur Deime hinauf, um das Hinterland zu erforschen und Handel und Verkehr zu treiben. Sie gingen den Pregel bis Insterburg hinauf, wo er durch die Verbindung der Angerapp, der Inster und des Pissaflusses zum schiffbaren Wasserwege wird, und fanden dort eine für sie günstige, fruchtbare Gegend.

Um eine Wasserstrafse nach dem Kurischen Haf zu haben, liefsen sie den Deimeflufs (nach ***Henneberger*** in früherer Zeit ***Laba***flufs genannt, ursprünglich ein Arm des Pregelstroms), welcher jetzt den dritten Theil des Wassers vom Pregel von Tapiau nach Labiau und in das Kurische Haf ableitet, zum Theil, und zwar von Schmerberg bis Tapiau, 2½ Meilen lang, unter dem Hochmeister ***Küchmeister von Steinberg*** von 1414 bis 1422 (Siehe die Beiträge zur Kunde Preufsens, 4ter Band 4tes Heft) gerade aufwärts ziehen und im Jahre 1443 vier Schleusen, bei Tapiau, Klein-Schleuse, Grofs-Schleuse und in dem Canal bei dem Schlosse Labiau bauen; was dann die Wasserstrafse nach dem Kurischen Haf eröffnete. (Man sehe die beim 3ten Heft 20ten Bandes befindliche Carte von der Handels-Wasserstrafse von der Russischen Grenze bis zum Pregel, bei Tapiau, nach Königsberg.)

Der Deimeflufs zieht sich von Tapiau, wo er sich vom Pregel trennt, durch ein breites Thal, dessen Ufer fruchtbar und zum Theil mit angenehmen Landsitzen bebaut sind, bis zu dem 1258 von dem Landmeister *Grumbach* erbauten Schlofs $4\frac{1}{8}$ Meilen weit fort, und $\frac{5}{8}$ Meile von Labiau fällt er in das Kurische Haf. Als man das Schlofs Labiau baute, wurde auch alsbald der sogenannte Schleusencanal zur Sicherung des Schlosses gezogen und zum Betrieb einer Mühle für die Verpflegung des Schlosses als Festung aufgestaut.

Von der Ausmündung des Deimeflusses ging nun die Fahrt über das Kurische Haf in die Mündung des Rufsstroms weiter, und später von dort bis zum Einflufs der Gilge, den Strom aufwärts, und dann auf dem Memelstrom tiefer ins Hinterland.

Die grofse Thalfläche des Deimeflusses bis zum Kurischen Hafe wird oft durch die aus dem Lande kommenden Fluthen und durch den Rückstau aus dem Haf bei anhaltenden Nord- und Nordweststürmen so überschwemmt, dafs das Wasser 5 bis 6 Fufs am Pegel in Labiau über den niedrigsten Wasserstand steigt, wodurch früher die Passage von Labiau nach Litthauen ganz gehemmt war. Man baute deshalb vor etwa 50 Jahren den Schelleckenschen Damm, der jetzt die nöthigen Fluthbrücken zur Land und Poststrafse, zur Abkürzung des Weges nach Tilsit u. s. w., erhalten hat. Man sehe die obengedachte Carte. Da indessen jetzt eine Kunststrafse von Tapiau nach Tilsit gebaut ist, so ist die Poststrafse über Labiau eingegangen.

Zur Geradeziehung und Schiffbarmachung der Deime, welche schon im Jahre 1405 angefangen wurde, mufsten die Commandanten und Vögte, welche von den Deutschen Rittern angestellt waren, aus ihren Bezirken die Teichgräber mit Spaten nach einer gewissen Vertheilung gestellen; die Arbeiter erhielten Speise und Trank, und die Amtleute und Meister führten die Aufsicht über sie. Nachdem die oben gedachten vier Schiffschleusen gebaut waren, wurde ein Schleusenzoll erhoben; über welchen aber im Jahre 1433 die Danziger, welche diese Wasserstrafse schon benutzten, viele Beschwerden führten. In späterer Zeit wurde, nach den alten Acten, zur Regelung der Schiffahrt vom Churfürsten Johann Siegmund durch eine Verordnung aus Königsberg vom 14ten März 1613 befohlen, längs des Deimeflusses Pfähle zu Schiffshaltern zu setzen, und das Ternen oder Pflügen mit den Pfählen, um die Schiffe anzuhalten, wurde bei 50 Floren Strafe verboten. Auf die Beschwerde der Litthauischen Stände über die schlechte Schiffbarkeit der Deime wurde vom Churfürsten Georg Wilhelm eine gedruckte Strom-Ordnung bekannt gemacht, in welcher es unter andern heifst: „Da die Baggerungen und die Erhaltung der Fahrbahn auf dem Deime- „flufs grofse Kosten verursachen, so ist ein Strommeister angestellt worden „und es werden folgende Strafen festgesetzt. Wer Flachs im Flufs röstet, „bezahlt 20 Floren Ungarisch Strafe und hat den Verlust des Flachses. Wer „Holz und Strauch über dem Flufs abhauet und solches in den Flufs fället, „bezahlt dieselbe Strafe u. s. w." Es ist in der That merkwürdig, wie sehr man in früherer Zeit darauf Bedacht war, die Wasserwege durch polizeiliche Maafsregeln zu erhalten; was in neueren Zeiten in manchen Gegenden sehr wenig geschieht und wodurch denn natürlich die Wasserstrafsen sehr leiden.

Die gute Erhaltung der Wasserstrafse von Königsberg nach Polen und Rufsland kam weiterhin auf dem Polnischen Reichstage durch die Litthauischen Stände öfter zur Sprache, weil der Absatz ihrer Producte und der Handel nach Königsberg davon abhing. Auf ihre Beschwerden trug der Churfürst Friedrich Wilhelm dem Burggrafen Reinhold Klein zu Labiau am 23ten Mai 1668 auf, die Beschaffenheit dieser Wasserstrafse zu untersuchen und darüber zu berichten. Derselbe fand mehrere Verflachungen in der Fahrbahn und dafs eine Regulirung des Flufsbettes nothwendig sei, um das kostspielige Lichten oder Lossen der Waaren, worüber sich die Litthauer unaufhörlich beschwerten, zu vermeiden. Er schlug vor, den Stromzoll in Labiau zu erhöhen, um die Kosten dazu aufzubringen; welchen Zoll seiner Meinung nach die Litthauer gern bezahlen würden. Man fand aber die Erhöhung des Zolles bedenklich; und so ward die Fahrbahn nur mit den bereitesten Mitteln bis zum Jahre 1674 erhalten, wo der Churfürst Friedrich Wilhelm den Ingenieur der Feste Pillau, *George Neumann* beauftragte, zwei tüchtige Baggerwerke oder Pferdebaggermaschinen zur Vertiefung der Fahrbahn anzuschaffen. Dies geschah und man benutzte die Bagger nicht allein im Deimeflufs, sondern auch auf den übrigen Theilen der Wasserstrafse, bis zum Jahre 1686, wo wieder neue Beschwerden enstanden.

Hartknoch, welcher seine Schriften über Preufsen im Jahre 1684 herausgab, sagt Seite 8, dafs die Denne (Deime) ein gegrabener Flufs sei, welcher damals schon mit den grofsen Wittinnen beschifft wurde, die insbesondere Klappholz, Waid- und Pott-Asche, Hanf und Flachs aus Rufsland und Litthauen nach Königsberg brachten. Die Fahrt ging damals von dem Rufsstrom über das Kurische Haf nach dem Deimeflufs, und umgekehrt. In der Ausmündung des Deimeflusses und im Kurischen Haf lagen viele Steine, auf welchen oft die Wittinnen verunglückten.

Die fortwährenden Beschwerden näher zu untersuchen, ordnete der Churprinz Friedrich aus Potsdam am 17ten Mai 1686 eine Commission an, bestehend aus dem Jägermeister *von Halle*, Hauptmann zu Rhein, dem Oberhauptmann bei der Artillerie *Heinrich Steutner*, dem Rathsverwandten *Lorenz Göbel* und dem Kunstmeister *Jahann Willke*, welcher die Aufsicht über die Röhrleitung in Danzig führte. Diese Commissarien sagen von ihrer Local-Untersuchung in ihrem Bericht vom 27ten Juni 1686, dafs wenn das Bette des Deimeflusses gehörig vertieft würde, so könnten die Schleusen bei Tapiau und Labiau, so wie auch die übrigen bei Grofs- und Kleinschleuse, eingehen, also die Erhaltungskosten dieser hölzernen Schleusen, welche, wo Nässe und Trockenheit wechselt, nach Erfahrungssätzen alle 15 Jahr erneuert werden müfsten, erspart werden, während der Schiffahrtsverkehr durch das Durchschleusen nicht mehr behindert werden würde.

Dies zeigt denn, dafs der Deimeflufs ohne alles Nivellement schiffbar gemacht worden ist und dafs grofse Summen und Kräfte damals aus Mangel an Sachverständigen verschwendet wurden. Auch bemerkten die Commissarien, dafs von dem guten Zustande und der Schiffbarkeit dieser Wasserstrafse das Wohl des Landes abhange; der Churfürst könne sich durch die Verbesserung derselben unsterblich machen.

So sprach man schon im Jahre 1686. In der That gehören Handelswasserstrafsen, welche oft aus mehreren Strömen, Flüssen und Canälen zusammengesetzt sind, zu den wichtigsten Werken eines Staats, weil sie den innern Verkehr und den Absatz der Erzeugnisse des Ackerbaus und des Gewerbes mächtig befördern. Verkennt man ihren Nutzen, so bleibt der Staat in seinem Aufblühen gelähmt und das Gemeinwohl ungefördert. Sind erst Wasserstrafsen vorhanden, so finden sich auch bald neue Städte, und bald auch Prachtgebäude.

Auf den Bericht der oben genannten Commissarien befahl der König dem Ingenieur *Unfried* und dem Mühlenbesitzer *Johann Lau*, die Schiffbarkeit des Deimeflusses weiter zu untersuchen und davon gutachtlich zu berichten. Diese neuen Commissarien sagten in ihrem Gutachten aus Tapiau vom 8ten October 1703, dafs sich das Bette des Deimeflusses mit einer vom etc. *Lau* neu zu bauenden Baggermaschine, von der Art, wie er sie für die Gräfin *Truchses* zur Vertiefung des Grofsen Friedrichsgrabens habe bauen lassen und welche etwa 1000 Thlr. kosten würde, auf 4000 Ruthen lang würde vertiefen lassen; was 5,700 Thlr. kosten würde. Sie bemerken gleichfalls, dafs dann die Schleusen bei Tapiau und Labiau etc., wie oben bemerkt, würden eingehen können.

Dieser Vorschlag wurde aus Charlottenburg am 4ten August 1705 genehmigt und es wurde mit der Baggerung zur Verbesserung des Schiffahrtsweges sogleich angefangen. Es wurde auch dadurch der untere Theil des Deimeflusses für die Schiffahrt sehr verbessert und es wurde nun dem Lizent-Einnehmer und dem Mühlenbesitzer *Lau* am 12ten Septbr. 1712 aufgegeben, die Kähne auf dem damaligen Kleinen Graben hinter dem Schlofs Labiau, wo die Mahlmühle lag und wo jetzt, nachdem der Graben verbreitet ist, die grofsen Wittinnen gehen, passiren zu lassen, weil sonst bei dem zunehmenden Verkehr in dem Schleusencanal bei dem Schlosse Labiau Aufenthalt für die Fahrzeuge entstehen könne.

Überall müssen offenbar die Fahrzeuge der Wassermenge der Schiffahrtswege angemessen sein; allein die Polnischen Kaufleute beschwerten sich am 4ten Juli 1737, dafs die in dem Canal bei Labiau im Jahr 1433 gebaute, 25 Fufs zwischen den Thorsäulen breite Schleuse zu schmal sei, und verlangten, dafs sie erweitert werde, damit sie mit ihren grofsen Wittinnen, von 170 Fufs lang und 25 Fufs breit, die Wasserstrafse beschiffen könnten, indem der Zoll nicht von der Fracht, sondern von den Fahrzeugen erhoben werde. Diese Forderung wurde natürlich nicht erfüllt, sondern späterhin die Breite der Thor-Öffnung der Schleuse in der Strom- und Ufer-Ordnung für den Grofsen Friedrichsgraben gesetzlich bestimmt. Die grofsen Fahrzeuge (Wittinnen) sind nur auf der grofsen Wasserstrafse oder sogenannten Wittinnenfahrt aus Polen und Rufsland nach Königsberg aus den vorher angeführten Gründen erlaubt: dennoch bestehen hiesige Waldbesitzer und Holzhändler, aus unrichtiger Ansicht ihres eigenen Vortheils und gegen die Strompolizei, darauf, die Binnengewässer damit beschiffen zu wollen. Die Forderung der Polen gab auch hier den Beweis, wie nachtheilig das Privat-Interesse für den öffentlichen Verkehr auf den Wasserstrafsen sein kann, und mit welcher Umsicht die Zölle regulirt werden müssen, damit keine Stockungen im Verkehr entstehen.

Die Wichtigkeit der Wasserstrafsen verkannten grofse Männer und Regenten schon in den frühesten Zeiten nicht. Wäre Carl der Grofse mit den Kammerschleusen oder Schiffschleusen bekannt gewesen; so würde gewifs damals schon die Verbindung des Rheins mit der Donau, die schon angefangen war, zu Stande gekommen sein. Man würde schon damals, und in noch weit früheren Zeiten, wo so viele Tausend Hände oft unentgeltlich zu Gebote standen, Canäle und Handelswasserstrafsen über Höhen geführt, Meere und Seen in

Verbindung gebracht und noch weit nützlichere Denkmale als Tempel, Pyramiden und andere Prachtwerke ausgeführt haben. Könige und Fürsten hätten sich dadurch verewigen können; wie es Friedrich II. und unser edle König, dieser insbesondere durch Anlage der Kunststrafsen etc., gethan haben.

Zur Verbesserung der Schiffahrt auf der Deime wurden ferner Arbeiten vom Jahre 1705 ab ausgeführt; aber noch lange nicht hinreichend; denn der Ober-Deich-Inspector *von Suchodollez* sagt am 24ten August 1741 in einem Bericht, dafs zur völligen Regulirung der schiffbaren Deime nach den Anschlägen noch 16 394 Thlr. erforderlich wären. Er bemerkt, dafs er den Deimeflufs vom Schlosse Tapiau bis zum Schlosse Labiau von Tapiau ab auf 1800 Ruthen lang 3 bis 5 Fufs, auf 1880 Ruthen lang 5 bis 6 Fufs und auf 5420 Ruthen lang 6 bis 18 Fufs tief gefunden habe. Er liefs längs der Deime, von 100 zu 100 Ruthen, Stationspfähle setzen und fing an, die Hydrotechnik nach richtigen Grundsätzen zu behandeln. Jetzt ist die Deime, wenn das Wasser bei Tapiau 5½ Fufs am Pegel hoch steht, an ihrer Einmündung 93 Fufs breit, nimmt unterhalb, nach Labiau hin, an Breite zu, und ist von Tapiau bis Schmerberg 5 bis 6, weiter nach Labiau hin 6 bis 9 und stellenweise 18 Fufs tief. Der König Friedrich II. erwiderte am 29ten August 1741, dafs unter den damaligen Umständen die Überweisung nicht erfolgen könne; die Wasserstrafse hier müsse einstweilen mit den bereitesten Mitteln erhalten werden; was auch geschah.

In den Jahren 1758 und 1759, als Ostpreufsen unter Russischer Administration stand, wurden nach den Anschlägen des etc. *von Morstein* mehrere Kosten angewiesen, und zwar:

„Auf Befehl Ihrer Kaiserlichen Majestät Elisabeth Fedeorowna, Selbst-„herrscherin aller Reufsen etc. (Hier folgt die Anweisung.)

„Im Lager über der Weichsel den $\frac{\text{21ten Mai}}{\text{1ten Juni}}$."

Die Wasserstrafse hier war auch in der That für die Russischen Kriegs-Operationen zu der Verpflegung u. s. w. sehr wichtig und wurde deshalb gut erhalten.

Von da ab bis jetzt ist die Schiffahrtsbahn auf der Deime durch Vertiefungen und Einschränkungswerke zu einer guten Wasserstrafse, welche mit den grofsen Wittinnen beschifft wird, möglichst so in Beharrungsstand gebracht worden, dafs seit einigen Jahren keine Beschwerden weiter darüber geführt worden sind.

Es ist schon früher bemerkt, dafs die Deime ursprünglich ein Arm des Pregels war, und dafs darin nach den örtlichen Verhältnissen viel Fluthwasser, z. B. am 3ten Januar 1825, wo es an dem Pegel in der Einmündung des Deimeflusses bei Tapiau 10 Fufs 6 Zoll über den niedrigsten Wasserstand stieg, nach dem Kurischen Haf hin abfliefst; so wie, dafs jetzt die Theilungsspitze an der Einmündung der Deime so geformt ist, dafs der dritte Theil der Wassermenge des Pregels in die Deime abfliefst und nur zwei Drittheil für den Pregel übrig bleiben, die sich in dessen Bette in das Frische Haf ergiefsen.

Auf die in späterer Zeit entstandenen Beschwerden über die Schifffahrt auf der grofsen Wasserstrafse ward noch im Jahre 1786 höheren Orts wieder eine Commission, aus dem Consistorialrath *Silberschlag* aus Berlin und aus dem Krieges- und Domainenrath und Baudirector *Lilienthal* aus Königsberg bestehend, angeordnet. Diese Commissarien fanden den Pregel am 21ten August 1786 oberhalb der Trennung des Deimeflusses bei Tapiau 270 Fufs breit, 4 Fufs 9 Zoll aequirt tief und darin $1\frac{3}{4}$ Fufs Geschwindigkeit, so dafs also der Flufs in 1 Secunde 1783 Cubikfufs Wasser führte. Der Deimeflufs bei Tapiau war 67 Fufs breit, $4\frac{1}{8}$ Fufs aequirt tief und hatte $\frac{2}{3}$ Fufs Geschwindigkeit in 1 Secunde, führte also 201 Cubikfufs Wasser. Diese 201 Cub. F. von den obigen 1783 abgezogen, bleiben 1582 Cubikfufs für den Wasserweg nach Königsberg. Bei welchem Wasserstande man gemessen habe, ist nicht angegeben. Eine im Jahre 1818 auf mein Veranlassen vorgenommene Messung gab folgende Resultate. Das Querprofil des Pregels war oberhalb der Trennung der Deime vom Pregel bei Tapiau 952 und das der Deime an ihrer Einmündung 222 Quadratfufs grofs, als das Wasser bei Tapiau 6 Fufs 2 Zoll am Pegel stand. Der Pregel hatte oberhalb Tapiau $1\frac{1}{2}$ Fufs Geschwindigkeit und führte in 1 Secunde 1428 Cubikfufs Wasser. Hiervon trennte sich bei Tapiau das Wasser der Deime und leitete mit einer Geschwindigkeit von $1\frac{1}{2}$ Fufs 333 Cubikfufs Wasser in das Kurische Haf; mithin blieben für den Pregel unterhalb der Theilungsspitze bei Tapiau 1095 Cubikfufs zum Schiffahrtswege nach Königsberg und dem Frischen Haf übrig; was auch, wenn nicht sehr trockene Witterung und Wassermangel eintritt, hinreichend ist.

(Die Fortsetzung folgt.)

6.

Notiz über Fufsboden aus Béton und Mauer-Überzüge aus Bergtheer.

(Auszug aus dem Bericht der General-Inspection von 1842. Von Herrn *Daullé,* Maréchal de camp im Königl. Franz. Ingenieurs-Corps.)

(Aus dem Mémorial de l'officier du génie No. 14. von 1844.)

Der Herr General *Daullé,* nachdem er Gelegenheit gehabt hatte, Versuche mit den in der Überschrift genannten Constructionen zu machen, welche vortrefflich gelungen waren, befahl bei seinen Inspectionen in den Jahren 1838, 1839 und 1840 die weitere Anwendung davon in verschiedenen Festungen im Süden und Norden von Frankreich. Damit diese Gegenstände den Militairbaumeistern genauer bekannt werden mögen, wird es dienlich sein, hier einige nähere Nachrichten darüber zu geben.

Fufsboden aus Béton zu ebener Erde.

Auf folgende Weise lassen sich solche Fufsboden überall, wo guter hydraulischer Kalk zu haben ist, von einer Festigkeit machen, die der des Stucks zu vergleichen ist.

Man breitet den aus hydraulischem Kalk zu dem Zwecke angemessen verfertigten Béton 4 bis 4½ Zoll hoch auf den Boden aus und schlägt ihn mit hölzernen Stöfsern, um ihn zu ebenen. Hierauf wird er mit biegsamen eisernen Schienen, von 19 bis 27 Zoll lang und 1 bis 1½ Zoll breit, massirt. Diese Schlägel haben einen Schwanenhals, der in eine Dille endigt, in welche ein langer Stiel gesteckt wird. Mit einem solchen Schlägel schlägt ein Arbeiter, der den Stiel mit beiden Händen fafst und aufrecht stehen bleibt, den Béton auf die Weise, dafs das Eisen platt niederfällt, und so, dafs die Schlagspuren auf dem Béton parallele gerade Linien bilden und die ganze Fläche bedecken. Dieses Verfahren mufs mehrmals und ohne Unterbrechung so lange wiederholt werden, bis die Spuren der stärksten Schläge nicht mehr kenntlich sind. Man mufs genau darauf sehen, dafs gegen das Ende des Schlagens, welches gewöhnlich in einer Stube für 12 Mann 2 Arbeiter 2 Tage beschäftigt, der Zusammenhang des Bétons nicht zerstört werde. Alsdann erhält dadurch die Oberfläche des Bodens eine Dichtigkeit und Härte, die dem Gebrauch des Zimmers widersteht und die Bildung des Staubes, der das gewöhnliche Übel ähnlicher Fufsboden ist, nicht mehr zuläfst. Man mufs dem Fufsboden wenigstens zwei Wochen Zeit geben, zu erhärten, ehe man die Soldaten einziehen läfst. Doch hängt diese Zeit von der Art des Kalks ab, den man genommen hat.

Das beschriebene Verfahren ist das nemliche, durch welches man in Italien den Stuck macht. Dasselbe mufs *genau* beobachtet werden; denn der Erfolg hängt gänzlich davon ab. Die Fufsboden, welche man dadurch erhält, wenn der Kalk gut war, sind vortrefflich; besonders zu ebener Erde, weil der Béton auf der Erde besser erhärtet, als auf Mauerwerk. Sie bekommen keine Risse und sind gegen das Wasser und die Feuchtigkeit undurchdringlich. Auch Futtermauern können mit solchem Béton bedeckt werden.

Überzug feuchter Mauern mit Bergtheer.

Man nimmt den Putz von feuchten salpetrigen Mauern ab und entblöfst die Bruchsteine vollständig. Die Oberfläche derselben wird darauf mit einem Besen gereinigt, und dann trägt man auf dieselbe mit einem Pinsel in mehreren Schichten einen Überzug von heifsem Bergtheer (goudron minéral). Darauf wird die Mauer wieder, aber nur $1\frac{1}{2}$ bis 2 Linien dick, geputzt.

Man hat dieses Verfahren in den Directionsbezirken von Bayonne und Perpignan sehr häufig und überall mit gutem Erfolge angewendet. Der merkwürdigste Fall aber war folgender bei dem Militair-Lazareth zu Perpignan.

In diesem Lazareth war ein niedriger, feuchter und für Kranke durchaus unbewohnbarer Saal. Er konnte gleichwohl, da man, besonders für die Kranken aus Algerien, 100 Betten stellen mufste, nicht ganz unbenutzt bleiben. Der General-Inspector befahl nun im Jahr 1840, das oben beschriebene Mittel zu versuchen, die Mauern rundum $3\frac{1}{2}$ Fufs hoch auf die obige Weise mit Bergtheer zu überziehen und den Boden mit Asphalt (mastic bitumineux) zu belegen. Der Saal ist hierdurch völlig benutzbar geworden und wird jetzt von den Ärzten für einen der besten des Lazareths gehalten. Ja selbst, als im Angust 1842 der Basseflufs den Saal 3 F. hoch mit Wasser überschwemmt hatte, konnte man die Kranken schon 24 Stunden, nachdem das Wasser weggeschafft war, wieder hineinbringen.

Dieser Fall beweiset zur Genüge, dafs sich durch das beschriebene Verfahren jeder wegen der Feuchtigkeit oder der Salpeterhaltigkeit der Mauern unbrauchbare Raum bewohnbar machen läfst. Und solche Räume finden sich häufig in den untern Stockwerken der Casernen, welche nur zu oft für Menschen fast untauglich sind.

7.

Nachricht von der Art wie man Pisémauern in einigen Gegenden von Algerien macht.

(Von dem Herrn Ingenieur-Hauptmann *Frossard.*)

(Aus dem Mémorial de l'officier du génie Bd. 14. von 1844.)

[Diese recht bemerkenswerthe Art von Pisémauerwerk, die augenscheinlich viel haltbarer sein mufs als die gewöhnliche, ist gewifs auch in Deutschland recht wohl anwendbar und kann auch hier auf dem Lande, da wo Lehm und Kies nebst Kalk zu haben sind, recht nützlich sein und wohlfeile und dauerhafte Landgebäude geben. Das Princip dieser Art von Mauern ist recht sinnreich, und es ist fast zu verwundern, dafs man nicht längst hier darauf kam. Der Gegenstand ist auch deshalb merkwürdig, weil aus diesem Fall zu sehen, dafs sich sogar von halbwilden Völkern, wie es die Araber in Algerien sind, noch Nützliches lernen läfst, wenn man nur darauf achten will. D. H.]

Man hat zuweilen beim Militairbau Pisémauern zu machen. Wenn z. B. eine Querschanze (traverse) mit sehr engem innern Raum zu bauen ist, so lassen sich durch Pisémauern viel Kosten sparen; und diese Mauern haben für die Besatzung nicht, gleich andern Mauern, die Gefahr des Absplitterns durch die feindlichen Kugeln. Auch wenn in Gegenden Vertheidigungsmauern zu machen sind, wo es keine Steine giebt, kann man gezwungen sein, zu dem Pisé seine Zuflucht zu nehmen. Es scheint daher gut, die Aufmerksamkeit auf diese Art von Mauern zu lenken.

In den Departements Ain, Rhône und Isère, wo viel Pisémauern gebaut werden, macht man sie blofs aus Erde, die in dünnen Schichten in die Kistung oder Form gebracht wird, welche aus Brettern besteht, so weit von einander aufgestellt, als die Mauer dick werden soll. Diese Erde, gehörig gestampft und massirt, geht durch die ganze Dicke der Mauern und ist von beiden Seiten, nachdem die Form weggenommen ist, sichtbar.

Gebräuchlicherweise überzieht man die Pisémauern mit Kalkmörtel; aber dieser Putz, wenn man auch die Mauer vorher noch so wohl trocknen läfst, haftet selten fest; besonders wenn die Mauern in grofser Hitze gemacht wurden. Der Pisé nemlich trocknet zwar aufserhalb sehr bald, aber im Innern bleiben die Mauern feucht und die Nässe zieht sich nur sehr langsam nach aufsen; sie tritt dann zwischen die Mauer und den Putz und löset denselben in grofsen Tafeln ab. Nachdem aber die Mauer an einzelnen Stellen blofs geworden sind, zerstört sie auch bald der Regen.

Alles Dieses wurde auch an den Pisémauern der Caserne im Lager von Boufarik im Jahre 1835 wahrgenommen.

Um nun einer solchen Zerstörung bei andern Gebäuden zuvorzukommen, die man wegen des Mangels an Steinen ebenfalls aus Pisé zu errichten gezwungen war, glaubte man das Verfahren befolgen zu müssen, welches die *Eingebornen* angaben, die dasselbe dort zu Lande seit langer Zeit befolgen. Es besteht darin, die Erde mit einem Mörtel von Kalk und grobem Sande zu *umgeben*, so dafs er die beiden Flächen der Mauer bildet, von Strecke zu Strecke durch dieselbe *hindurchgeht* und so die beiden Bekleidungen der Mauer mit einander *verbindet*. Diese Einfassung mit Mörtel wird gemacht, so wie die Mauer allmälig emporsteigt. Bei jeder Lage fängt man damit an, die beiden Seiten der Kiste mit Mörtel zu füttern; darauf wirft man die Erde dazwischen, und stampft Alles zusammen. Auf die Höhe der Kiste macht man gewöhnlich 5 Lagen, die also jede 6 Zoll dick werden, da die Kiste etwa 30 Zoll hoch ist. Der Querschnitt einer so ausgeführten Mauer ist dann der (Taf. VII. Fig. 27.). Die äufsern Seiten sind ganz aus Mörtel. Nachdem die Kiste weggenommen ist, wird der Mörtel mit der Mauerkelle, die in etwas dicke Kalkmilch getaucht ist, gerieben und geglättet.

Die nun so eingeschlossene Erde ist gegen alle Einflüsse von Aufsen geschützt und hält sich trocken, hart und unveränderlich; gleich dem besten Steine. Dies hat sich beim Aufbrechen der Umfangsmauern der neuen und alten Blidah gezeigt, die auf die beschriebene Weise von Pisé gemacht sind. [Die Erde wird also wahrscheinlich möglichst *trocken* in die Mauer gebracht. D. H.] Dieser Pisé ist eine Art von Mauerwerk, bei welchem die Erde die Stelle der Bruchsteine vertritt. Die Erde füllt etwas mehr als Zweidrittheile des Raum-Inhalts der Mauer, wenn dieselbe 19 Zoll dick ist.

Nachdem man Anfangs Gebäude blofs von einem Stockwerk hoch mit solchen Pisémauern gemacht hatte, baute man in Boufarik auch Casernen, selbst von zwei Stockwerken hoch, auf diese Weise, ohne die Mauern dicker zu machen, als gewöhnlich. Die Gebälke legte man zur Vorsicht auf horizontale Lagen von Ziegelmauerwerk, in gutem Mörtel gemauert. Die Thüren, Fenster und die Ecken fafste man ebenfalls mit Ziegel- oder Bruchsteinmauerwerk ein.

Die Erde zu dem Pisé war hier ein so strenger Lehm, dafs sie mit Kies gemengt werden mufste. Beides, der Lehm und der Kies, fand sich zur Stelle; denn der Boden, auf welchem man baute, bestand aus abwechselnden Schichten von Lehm und Kies.

Der Mörtel, dessen man sich bediente, bestand aus 3 Theilen Kalkteig und etwa 4 Theilen grobem Sande. Man bereitete ihn mit sehr wenig Wasser, damit er unter dem Stampfen schnell binden möchte.

Anfangs stellte man Arabische Arbeiter an, die in diesem Bau geübt waren; aber bald lernten auch die Soldaten die Verfertigung der Mauern, nachdem sie das Verfahren der Eingebornen einige Zeit lang beobachtet hatten, und machten nun die Mauern eben so gut, wie diese.

Einer genauen Ausmessung zufolge waren zu 6210 C. F. Pisé-Mauern, bestehend aus Erde und Mörtel, 906 Militair-Arbeitstage und 1779 C. F. Mörtel nöthig, wozu 970 C. F. Kalkteig und 1294 C. F. grober Sand genommen werden mufsten.

Die Kosten konnten also wie folgt berechnet werden.

906 Militair-Arbeitstage zum Ausgraben und Zubereiten der Erde, zur Bereitung des Kalkteigs und Mörtels und zur Verfertigung der Mauer selbst, zu 2 Sgr., thut	60 Thlr.	12 Sgr.
1779 C. F. Mörtel, zu 5,565 Sgr., ...	330 -	— -
Kosten der Einkistung	12 -	— -
Aufsichtskosten	2 -	28 -
Zusammen für 6210 C. F. Mauer	405 Thlr.	10 Sgr.
Thut für den Cubikfufs nahe an		2 Sgr.

Dieser hohe Preis kam daher, dafs der Kalk, den man gebrannt aus Algier bezog, nach dem Löschen 10 Sgr. der Cubikfufs kostete. An mehreren Stellen der Metidjah [Gegend um die Stadt Algier], wo der Kalk zur Stelle zu haben war, wie zu Blidah, Coleah, würde der Kalk nur halb so viel und dann der Cubikfufs Mauerwerk nur etwa $1\frac{1}{8}$ Sgr. gekostet haben.

Die obige Kostenberechnung würde übrigens nicht für Frankreich passen, weil man in Algerien mit Soldaten baute, die täglich nur 6 Stunden arbeiteten und also weniger leisteten als andere Arbeiter. Mit andern Arbeitern würden also viel weniger Arbeitstage nöthig sein. Der Taglohn würde aber auch wieder höher sein.

Hat man Mauern aus Pisé von 3 bis 6 F. dick zu machen, wie in den Festungen, so würde die Erde einen viel gröfseren Theil der Mauer füllen und also die Mauer weniger kosten.

Paris, den 5ten Febr. 1844.

[Berechnet man die Kosten in dem oben gegebenen Beispiel von 6210 C. F. Mauer nach Preisen, wie sie ungefähr in Deutschland vorkommen, nemlich den Cubikfufs Kalkteig zu 3 Sgr., den Cubikfufs Kies zu $\frac{1}{2}$ Sgr. und den 12stündigen Arbeitstag zu 12 Sgr., so ergiebt sich Folgendes:

Für 452 12stündige Arbeitstage, zu 12 Sgr., . . .	181 Thlr.	6 Sgr.
Für 970 C. F. Kalkteig, zu 3 Sgr., ...	97 -	— -
Für 1294 C. F. Kies, zu $\frac{1}{2}$ Sgr., ...	21 -	17 -
Kosten der Einkistung, wie oben, ...	12 -	— -
Kosten der Aufsicht	10 -	— -
Zusammen für 6210 Mauerwerk	321 Thlr.	23 Sgr.

Thut für den Cubikfufs etwa 1 Sgr. 7 Pf.

und für die Schachtruthe von 144 C. F. 9 Thlr. 14 Sgr. D. H.]

8.

Historisch-hydrographische Nachrichten von den Häfen und andern Schiffahrts-Anstalten Ostfrieslands bei der Stadt Emden und in den Emsmündungen,

nebst

practischen Vorschlägen zur Verbesserung des Fahrwassers, zur völligen Sicherung der Stadt und Umgegend gegen Zerstörung durch hohe Sturmfluthen, und zur Vermehrung der innern Entwässerungs-Anlagen des Binnenlandes zum Besten der Landwirthschaft.

(Von *D. Reinhold*, Königl. Hannöverschem Wasserbau-Inspector.)

(Fortsetzung der Abhandlung No. 1. im vorigen Hefte.)

Zweiter Abschnitt.

Kurze Übersicht der Entstehung der Deichbrüche an der Ems im Jahre 1277 in der Gegend von Emden, so wie des Dollarts, und der Folgen davon.

§. 3.

Die im Jahre 1277 in der Nähe der Stadt Emden Statt gehabten Durchbrüche der Emsdeiche bei Jansum und Willgum (Taf. II.) sind die ursprüngliche Ursache der nachherigen Veränderung der Richtung des Laufes der Ems, der Entstehung des Dollarts und der jetzigen Beschaffenheit des Fahrwassers von Emden. Zur Vervollständigung gebe ich eine kurze Übersicht von diesem Ereignifs.

Am 13ten Januar und 25ten December 1277 ereigneten sich die grofsen Wasserfluthen, die, wie für andere Küstenländer, auch für Ostfriesland so verderblich wurden. Häufige Sturmwinde und hohe Fluthen, das zu schwache und zu niedrige Besteck der Deiche und die damalige schwache Landesverfassung waren Schuld daran, sowohl dafs die Emsdeiche bei Jansum und Willgum brachen, als dafs sie nicht gleich vor dem 25ten December oder vor der zweiten Fluth wieder sicher hergestellt wurden. Der erste Durchbruch geschah bei Jansum, einem Orte auf der jetzigen Halbinsel Nesserland, die damals als

Halbinsel mit dem ***Rheiderlande*** zusammenhing, statt dafs sie jetzt, als solche, mit dem ***festen Lande bei Emden*** zusammenhängt. Nach der von ***Gerhard Outhoff*** bei seinem „Verhaal von alle hooge watervloeden" herausgegebenen und von ***Abraham Maafs*** gezeichneten Carte, „Kaart van het verdronken Rheiderland, enz." lag Jansum in gerader Linie zwischen Loge und Pogum und um die Breite der Ems, etwa 4 bis 500 Ruthen, von Loge, nach Pogum zu, entfernt. Die Ems flofs damals nicht, wie jetzt, in gerader Richtung von Pogum auf den Hoek van Loge, sondern zwischen Pogum und den versunkenen Städten Torum und Borsum in nördlicher Richtung unter und nahe an der Stadt Emden her, wandte sich dann südlich unterhalb Larrelt nach Wybelsum und Logel hin, und dann wieder nordwestlich unterhalb Loge, längs Knocke, Bettweer und Düvert, der Mündung zwischen den Inseln Borkum und Jüist zu. Der Strom bildete also damals eine Halbinsel zwischen Torum und Osterrheide, die mit dem Rheiderlande zusammenhing (wie es die Carte Taf. II. zeigt), und von welcher jetzt nur noch die Halbinsel Nesserland mit 6 bis 7 Häusern vorhanden ist, die nun bei Emden mit dem festen Lande zusammenhängt, nachdem die Ems in gerader Richtung von Jansum auf Willgum sich ein neues Bette gewühlt hat.

Der alte Arm, welcher sich früherhin bei Emden und Larrelt herumzog, ist nach und nach verschlämmt; besonders seit der Zeit, als man vor etwa 40 Jahren Nesserland durch einen Damm mit dem festen Lande bei Emden verband; wodurch aller Strom hier aufhören und der alte Arm verschlämmen, und begrünen mufste. Vielleicht hätte das in den Jahren 1590 bis 1616 unter Edzard II. und Enno III. von Nesserland nach Pogum gebaute 1200 Ruthen lange Pfahlhaupt den Strom durch sein altes Bette bei Emden herumgeleitet: da aber dieses Bauwerk in Folge der Streitigkeiten zwischen der Stadt Emden und den Landesfürsten wegen des Hoheitsrechts über die Ems verfiel, so war keine Aufsicht mehr dazu. Von dem alten Pfahlhaupte findet man noch Überbleibsel, etwa 500 Ruthen von der Deichspitze bei Pogum nach Rheide zu. Bei ganz niedrigem Ebbewasser kann man durch die Öffnung fahren, die die abgebrochenen Pfähle und Pfosten bilden.

Wenn man damals, nach dem ersten Deichbruch vom 13ten Januar 1277, die Brüche bei Jansum und Willgum sogleich wieder geschlossen hätte, wozu bis zum 25ten December 11 Monate Zeit waren, allenfalls erst einen Nothdeich geschüttet und diesen dann verstärkt hätte, so hätte die Ems ihr altes Bette behalten. Aber die Halsstarrigkeit eines reichen Häuptlings, ***Keno ten Broeke,*** der keine Oberherrschaft im Staate anerkannte und sich, wie ein ***Focke Ukena*** und Andere, auf das Faustrecht stützte, welcher, wie ***Freese*** in seinem „Ostfriesland und Harrlingerland" S. 192 erzählt, erklärte: „dafs er sein Land „lieber eine Lanze hoch unter Wasser sehen, als die Deiche wieder herstellen „wolle," gab das Signal zur Unthätigkeit und war der Grund zu den Folgen des Unheils. ***Gerhard Outhoff*** erzählt in seinem „Verhaal van alle hooge watervloeden enz" Seite 180 etc. „dafs laut einer geschriebenen Chronik von „Ostfriesland die allererste Ursache von dem damaligen Unfall die Uneinigkeit „zwischen den Rheiderländern und dem Häuptlinge ***Keno ten Broecke*** ge- „wesen sei, der aus Rache die Deiche durchstechen und die Sielthüren im „Rheiderlande wegnehmen liefs; insbesondere zwischen Oster- und Wester- „rheide, nicht weit von Jansum." Dadurch kam das Rheiderland unter Wasser und die Bewohner liefsen die Deiche und Syhle unhergestellt.

So zerstörte denn nach und nach im 13ten und den folgenden Jahrhunderten das Meer und die Ems ein Land von 7 Quadratmeilen, welches mit 50 schönen Dörfern und Städten bebaut war, welche ***Outhoff***, ***Freese***, ***Wiarda***, ***Friedrich Arends*** und andere Ostfriesische Historiker und Geographen nennen, und die auf der ***Outhoff***schen Carte (Taf. III.) zu sehen sind.

Rechnet man, dafs auf der Quadratmeile damals 2500 Menschen wohnten, so waren diese 7 Quadratmeilen Land von etwa 17 500 bis 20 000 Menschen bewohnt, die von den Meeresfluthen nach und nach vertrieben wurden und Habe und Gut verloren. Der Landverlust von 70 000 Diemat, nach jetzigem Mittelpreise angeschlagen zu 300 Thlr., würde 21 Millionen Thaler betragen; ohne die Gebäude, die, wenn man ihre Zahl auf 3000 und jedes Haus zu 1000 Thlr. anschlägt, ebenfalls einen Verlust von 3 Millionen ausmachen, so dafs also etwa 24 Millionen Thaler verloren gingen. Diesen enormen Verlust und diese schrecklichen und schädlichen Folgen haben die Deichbrüche bei Willgum und Jansum im Jahre 1277 nach sich gezogen!

Die ***Outhoffs*** Verhaal beigefügte Carte von ***Abraham Maafs*** (Taf. II.) zeigt die Ortschaften und die Grenze, welche der Dollart in seiner gröfsten Ausdehnung bis Pogum, Wynhamster-Kolk, Bunde, Dünebrock, Bellingwolde, Winschoten, Finserwolde, Midevolde und Woldendorp bis zur Landspitze von Rheide gehabt zu haben scheint. Die Vergleichung der ***Outhoff***schen mit der ***Campe***schen oder ***Lecoq***schen und den ***Papen***schen Carten zeigt, welche Polder seit jener Zeit aus der See wieder angewachsen und bevölkert worden sind. In welchem Jahre das ertrunkene Land zuerst wieder eingedeicht worden ist, geben die Historiographen Ostfrieslands, ***Emmius, Wiarda, Freese*** etc. nicht genau an. Über die ersten Eindeichungen des wieder entstandenen Anwachses von Finserwolde, nach der ***Ea*** oder ***Aa*** zu, nach Osterrheide, oder auf die jetzige Landspitze von Rheide, lassen sich nur Vermuthungen aufstellen. Nach ***Ubbo Emmius*** war man genöthigt, 1454 einen neuen Deich von Finserwolde nach Jansum zu legen, der sich aber nur 40 Jahre erhielt. Im Kriege der Gröninger gegen die Sächsischen Fürsten brach er ein und die Fluthen drangen wieder bis Nordbrock vor; besonders bei der Sturmfluth am 26ten Septbr. 1509. Im Jahre 1539 zogen endlich die Bewohner des Olde-Amtes einen Deich von Finserwolde nach der Spitze von Rheide. Hiedurch verlor der Dollart 2½ Quadratmeilen wieder, und war nun, mit 13 Meilen Deich umfafst, 7 Quadratmeilen grofs. Einige Landtheile und Örter erhielten sich noch eine Zeitlang wie Inseln im Meere; bis ins 16te Jahrhundert. Das Kloster Palmar existirte noch im Jahre 1427; Wyndeham, Nesse und Willgum existirten noch 1436; Osterrheide 1378 bis 1416, Fletum 1464, die Stadt Torum 1507, von welcher 1607 noch die Trümmer beim Ostwinde und bei niedriger Ebbe gesehen, und wo noch Geldstücke, ja ein ganzes Fäfschen Geld damals gefunden sein sollen. Nach der ***Coldewei***schen Carte von 1730 standen noch einige Häuser auf einigen Inseln bei Pogum, die ***Blinken*** genannt; die aber nachher mit einander verschwunden sind.

Nach und nach dehnte sich die Küste des Dollart in denselben hinein wieder so aus, dafs seine Wasserfläche jetzt etwa nur noch $1\frac{9}{20}$tel bis 2 Quadratmeilen oder 19 200 bis 20 000 Diemat enthält. In welchem Maafse der Anwachs an der Ostfriesischen Küste zugenommen hat, ist aus Folgendem zu sehen. Auf Ostfriesischem Territorio hat man erst im 16ten Jahrhundert angefangen, das Land einzudeichen.

Im 17ten Jahrhundert, 1605, wurde Altbunder-Neuland eingedeicht, an Flächen-Inhalt von	1649	Diemat,
1682 der Charlottenpolder von	450	-
1707 der Bunder Interessenten-Polder	1894	-
1707 der Süder-Christian-Eberhards-Polder	251	-
Desgleichen der Norder-Christian-Eberhards-Polder von .	305	-
1752 der Landschafts-Polder von	2026	-
1795 der Heinitz-Polder von	1104	-
1824 betrug der Anwachs vor dem Heinitz-Polder . . .	345	-
Thut in 219 Jahren	8024	Diemat.
Also im Durchschnitt jedes Jahr	36½	Diemat.

An der Holländischen Küste ist in jenem Zeitraume das 4 bis 5fache angewachsen, weil diese Küste sogenannter Hooger- oder Opperwall ist, unter dem Schutze des West- oder Nordwestwindes liegt, der gerade auf die Ostfriesische Küste steht und die gleiche Zunahme des Anwachses hindert, und weil die Landspitze von Rheide an der Holländischen Küste den Fluthstrom aus der See durch ihre Länge von mehreren Hundert Ruthen vom Niederländischen Ufer ab- und der Ostfriesischen Küste zuweiset, welche deshalb auch vor mehren Jahren bei Pogum mit einigen Buschhäuptern gedeckt ist, und wo seitdem noch mehrere Dukeldämme etc. angelegt sind, in Folge dessen der Anwachs sichtbar zunimmt. So lange aber diese Buschhäupter oder Buhnen nicht bedeutend in den Dollart hinein werden verlängert werden, wird der Anwachs an dieser Küste nur langsam zunehmen; um so mehr, da die bösen West- und Nordwestwinde die Küste, welche sogenannter Leeger Wall ist, fast perpendiculair angreifen.

Da die Ausdehnung des Dollarts stets abnimmt und das Land in der Nähe der Ems tiefer liegt, als es ehemals weiter im Innern sein konnte, so nimmt der Anwachs an den Küsten nicht mehr so schnell zu, wie ehemals. Denn der Anwachs von 345 Diemat hinter dem Heinitz-Polder ist seit dessen Eindeichung 1795 bis 1824 erst in 28 Jahren entstanden; was im Durchschnitt jährlich nur $12\frac{1}{4}$ Diemat beträgt. Seit 1814 bis 1824, also in 10 Jahren, sind hinter dem Heinitz-Polder etwa 50 mit Queller begrünte Diemate angewachsen, also im Durchschnitt jährlich nur 5 Diemat; seit 1825 bis 1835 aber in 10 Jahren 101 Diemat; was im Durchschnitt jährlich $10\frac{1}{10}$ Diemat beträgt. Ob nun nach diesem, oder nach welchem Maafsstabe der Anwachs zwischen Emden, Larrelt, Logumer Vorwerk und Borsum zugenommen habe, und namentlich seitdem im Jahre 1768 das alte Fahrwasser verlassen und das jetzige eingedeicht worden ist, darüber fehlt es mir an genauen Angaben und Carten.

Die jetzige Halbinsel Nesserland bei Emden (Taf. III.) ist, ohne die Anwächse, der Carte zufolge etwa 300 Grasen zu 300 Q. R. Rheinländisch oder $226\frac{1}{2}$ Diemat grofs. Sie ist theils der Rest des von den Fluthen im Jahre 1277 nicht ganz verschlungenen festen Landes, theils besteht sie aus dem verschlammten und begrünten Arme der Ems, der in alten Zeiten hart an Emden herumging, wie es die *Outhoff*sche Carte (Taf. II.) vom Dollart zeigt, und der seit der Abdammung begrünte. Ihre Sommerdeiche gehören nicht zu den Strom- und Seedeichen und liegen aufserhalb der Hauptdeichlinie, welche das feste Land schützt. Sie werden schon im Sommer bei sehr hohen Springfluthen überströmt, und um so mehr im Winter bei Sturmfluthen, und sind also nur Sommerdeiche, die auf der Insel keinen Ackerbau mit Winterfrucht, sondern nur Viehzucht und Heugewinn gestatten. Etwa 6 bis 7 Häuser sind jetzt noch neben der alten, nunmehro zerstörten Kirche vorhanden, welche auf hohen Warfen oder Hügeln liegen und nur dadurch gegen das Wasser geschützt werden. Die Häuser sind in den Mauern äufserst niedrig, so dafs die Dächer fast bis an den Boden reichen, um dadurch desto sicherer gegen die Stürme zu sein. Bei der Sturmfluth am 3ten und 4ten Febr. 1825 ist der Kirchthurm nebst der Kirche ruinirt; auch haben das am Emder Fahrwasser stehende sogenannte Hammrichshaus und mehrere andere Gebäude damals sehr gelitten. In früherer Zeit hing diese Insel nicht mit dem festen Lande bei Emden zusammen, sondern mit dem jenseits am linken Ufer der Ems befindlichen festen Lande, dem sogenannten Rheiderlande, indem bis zum Jahre 1277, als die Emsdeiche bei Jansum und Wilgum brachen, die Ems zwischen Nesserland und Wilgum herumflofs, wie es die Carte (Taf. II.) zeigt.

An der Ems oder im Südwesten ist die Insel stark im Abbruch begriffen, so, dafs seit mehreren Jahren die einigen Häuser mit den Warfen oder Hügeln, auf welchen sie standen, verschwunden und der Ems überlassen sind, und die übrigen ein ähnliches Loos nach und nach erwarten, wenn nicht an dem abbrüchigen Ufer Buschhäupter einen Anwachs wieder hervorbringen und eine Bedeichung die Häuser gegen die Sturmfluthen schützt. Von diesen, neben der ehemaligen Kirche stehenden Häusern befindet sich bis zum gewöhnlichen Fluthspiegel der Ems etwa noch 50 Ruthen festes grünes Land; alsdann folgt bis zum Ebbespiegel der Ems ein harter, flach ablaufender sandiger Strom von etwa 250 bis 350 Ruthen breit, der so fest ist, dafs man darauf gehen und sich darauf baden kann; wie es im Sommer häufig geschieht. Dieser Theil des ganzen Inbusens von Emden, welcher vom jetzigen Fahrwasser nach Norden hin und von der Deichlinie von der Stadt Emden bis Grofs-Borsum umgeben ist, enthält nach der Carte, einschliefslich der alten Insel und des begrünten Anwachses, eine begrünte Oberfläche von etwa 800 Grasen, oder 600 Diemat, oder $1298\frac{1}{8}$ Calenberger [etwa 1200 Preufsische] Morgen, in so weit er begrünt, fest und der Bedeichung fähig und werth ist. Dieser Theil des Anwachses aber steht an Gröfse dem vorigen bei weitem nach und enthält an begrüntem nutzbarem Anwachse etwa nur 200 Grasen oder 150 Diemat, oder $324\frac{3}{4}$ Calenberger [etwa 300 Pr.] Morgen, so dafs beide begrünten, nutzbaren Oberflächen, nord- und südseits des Fahrwassers, einschliefslich der alten Insel Nesserland, jetzt erst ungefähr 1000 Grasen oder 750 Diemat, oder etwa 1623 Calenberger [etwa 1500 Pr.] Morgen enthalten. Zwischen beiden begrünten Flächen aber liegt noch ein nicht begrünter Busen, oder ein bei jeder Ebbe trocken werdendes Watt; imgleichen zwischen der Insel und Borsum ein bedeutender, nicht begrünter Watt, der erst durch Aufschlickung erhöht werden mufs, bevor er begrünt, und dann erst mit Sicherheit eingedeicht werden kann. Das alte Urland der Insel selbst ist fest und gut benarbt, und wird jährlich durch die Sturmfluthen mit Schlick überzogen; es ist daher fruchtbar und fest, und etwa 2 bis 3 Fufs über der gewöhnlichen Fluth hoch.

Da nun nach der Angabe von *Arends* in seiner Schrift: „Ostfriesland und Jever, S. 243 u. s. w." der ganze Inbusen bei Emden, wenn zwischen der Spitze oder Hoek von Logum und Borsum eine gerade Linie gezogen wird, so weit als jetzt die gewöhnliche tägliche Ebbe abfliefst und das Watt trocken wird, etwa 3000 Grasen von 300 Q. R. rheinl. oder $2333\frac{1}{3}$ Diemat, oder etwa 4867 Calenberger Morgen enthalten soll, wovon jetzt nur, einschliefslich der alten Insel Nesserland, etwa 1000 Grasen begrünt und nutzbar, und nur 800 davon zu bedeichen sind: so folgt, dafs die vorhin bemerkten Oberflächen des jetzt noch bei jeder täglichen gewöhnlichen Ebbe trocken werdenden, mit kleihaltigem Schlick überzogenen Wattes zusammen 2000 Grasen oder 1500 Diemat oder etwa 3296 Calenberger [etwa 3000 Pr.] Morgen grofs sind.

Nimmt man nun hier die vorhin gedachte Erfahrung von der von 1825 bis 1835 am Heinitz-Polder entstandenen Zunahme von jährlich $10\frac{1}{10}$ Diemat begrünten Anwachses zum Maafsstabe, so werden etwa noch 150 Jahre vergehen, bis sämmtliches, bis jetzt noch rohes Watt, von etwa 1500 Diemat, im Inbusen von Emden völlig angewachsen, begrünt und zum Bedeichen fest und werthvoll genug sein wird; wobei vorauszusetzen, dafs verhältnifsmäfsige Kosten zur Beförderung des Anwachses, und deren vielleicht noch mehr als am Heinitz-Anwachse, angewendet werden.

Bei dieser Aussicht wird man daher wohl zu andern Mitteln schreiten müssen, um für die Stadt Emden eine sichere Bedeichung und ein für die Schiffahrt und Entwässerung zweckmäfsiges Fahrwasser, zugleich mit der Eindeichung eines Theils des begrünten Anwachses, zu erzielen, da man unmöglich die Absicht haben kann, um jeden Preis und für unerschwingliche Opfer jetzt schon eine Deichlinie von der Hoek von Logum nach der Landspitze von Borsum etwa 1600 Ruthen rheinl. lang über das rohe Watt zu legen, um dadurch nicht blofs 1000 Grasen begrünten Bodens, sondern auch zugleich 2000 Grasen rohes, nicht nutzbares Watt mit einzudeichen; was alsdann durch Aufschlickung nicht mehr erhöht und nicht grün und nutzbar werden könnte. Wir kommen weiterhin hierauf zurück und gehen vorläufig zu einem andern Gegenstande über.

Die seit 1277 statt gehabten unglücklichen Ereignisse haben folgende verderbliche Folgen gehabt, die auf der jetzigen Generation noch lasten, nemlich:

a. Den Einbruch des Dollarts von etwa 7 Quadratmeilen grofs, und dadurch einen Verlust von etwa 20 Millionen Thaler.

b. Den Verlust der Kosten für das der Sage nach 1200 Ruthen lange Rheider-Pfahlhaupt, welches an Bau-Capital, Zinsen und Erhaltung 1 Million Thaler gekostet haben mag.

c. Den Verlust des Fahrwassers vor dem Thore der Stadt Emden, und alle dadurch für die Schiffahrt, für die Entwässerung des Binnenlandes und für den Nahrungsbetrieb der Bürgerschaft in Emden entstandenen Kosten und Unbequemlichkeiten; die nicht zu berechnen sind.

d. Die im Jahre 1768 geschehene Grabung des jetzigen Fahrwassers, für etwa 30 000 Thlr. und mehr.

e. Die im Jahre 1804 für Erbauung der Spühl-Anstalten verwendeten 21 000 Thlr.

f. Die bisherigen Ausbaggerungskosten der Delfte und des Fahrwassers, welche nach des Stadtbaumeister *Nanninga* Behauptung in seiner Schrift: „Bemerkungen und Vorschläge zum Besten des Vaterlandes, Emden 1823," jährlich 3000 Thlr. betragen sollen und welche, die Zinsen zu 5 pr. C. gerechnet, eine Last von 60 000 Thlr. sind.

g. Die Kosten der künftigen Anlage eines Hafens und Fahrwassers, welche schon im Jahre 1802 auf 384 725 Thlr. veranschlagt worden sind.

h. Die Schäden, welche hohe Sturmfluthen in der Stadt Emden angerichtet haben, und namentlich die von den Jahren 1717 und 1825, in welchem letzten Jahre der Schaden für die Stadt allein 142 841 Thlr. betrug.

So beträgt der Verlust, den allein die Stadt Emden durch jenes Natur-Ereignifs direct erlitten hat, insoweit sich solcher ermitteln läfst, mehr als 2 Millionen Thaler; den Schaden ungerechnet, den sie durch Entbehrung von Vortheilen dabei gehabt hat und noch künftig haben wird, so lange ihre Anlagen nicht in einen zweckmäfsigen und dauerhaften Stand gesetzt sind.

Dritter Abschnitt.

Übersicht der Vorschläge, welche seit dem Jahre 1802 zur Verbesserung des Fahrwassers und zu der Eindeichung der Stadt Emden gemacht worden sind.

§. 4.

Im Jahre 1802 untersuchte der verstorbene Deich-Commissair *Bley* mit mehreren Sachverständigen die Örtlichkeit und entwarf darauf einen Plan zu einem neuen Fahrwasser nebst Schleuse, mit Gutachten und Anschlägen. Diesem im Jahre 1817 verstorbenen Baudirector *Bley* zu Aurich verdanke ich die ersten Mittheilungen seiner Ansichten über diesen wichtigen Gegenstand und habe mich darüber mit ihm im Jahre 1814 oft unterhalten und sein Urtheil über seinen Plan gehört; was mit dem meinigen insofern übereinstimmte, dafs die Ausführung seines Planes, wenn auch künftig nicht unmöglich, doch vorerst nicht wohl thunlich sei. Es sollte nach diesem Plan ein neues Fahrwasser *hgp* (Taf. III.) von der Krümmung des jetzigen alten Fahrwassers am Hammrichshause auf dem Nesserlande bei *c* an bis zum Ausflusse des Larrelter Aufsentiefes bei dem Hoek (Ecke) von Loge bei *p* mittelst Durchgrabung des rohen Wattes geschaffen, ein neuer Deich dorthin gezogen und dessen Fufs, um zu verhindern, dafs er in den Schlick einsinke, auf eine Buschberme gelegt und dann eine Seeschleuse, nördlich neben dem Hammrichshause auf dem Nesserland in diesem Fahrwasser bei *c* erbaut werden, wovon sämmtliche Kosten auf 384 725 Thlr. angeschlagen waren.

Im Jahre 1804 wurde abermals eine Commission zur Untersuchung des Locals und zur Beurtheilung der 1802 gemachten Vorschläge ernannt. Die Resultate ihrer Untersuchung und Prüfung der Vorschläge waren folgende.

1. Die Stellen, wo die neuen Spühlschleusen (Verlaate) in den Binnen-Canälen der Stadt angelegt werden sollten, wurden gut geheifsen.

2. Die Zunahme und Erhöhung des Anwachses zwischen der Insel Nesserland und dem Larrelter Kolke wurde gern bemerkt, und man glaubte, dafs durch zweckmäfsige Anwachs-Arbeiten dieses Watt in einigen Jahren (?) dahin werde gebracht werden können, einen Deich zu tragen.

Dies letztere ist nach Verlauf von beinahe 40 Jahren jedoch noch nicht der Fall gewesen, indem ein grofser Theil des Wattes zwischen dem Nesserlande und dem Larrelter Kolke noch roh ist; was den Beweis giebt, dafs die Verlandung hier nicht schneller vor sich geht, als am Heinitz-Polder, ungeachtet auf letzteren die bösen West- und Nordwestwinde mehr wirken können, als bei Emden.

In der Voraussetzung der baldigen Zunahme der Begrünung und Erhöhung des Wattes glaubte man damals, dafs von dem Durchstiche *hg* des Fahrwassers durch das rohe Watt nach dem Hoek von Loge hin vielleicht ganz werde abgestanden werden können und dafs die grofse Schleuse nahe bei der Stadt gegen das Nesserland hin ausführbar sein werde, welche Schleuse in der Scheidungslinie zwischen dem städtischen und dem herrschaftlichen Anwachse am zweckmäfsigsten anzulegen sei.

3. Die Untersuchung ergab ferner, dafs ungeachtet des heftigen (?) Stroms viele Erhöhungen auf dem Boden des Fahrwassers waren, (worauf sogar Boote aufstiefsen) und dafs sich das Fahrwasser nach der Mündung zu vertiefe, das Watt aber seit 2 Jahren unverändert geblieben war.

Eine Sandbank *g* vor der Mündung des Fahrwassers hatte sich seit einigen Jahren so vergröfsert, dafs man zwei Baaken mehr als sonst hatte setzen müssen. Man machte die Bemerkung, dafs die vor der Mündung des Fahrwassers befindliche Sandplate die Mündung zu verschliefsen drohe und sich immer weiter hinunter vor den Ausflufs des Fahrwassers lege. Zwischen der Plate und dem Nesserlander Strande, bei dem Höfte vorbei, war vormals eine Kille oder Niederung von 8 Fufs bei gewöhnlicher Fluth tiefem Fahrwasser, die aber jetzt ganz versandet war und mit dem Nesserlander Strande zusammenhing; woraus man schlofs, dafs die Mündung des Fahrwassers nicht ganz versanden werde. Man glaubte, dafs dieser Sand von dem zwischen Petkum und Ditzum belegenen Sande mit herkomme. Dieser ist jetzt noch bedeutend und hatte sich damals schon seit 20 Jahren erhöht und stromabwärts verlängert, wodurch denn der Strom an das linke Ufer von Pogum geworfen war, wo er Abbruch verursacht und sich von der Mündung des Emder Fahrwassers entfernt hat, vor welches sich deshalb der Sand im stilleren Wasser abzulagern Gelegenheit hat.

Diese Sandplate vor der Mündung des jetzigen Fahrwassers ist hier wohl eins der gröfsten Übel, indem sie nicht allein da, wo sie liegt, eine Untiefe verursacht, sondern auch den schnellern Abflufs des Wassers durch das Fahrwasser aus Emden hemmt und die Geschwindigkeit desselben so vermindert, dafs es die mit der Fluth in das Fahrwasser und die Delfte oder den Hafen von Emden eingeführten Schlicktheile leichter fallen läfst und sie wie ein Damm zurückhält; was den Boden des Fahrwassers stets mehr und mehr, bis zur Unfahrbarkeit für gröfsere Schiffe, erhöht.

Die allzu grofse Länge des jetzigen Fahrwassers *ahg*, von etwa 1500 R. Rheinländisch, und der Mangel an hinreichendem Gefälle des innerhalb der Syhle von Aufsen her eingelassenen Spühlwassers, dessen Fall auf eine so grofse Länge keine hinreichende Geschwindigkeit zum Wegführen des Schlicks und anderer Niederschläge hervorzubringen vermag, war und ist jetzt noch, nächst obiger Sandplate, die Hauptursache der stufenweisen Verschlämmung des Fahrwassers. So wohlthätig nun auch der kleihaltige Schlick zur Erhöhung und Vermehrung der Anwächse ist, aus welchen am Ende durch Eindeichung fruchtbare Polder entstehen, so ist er doch hier, wie bei vielen andern Häfen, besonders, wenn sie zu langgedehnte Fahrwasser oder Hafenstrafsen haben, die Ursache der Verschlämmung und endlichen Verstopfung derselben; wie man es bei mehreren Holländischen Hafenstrafsen, und namentlich bei dem Pampus vor Amsterdam sieht, zu dessen Vertiefung jetzt 3 und mehrere Millionen Gulden angewendet werden sollen. Eine möglichst kurze Hafenstrafse oder Fahrwasser, von der letzten Schleuse bis in den Strom, so wie ein hinreichendes Gefälle des aufgestauten Spühlwassers, ist daher das Hauptmittel, ein tiefes und für die Wirkungen der dahinter gelegenen Spühlwasser empfängliches Fahrwasser zu erlangen.

Nachdem die damalige Commission ihre Untersuchungen beendigt hatte, stellte sie folgende Resultate ihrer Berathungen auf:

Erstlich zur Verbesserung der Spühl-Anstalten in der Stadt Emden sollten Öffnungen in den Fluththüren der Syhle (53. 54. 55. und 56. Taf. I.) zum Einlassen des Seewassers in die Binnencanäle gemacht werden. Nemlich im Stadt-Syhle von 42½ Zoll breit und 43½ Zoll hoch; im rothen und Neupfort-Syhle von 25 und 31, 32 und 73½ Zoll, durch welche das Seewasser, wenn es bei der Fluth am höchsten steigt, eingelassen werden sollte, nachdem sich der Schlick aufsen schon meist niedergeschlagen habe. Der Höhen-Unterschied zwischen Ebbe und Fluth beträgt hier gewöhnlich 7½ bis 8 Fufs, und bei Springfluthen 9 Fufs. Der niedrigste Ebbespiegel ist 1 Fufs unter dem festen Sommerpegel.

Zweitens sollten die Spühlbassins vergröfsert werden; und zwar sollten die Stadtgräben (38. 39. 40. 41. und 42. Taf. I.) bis zu 70 oder 100 Fufs erweitert, die alten Verlaate oder Stauschleusen in Wolthusen, Marienweerster und Hinter-Tiefe und die niedrigen Ufer dieser Canäle erhöhet, und im Larrelter Syhltiefe (37. *k.*) sollte ein Verlaat angelegt werden.

Drittens sollten Spühlthüren (Speiten) in den Ebbethüren sämmtlicher Syhle gemacht und endlich

Viertens Moderpflüge zum Aufrühren des Schlammes während des Spühlens gebraucht werden, u. s. w.

Die Ausführung dieser und anderer kleinerer Anlagen und polizeilicher Maafsregeln wurde Ende 1804 von der ganzen Commission vorgeschlagen; dagegen wurde die Ausführung des Durchstichs (*hg* Taf. II.) des Fahrwassers, vom Hammrichshause auf dem Nesserlande nach dem Hoek von Loge, so wie die Anlage der Kastenschleuse im Fahrwasser neben dem Hammrichshause einstweilen nicht für räthlich gehalten; jedoch sollte das Fahrwasser und die Sandbank halbjährig gepegelt werden, um die Wirkung der anzulegenden Spühl-Anstalten dadurch zu erforschen.

Gegen die Vorschläge der Commission entstanden bei der damaligen Ober-Bau-Behörde des Landes, dem Königl. Preufs. Ober-Bau-Departement in Berlin, folgende wichtige Bedenken, welche sehr gegründet waren und welche sich auch durch die seit 1804 bis jetzt 1841 in 37 Jahren gemachten Erfahrungen völlig gerechtfertigt haben.

Erstlich. Zunächst „Ob die Wirkung überhaupt der Erwartung ent-„sprechen würde?" Wir bemerken hier, dafs nach der bis heute gemachten Erfahrung der Effect Dies nicht gethan habe, wie die fortwährende und zunehmende Verschlammung des Fahrwassers und die in den letztverflossenen Jahren darüber von Seiten der Stadt Emden und von den dortigen Schiffern selbst in öffentlichen Blättern von Zeit zu Zeit erhobenen gegründeten Klagen, so wie die vor einigen Jahren zur Verbesserung des Fahrwassers wiederum angestellten Messungen und Pegelungen, es beweisen.

Die damaligen Kunstverständigen erwiederten auf dies Bedenken: dafs der Erfahrung zufolge die bisherigen weit geringeren Mittel hinreichend gewesen wären, (?) die Häfen zu reinigen, wenn der Schlamm selbst bis 6 Fufs über den Sommerpegel oder bis $\frac{1}{2}$ Fufs unter die gewöhnliche Fluth sich gesammelt hatte, und dafs man in diesem Herbste mittels einer in der Rathhaus-Brücke (58. Taf. I.) angebrachten Spühlung, die das Wasser zwischen ihr und dem Neupforts- und Gasthaus-Syhle (56. und 55.) nur 4 Fufs aufstaute und wo der Spühlstrom nur $\frac{3}{4}$ Stunde anhielt, den Rathhaus-Delft, der völlig aufgeschlammt war, wieder ausgespühlt habe. Da nun die neue Spühl-Anstalt ein gröfseres Bassin und einen höheren Aufstau habe, so werde sie auch stärker wirken. Um die Ausspühlung zu beschleunigen und wohlfeiler zu machen, und da die Verschlammung zunehme, wären die vorgeschlagenen neuen Mittel nöthig u. s. w.

Es scheint mir hier, dafs man den Schlufs von der Wirkung der Spühlung in der Rathhausbrücke auf das Rathhausdelft, welches unmittelbar unterhalb jener Brücke liegt und nur etwa 50 Ruthen lang ist, zu weit auf das aufserhalb Emden liegende, etwa 2000 Ruthen lange Fahrwasser ausgedehnt habe, wo wegen Abnahme des Gefälles die Geschwindigkeit, mithin die Corrosions- und Spühlkraft des Wassers, abnehmen mufs, statt dafs das aus der Rathhausbrücke stürzende Wasser zunächst derselben den Boden des Rathhausdelfts auswühlte und weiter abwärts die Niederschläge vom Boden mitnahm, die es aber durch das weit längere Fahrwasser sämmtlich nicht abführen konnte. Der Erfahrung gemäfs war der Schlufs der Sachverständigen auf das ganze Fahrwasser nicht allgemein anwendbar.

Zweitens. „Würde die Ausspühlung, nach der bei Mühlen-Archen ge„machten Erfahrung, mittels der Spühlschleuse sich nur sehr wenig in die „Länge ausdehnen, weil der Canal bald seinem natürlichen Gefälle folge, so, „dafs der Schlamm sich niedersenken und das Bette erhöhen würde; wie es „die Beispiele von Sluis und Amsterdam bewiesen etc." (Dasselbe beweiset auch die Spühlung im Rathhausdelfte, die wohl auf diesen Wegen in ihrer Nähe, aber nicht auf die ganze Länge des Fahrwassers gewirkt hat.)

Die Sachverständigen erwiederten: dafs der Schlick, als ein feiner, specifisch leichterer Körper, nicht so leicht wie der Sand bei Mühlen-Archen, zu welchem er sich dem Gewichte nach wie 7 zu 10 verhalte, niederfalle, sondern der Erfahrung nach beim Spühlen mit fortgeführt werde. Die Schleusen bei Nieuwe-Diep etc. erfüllten vollkommen den Zweck der Ausspühlung. Überhaupt wären Spühlschleusen das beste und wohlfeilste Mittel gegen Verschlammung. Deshalb glaubten sie, dafs der durch den weit schwächern Fluthstrom herbeigeführte Schlick durch die vorgeschlagenen Anstalten wieder würde weggespühlt werden können.

Ich erlaube mir über diese Meinung Folgendes zu bemerken. Da der Schlick nicht aus einerlei Masse besteht und mithin nicht einerlei specifische Schwere hat, so werden sich die specifisch schwereren Theile bei geringerer Geschwindigkeit des Wassers eher senken, als die leichtern, von welchen vielleicht der gröfste Theil, im Wasser mechanisch aufgelöset, schwimmend mit der Ebbe wieder fortgeht, während die schwereren Theile sich lagern. Die Vergleichung mit den Spühl-Anstalten zu Nieuwe-Diep in Holland scheint hier so lange nicht anwendbar zu sein, als man nicht weifs, wie hoch der Aufstau und die Geschwindigkeit des Spühlwassers und die Länge der dortigen Hafenstrafse war, auf welche die Spühlung wirkte. Es wäre nöthig gewesen, diese Data, so wie ähnliche von den Emder Spühl-Anstalten, nach Beobachtungen im Grofsen anzugeben, und bei welcher Geschwindigkeit des Wassers die Niederschläge von einer gewissen specifischen Schwere sich senken und lagern; desgleichen, durch welche Geschwindigkeit Ufer und Boden von einer bestimmten Erdart angegriffen und mit weggeführt werden. Diese Nachrichten fehlen aus jener Zeit gänzlich, aber folgende Erfahrungen dürften statt ihrer hier nicht am unrechten Orte sein.

Über das Beweglichwerden verschiedener Stoffe in Strombetten giebt ***Woltmann*** im ersten Bande seiner Beiträge zur hydraulischen Architectur, Seite 175, folgende Versuche an, welche ***Du Buat*** angestellt und beschrieben hat.

1. Brauner Töpferthon widersteht nur einer Geschwindigkeit von 3 Zoll in der Secunde.
2. Feiner Sand einer Geschwindigkeit von 6 Zoll in der Secunde.
3. Grober Sand einer Geschwindigkeit unter 8 Zoll.
4. Kiessand und Grand, vom kleinen bis zum groben, 4, 7 bis 12 Zoll.
5. Abgerundete Kiesel von 1 Zoll im Durchmesser, 24 Zoll.
6. Eckige Feuersteine von Eiergröfse, 36 Zoll.

Diese Geschwindigkeiten des Wassers, bei denen die genannten Körper anfangen in Bewegung zu kommen, wenn sie sich gelagert haben und nicht wirklich schwimmen, scheinen aber überall etwas zu geringe angegeben zu sein; wie nachfolgende Beobachtungen zeigen, die der Geheime-Ober-Baurath ***Funk*** in seinen Beiträgen zur allgemeinen Wasserbaukunst etc. aus eigner Erfahrung S. 155 etc. anführt.

Durch seine hydrometrischen Beobachtungen in der Werra fand er:

1. Dafs bei 2,4 Fufs Geschwindigkeit in der Secunde feiner, mit Thonschiefer gemengter Triebsand auf dem Flufsbette noch nicht die geringste Bewegung machte.
2. Bei 6,1 und 4,3 Fufs Geschwindigkeit bewegte sich Grand von der Gröfse einer Bohne, eines Eies und einer Faust gar nicht.
3. Bei einer Geschwindigkeit von 6,3 und 6,6 F. vertiefte sich das Flufsbette von Grand, wie Bohnen und Eier grofs, um 3½ Fufs.

4. Bei 5,3 und 6,4 Fuſs Geschwindigkeit vertiefte sich das Grundbette der Werra, aus Faust groſsen Steinen bestehend.
5. Bei 9,5 Fuſs Geschwindigkeit führte das Wasser 10 bis 12 Pfund schwere Steine 400 Fuſs weit mit sich fort.
6. Bei 7 und 9 Fuſs Geschwindigkeit unter der Weserbrücke vertiefte sich das Strombette, welches aus Grand und Steinen von der Gröſse der Bohnen, Eier und Fäuste bestand, nicht.
7. Bei 10,6 Fuſs Geschwindigkeit vertiefte sich das Strombette der Weser, aus Grand etc. bestehend, bis auf das Thonschieferlager.

Herr *Lempe* sagt in seinem Lehrbegriffe der Maschinenlehre, 1ter Theil pag. 304, „Daſs eine Lehmsohle vom Wasser noch nicht angegriffen werde, wenn dasselbe eine Geschwindigkeit von 1,75 bis 1,83 Fuſs in der Secunde habe; wogegen nach *Du Buat* brauner Töpferthon, der gewiſs die Cohäsion des Lehms hat, schon bei einer Geschwindigkeit von 3 Zoll in der Secunde mobil werden soll.

Bei meinen in den Jahren 1817 und 1818 in der obern Ems wegen Schiffbarmachung derselben, 44 000 Ruthen lang, in mehr als 400 Querprofilen, sowohl mit dem Woltmannschen Flügel, als mit schwimmenden Kugeln und Treibern angestellten Versuchen habe ich gefunden, daſs der feine Fluſssand in den Querprofilen, die eine Geschwindigkeit von 3, 6 bis 8 Zoll in der Secunde haben, gar nicht, oder doch nur unmerklich auf dem wellenförmig gestalteten Fluſsbette rollend und sehr langsam mit fortgeführt wird, und daſs die meisten Profile bei dieser Geschwindigkeit zu seicht und daher unschiffbar, mithin von dem zu langsam flieſsenden Strome nicht ausgewühlt waren. In den Profilen aber, wo die Geschwindigkeit 1, 1½ bis 2 Fuſs und darüber in der Secunde betrug, fand man in der Regel eine fahrbare Tiefe von etwa 3 Fuſs vom Strome selbst im Sande ausgehöhlt.

Woltmann sagt in seinen Beiträgen zur Schiffbarmachung der Flüsse (Hamburg, 1826, Seite 128) über die Versandungen in der Mündung der Elbe und Weser, daſs nur die schwimmende Bewegung der Sandkörner es sei, durch welche die Strombetten gereinigt, und daſs oft in wenigen Tagen Sände ganz vertrieben und zerstreut würden, daſs aber diese Bewegung eine Geschwindigkeit des Stromes von 2 Fuſs und mehr, bis zu 3 Fuſs in der Secunde, je nachdem der Sand feiner oder gröber sei, erfordere.

Aus diesen Erfahrungen geht hervor, daſs die Angaben *Du Buats* für diesen Fall zu geringe sind, und daſs durch die von ihm angegebenen Geschwindigkeiten die Ufer und der Boden nicht angegriffen und abgespühlt werden. Sind indessen die Stoffe specifisch leichter, eben so schwer, oder nur ein wenig schwerer als Wasser, und kann man sie daher als schwimmend betrachten, so ist es möglich, dafs die specifisch leichteren Theile der von ihm angegebenen Erd-Arten, wenn sie erst im Wasser auf- und von den schwereren Theilen abgelöset sind, von geringen Geschwindigkeiten mit fortgeschwemmt werden. Die genaue Kenntnifs der Wirkung des Wassers auf Ufer und Strombetten bei verschiedenen Erdarten und Geschwindigkeiten ist für den Hydrotekten durchaus nöthig, wenn er durch Vermehrung der Geschwindigkeit des Wassers Ströme und Canäle für die Entwässerung und Schiffahrt vertiefen und erweitern will.

Zufolge der von *Wiebeking* in seiner Wasserbaukunst, Th. 3. Abth. 4. S. 114 etc. mitgetheilten Erfahrungen fand man

a) Im Main, 1 Fufs tief unter der Oberfläche des Wasserspiegels, in einer Strecke, wo die Neigung oder das Gefälle des Wasserspiegel 1 auf 2940 war, eine Geschwindigkeit in der Secunde von . . . . . $2\frac{1}{2}$ Fufs.

b) In einer andern Strecke desselben Flusses war bei 1 auf 3125 Fall die Geschwindigkeit . . . . $2\frac{1}{4}$ Fufs.

c) Im Pannerdenschen Canale in Holland war bei 1 auf 3786 Fall die Geschwindigkeit . . . . $4\frac{18}{100}$ Fufs.

Nach diesen Erfahrungen läfst sich also ermessen, und auch täglich wahrnehmen, dafs in dem alten Fahrwasser der Stadt Emden, was von den Syhlen in der Stadt bis zur Landspitze vom Logumer-Vorwerk mit mehrern Krümmungen 1500 Rheinl. Duodecimalruthen oder 18000 Fufs lang ist, und was auf diese Länge eine mittlere Fallhöhe von den Syhlen bis zur Ausmündung beim Logumer Vorwerk von etwa 4 Fufs hat, so dafs das Gefälle 1 auf 4500 beträgt, keine 2 Fufs Geschwindigkeit des Wassers in der Secunde vorhanden sein können, noch vorhanden sind, mithin keine hinreichende Spühlkraft zur Wegtreibung von Sand, Klai, Seemuscheln u. s. w., geschweige denn zur Abnagung des Bodens und der Ufer Statt findet. Dagegen wird der projectirte Canal von der Stadt Emden bis zur neuen Schleuse (Taf. III. *abcd*) nur 600 Ruthen oder 7200 Fufs Rheinl. lang werden, also bei dem mittlern Gefälle von 4 Fufs 1 auf 1800 Gefälle, mithin eine weit gröfsere Geschwindigkeit als in dem 1500 Ruthen langen jetzigen Fahrwasser haben.

Von der neuen Schleuse bis zum gewöhnlichen Ebbespiegel der Ems wird die Länge des äufsern Fahrwassers nur 360 Ruthen oder 4320 Fufs lang sein. Mit dem mittlern Gefälle von 4 Fuſs an der Schleuse, von dem Fluth- bis auf den Ebbespiegel, wird also hier das Gefälle 1 auf 1030 betragen und mithin die Geschwindigkeit und Spühlkraft des Wassers weit gröſser als in der obigen Canalstrecke von 600 Ruthen lang und in dem jetzigen Fahrwasser von 1500 Ruthen sein.

Schon durch diese Vergleichung der Länge und des Gefälles des alten jetzigen Fahrwassers *ahg* mit dem von mir projectirten Canal kann man sich oberflächlich überzeugen, daſs bei der geringeren Länge des neuen Canals und dessen Abtheilung mittels der neuen Schleuse in der Nähe der Ems in zwei Canalstrecken von resp. 600 und 360 Ruthen die Geschwindigkeit des Wassers viel gröſser und hinreichend sein werde, um den Canal ohne viele kostbare Aufräumungen mit Menschenhänden und Maschinen rein und fahrbar zu erhalten. Wir kommen hierauf weiterhin näher zurück.

In dem vorliegenden Falle ist aber noch mehr als die Geschwindigkeit des Fluth- und Ebbestroms zu berücksichtigen. Bei heftigen Winden und bei Stürmen ist nemlich der Wellenschlag auf den seichten Flächen des Watts oft so stark, daſs die Wellen bis auf den Boden wirken. Sie rühren dann die gesunkenen Schlickstoffe an den Ufern und auf den Untiefen, so wie auf den Watten, die bei der Ebbe trocken werden, auf und schwängern das Wasser damit dermaſsen, daſs es trübe oder dick wird. Ist dies nun z. B. bei nordwestlichen Stürmen der Fall, so treibt der Wind das so geschwängerte Schlickwasser in die ihm gegenüberliegenden Buchten, Strom- und Hafen-Mündungen von Emden hinein, wo das Wasser durch Deiche und Häuser mehr Schutz findet und ruhiger wird und die schwereren Schlickstoffe zuerst und hernach bei mehrerer Ruhe auch die übrigen gröſstentheils sinken läſst, welche die Ebbe dann bei weitem nicht alle wieder mitnimmt.

Die in diesem Puncte nöthigen Beobachtungen und Erfahrungen werden damals in Emden nicht angestellt worden sein. Der Erfolg hat bewiesen, daſs das Emder Fahrwasser, der Behauptung der Sachverständigen entgegen, bis auf den heutigen Tag immer mehr verschlämmt ist. Das Vollsee- oder Hoch-Wasser steht vor den Syhlen und in den Häfen 10 bis 15 Minuten stille und fängt dann erst allmälig an, wieder abzuebben; eben so wie es eine Stunde vor dem Hoch-Wasser nur langsam steigt und die erste Stunde nach demselben nur langsam fällt, so daſs Zeit genug bleibt, daſs sich die schwereren nicht schwimmenden Sinkstoffe, die mit der geschwindern Vorfluth in die Häfen kommen, lagern können; die dann wegen der Unebenheit des Fluſsbettes nicht wieder mit der Ebbe sämmtlich hinausgeführt werden. Daraus ist klar, weshalb die Bucht und der Hafen von Emden nach und nach immer mehr zuschlicken mufsten. Dafs es geschehen, beweiset jetzt der Augenschein.

Aus den angeführten Erfahrungen über die Geschwindigkeit des Wassers, die zur Wegspühlung und Abnagung von Sinkstoffen und Sandplaten oder andern Erd-Arten in Strombetten erforderlich ist, geht hervor, welche Geschwindigkeit und dazu gehörigen Gefälle dem Wasser in dem Emder Fahrwasser aufserhalb der Schleuse gegeben werden müsse, um das Strombette rein zu halten; so wie, dafs dies hinreichend möglich sei.

Drittens. Das dritte Bedenken war, dafs die Spühl-Anstalten vielleicht im Anfange erhebliche Dienste würden thun können, aber nachher nicht mehr, indem die Absonderung des Nesserlandes vom Continent die Lebhaftigkeit des abfliefsenden Wassers schwäche und die Verchlammung schnell befördere.

Hierauf erwiederten die Sachverständigen, dafs, nachdem das Nesserland im 13ten Jahrhundert sich vom Rheiderlande getrennt habe, ein Arm der Ems noch immer bei Emden herumgegangen sei, indem das Nesserland mittels des Watts, welches nun überfluthet wurde, mit dem Rheiderlande zusammenhing. Als im Jahre 1602 das Nesserlander lange Pfahlhöfd durchbrach, wurde das Nesserland eine vollkommene Insel. Bis dahin sei die Ems vollständig bei Emden herum, nemlich zwischen der Stadt und der Insel hindurchgeflossen; von dieser Zeit an aber habe sich das Emsbette zwischen der Insel und dem festen Lande aufgeschlammt und man finde zuerst im Jahre 1648 eine Art von nothwendiger künstlicher Ausspühlung der Emder Häfen, die vorher nicht nöthig war. Die bleibenden Spühl-Anstalten (Taf. I. 52.) seien erst im Jahre 1774 eingerichtet worden, als man das alte Fahrwasser verlassen, ein neues gerades, nemlich das jetzige aufsuchen und letzteres durch einen stärkeren Strom vertiefen mufste. Dies sei also 172 Jahre nach der Absonderung des Nesserlandes vom Continent geschehen, die allerdings zwar als die entfernt veranlassende Ursache der Spühl-Anstalten angesehen werden müsse, aber weiter, weder für noch wider solche, etwas entschieden haben könne.

Viertens. Die Wirkung solcher Anstalten hange von der Differenz des Ober- und Unterwassers und vom Volumen des Spühlwassers ab, also sowohl von der Schleusen-Öffnung, als von dem Profile des auszuspühlenden Canals, von der Höhe des Spühlwassers darin, von der Zähigkeit und von der Menge des aus dem Meere neu hinzukommenden Schlammes; so wie von der Entfernung des Orts von der Spühlschleuse, wohin sie wirken solle. Diese Bedingungen schienen hier nicht von der Art zu sein, dafs eine grofse Wirkung zu erwarten sei, indem die Spühlschleusen theils zu weit aus-einander lägen, theils zu enge wären, um während dem Auffluthen so viel Wasser durchlassen zu können, dafs sich damit das grofse Spühlbassin hinreichend hoch füllen könne, um während der Ebbe anhaltend und wirksam auszuströmen u. s. w.

Die Sachverständigen waren mit den von dem Königlich-Preufsischen Ober-Bau-Departement aufgestellten Erfordernissen einverstanden; so wie damit, dafs obige Bedingungen befolgt werden müfsten, wenn die Wirkung der Spühlschleusen ausreichend sein solle; aber sie meinten, dafs sie theils schon befolgt wären, theils durch die einzurichtenden Anstalten befolgt werden sollten. Nämlich:

a) Es lägen vor jedem Delfte (Taf. III. 45. 47. 53. 54. 55. 56.) zwei Syhle, deren Muhden sich in kurzer Entfernung von den Syhlen vereinigten, jedes etwa 25 und beide zusammen 30 Fufs breit; diese vereinigten sich mittels des Faldern- und Rathhaus-Delfts unweit der langen Brücke. Die Muhden seien einzeln 4 Fufs tief, wenn kein Schlamm darin ist. Gewöhnlich werde nur mit einem Syhle gespühlt; wodurch die Muhden offen gehalten würden, besonders, da durch die Mudderpflüge eine anhaltende Stauung hervorgebracht, also fortdauernder Druck und Kraft zur Fortschaffung des Schlammes geschafft werde. Die Entfernung der Syhle von einander käme hier also gar nicht in Betracht. Die Lage der Syhle und der Stadt wäre auch so, dafs sie nicht näher bei einander liegen könnten.

b) Von den neuen Spühlthüren wies man nach, dafs sie dreimal so viel Wasser als bisher einlassen könnten, so wie, dafs das neue Spühlbassin sich zum alten wie 3 zu 2 verhalten würde. Die Wasserstauung würde statt 2 jetzt 3 Fufs hoch über den Sommerpegel steigen, so dafs sich die neue Wassermenge zur alten wie 9 zu 4 verhalten werde. Mithin sei das projectirte Spühlbassin hinreichend. Bei Reparaturen der Syhle könnten 5 Fufs hoch Wasser eingelassen werden, u. s. w.

Über die Entfernung des Punctes von den Schleusen, wohin sie wirken sollten, nemlich über die Entfernung und Länge des äufsern Fahrwassers, liefsen sich die Sachverständigen nicht aus; obwohl dieser Umstand ganz besonders als Hauptsache in Betrachtung hätte gezogen werden sollen, da die Verschlammung dieses Fahrwassers, nach der Anlage aller jetzt noch vorhandenen Spühl-Anstalten, beweiset, dafs seine grofse Länge von etwa 1500 Ruthen, der Mangel an Gefälle und an Geschwindigkeit des Wassers, und mithin der Mangel an Spühlkraft, es hauptsächlich war, der gehoben werden mufste; was durch die projectirten Anstalten nicht geschehen konnte, mithin auch nicht geschehen ist, indem die Fluth seit jener Zeit bis jetzt in 37 Jahren stets mehr Schlamm eingeführt hat, als die Ebbe ausführte, so dafs sich immer mehr Niederschläge auf dem Boden und an den Ufern des Fahrwassers gelagert und dafs sich nun vor der Mündung des Fahrwassers beim Logumer Vorwerke die Sandbänke mehr vergröfsert haben, als herausgemuddert und gespühlt worden ist.

Nach obiger vermeintlichen Beseitigung der vom Königl. Ober-Bau-Departement aufgestellten Bedenken stimmten die Sachverständigen damals für die Ausführung der Spühl-Anstalten und sonstigen Neben-Anlagen, und waren wegen des Durchstichs (*hgp* Taf. III.) des Fahrwassers, vom Nesserlander Hammrichshause durch das rohe Watt bis zum Hoek van Loge etc., der Meinung, dafs dieser Durchstich zwar nützlich sein werde, weil das Fahrwasser dadurch gerade gezogen werde und einen bessern Ausflufs in das Larrelter Aufsentief erhalten würde, dafs aber wegen der niedrigen Lage des Bodens, durch welchen der Durchstich gezogen werden müsse, so wie wegen der Beschaffenheit des aus losem Schlick und Sande aufgeschwemmten Grundes, die Ausführung, wenn auch nicht ganz unmöglich, doch äufserst schwierig sein würde; weshalb sich denn kein qualificirter Annehmer dazu finden dürfte. In Tagelohn die Arbeit auszuführen, hielt man für gefährlich, weil man bei ungünstiger Witterung grofse Summen verlieren könne. Bei Ansetzung der Preise im Kosten-Anschlage habe man vorausgesetzt, dafs wenigstens vier Wochen lang anhaltend günstige Witterung bleibe: dafs mithin das Watt, durch welches der Durchstich gehen solle, wenigstens so lange trocken bleibe, als nach der Berechnung nöthig sei, um das jedesmal in Arbeit begriffene Stück des Canals in *einer* Ebbezeit ganz fertig zu machen. (Diese zur Ausführung der Arbeit als nothwendig angenommene Voraussetzung dürfte aber wegen der oft herrschenden Westwinde, bei welchen ein grofser Theil des Watts gar nicht trocken wird, schwerlich erfüllt werden.) Endlich befürchtete man, dafs die grofse Zahl der nöthigen Arbeiter, auch bei der strengsten Aufsicht, schwerlich immer in dem gehörigen Zeitmoment ihre Arbeit anfangen und die beschränkte Zeit hindurch die jedesmal bevorstehende Arbeit fertig liefern würden. Dann trete der unangenehme Umstand ein, dafs das, was nicht gleich fertig gemacht werde, nachher unvollendet bleibe, weil es voll Wasser fliefse und nicht wieder trocken gemacht und nachgearbeitet werden könne; auch die Entfernung der Syhle zu grofs sei, um mit Hülfe ihres Stromes eine weitere Vertiefung zu erzielen.

Aus dieser letztern Bemerkung geht hervor, dafs die Sachverständigen die Wirkung der Spühl-Anstalten auf die Vertiefung des neu zu grabenden Aufsentiefs nicht vorausgesetzt, sondern bezweifelt haben. Wiewohl sie damals auch annahmen, dafs die vor der Mündung des Fahrwassers liegende Sandbank demselben künftig mit einer Verschlimmerung drohe, so glaubten sie doch, dafs vorläufig die grofse, zur Ausführung des Durchstichs nöthige Summe von 384 725 Thlr. nicht zu wagen, sondern erst abzuwarten sei, wie fernerhin, bei den verbesserten Anstalten, das Fahrwasser sich halten werde; weshalb es jährlich zweimal gepegelt werden müsse u. s. w. Verschlimmerten sich die Umstände, so lasse sich dann vielleicht künftig der Durchstich besser machen, wenn sich das Watt wahrscheinlich erhöht haben werde etc.

Die Aufnahme einer hydrotechnischen Carte von der Ems, von Oldersum bis zur Knocke, mit Profilen, wurde damals für nöthig erachtet. Wegen der Local-Schwierigkeiten, den Canal durch das rohe Watt zu graben und den Deich gegen das Versinken darauf zu schützen, woran gewifs kein Annehmer Geld und Ehre gewagt haben würde, wenn er für den Erfolg gegen eine bestimmte Summe einstehen sollte, und wofür Derjenige, der es bezahlte, weder sein Geld aufs Ungewisse ausgeben, noch die Möglichkeit mit ungeheuren Summen erzwungen haben würde, handelte daher die Commission weise und pflichtmäfsig, die Ausführung des Canals bis auf die künftige Begrünung und Consolidirung des rohen Anwachses zu verschieben und nur die Spühl-Anstalten ausführen zu lassen, die, wenn sie auch den ganzen Zweck, besonders den der Vertiefung des Fahrwassers, nicht erfüllen konnten, doch das Übel minderten und die gänzliche Verschlammung des Fahrwassers weiter hinausschoben. Aus diesen Gründen wurde denn damals von der Commission nur die Kosten zu den Spühl-Anstalten zu verwenden vorgeschlagen, die für das Jahr 1804

auf	21 724 Thlr.
und für 1805 auf	8833 -
zusammen auf	30 557 Thlr.

nach den Anschlägen sich belaufen sollten. Das Mehrste davon ist auch ausgeführt worden.

Aber die hier bemerkten Local-Schwierigkeiten der Durchgrabung des rohen Watts waren es nicht allein, welche die Sachverständigen zu ihren Beschlüssen bewogen. Die Schwierigkeiten hätten nach einem andern Entwurf gröfstentheils beseitigt werden können; was ihnen, als Localkundigen unmöglich entgehen konnte. Es scheint, dafs die höchst schwierige Herbeischaffung einer so grofsen Bausumme das überwiegende Motiv gewesen sei, die minder kostbaren Mittel zuvor anzuwenden; die dann aber, als Palliativmittel, die davon gehoffte Wirkung im Wesentlichen verfehlt haben; wie es die Erfahrung gelehrt hat.

Bekanntlich ist auch jetzt, nach Verlauf von 40 Jahren, das rohe Watt zwischen dem Nesserlande und Larrelt immer noch nicht von der Art, dafs man mit Sicherheit den Durchstich und die Legung des Deiches wagen kann. Wieviel Jahre noch vergehen werden, ehe das Watt gänzlich begrünen und fest werden wird, läfst sich unmöglich vorher sagen. Nach Dem, was wir oben sahen, mag es damit vielleicht noch 150 Jahre dauern; selbst wenn künstliche Mittel zur Beförderung des Anwachses angewendet werden, wie es in der Gegend von Emden jährlich geschieht, und wozu auch damals die Sachverständigen eine jährliche Ausgabe von 2000 Thlr. vorschlugen. Soll nun vor Ablauf dieser Zeit, entweder wegen gänzlicher Unfahrbarkeit des Emder Fahrwassers, falls diese bald einmal eintritt, oder aus andern Ursachen, ein neues Fahrwasser hergestellt, dasselbe stets hinreichend tief und fahrbar erhalten, die Stadt Emden und mehre Ämter gegen die Wuth des Meeres durch Deiche geschützt, die aus mehren Amtern durch die Syhle der Stadt Emden geschehende Entwässerung nicht verschlimmert, sondern verbessert, und der Handel und die Schiffahrt der Stadt und Umgegend nicht vernichtet werden, so ist ein ganz anderes Terrain und ein anderer Weg für den neuen Canal und die Kastenschleuse nöthig, als die, welche die Commission damals vorschlug.

Deshalb habe ich denn einen kürzern Weg auf festem Grunde und Boden, eine bessere Eintheilung des Fahrwassers mittels einer weitern Schleuse in der Nähe der Ems, und andere Verbesserungen aufgesucht und vorgeschlagen und dabei auch die wohlgegründeten Bedenken des Königlichen Ober-Bau-Departements möglichst berücksichtigt.

Nach dem eigenen Urtheile der Sachverständigen hat das ganze damalige Project viel Abschreckendes, theils wegen der Gefahr bei der Ausführung, theils wegen der grofsen Kosten und der Unsicherheit des Erfolges, so lange nicht der ganze Anwachs, durch welchen der Canal geleitet und in welchem die Schleuse gebaut werden soll, grün und fest ist, nicht mehr von der täglichen Fluth überströmt wird, und reif genug ist, einen Seedeich zu tragen.

Die Aussicht hierauf ist aber fern, und wohl erst der dritten Generation vorbehalten.

Es mufs daher auf andere Mittel und Wege gedacht werden, welche die Local-Schwierigkeiten und Gefahren wenigstens nicht in gleichem Maafse haben, und durch welche die Einpolderung des rohen Watts und des davon erst nach 150 Jahren zu erwartenden Anwachses gänzlich von der Anlage eines neuen Fahrwassers und von der Eindeichung der Stadt und des jetzt schon begrünten Anwachses getrennt werden, zu gleicher Zeit aber die Anschlammung befördert und natur-local- und zweckmäfsig vorbereitet wird. Zu wünschen wäre freilich, dafs beides zusammen sogleich geschehen könne, um sofort die grofsen Ausgaben durch den zu erreichenden Nutzen möglichst zu decken; der Gang der Natur läfst sich indessen nicht erzwingen, sondern nur mit Geduld abwarten.

Durch die politischen Veränderungen, welche im Jahre 1806 eintraten, so wie während der ganzen Holländischen und Französischen Regierung, ruhte die Angelegenheit, und mehrere vorhandene Anstalten gingen ein. Der Leuchtthurm auf Borkum brannte nicht, und die Seetonnen wurden nicht ausgelegt; auch keine Baaken gesetzt u. s. w., um das Fahrwasser dadurch zu bezeichnen: mithin würden ganz neue Schiffahrts-Anlagen unnöthig gewesen sein. Emden konnte, als eine unbefestigte Stadt, einer bedeutenden Marine keinen sichern Zufluchtsort darbieten, und der Handel war zuletzt durch die Continentalsperre gänzlich gelähmt.

Im Jahre 1815 wurden zwar zur Aufräumung des Hafens und der Stadtgräben wieder Kosten angewendet: die Haupt-Anlage eines neuen Fahrwassers, nebst Zubehör, wurde aber bis jetzt nicht ausgeführt, sondern man fuhr nur mit der gewöhnlichen jährlichen Aufräumung und Erhaltung, so wie mit einigen Local-Untersuchungen fort.

§. 5.

In der neusten Zeit haben mehrere Ostfriesische Schriftsteller in eigenen Schriften, und Bewohner Emdens in öffentlichen Blättern, Vorschläge und Bemerkungen über den vorliegenden Gegenstand durch den Druck bekannt gemacht; von welchen wir hier die folgenden mittheilen.

Der verstorbene Stadtbaumeister *J. R. Nanninga* zu Emden gab im Jahre 1823 „Bemerkungen und Vorschläge zum Besten des Vaterlandes etc." heraus (Emden bei *E. J. Weise von Zug*), worin er Vorschläge zu einer ganz besondern Art, Schleusen auf eine leichte Art zu bauen, so wie zur Eindeichung der Stadt Emden, zur Sicherung derselben gegen Überfluthung, und zu einem neuen Fahrwasser macht; auch aufserdem noch ein Riesenproject aufstellt, die Ostfriesischen Inseln Borkum, Jüist, Norderney, Baltrum, Langeroog und Spiekerog unter sich und mit der Ostfriesischen Küste mittels Dämme und Deiche zu verbinden und die zwischen den Inseln und der Ostfriesischen Küste befindlichen Watten in urbares Land zu verwandeln; wodurch dem Staate jährlich viele Millionen eingebracht werden sollten! Die ältere und neuere Geschichte der Wasserbaukunst hat wenig dergleichen riesenmäfsige Projecte aufzuweisen. Man mufs lesen, um es zu glauben! Wir wollen den Verfasser selbst reden lassen. Über den Schleusenbau sagt er Seite 71 bis 74 seiner Schrift Folgendes:

„21. *Vom Schleusenbau auf eine leichte Art.* Eine hölzerne „Schleuse kann man in einem Canale oder nicht zu tiefem Wasser, auf einem „guten Untergrunde, ohne vorherige besondere Abdämmung bauen und also die „ungeheuren Abdämmungskosten sparen. (?) Wenn man nemlich erst die Wände „von schwerem Balkenholze wie einen Streichdamm dicht einrammt und alsdann „die Enden der zu bauenden Schleuse mit Streichdämmen verschliefst, so erhält „man einen dichten Kasten, welchen man trocken machen und sodann den Bo-„den der Schleuse darin bauen kann. (M. s. Fig. 4. Tab. I. der Nanningaschen „Schrift, worauf ich mich beziehe und die Zeichnungen hier nicht beifüge.)"

„Um die Schleusen-Wände accurat (?) zu haben, mufs man zuerst an „jeder Seite derselben Pfähle einrammen, welche man zugleich so stellen kann, „dafs sie in der Schleuse nachher als Thürpfosten und Schutzpfähle vor den „Schleusenthüren, wenn sie offen stehen, dienen können (Fig. 4. *a* und *b*): „wozu deshalb auch schwere eichene Balken zu empfehlen sind. An diese „Pfähle macht man, so niedrig als möglich, und auch so hoch als man es „nöthig findet, eine Unter- und eine Oberreihe von Gordings; und zwar dop-„pelt, und so weit von einander, dafs man die Wände der Schleuse dazwischen „einrammen kann, durch eine sogenannte Brille, worauf man eine bequeme „Ramm-Batterie machen kann."

„Dafs man auf oben benannte Art Schleusen bauen kann, mufs den „Bauverständigen (?) ohne weitere Beschreibung einleuchten." (?)

„Eine 40 Fufs weite Schleuse, 6 Fufs unter dem niedrigsten Wasser „tief und 60 Fufs im Boden lang, würde sich auf diese Art für 70 000 Thlr. „bauen lassen (?); und zwar an einer Stelle, wo es sonst mit fünfmal so viel „Kosten schwerlich angehen würde, als z. B. in Aufsen-Canälen u. dergl.

Wir beschränken uns auf die Bemerkung, dafs Herr *Nanninga* nicht der Erfinder dieser Schleusenbauart auf eine leichte Weise ist, sondern dafs sich schon in dem bekannten alten Werke: „Theatrum machinarum, of keurige verzameling van verscheiden groote en zeer fraaie Waterwerken, Schütsluisen e. z. v., door *Tilemann van der Horst,* Amsterdam 1736, I. Deel, S. 9, 10; Taf. 17. etc. S. 9, die Abbildung und Beschreibung einer solchen hölzernen Schleuse findet, die aber nur eine Weite von 17, nicht von 40 Fufs hat, und von Tilemann een Steeksluisje oder kleine Steckschleuse genannt wird, weil man sie in den Boden steckt, der aber nicht aus Sand, sondern nur aus Klai bestehen darf. Jeder Sachkenner wird leicht sehen, dafs eine so grofse Schleuse, wie Herr *Nanninga* vorschlägt, auf solche Weise nicht ohne gewisse Gefahr des Mifslingens gebaut werden kann; und es wird sich wohl Niemand daran wagen, seinen Vorschlag auszuführen. Es würde vielleicht möglich sein, unter andern Umständen, etwa im Kriege, wo keine Zeit zu verlieren ist, eine solche *provisorische* Schleuse für eine Zeitlang bei Festungswerken schnell auf eine leichte Weise zu bauen: aber in dem vorliegenden Falle, wo Festigkeit, möglichst lange Dauer, die Sicherheit einer Stadt und ganzen Provinz gegen Überströmung, die Sicherheit der Entwässerung ganzer Gegenden, der Schiffahrt und des Handels für immer die Zwecke der Anlage sind, würde obige Bauart, als gefährlich und unhaltbar, gewifs nicht vorgeschlagen werden dürfen.

Wir gehen weiter zu dem sich an obigen Vorschlag reihenden Projecte des Verfassers, S. 93 u. s. w., und führen dasselbe ebenfalls wörtlich an:

„*25. Von der Eindeichung der Stadt Emden.* Es giebt Personen, „welche meinen, dafs wenn der um Emden so stark zunehmende Anwachs „in wenigen Jahren eingedeicht würde, die Stadt alsdann ohne besondere „Kosten mit eingedeicht werden könne. Wenn man aber bedenkt, dafs das „Wasser im Sommer innerhalb unserer Schleusen im Durchschnitt wenigstens 7 Fufs Rheinl. niedriger als die gewöhnliche Springfluth steht, so „sieht man leicht, dafs, wenn auch aller Anwachs zwischen Borsum und „Wiebelsum in wenigen Jahren zur Eindeichung reif werden sollte, in den „einen Deich eine grofse Schüttschleuse oder zwei Schleusen hinter einander „gelegt werden müfsten, von welchen die Binnenschleuse, also auch unsere „Häfen und das Fahrwasser, 14 Fufs (?) unter dem niedrigem Wasser tief sein „müfsten, wenn man Emden nicht von aller grofsen Schiffahrt ausschliefsen „wollte. Und wie sehr würde Emden auch dann noch der Gefahr von Über-

„strömnngen hinter einem an 1600 Ruthen langen, unmittelbar an der Ems „liegenden Deich, ausgesetzt bleiben. Es ist also viel zweckmäfsiger, sicherer „und wohlfeiler, wenn man Emden selbst sobald als möglich eindeicht (?). Hiezu „würden, mit einem Aufsenhafen für wenigstens 50 Schiffe, ungefähr 28 Ruthen „Deich und eine Schleuse mit blofs zwei Paar Thüren erforderlich sein (?). „Und wenn dann dereinst das angewachsene Vorland eingedeicht werden soll, „so schliefse man das Fahrwasser zwischen zwei Deiche ein. So würden „Emdens Häfen in directer Verbindung mit der Ems bleiben, und das Land „würde mit zwei Poldern eingeschlossen werden, auf die Weise, dafs, wenn „auch ein Polder durchbräche, doch noch die Stadt und der andere Polder „von Überströmungen befreit bleiben können."

„Die Stadt kann ferner bei der oben beschriebenen Eindeichung zugleich „einen Rommel-Hafen und eine fünfte Entwässerung erhalten, welche durch „den Burggraben geleitet werden kann; wodurch die Caserne eine bessere Luft „erhalten würde und dann hinter der Emsmauer, wo jetzt ein beständiger die „Luft verunreinigender Gestank ist, schöne Gartengründe entstehen. Und wenn „man am Ende der langen Brücke eine inwendig 40 Fufs weite Schleuse baute, „wie 21. beschrieben (auf die obige leichte Art), so könnten sämmtliche Kosten „mit 120 000 Thlr. Ostfriesisch Courant bestritten werden (?). Und diese Ko-„sten müfsten meines Erachtens durch Folgendes belegt werden."

„I. An allen Häusern etc., welche bei hohen Fluthen nicht wasserfrei „sind, müfste durch sachverständige vereidigte Taxatoren geschätzt werden, „um wie viel sie an reellem Werth durch die Eindeichung der Stadt verbessert „werden würden."

„II. Für 3000 Thlr., welche jährlich am Muddern erspart werden können, „hat man, zu 5 pr. C., schon 60 000 Thlr. Capital."

„III. Die Stadt-Anwächse um den Wall werden jährlich viel mehr „Miethe einbringen, wenn man sie durch Einlassung des Seewassers nicht mehr „unter Wasser zu setzen gezwungen ist."

„IV. Die Entwässerung des Binnenlandes wird dadurch gewinnen, „und mehr Werth bekommen. Sodann wird auch die Gefahr der jetzigen Schleu-„sen hier in der Stadt beträchtlich vermindert werden."

„Wenn die I. bis IV. benannten Vortheile gehörig geschätzt werden, „so wird man wahrscheinlich mehr als zweimal 120 000 Thlr. an Werth heraus-„bringen. Um aber die Kosten noch zu erleichtern, könnte man eine frei-„willige Subscription bei solchen Einwohnern vornehmen, welchen, obschon

„ihre Häuser wasserfrei sind, doch an Verbesserung des Hafens und dem „gemeinen Wohle gelegen ist (?); sodann auch bei Denjenigen, welchen mehr, „als das, was sie im Verhältnisse ihrer Häuser an Verbesserungswerth bezahlen „müfsten, daran gelegen wäre."

„Endlich müfste das Fahrwasser von Emden in gerader Linie nach der „Hoek van Loge verlegt werden. Dies läfst sich mit wenigen Kosten be„werkstelligen (?), wenn man bei dem Hoek, da wo das Larrelter Fahrwasser „einfällt, zu graben anfängt, die Erde nach der Aufsenseite auswirft, und so „allmälig (?) bis an das Emder Fahrwasser weiter fortfährt. Dann wird „alles Wasser an der Nordseite des Grabens ablaufen und denselben von „selbst erweitern (?!). Wenn man bis nahe an das jetzige Fahrwasser vor„gerückt ist, mufs das alte auf einmal zugemacht (?!) und das neue Fahr„wasser geöffnet werden. Dasselbe kommt alsdann auf Klaigrund zu liegen, „statt dafs das alte nur auf Sandgrund liegt, welcher sich beständig verschlämmt, „so, dafs es an einigen Stellen beinahe 2 Fufs weniger tief ist, als die Schleusen „der Stadt Emden; wohingegen es nahe an der Sadt (wo Klaigrund ist) „über 4 Fufs tiefer ist, als die Schleusen. NB. Mit äufserst wenigen Kosten „wird man ein neues Fahrwasser mit einer No. 30. beschriebenen Muddermühle „machen können (?!)."

„Werden der Rhein und unser Emsflufs in Verbindung gebracht, so „könnte es sehr nützlich werden, die Häfen von Emden so einzurichten, dafs „man mit allen Winden ein- und ausfahren und viele Schiffe darin aufnehmen „könnte. Dies wird man erlangen, wenn innerhalb des Deichs durch das „niedrige Land von Emden nach Grofs-Borsum ein Canal gegraben wird, „oben 80 und unten 60 Fufs Rheinl. breit, und 10 Fufs tief. Sodann müfste „bei Grofs-Borsum eine 40 Fufs (?) weite Schleuse gebaut werden, deren „Boden 6 Fufs unter dem niedrigen Wasser tief wäre. Ferner müfste dieser „Canal durch Austiefung und Erweiterung des rothen Syhles mit dem Faldern„Delfte in Verbindung gebracht werden. Alsdann könnten Schiffe, die 15 bis 16 „Fufs tief gehen, mit allen Winden aus- und in die Häfen von Emden kom„men etc." Sämmtliche Kosten hievon würden etwa 350 000 Thlr. betragen.

Auf Seite 5 der Erklärung der Kupfer erläutert der Verfasser den Plan zur Eindeichung der Stadt.

Es bleibe aber den Lesern überlassen, diese Schrift weiter selbst nachzusehen und die Vorschläge zu prüfen und zu beurtheilen.

So wohlmeinend und also auch lobenswerth die Absicht des Verfassers nun auch sein mochte, der Stadt Emden eine höchst nothwendige und nützliche Anlage für wenig Geld zu verschaffen und der Provinz Ostfriesland dadurch nützlich zu sein: so bedaure ich doch aufrichtig, bekennen zu müssen, dafs ich, zwar diese gute Absicht des Herrn Verfassers ehrend, seine technischen Ansichten und Vorschläge nicht theilen kann, denn:

1. Die vorgeschlagene hölzerne Schleuse bei der langen Brücke (84. Taf. I.), unmittelbar vor der Stadt, würde eben so den Zweck der beständigen Fahrbarerhaltung des 2000 Ruthen langen Fahrwassers verfehlen, wie alle Schleusen, welche von Andern in früherer oder in neuer Zeit an dieser Stelle unmittelbar vor der Stadt vorgeschlagen sind. Die Construction der Schleuse selbst und die Art und Weise, sie zu erbauen, ist hier völlig unhaltbar und gefahrvoll, und die Ausführung wird in jeder Hinsicht zu den Unmöglichkeiten gehören; was auch der verstorbene Verfasser bei näherer Prüfung wohl selbst eingesehen haben würde. Eine wirklich haltbare und ausführbare Schleuse an der vorgeschlagenen Stelle würde in Verbindung mit der vorgeschlagenen Eindeichung, die ebenfalls unmittelbar vor der Stadt gemacht werden soll, zwar die Stadt gegen Überströmung schützen, den Hafenraum um etwas vergröfsern und die Entwässerung gestatten, zu welchem Zwecke sie aber eine weitere Öffnung als 40 Fufs im Ganzen bedürfen würde: den Hauptzweck aber, das Fahrwasser für bedeutende Seeschiffe ohne jährliche grofse Aufräumungskosten stets fahrbar zu erhalten und die Entwässerung der betheiligten Syhlachten zu verbessern, würde sie verfehlen.

2. Die 120 000 Thlr. Kosten zu der Schleuse und der Eindeichung der Stadt würden bei weitem nicht zureichen; wenn man auch annimmt, dafs die Werke an der vorgeschlagenen Stelle gebaut werden können und dafs sie dort zweckmäfsig, haltbar und dauerhaft sind. Die Schleuse allein, ohne die Eindeichung, würde weit mehr als die obige Summe kosten.

3. Der angehängten Bemerkung zufolge scheint der Vorschlag zur Erreichung des vorliegenden Zwecks dem Verfasser selbst nicht ganz genügt zu haben, weil er aufserdem noch einen Binnencanal durch das niedrige Land von Emden nach Grofs-Borsum (Taf. III.) von 60 Fufs Boden- und 80 Fufs oberer Breite und 10 Fufs Tiefe nebst einer Schleuse von 40 Fufs Weite bei Grofs-Borsum verlangt, wofür er die Kosten, aufser den obigen, auf 350 000 Thlr. anschlägt; so dafs die gesammten Anlagen 470 000 Thlr. kosten würden.

Es würde zu weit führen, alle die Gründe auseinanderzusetzen, welche mich, und gewifs jeden Sachverständigen, der den Plan und das Local kennt, abhalten, diesen Vorschlägen beizutreten. Die Vorschläge werden sich aus den obigen und weiterhin folgenden Erfahrungen und Thatsachen hinreichend beurtheilen lassen. Ich kann daher zu den übrigen in öffentlichen Schriften bekannt gewordenen Thatsachen, Urtheilen und Wünschen einzelner Schriftsteller und des Publicums der Stadt Emden über die Beschaffenheit der dortigen Schiffahrts-Anstalten und deren Verbesserung übergehen.

§. 6.

Friedrich Arends sagt Seite 243 des ersten Bandes seiner Schrift: „Ostfriesland und Jever etc. Emden 1817." über die Emder Entwässerungs- und Hafen-Anlagen und deren mangelhafte Beschaffenheit wörtlich Folgendes.

„Emden hat eine vortreffliche Rhede, geräumig und sicher, und so tief, „dafs die gröfsten Schiffe daselbst ankern können. Ein Gleiches läfst sich „nicht von seinem Hafen sagen. Raum fehlt demselben nicht, aber Tiefe. Mittlere „Seeschiffe von 40 bis 60 Lasten können in der Regel mit ihrer Ladung ein- „laufen: gröfsere, über 11 Fufs tief gehende, aber nur bei höheren Fluthen. „Sie müssen einen Theil ihrer Ladung auf der Rhede in kleinere Schiffe „(Lichter) löschen. Dadurch wird die Schiffahrt sehr erschwert. In früherer „Zeit, als noch die Ems unter den Mauern der Stadt hinflofs, war der Hafen „vortrefflich; das Binnenwasser konnte sich durch die vier Stadtschleusen un- „mittelbar in die Ems ergiefsen. Nachdem aber der Flufs sein altes Bette ver- „lassen hat, verschlammte dasselbe nach und nach. Der Magistrat liefs 1768 „von der Mündung des Hafens an durch das rohe Watt, gerade aus nach dem „neuen Flufsbette bei dem Nesserlande, einen Canal ziehen, welcher zwar „das Ein- und Auslaufen der Schiffe erleichterte, jedoch nicht ganz den ver- „sprochenen Dienst leistete, da die Entfernung der Schleusen vom Flusse noch „eine Stunde beträgt, folglich das Binnenwasser wenig Fall hat. Das Ems- „wasser bringt bei jeder Fluth vielen Schlamm mit sich, der sich in der hie- „sigen Bucht, wo das ruhigere Wasser den Niederschlag der freien Thon- „theilchen begünstigt, stark anhäuft; besonders auch im Hafen. Im letzten Viertel- „jahrhundert ist dieser Schlamm-Ansatz besonders stark gewesen, in dem „Maafse, dafs eine völlige Verschlammung des Hafens zu befürchten war und „man sich genöthigt sah, mit grofsen Kosten Vorkehrungen dagegen zu machen. „Bei hohem Binnenwasser reicht der Zuflufs vermittels der 5 Canäle, die „durch 4 Syhle sich in den Hafen ergiefsen, zwar hin, den Schlamm zurück- „zuschwemmen" (nemlich durch den rothen Syhl von 20½ Fufs weit auf 10 266

Grasen, durch den Neupfortsyhl von 18½ Fufs weit auf 10 922 Grasen, und durch den Gasthaussyhl von 15 Fufs weit auf 6864 Grasen zu 300 Q. R. Rheinl., so dafs 53¾ Fufs Weite auf 28 122 Grasen oder 8 436 600 Q. R. Rheinl. also über zwei Quadratmeilen kommen; während aufserdem durch den Treckfahrts-Canal von Aurich nach Emden noch Wassermassen zugeleitet werden. Der vierte Syhl ist der neue 17 F. weite Stadtsyhl.): „allein im Sommer ist das „Binnenwasser so gering, dafs es oft nicht vermögend ist, die Syhlthüren zu „öffnen; und gerade zu dieser Zeit, besonders im Nachsommer, ist der Nieder-„schlag des Schlammes am stärksten. Vor einigen Jahren nahm die Anhäufung „so überhand, dafs sie die Syhle auf mehrere Wochen verschlossen hielt. Man „hat daher vor 15 Jahren in vier der Binnencanäle aufserhalb der Stadt Kasten-„schleusen" (Verlaate, eigentlich Stauschleusen) „angelegt. Im Sommer werden „dieselben täglich bei der Fluth geschlossen und es wird durch die Syhle „einige Fufs hoch Wasser in die Stadtgräben eingelassen. Bei der niedrigen „Ebbe öffnet man die Syhle wieder; das Wasser stürzt mit Gewalt hindurch „und treibt den Schlick mit sich fort. Viel davon bleibt aber zurück, der dann „mit sogenannten Mudder-Pflügen fortgeschafft wird. Auf diese Art wird „der Hafen zwar rein gehalten, aber immer bleibt seine Tiefe nur gering; „zur Ebbezeit ist zuweilen kaum Wasser darin. Die Kosten, welche diese „Anstalten jährlich der Stadt (jetzt dem Staate) verursachen, steigen auf „1500 Thlr. jährlich (nach Angabe des Hafenmeisters *Tanger*). Im Gemein-„nützigen S. 234 werden sie von einem Ungenannten auf 2600 Thlr. ange-„geben." (Der Emder Stadtbaumeister *Nanninga* giebt diese Kosten S. 128 in seinen „Bemerkungen und Vorschlägen zum Besten des Vaterlandes etc." auf jährlich 3000 Thlr. an.) „Die Stadtgraben werden dadurch zugleich ver-„schlammt und bedürfen häufig der Aufräumung. Man hat mehrmals Vorschläge „zur Verbesserung des Hafens gemacht, aber, aufser einigen Verlaaten, nichts „ausgeführt. Eine Radicalcur scheint unmöglich (?!), man müfste denn dem „Flusse seinen alten Lauf an die Stadt hin wieder anweisen; wie unsere „Väter es vor 200 Jahren gethan (?). Zur Zeit des letzten Handelsflors kam „die Legung eines Deichs von den Herren- bis zu den Boltenthors-Pallisaden „durch das rohe Watt in Anregung; hernach schlug man vor, einen Deich „von Borsum über das Nesserland nach dem Larrelter Kolke zu legen und „eine grofse Schleuse im Fahrwasser zu erbauen. Der nächste Zweck war, „den Hafen zu vergröfsern, den alten gegen Verschlammung und zugleich die „Stadt gegen Überströmung zu schützen. Ob der zweite Endzweck dadurch

„würde erreicht werden, ist zu bezweifeln; vielmehr das Gegentheil zu ver-„muthen (?). Das Seewasser, so lange es sich über grofse Flächen verbrei-„ten kann, vom Winde und den Strömungen immer fortbewegt, behält seine „strandartigen Bestandtheile mehrentheils bei, läfst sie aber, in Ruhe gekommen, „leicht fallen. Dies würde hier geschehen, wenn es, statt sich wie jetzt über „das Watt zu verbreiten, in den engen Raum eines Canals eingezwängt würde. „Die Stau-Anstalten, die schon jetzt ihren Zweck nicht erfüllen, würden es „dann noch weniger thun. Sicherer würde der dritte Zweck erreicht werden; „und das allein schon würde der Stadt grofsen Vortheil bringen. Ihre Lage, wie „die aller Marschgegenden, ist niedrig. Wenn nordwestliche Stürme die See „heben, strömt das Wasser durch die Gassen der Altstadt und dringt in viele „Häuser; blofs ein Theil der Neustadt liegt so hoch, dafs nur die stärksten „Fluthen dahin dringen; auch ist ein Theil mit einem Deiche umgeben. Grofser „Schaden geschieht öfters, wenn die Fluthen unvorgesehen steigen; wie es „noch am 4ten März 1817 der Fall war. Die empörte See zerstörte die „Hafenbrücke, rifs das Strafsenpflaster auf, grub ein Klafter tiefes Loch bei „der Osterpiepe aus, und verdarb alle Kaufmannsgüter in den Kellern und Pack-„häusern, die nicht früh genug gerettet wurden. Solche hohe Fluthen sind zwar „selten, aber geringere, in die Wohnungen dringende, kommen jährlich vor. „Die grofsen Kosten und die Ungewifsheit, ob der Deich auf dem rohen Watt „sich halten werde, schreckten von der Unternehmung ab. Ihre Ausführung „hätte noch den Nutzen gehabt, dafs dadurch eine Strecke Landes von wenig-„stens 2 Millionen Thaler an Werth wäre gewonnen worden; welches der „Krone 10 000 Thlr. und mehr an jährlicher Erbpacht hätte eintragen kön-„nen u. s. w."

Die Lage der Sache ist hieraus klar, und bestätigt sich nicht allein in mehreren gedruckten und geschriebenen Nachrichten und Vorschlägen, wie wir gesehen haben, sondern ist auch an Ort und Stelle, so wie jedem Schiffer und Lootsen, der dort ein- und ausfährt, bekannt genug.

Zur Vergegenwärtigung und Beherzigung der schrecklichen Lage der Stadt Emden bei Sturmfluthen, wie die um Weihnachten 1717 und in den Jahren 1736, 1756, 1775 auf 1776, 1791, 1817, 1824, und am 3ten und 4ten Februar 1825, dürfte an das mit vieler Wärme aufgestellte Schauerbild zu erinnern sein, welches *Friedrich Arends* in seinem „Gemälde der Sturm-fluthen vom 3ten bis 5ten Februar 1825" von Seite 47 bis 62 von der damals statt gehabten Überschwemmung und Verheerung der Stadt Emden so treffend als wahr aufstellt. In diesen beiden verhängnifsvollen Tagen entstand blofs in der Stadt Emden ein Schaden von 142 841 Thlr. 14 Ggr. 8 Pf.; nicht zu gedenken, dafs durch die häufigen Überströmungen der Stadt öfters Krankheiten erzeugt werden, die hier verheerender sind, als in höheren, trockneren Gegenden.

Mit den Äufserungen in öffentlichen Schriften hörten die des Publicums in Emden über das schreckliche Natur-Ereignifs und dessen nächste und künftige Folgen, so wie über das Bedürfnifs dieser Stadt, nicht auf. Zwei angesehene Bürger Emdens, der Senator *Claas Tholen* und der jetzt verstorbene Schiffsbaumeister *S. J. Paschier* richteten am 9ten April 1828 in No. 34. der Ostfriesischen Zeitung vom 26ten April 1828 eine Adresse an ihre Mitbürger „Über die Befreiung Emdens von Wasser-Überströmung etc.", welche ich hier wörtlich mittheile.

„*An unsere Mitbürger.* Am 20ten Januar 1827 war es, als wir „uns erdreisteten, unsere vorläufige Meinung über die Befreiung Emdens von „Wasser-Überströmung zu äufsern. Gleichgültig kann kein Einwohner Emdens, „er mag in dem höchsten oder in dem niedrigsten Theile der Stadt wohnen, „über die jetzige Lage derselben sein. Er mufs um seine Existenz besorgt „sein, wenn er sieht, dafs nur ein sehr kleiner Theil der Stadt von dem übrigen „abgedämmt werden soll, um ihn mit der übrigen Deich-Erhöhung in gleiche „Höhe und Verbindung zu setzen. Diese Erhöhung ist $1\frac{1}{2}$ bis $7\frac{1}{2}$ Fufs höher „als unsere Schleusen und alle bei den Überströmungen entstehenden Wasser-„fälle. Nothwendig ist die *allgemeine* Deich-Erhöhung. Davon kann man „sich auf Grund der Behauptung achtungswerther Sachverständigen überzeugt „halten. Dies aber als richtig anerkennend, kann man es dem Laien nicht „verargen, zu fragen: Ist die grofse Öffnung in Emden weniger gefährlich „als der Kolk bei Larrelt, wenn eine Sturmfluth, wie die von 1776 und 1825, „die wir beide erlebt haben, wiederkehrt? Gegen solche Fluthen soll ja die „Deich-Erhöhung schützen: gegen gewöhnliche Sturmfluthen haben die Deiche „schon hinlängliche Höhe. Durch die sehr kostspielige Deich-Erhöhung soll „für *ungewöhnliche* Fluthen gesorgt werden: wie ist dieses aber einigermaafsen „zu verwirklichen, ohne auch Emden durch Schutzschleusen in den Deich-„verband mit einzufassen? Es beseelt gewifs Vaterlandsliebe jeden Ostfriesen, „und so lieb uns das Vaterland ist, so ist es doch auch das Hauptsächlichste, „darin sicher wohnen zu können; und da dieses, den jetzigen Anlagen nach, „noch zweifelhaft ist, so wagen wir es, die sachverständigen Herren hiemit „offen und frei zu fragen, ob man in Emden, so wie die Stadt jetzt mit er-

„höheten Deichen umgeben wird, noch eben so sicher darin wohnen kann, „als vorhin?"

„Viele unserer Mitbürger theilen mit uns die verneinende Meinung, und „glauben im Gegentheil, dafs jeder Aufschub, Emden durch Schutzschleusen „in gleicher Höhe mit den an die Stadt sich anschliefsenden Deichen zu sichern, „einen grofsen Theil der Einwohner in nicht geringe Gefahr bringen dürfte. „Aber, wird mancher Bürger fragen: *können* wir denn gegen Überströmung „geschützt werden; und wie und auf welche Art ist dies auszuführen?

„Diese Frage zu beantworten, haben wir uns bemüht, nicht allein uns „die Zeichnung und den Kosten-Anschlag von Herrn *Woortmann,* wie schon „bekannt, zu verschaffen, sondern unser Auge auch auf Dasjenige gerichtet, „was in unserer Nachbarschaft vorging, um wo möglich Etwas gewahr zu „werden, was unsere vorläufig ausgesprochene Meinung von 1827 entweder „berichtigen könnte; und da uns dieser Tage auch das Ausverdingungs-Protocoll „über die beiden Schleusen, welche 1827, 1828 und 1829 in Harlingen zur „Deckung der Stadt gebaut werden sollen und schon für eine gewisse Summe „ausverdungen sind, zugekommen ist, so können wir nicht umhin, noch ein-„mal diesen Gegenstand öffentlich in Anregung zu bringen. (Die Aufschrift „dieser Bedingungen war folgende: Provincie Westvriesland. Bestek en Con-„ditien wegens het bouwen van twee Sassluisen, de eenc in den mond van „den Noorder-en de andere in den mond van den Zuiderhaven te Harlingen, „enzv. door *M. Stolte,* Stadt-Bouwmeester enzv.)"

„Alle hiesigen Einwohner, welche Harlingen kennen, werden darin „einige Ähnlichkeit mit Emden finden; denn Harlingen hat, eben wie Emden, „zwei Häfen. Die Stadt liegt hart an dem Texel- und Vlie-Strom, hat starken „Wellenschlag und zwei Einfahrten, durch welche die Häfen der Stadt ge-„bildet werden. Auch unsere Stadt liegt an der Ems und am Dollart, aber „durch ein grofses Watt und gegen den nordwestlichen Wellenschlag geschützt. „Der Häfen sind zwei, und die Ausfahrten aus den beiden Delften befinden „sich in gleicher Linie mit den beiden Haupt- und erhöhten Hauptdeichen „des Landes."

„In Harlingen hat man nicht daran gedacht, die Schleuse weiter vor-„wärts in die See hinaus anzulegen. Das Einfachste, vor jeden Hafen eine „Schleuse zu legen, fiel zu grell in die Augen; man überging die Schwierigkeit, „welche dieser Ausführung hätte hinderlich sein können, und betrachtete sie „nur aus dem Gesichtspuncte der Nothwendigkeit. Der Beschlufs wurde daher

„gefafst. Zwei Schleusen sollten von nun an die Stadt gegen Überströmungen „schützen. Das Besteck wurde verfertigt, die Ausverdingung geschah, und „gegenwärtig steht die neue Schleuse schon über Wasser."

„Wir haben uns das Ausverdingungs-Protocoll verschafft; es besteht „aus 24 speciellen und 31 allgemeinen Artikeln und, wie es scheint, hat man „dem Annehmer auch nicht den geringsten Spielraum gelassen. Es sind zwei „Schleusen ausverdungen, und über die Schleusen zwei Drehbrücken. Die „Süderschleuse hat eine Weite von 32 und die Norderschleuse eine Weite von „30½ Fufs Rheinländisch. Nach den, wie gesagt, genau angegebenen Vor-„schriften werden dem Annehmer, unter besonders strengen Verpflichtungen, „die ganze Ausführung unter directer Aufsicht der Sachkundigen, alle Materialien, „Arbeitslohn nicht ausgenommen, die beiden Schleusen und die zwei Dreh-„brücken, für eine bestimmte Summe nach der Zeichnung fertig zu liefern, „überlassen. Aufserdem mufs der Annehmer noch auf seine Kosten machen:

„*a.* Eiserne Geländer an den Drehbrücken;"

„*b.* Laut art. 14. eine neue massive hölzerne Kajung von 253 Fufs Länge; „auswendig mit 80 Balken von 12 Zoll, mit 40 Geschlingen und einer „2¼ Zoll starken Bekleidung von Eichenholz;"

„*c.* Alle Beschädigungen an den Strafsen, Häusern, Wasserleitungen, Er-„höhung der Strafsen bis zur Schleusenhöhe mufs er für seine Rechnung „übernehmen und nach Vorschrift wieder in Ordnung bringen."

„Dann liegen dem Annehmer noch viele Verpflichtungen ob, die zu „weitläuftig sind, um alle angeführt zu werden. So viel nur, um anzuzeigen, „welche Arbeiten und grofse Materialien-Lieferungen bis zur Vollendung des „Ganzen der Annehmer zu leisten hat; und alles Dieses ist im schaufreien „Stande nach Vorschrift fertig zu machen für die Summe von 132 050 Hol-„ländischen Gulden oder 73 361 Thlr. Preufs. Courant. Dieses Factum haben „wir vor Augen; und, danach zu urtheilen, sollte man glauben, dafs unsere „Summe von 130 000 Thlr. Pr. Courant wohl nicht so ganz ohne Grund nach „dem vor uns liegenden Risse und Kosten-Anschlage (von 84 400 Thlr.) vom „Herrn *Woortmann* zu nennen sein dürfte; welches man wohl so nebenbei „von dem Einen und dem Andern hat hören müssen."

„Aber, wie dem auch sei: das Werk könne dafür gemacht werden, „oder nicht, so dafs wir wasserfrei werden, mit Verbesserung der Entwässe-„rung, und ohne den Handel und die Schiffahrt zu stören, so ist die Sache „doch von so grofser Wichtigkeit, dafs eine Untersuchung wohl nothwendig

„wäre, indem alle sonstigen Plane, die, wenn auch nur für eine Zeit, Ab-„wässerung und Stockung unsers Handels zu befürchten steht, unsere Kräfte „übersteigen, nur auf das Papier gebracht werden, um nie zur Ausführung „zu kommen."

„Nach unserm Plane ist vor jedem Delfte eine Schleuse ausführbar, und „sicher gegen jeden starken Wellenschlag. Der Plan übersteigt unsere Kräfte „nicht, wenn die Anstalten, welche Nutzen davon haben, mit dazu beisteuern; „und die Ausführung kann in drei Jahren zu Stande gebracht werden."

„Es ist zu wünschen, dafs unsere Repräsentanten, in Verbindung mit „unserer Obrigkeit, da, von wo aus die Zustimmung kommen mufs, solche „zu bewirken suchen, damit die Untersuchung über die Anlegung zweier „Schleusen je eher je lieber geschehe, dafs wo möglich allen Geld-Ausgaben „für die Deich-Erhöhung während der Zeit des Baues der Schleusen vor-„gebeugt werde, und dafs dieses heilsame Werk zur Beruhigung aller Ein-„wohner seinen Anfang nehmen möge. Alle uns zugekommenen Papiere und „Zeichnungen und das Ausverdingungs-Protocoll von Harlingen sind in der „Schiffsbauerei „Zum Preufsischen Adler" zur Einsicht jedem honetten Bür-„ger offen."

„Emden, den 9ten April 1828."

„*Claas Tholen. T. J. Paschier.*"

Aufser diesem Aufrufe sind noch in jüngster Zeit, namentlich in No. 128. der Ostfriesischen Zeitung vom 25ten October, in No. 153. vom December 1839, und in No. 1. vom 3ten Januar 1840, so wie in No. 1. dieser Zeitung vom 1ten Januar 1841 etc., verschiedene Aufsätze, welche Aufrufe, Erinnerungen und Vorschläge in Betreff dieser Anlage enthalten, erschienen.

Der ungenannte Verfasser des Aufsatzes in No. 153. der Ostfriesischen Zeitung, unterzeichnet: *P*.... im Decbr. 1839, *D*..... schlägt vor, das Fahrwasser nebst Schleuse nach Petkum zu verlegen; welchen Vorschlag aber der Verfasser des Aufsatzes in No. 1. vom 3ten Jan. 1840 widerlegt, und worin Letzterer auch völlig Recht hat. Denn durch eine Verlegung des Fahrwassers von Emden nach Petkum, Grofsborsum, Larrelt oder der Knocke würden nicht allein keine Baukosten erspart, sondern noch der Stadt Emden hinsichtlich des Handels und der Schiffahrt, der Entwässerung und jeden Erwerbzweiges, grofser Schaden zugefügt werden, und die so vortheilhafte und zur Erreichung des Hauptzweckes ganz unentbehrliche Eindeichung der Insel Nesserland und der beiderseitigen Anwächse würde sehr erschwert und vielleicht unmöglich gemacht werden.

Wenn sich die Stadt Emden nicht vorsätzlich das Grab zu ihrem physischen, commerciellen und nautischen Untergange graben will, so mufs sie ihr Fahrwasser, ihre Schleusen und die andern Schiffahrts-Anlagen nie an einen andern, entfernteren Ort als durch die Insel Nesserland legen; und dagegen giebt es kein anderes Hindernifs als die Anschaffung des Geldes, die aber nicht so ganz unmöglich ist, wie es Manchem scheint. Statt Aufrufe, Erinnerungen und Bitten um guten Rath und Hülfe zur Erlangung zweckmäfsiger und ausführbarer Projecte in zum Theil namenlosen Aufsätzen an das Publicum durch die Ostfriesische Zeitung zu richten, die doch zu nichts Wesentlichem führen und die der Ehre und den Verhältnissen der Stadt Emden nicht angemessen sind, würde es, wie es scheint, viel zweckmäfsiger, schicklicher und wirksamer sein, wenn von Seiten der Stadt Emden Prämien durch Auslobung angemessener Ehrenbezeugungen und Belohnungen für die beste Beantwortung der Preisfrage öffentlich angeboten würden (wie es in Holland und in andern Staaten geschieht): „auf welche Weise und für welche Kosten ungefähr die Stadt Emden ein besseres Fahrwasser und einen bessern Hafen, eine verbesserte Entwässerung des Binnenlandes und eine sichere Eindeichung gegen Sturmfluthen bekommen könne?"

Der Erfolg würde hoffentlich der Erwartung besser entsprechen, als die bisherigen Nothrufe in den Zeitungen.

(Die Fortsetzung folgt.)

9.

Technische Auseinandersetzungen über die sogenannten atmosphärischen Eisenbahnen; insbesondere über die Bahn bei Dublin. Urtheile verschiedener Sachverständiger über diese neue Eisenbahn-Art. Desgleichen Einiges von den Vorschlägen zu noch andern Arten von Eisenbahnen.

(Fortsetzung der Abhandlung No. 2. im vorigen Heft.)

Dritter Abschnitt.

Ueber die Anwenduug des atmosphärischen Systems auf Eisenbahnen im Allgemeinen.

36. Der einfachste Fall ist der, wo die Wagenzüge sich nicht *begegnen*, wo an jedem Ende der Bahn eine Station ist, und wo kein Wagenzug eher abgeht, als bis der von der andern Station her eingetroffen ist. Ich nehme eine solche Bahn *horizontal* an; so dafs die Triebröhre in beiden Richtungen wirksam sein mufs.

37. Ehe ich weiter gehe, mufs ich aber eine Haupt-Voraussetzung machen. Auf der Eisenbahn bei Dalkey hat die Geschwindigkeit oft über $8\frac{1}{2}$ Meilen in der Stunde betragen, und ohne Hemmen würde man mit 600 bis 800 Ctr. Fracht, die einer Last von 2000 bis 2700 Ctr. auf *horizontaler* Bahn gleich kommt, eine noch weit gröfsere Geschwindigkeit gehabt haben. (*P.* Nach den Versuchen des Herrn *Mallet,* wie sie oben dargestellt werden, hat die gröfste *erwiesene* Geschwindigkeit $6\frac{1}{2}$ Meile in der Stunde für etwa 600 Ctr. Last betragen. Die blofs *geschätzten* Geschwindigkeiten können nicht in Betracht kommen; und wahrscheinlich sind die *wirklichen* geringer.) Herr *Samuda* gedenkt, auf einer günstig geformten Eisenbahn mit $12\frac{1}{2}$ *Meilen Geschwindigkeit* in der Stunde zu fahren. Ich rathe nicht, so weit zu gehen; aber

ich glaube, dafs man ohne Übelstand 7½ *bis* 9½ *Meilen* zulassen kann. Will man einmal ein System annehmen, so mufs man auch nicht seine Vortheile unbenutzt lassen. Man wird sich an 9 Meilen Geschwindigkeit gewöhnen, eben wie man sich an 6 Meilen gewöhnt hat. Der Übergang ist weniger stark, als der von der Geschwindigkeit der Pferde zu der der Dampfwagen. Schon fährt man auf der Great-Western Eisenbahn mit 6½ bis 7 Meilen Geschwindigkeit in der Stunde.

38. Das Erste, worauf es ankommt, ist der *Abstand der stehenden Maschinen von einander.* Die Bedingung ist, dafs in 5 Minuten die Luft bis auf 21 bis 22 Zoll Quecksilberhöhe mufs ausgeschöpft werden können. Mit einer Maschine von 100 Pferden Kraft wird man diese Wirkung erlangen; denn zu Dalkey arbeitet eine solche Maschine nur mit Drei Fünftheilen ihrer Kraft für eine 740 Ruthen lange Röhre. Aber ich glaube nicht, dafs diese Maschine so angeordnet ist, dafs Zeit gespart wird; worauf es vorzüglich ankommt. Beim Anfange ihrer Wirkung ist die Kraft nicht gut benutzt. Im Anfange nemlich ist die Luft noch auf beiden Seiten gleich dicht. Der Widerstand ist also viel geringer, als die angewendete Kraft. Um die Kraft gut zu benutzen, müfste man nicht einen, sondern mehrere Kolben haben; dann würde die Luft weit schneller verdünnt werden. Man müfste die Wasserpresse nachahmen, deren Wirkung der hiesigen ähnlich ist. So wie der Widerstand zunimmt, müfste man einen kleinern Kolben nehmen. Hier könnten 3 bis 4 Kolben sein. Einer nach dem andern müfste allmälig verlassen werden, bis man nur noch mit einem pumpte, welcher zureichend sein würde, um die verlangte Verdünnung der Luft festzuhalten. Die Wirkung stehender Dampfmaschinen ist constant und ununterbrochen. Dagegen ist hier eine zunehmende und unterbrochene Wirkung nöthig. Um Beides zu vereinigen, mufs eine besondere Vorrichtung Statt finden. Ich werde eine solche vorschlagen; besonders um beim Auspumpen *Zeit* zu sparen. Es werden sich gewifs noch andere finden lassen; auch um die Verbrennung zu beschleunigen, oder zu verzögern. Die Mechaniker haben schwierigere Aufgaben gelöset.

39. Es seien *A* und *C* (Fig. 14.) die beiden Stationen. *AB* und *BC* sind die jede 1327½ Ruthen lange Röhren; *m*, *m'* und *m''* sind drei stehende Maschinen. Die mittlere ist mit jeder der beiden Röhren in Verbindung; *s*, *s'*, *s''* und *s'''* sind die Eintrittsklappen, wie ich sie oben beschrieben habe. Soll nun ein Wagenzug von *A* abgehen, so deutet man dem Führer

der Maschine *m'* durch den electrischen Telegraphen an, er solle *AB* ausschöpfen. In demselben Augenblick bringt man den Kolben in *A* hinein und deutet dem Maschinen-Aufseher in *m''* an, die Röhre *BC* auszuschöpfen. Zu dem Ende ist die Klappe *s''* geschlossen; so wie die Ausgangsklappe in *C*. Der von *A* abgehende Wagenzug gelangt in 5 Minuten von *A* nach *B*, mit 8¼ Meilen Geschwindigkeit in der Stunde. (*P.* Da eine gewisse Zeit nöthig ist, um die Geschwindigkeit erst zu erlangen, und dann, sie wieder zu verlieren, so wird die Geschwindigkeit des Laufes gröfser sein. Wir werden weiter unten sehen, ob dazu nicht eine Maschine von 100 Pferden Kraft unzureichend sein dürfte.) Zwischen dem Ende der ersten und dem Anfange der zweiten Röhre kann man entweder eine Verbindungsröhre legen, oder auch den Zwischenraum frei lassen. Der Wagenzug geht nun von *AB* nach *BC* über. Er öffnet die Klappe *s''*, auf eine Weise, die ich weiter unten beschreiben werde, und gelangt in 5 andern Minuten nach *C*. Er hat also zu der ganzen Fahrt 10 Minuten nöthig gehabt. So wie der Kolben die Röhre *BC* verlassen hat, heifst man dem Maschinen-Aufseher in *m*, die Röhre *BC* auszupumpen. Zu dem Ende ist die Klappe *s'''* geschlossen. Nach Verlauf von 5 Minuten, die nöthig sind, um auf einen Quecksilberstand von 20 bis 22 Zoll zu kommen, wird der Kolben in *C* hineingebracht. Zugleich heifst man dem Maschinisten in *m*, die Röhre *BA* auszupumpen. In *B* angelangt, findet der Wagenzug die verdünnte Luft vor sich, und gelangt wieder von *C* nach *A* in 10 Minuten. Von der Abfahrt des Zuges von *A* bis zu seiner Rückkunft dahin sind also 25 Minuten verflossen. Fünf Minuten nach der Ankunft eines Zuges kann wieder ein anderer abgehen. Also kann *halbstündlich* auf einer Station ein Wagenzug hin- und hergelangen; und das ist mehr, als jemals nöthig sein wird. Nimmt man nemlich auch nur Züge von 3000 Ctr. schwer an (und sie können viel gröfser sein), so lassen sich auf einmal 30 Wagen, mit 720 Personen besetzt, fortschaffen. Dieses giebt für 14 Stunden tägliche Fahrzeit 20160 Personen täglich, und 40320 hin und her. (*P.* Diese Zahlen sind für die *Dalkey*sche Vorrichtung, nicht einmal auf starke, sondern nur auf gewöhnliche Abhänge angewendet, viel zu grofs. Wir werden bald weiter unten zeigen, dafs die Wirklichkeit mit den mathematischen Rechnungen nicht stimmt, und dafs eine Geschwindigkeit von 8 Meilen in der Stunde Maschinen, nicht von 100, sondern von 200 bis 300 Pferden Kraft erfordern würde.) Man sieht aus dem obigen Resultat, dafs die Eisenbahn, welche ich wagerecht annahm, auch Abhänge haben könnte, welche auf atmosphärischen Eisenbahnen sogar sehr stark sein können. Ich komme weiter unten auf die Abhänge insbesondere zurück. Es ist zu bemerken, dafs der Transport der Lasten hier auf dieselbe Weise geschieht, wie die der Personen.

40. Ich habe von einem Mechanismus gesprochen, durch welchen Herr *Jac. Samuda* die Eintrittsklappen durch den Wagenzug selbst zu öffnen gedenkt. Er zieht zwar die Öffnung der Klappen durch Menschen vor: aber auf meine Bemerkung, dafs Unachtsamkeit der Arbeiter zu fürchten sei, meinte er wie folgt zu verfahren. Es ist nichts weiter nöthig, als das Schiebeventil zu ziehen, welches die Kammer z (Fig. 11.) mit der Röhre, in welcher man die Luft verdünnen will, in Verbindung setzt. In N befindet sich eine Dreh-Axe. Ein Gegengewicht in P strebt den Hebel in Bewegung zu setzen; aber er wird durch eine horizontale Stange xx Fig. (12.) zurückgehalten. Diese Stange erstreckt sich 66 bis 80 Fufs nach der Seite hin, von welcher der Wagenzug herkommt. Eines der Wagenräder trifft ihn und, so wie es anlangt, eine Feder, die der Länge nach in die Bahnschienen eingeschnitten ist. Indem diese Feder hinuntergedrückt wird, hebt sich ein Sperrkeil, der das Ende des Hebels xx löset. Dadurch wird das Gegengewicht wirksam, und das Ventil öffnet sich. Durch eine ähnliche Vorrichtung bewegt Herr *Samuda* seine Ventile nach Belieben nach jeder Richtung, und so oft es nöthig ist. Dieses ist wohl zu bemerken, weil die Bewegung der Ventile oft, und öfter nöthig sein kann, als Herr *Samuda* es meint.

41. Ich komme jetzt zu einer Eisenbahn, auf welcher die Wagenzüge einander *begegnen*. Ich nehme eine Bahn von 6637 Ruthen lang an. Sie werde durch Fig. 15. vorgestellt. A und H sind die beiden Stationen; AB, BC, FG und GH sind jede $1327\frac{1}{2}$ Ruthen lang, CD und EF blofs 664 R. m, m', m'', m''', m^{iv}, m^{v} sind die stehenden Maschinen. Die Klappen und ihre Bewegung sind wie vorhin. Fünf Minuten *vor* der Abfahrt der Wagenzüge von A und H werden die Maschinen m und m' in Bewegung gesetzt; die Maschinen m'' und m^{iv} *im Augenblick* der Abfahrt, und m''' fünf Minuten nachher. In der Ausübung wird es freilich nicht mit völliger Genauigkeit geschehen. Aber durch Übung werden die Maschinisten lernen, ein wenig der Zeit zuvorzukommen, die ihnen durch den electrischen Telegraphen angezeigt wird. Da die Wagenzüge in D und E zugleich (*P.* !!) ankommen, so finden sie daselbst die Bahn zur Kreuzung vorbereitet. Fig. 16. stellt die Ausweichestelle nach einem gröfseren Maafsstabe vor. Die vordersten Wagen,

gut gelenkt, werden dem Kolben eine gewisse Richtung geben. Fig. 23. zeigt, wie sich Wagen von dem Zuge ablösen und andere anhängen lassen.

41. Da die Ausweichestellen immer auf den Stationen sein werden, so entsteht daselbst immer ein Aufenthalt. Der Zwischenraum *DE* Fig. 21., der etwa 20 Ruthen lang sein mufs, je nach der Länge des Wagenzuges, wird in einen um 1 auf 50 bis 1 auf 40 steigenden und einen eben so fallenden Theil getheilt, damit hier die Schwere stark wirken könne. Die Wagenzüge werden mit der erlangten Geschwindigkeit den Abhang ersteigen, bis wenigstens die Hälfte des Zuges den Gipfel erreicht hat. (*P.* Dieses Verfahren ist völlig unausführbar. Zuweilen wird der Wagenzug stillstehn, ehe er den Gipfel erreicht hat: zuweilen wird er über denselben hinausgehen. Das ist nicht Praxis, sondern blofse, unausführbare Theorie.) Nachdem das Nöthige auf der Station geschehen ist, werden die Wagenzüge durch einen geringen Stofs wieder in Bewegung gebracht. Der vordere Wagen bringt den Kolben in die Röhre, in welcher vorher die Luft verdünnt worden ist. Der nöthige Aufenthalt, um die Luft durch die Maschinen m'' und m^{IV} aus *CD* und *EF* zu pumpen, müfste $2\frac{1}{2}$ Minute sein. Fände man ihn zu lang, so könnte man einen Behälter mit verdünnter Luft zu Hülfe nehmen. Auch könnte die Saugröhre der Maschine m''' zu Hülfe kommen.

Die Fahrt durch die 6637 Ruthen lange Bahn wird also etwa 27 Minuten dauern. Man kann folglich wenigstens alle 35 Minuten einen Wagenzug absenden. Also auch hier läfst sich dem stärksten Erfordernifs genügen, und es bleibt noch, wie in dem vorigen Beispiel, ein solcher Spielraum übrig, dafs auch die Gefälle der Bahn bedeutend sein können.

43. Eine Bahn, selbst von nur 2655 R. lang, kann schon nicht ohne Zwischenstationen sein. Auf der Bahn bei Dalkey hält Herr *Samuda,* wie ich davon Augenzeuge gewesen bin, den Wagenzug nach Belieben an, selbst bei der gröfsten Geschwindigkeit; und zwar durch *Bremsen.* Auf meine Bedenklichkeiten hiebei schlug er vor, die Wagenzüge durch eine dem Eintrittsventil ähnliche Klappe und durch einen rückwärts gehenden Kolben anzuhalten. Auch ich hatte schon an dieses Mittel gedacht, auf welches leicht Jeder fallen wird, der den Gegenstand kennt. Der zweite Kolben selbst würde, von der Klappe an, die durch ein dem obigen ähnliches Verfahren geschlossen werden könnte, die Luft verdünnen. (*P.* Dieses Mittel kann dienen, die Bewegung zu *mäfsigen,* aber nicht, sie schnell *aufzuheben,* weil seine Wirkung

nicht augenblicklich ist. Die Verdünnung der Luft in dem durchlaufenen Theil der Röhre bringt einen zunehmenden Widerstand hervor: aber um so langsamer, je länger der durchlaufene Röhrentheil ist. [Vielleicht aber will Herr *Samuda* in der Röhre von Strecke zu Strecke mehrere Klappen anbringen. Das Mittel wirkt indessen allerdings nur allmälig, und umsomehr langsam, da die Luft *vor* dem Kolben verdünnt ist. D. H.]) Dieses bringt mich auf einen sinnreichen Kolben, welchen ich in den Werkstätten des Herrn *Samuda* in London gesehen habe.

44. Fig. 10. Taf. VI. voriges Heft stellt den gewöhnlichen Kolben vor. Die Backen, welche das Leder zusammenpressen, bestehen aus eisernen Tafeln, gegen welche sich 6 Stangen stemmen. In dem andern Kolben sind die eisernen Tafeln zwischen den Stemmstangen mit 6 Löchern durchbohrt. Ein Deckel auf die Tafel öffnet und schliefst diese Löcher nach Belieben. Der Deckel wird durch einen sehr sinnreichen Mechanismus gedreht, welcher von dem Leitwagen aus in Bewegung gesetzt werden kann. Man sieht, dafs, wenn das Ventil geschlossen ist, der Wagenzug fortrückt und der hintere Kolben die Röhre hermetisch verschliefst, also die dadurch verdünnte Luft die Bewegung hemmt. Um wieder in den vorigen Stand zu kommen, darf man nur den Deckel wieder schliefsen. Es würde gut sein, wenn auch der vordere Kolben diese Einrichtung hätte. Im Fall einer Gefahr würde, so wie man das Register öffnet, die Luft eingelassen werden, und die Verdünnung der Luft, also auch die Triebkraft, würde aufhören.

45. Kann nun auf diese Weise eine Eisenbahn von 6637 Ruthen lang zu Stande gebracht werden, so ist sie auch von jeder beliebigen Länge möglich. Die Kreuzungen der Wagenzüge werden immer auf dieselbe Weise geschehen, und es können eben so viele und, wenn man die Kreuzungen näher zusammenrückt, noch mehr Wagenzüge fahren. Also selbst auf *einem Schienenpaar* läfst sich so viel als man will hin- und hertransportiren. Indessen darf man nichts übertreiben; und wenn in einem Falle, wie z. B. dem zwischen Paris und Versailles, in wenigen Stunden eine *sehr* grofse Menge von Personen fortzuschaffen sind, werden immer *zwei Schienenpaare* nothwendig sein.

46. Es ist hier der Ort, von einigen Vortheilen des atmosphärischen Systems zu sprechen, und von einigen Einwänden, die man dagegen gemacht hat. Zuerst ist diese Art Eisenbahnen von den Gefahren der *Dampfwagen* frei. Dieses wäre am 8ten Mai 1842 [bei dem grofsen Unglücksfall zwischen Paris und Versailles, D. H.] sehr wichtig gewesen. Sodann fällt hier die

Gefahr des *Zusammenstofsens* zweier sich entgegenkommenden Züge weg. Zwei Züge können hier nie der nemlichen Röhre sich bedienen. Indessen hat man dagegen Folgendes eingewendet. Wenn in *B* Fig. 20. eine Station zwischen den Röhren *AB* und *BC* ist und ein Wagenzug daselbst durch irgend einen Zufall aufgehalten wird, kann ein anderer, aus *A* zu bestimmter Zeit abgegangene Zug auf ihn stofsen. Die Antwort ist, dafs aus *A* kein Zug abgehen kann, weil *AB* nicht ausgepumpt ist. In der That mufs, damit *AB* ausgepumpt werden kann, die Ausgangsklappe in *B* verschlossen sein. Aber da der Wagenzug hier verweilt, so wird sein Führer sich wohl hüten, diese Klappe zu verschliefsen. Schliefst sich die Klappe vermittels des Durchganges des Wagenzuges selbst, so wird sie um so gewisser nicht verschlossen sein; denn der letzte Wagen wirkt erst auf sie, wenn er schon 80 bis 100 F. davon entfernt ist, das heifst, wenn er sich über der Röhre *BC* befindet; und dann ist kein Zusammenstofs mehr möglich. Und man mufs sich erinnern, dafs der Wagenzug nur erst einige Minuten nach dem Verschlufs der Klappe *B* von *A* abfahren kann. (*P.* Das ist klar. [Doch wohl nicht so ganz. D. H.] Aber wenn ein Aufenthalt durch irgend einen Schaden an der Röhre, an den Klappen, am Kolben, am Leitwagen u. s. w. entsteht, ist man auch *ganz* ohne Hülfe. Bei den Dampfwagen entsteht auf Eisenbahnen mit nur einem Schienenpaare die Gefahr des Zusammenstofsens nur durch die nachkommenden Wagen, wenn der vordere Zug aufgehalten wird. Schickt man keinen Zug nach, so giebt es keine Gefahr. [Die Erfahrung lehrt, dafs die Gefahr sowohl durch nachkommende als durch entgegengehende Züge entsteht. D. H.])

Auf atmosphärischen Eisenbahnen ist es ferner nicht möglich, dafs die Wagen aus der Spur kommen; und wenn es ja mit einem Wagen geschieht, kann daraus kein Unfall entstehen [?]. Der Leitwagen, welcher mit der Triebröhre, die man als unbeweglich fest betrachten kann, verbunden ist, *kann* nicht aus der Spur kommen. Die Wagen, welche ihm folgen und welche einer an den andern gekettet sind, können es noch weniger. Ist aber der vordere Wagen auf einer Eisenbahn gegen das Spurverlassen sicher, so liegt in diesem Punct wenig mehr an den folgenden Wagen. Die Räder werden neben der Bahn in die Erde wühlen, aber der Wagen kann sich nicht entfernen, und so ist keine Gefahr vorhanden. Dieser Vortheil des atmosphärischen Systems ist sehr wichtig. (*P.* Inzwischen wird auf Abhängen von 1 auf 40, beim Hinabfahren, blofs von der Kraft der Schwere getrieben, die Gefahr, dafs die Wagen die Spur verlassen, gröfser sein als auf den gewöhnlichen Eisenbahnen: theils weil der Abhang stark ist, theils weil der Leitwagen weniger wiegt als ein Dampfwagen.) Die Krümmungen einer Bahn, welche jetzt nicht weniger als 212 Ruthen Halbmesser haben dürfen, können auf atmosphärischen Bahnen viel stärker sein. Ich bin zwar nicht der Meinung, dafs man ihnen so kleine Halbmesser geben dürfe, wie auf der Bahn bei Dalkey, aber 80 bis 100 Ruthen Halbmesser dürften hier zureichend sein. (*P.* Ich sehe ***keinen*** Grund, warum auf atmosphärischen Eisenbahnen die Halbmesser der Krümmen kleiner sollten sein können, als gewöhnlich. Den Gegenstand aus dem Gesichtspunct des Herrn ***Mallet*** betrachtend, dafs die Geschwindigkeit bis auf 6½ bis 8 Meilen in der Stunde gebracht werden dürfe, folgt vielmehr, dafs sie ***gröfser*** sein müssen.)

Herr ***v. Pambour*** sagt S. 594 der neuen Auflage seiner Schrift über Dampfwagen, wenn man die Felgen der Wagenräder auf $\frac{1}{7}$ der Breite schräg mache und den Spurkränzen auf jeder Seite der Bahn $\frac{1}{2}$ Zoll Spielraum gebe, so liefsen sich Krümmen von nur 50 Ruthen Halbmesser machen, ohne dafs darin die Spurkränze der Räder die Schienen berühren. Da indessen, fügt er hinzu, für diesen Fall völlig horizontale Schienen vorausgesetzt werden und die äufsern Schienen durch die Wagen möglicherweise etwas niedergedrückt werden können, so dafs also alsdann der Spurkranz an die Schienen anstreifen könnte, so werde es besser sein, die Halbmesser der Krümmen wenigstens 80 Ruthen lang zu machen. Die Rechnung, durch welche er diese Regeln findet, ist von der Geschwindigkeit der Bewegung unabhängig.

47. Auf den jetzigen Eisenbahnen entsteht grofse Gefahr, wenn ein Dampfwagen plötzlich *aufgehalten* wird. Herr *Samuda* begegnet einer solchen Gefahr durch folgendes Mittel, für den Fall, wo sich dem Kolben ein Hindernifs entgegensetzt, welches er nicht überwinden kann. Man sieht in den Figuren 6, 13, 15 und 19, dafs an dem vordersten Wagen eine Art von Klemme sich befindet, welche die Verbindungsstange des Wagens mit dem Kolben fasset. Diese Stange ist also gleichsam verstrebt. Ein hölzerner Pflock, von etwa 1½ Zoll im Durchmesser, und ein anderer, eiserner Bolzen, zu der Verbindungsstange gehörig und etwa 1¼ Zoll auf jeder Seite vorspringend, ist so gestellt, dafs er die verstrebte Klemme vorwärts treibt, indem er sich auf die zu dem Ende gemachten Rinnen stützt. Diese Rinnen sind hinter dem Bolzen verlängert, um ihn, wenn es nöthig ist, fahren zu lassen. So wie nun der Kolben auf ein Hindernifs stöfst, bricht der hölzerne Pflock; die Verbindungsstange bleibt am Kolben; der Wagenzug setzt, ohne einen bedeutenden Stofs erlitten zu haben, seinen Weg fort, und steht dann bald still. Es würden

viele Worte nöthig sein, um diese Vorrichtung zu beschreiben, die man mit einem Blick aus den Zeichnungen sieht. [Weder diese Zeichnungen noch die Beschreibung sind sehr deutlich; doch läfst sich wohl leicht eine Vorrichtung machen, die den Zweck der hier beschriebenen erfüllt. Der Grundgedanke ist, dafs die Ablösung des Wagens von dem Kolben dadurch geschehen soll, dafs der Zug der Wagen, sobald der Kolben anstöfst, *den hölzernen Pflock zerbricht.* D. H.] (*P.* Es entsteht nur Gefahr, wenn ein Dampfwagen plötzlich in seinem Lauf gehemmt wird. *Dieselbe* Gefahr findet auf der atmosphärischen Eisenbahn Statt, und sie ist hier um so gröfser, weil man nicht auf der Stelle die Triebkraft hemmen kann. Der durch das Zerbrechen des hölzernen Pflocks vom Wagen abgelösete Kolben würde wie der Blitz fortgeschleudert werden und am Ende der Röhre, im Bahnhofe, gleich einer Kanonenkugel Verwüstungen anrichten. [Bei diesem Einwande *scheint* eine Verwechslung zu sein. Der Herr Verfasser spricht von dem Fall, wenn der *Kolben* plötzlich gehemmt wird, nicht der *Wagenzug;* und wenn der Kolben *gehemmt* wird, so wird er auch nicht weiter fortgetrieben. Dafs der hölzerne Pflock auch dann brechen soll, wenn der *Wagenzug* plötzlich stillstehen mufs, was freilich eigentlich die Gefahr bringt, scheint nicht gemeint zu sein. Also scheint die Gefahr von einem ohne Wagenzug allein fortschiefsenden Kolben wohl nicht vorhanden zu sein; und wäre es, so liefse sie sich durch eine Veränderung der Vorrichtung wohl leicht heben. D. H.])

48. Ich verschiebe Das, was von den Vortheilen des atmosphärischen Systems rücksichtlich der *Gefälle* einer Eisenbahn zu sagen ist, auf das Ende dieses Abschnitts. Bei Dalkey treibt die Luft die Wagen nur nach der einen Richtung, bergauf. Hinunter werden sie blofs durch die Kraft der Schwere getrieben. Aber in den meisten andern Fällen wird die Luft die Wagen nach *beiden* Richtungen treiben müssen. Man könnte beim ersten Anblick glauben, dafs in solchem Falle nichts weiter nöthig sei, als auf der Station den Kolben und den vordersten Leitwagen umzukehren. Aber dieses geht nicht an, da die Verbindungsstange des Kolbens und des Wagens *gebogen* ist, um besser durch den Schlitz der Triebröhre und neben die Röhrenklappe vorbeizukommen. Es mufs vielmehr der Kolben an das andere Ende der Kolbenstange an die Stelle des Gegengewichts gebracht werden (Fig. 10. Taf. VI.). Dieses geschieht in wenigen Minuten. (*P.* Diese Umsetzung des Kolbens dürfte mancherlei Übelstände haben, und mehr Zeit erfordern, als Herr *Mallet* glaubt, [dürfte aber auch leicht zu vermeiden sein. D. H.]). Ferner mufs der vordere Wagen

auch vorn, eben wie hinten, eine Plateform (Fig. 7.), eine Rolle, um die längsaus laufende Röhrenklappe anzudrücken, und einen Cylinder zum Andrücken der Verdichtungsmasse haben. Nichts aber ist leichter, als diese letzteren Theile aufser Dienst zu setzen, wenn sie nicht wirken sollen.

49. Ein anderer Einwand betrifft die horizontalen Übergänge (passages à niveau). Sie geschehen ganz wie mit Dampfwagen. Die Triebröhre wird hier unterbrochen. Aber damit die Ausschöpfung der Luft Statt finden könne, werden die beiden getrennten Röhren durch eine unter der Erde fortlaufende Röhre unterbrochen, welche mit Knieen in die beiden Triebröhren einmündet; und zwar jenseits der Ausgangs- und der Eintrittsklappen, die wegen der Unterbrechung der Triebröhre nöthig sind. Beide Klappen müssen geschlossen sein. Die Austrittsklappe wird wie gewöhnlich vom Kolben selbst durch die Luft geöffnet, welche er vor sich her zusammendrückt. Zugleich wird eine andere Klappe, vor der Verbindungsröhre unter der Erde, ebenfalls durch den Wagenzug selbst geschlossen. Die Eintrittsklappe des vordern Theils der Triebröhre wird, nachdem der Kolben in die Röhre gelangt ist, durch einen Aufseher, oder besser durch den Wagenzug selbst geöffnet. (*P.* Ich habe mich schon früher über dieses Mittel geäufsert, welches ich für das angemessenste halte. Es bleibt jedoch der Übelstand, dafs man mit grofser Geschwindigkeit aus einer Röhre in die andere übergehen mufs; was schon dann nicht ohne Gefahr ist, wenn die Luft die Wagenzüge nur nach einer Richtung treibt. Mufs aber die Luft die Wagenzüge hin- und zurücktreiben, z. B. auf nur geringen Abhängen, und man hat *nur ein* Schienenpaar, so ist dieses Mittel, die horizontalen Strecken zu passiren, in so hohem Grade gefährlich, dafs es selbst versuchsweise für unausführbar zu erachten sein dürfte. In der That könnte der Aufseher die Klappen *verwechseln*, und die Klappe, die er öffnen soll, schliefsen. Aldann würde der Kolben mit seiner ganzen Gewalt auf ein Hindernifs stofsen, und Alles würde zerbrochen werden. Diese Gefahr, welche sowohl durch die Unachtsamkeit des Aufsehers entstehen kann, als dadurch, dafs er das ihm gegebene Zeichen mifsversteht, und meint, der Wagenzug komme von dieser Seite, während er von der entgegengesetzten herkommt, darf nicht Statt finden. Auf *zwei* Schienenpaaren, oder wenn die Luft die Wagen *nur nach einer* Richtung zu treiben hat, ist das Mittel, durch die horizontalen Übergänge zu kommen, ausführbar, wiewohl nicht ohne Schwierigkeit: auf einem einzelnen Schienenpaar dagegen ist es so sehr gefährlich, dafs es für unausführbar erachtet werden mufs.)

50. Ein anderes Mittel würde darin bestehen, die Triebröhre ***nicht*** zu unterbrechen, sondern statt dessen zwei Abhänge von 1 auf 20 für die Wagen zu machen. Für diesen Fall würden drei Schlitze nöthig sein: zwei für die Wagenräder und der dritte für die Verbindungsstange der Wagen und des Kolbens, für die Rolle, welche die Klappe, und für den Cylinder, welcher die Verdichtungsmasse andrückt. Diese Öffnungen würden zu breit und zu tief sein, besonders die in den Schienen, als dafs sie nicht bedeckt werden müfsten. Dieses wäre leicht, durch kieferne Bohlen, welche sich vermittels Gegengewichte, entweder durch die Wagen selbst, oder durch die entgegengesetzte Bewegung der Barriere bewegen liefsen. (*P.* Dieses Mittel würde immer gefahrvoll sein, weil es auf die Bahn ein Hindernifs bringt, welches stark genug ist, Alles zu zertrümmern, falls etwa der Aufseher nicht anwesend, oder eingeschlafen sein sollte. Man schaudert, wenn man an die Anwendung dieses Mittels denkt. [Ich bekenne, dafs ich diese Beschreibung des Mittels nicht verstehe. D. H.])

51. Die Absicht der Erfinder des atmosphärischen Systems ist, ***nur ein*** Schienenpaar zu legen; besondere Fälle ausgenommen. Dadurch glauben sie rücksichtlich der Kosten es mit den gewöhnlichen Eisenbahnen aufzunehmen. Die grofse Geschwindigkeit, mit welcher gefahren werden soll (Herr *Samuda* rechnet auf fast 13 Meilen in der Stunde), macht, dafs die Triebröhre so zu sagen stets frei bleibt. (*P.* Dieses ist eine solche Charlatanerie, dafs ihrer billig in einem amtlichen Bericht nicht erwähnt werde sollte. Die Geschwindigkeit von 13 Meilen in der Stunde beträgt etwa 85 F. in der Secunde. Die Triebkraft des Kolbens ist nach Hrn. *Mallet* 1814 Pfd.; der Nutz-Effect beträgt also 85 : 1814 = 154 190: und das ist mehr als 300 Pferde Kraft! Also glaubt man, durch eine stehende Dampfmaschine von ***Hundert*** Pferden Kraft ***Dreihundert*** Pferde Kraft an Nutz-Effect hervorbringen zu können, ohne den Verlust durch die längsaus laufende Klappe zu rechnen! Selbst 8 Meilen Geschwindigkeit lassen sich noch nicht erreichen, ohne viel stärkere stehende Maschinen.) Ich habe oben gezeigt, dafs selbst 8 Meilen Geschwindigkeit zu einer so starken Frequenz hinreicht, wie sie fast nirgends vorkommt. Aber hier findet sich ein wesentlicher Einwurf. Man sagt nemlich: Im Fall eines Unfalls auf einem ***einzelnen*** Schienenpaare wird Alles unterbrochen: sind ***zwei*** Schienenpaare für Dampfwagen vorhanden, und das eine wird schadhaft, so bedient man sich einstweilen des andern. Ich verkenne die Wichtigkeit dieses Einwurfs nicht, aber ich halte sie doch für weniger bedeutend, weil mehrere Unfälle,

die auf Dampfwagenbahnen vorkommen, auf atmosphärischen Bahnen nicht wohl Statt finden können. Es können sich z. B. Wagenzüge nicht begegnen: die Wagen können nicht wohl aus der Spur kommen u. s. w. (*P.* Die Angabe des Einwurfs ist nicht genau. Es soll heifsen: Hat eine Dampfwagenbahn *zwei* Schienenpaare, und eins davon wird schadhaft, so bleibt das andere für die Fahrten übrig und man kann sich seiner bedienen, ohne Gefahr und ohne Verzug der dem verzögerten Wagenzuge nöthigen Hülfe. [Das scheint doch so ziemlich das Nemliche wie oben. D. H.] Ich werde bei dem Einwurf nicht verweilen, da Herr *Mallet* seine Wichtigkeit selbst anerkennt. Ich bemerke blofs, dafs man Dampfwagen-Eisenbahnen nicht sowohl deshalb zwei Schienenpaare giebt, um die Fahrten, die sich auf den Bahnhöfen kreuzen, ohne Ausweichestellen verbinden zu können, sondern auch deshalb, damit der Dienst durch die Verzögerung einer Fahrt nicht unterbrochen werde, und um dem aufgehaltenen Wagenzuge zu Hülfe zu kommen.) Und woraus sollten sonst Unfälle entstehen? Aus Bosheit? Der Fall ist auch auf Dampfwagenbahnen möglich. Zwei Schienenpaare lassen sich ebensowohl sperren, als eins. Ich sehe nur noch die Achsen- oder Rad-Brüche, die aber kaum jetzt noch vorkommen; und der gebrochene Wagen läfst sich leicht von der Bahn entfernen. Es entsteht Aufenthalt dadurch; aber das Gleiche geschieht auch auf Dampfwagenbahnen, selbst wenn sie zwei Schienenpaare haben.

(*P.* Auf der Eisenbahn zwischen Paris und Versailles, auf dem linken Ufer der Seine, sind in den 3½ Jahren ihres Dienstes die Wagen nur einmal aus den Schienen gegangen, nemlich am 8ten Mai 1842. Die Wirkungen dieses einen Falles waren freilich entsetzlich. Zusammenstöfse der Wagenzüge haben *nie* Statt gefunden, und konnten nicht Statt finden, weil das eine Schienenpaar zum Hinwege, das andere zum Rückwege bestimmt ist. [Aufser wenn das eine Schienenpaar schadhaft ist und man sich einstweilen des andern allein bedienen mufs. D. H.] Die beiden Anlässe zur Unterbrechung der Fahrten, welche Herr *Mallet* nennt, sind also nur sehr selten. Es giebt aber auf jeder Eisenbahn noch viele andere Anlässe zum Aufenthalt, nemlich: Schnee; Sturm; Nebel; Glatteis; Nachlässigkeit des Dampfwagenführers; Ausströmungen aus dem Dampfkessel, die das Feuer auslöschen; Schadhaftigkeit der Maschinen; Brüche von Achsen, Schienen oder Schienenstühlen; Hindernisse auf der Bahn selbst; Erde oder Steine, die auf die Bahn gefallen sind; unrichtige Lenkung der Wagen auf einer Zwischenstation u. s. w. Alle solche Hindernisse hemmen auf einem *einzelnen* Schienenpaar die Fahrten gänzlich: sind zwei Schienenpaare vorhanden, so findet die Unterbrechung nur auf dem einen Statt. Unter den vielen Anlässen zu Verzögerungen, wegen welcher fast überall zwei Schienenpaare zu wünschen wären [die Eisenbahn zwischen Berlin und Potsdam hat inzwischen, 3½ Meilen lang, ***nur ein*** Schienenpaar, und hat seit nunmehr 6 Jahren ohne alle bedeutenden Unfälle ihren Dienst gethan und jährlich 5 bis 600 Tausend Personen und darüber fortgeschafft. D. H.], sind nun aber viele, die gleichmäfsig für atmosphärische Bahnen Statt finden; nemlich diejenigen auf den Schienen selbst, zu starke Ladung, Brüche von Wagen etc. Die Schäden am Dampfwagen finden hier freilich nicht Statt, aber dagegen andere bei der bewegenden Kraft. Die stehenden Maschinen können ebenfalls schadhaft werden; die Kessel können aus Unachtsamkeit der Heizer nicht Dampf genug haben, und es kann also an Triebkraft fehlen. Die Signale können unrichtig gegeben, oder verstanden werden, die Ventile können offen, oder nicht fest verschlossen sein. Die Triebröhrenklappe kann in Unordnung kommen, oder schadhaft, also undicht werden und theilweise hergestellt werden müssen. Endlich sind die Fahrten auf den horizontalen Übergängen, wie oben bemerkt, wenn nur ein Schienenpaar vorhanden ist, überaus gefährlich. Herr *Mallet* selbst hat einige Bedenken.

Meine innige Überzeugung ist, dafs die atmosphärischen Eisenbahnen mit nur einem Schienenpaar, und mit geringen Abhängen, gefährlich und auch rücksichtlich der Kosten nicht rathsam sind.)

In dem Abschnitt von der Kosten-Vergleichung werde ich von der Möglichkeit der Ausweichestellen reden.

52. Man sagt auch: Wenn die stehenden Maschinen 1327½ Ruthen von einander entfernt sind, so kann auf diese Länge die Bahn *abwechselnd* steigen und fallen. Die Luft mufs aber so stark verdünnt werden, dafs der Wagenzug die Abhänge *ersteigen* könne. Die Kraft wird also für das *Bergabfahren* viel zu stark sein, und der Führer des Zuges hat *kein Mittel,* dem Maschinisten bei der Luftpumpe anzudeuten, dafs er das Auspumpen verzögern oder verstärken soll. Die Kraft des Dampfwagens, die man in der Gewalt hat, läfst sich nach Belieben steigern oder vermindern. Der Dampfwagen ist wie ein gelehriges Zugthier, dessen Lauf sich mäfsigen, hemmen und nach Belieben zurücklenken läfst. Dieser Einwand ist allerdings ebenfalls bedeutend. Ich erwiedere aber, dafs man durch Übung eine kaum glaubliche Geschicklichkeit erlangt, und dafs sich die Verdünnung der Luft nach dem Gewicht des Wagenzuges einrichten läfst. (*P.* Der Einwand ist von Herrn *Mallet*

sehr klar ausgesprochen, aber er ist auch nach meiner Meinung der ***Haupt-Einwurf***, und ***unabweisbar***. Die um 1327½ R. von einander entfernt stehenden Maschinen werden um so mehrer und stärker abwechselndes Steigen und Fallen der Bahn zwischen sich haben, je mehr man dadurch an den Baukosten hat sparen wollen. Die zum Ersteigen der Abhänge nöthige Luftverdünnung wird also immer zu dem Hinunterfahren viel zu stark sein. Und eine Täuschung ist es, wenn man bei einem ***solchen*** Einwande auf die Geschicklichkeit der Arbeiter rechnet.) An einigen Stellen wird man allerdings schneller fahren, als an andern: aber der Übelstand ist nicht grofs; und auch bei Dampfwagen kommt er vor. (***P.*** Bei Dampfwagen wendet man beim Hinabfahren nie die volle Kraft an. Geschähe es, so würde man, auf dem Gipfel des Abhangs schon mit einer gewissen Geschwindigkeit angelangt, wenn nun die Geschwindigkeit aus doppeltem Grunde, nemlich noch durch den Abhang verstärkt wird, bald in Gefahr gerathen.) Ist die Triebkraft dem Widerstande gemäfs abgemessen, so wird die Fahrt immer regelmäfsig genug sein. Bei Dalkey, wo man allerdings zwar immer bergauf fährt, aber doch die Abhänge vom einfachen bis zum doppelten wechseln, erfolgen die Fahrten mit schweren Wagenzügen fast mit regelmäfsiger Geschwindigkeit. (***P.*** Wenn man fortwährend bergauf fährt, existirt die Gefahr zu grofser Beschleunigung niemals.) Ich füge noch hinzu, dafs es unrichtig ist, zu sagen, es gäbe kein Correspondenzmittel zwischen dem Wagenzuge und dem Maschinisten an der Luftpumpe. Der Barometer, welchen der letztere vor Augen hat, zeigt ihm immer die Kraft, die auf den Kolben wirkt. Die gröfsere oder geringere Geschwindigkeit des Wagenzuges senkt und hebt das Quecksilber. Und sehr bald wird der Maschinist lernen, nach dem Barometer sich zu richten. (***P.*** Wenn der Barometer den Maschinisten sollte leiten können, so müfste dieser wissen, wo in jedem Augenblick der Wagenzug sich befindet, um danach seine Maschine mehr oder weniger anzutreiben. Dies aber ist unmöglich. Und dann können die Senkungen des Barometers auch von Undichtigkeit der Längsklappe, oder von irgend einer andern Ursach herrühren.

53. Endlich sagt man, die Wagenzüge könnten nicht rückwärts gebracht werden. Aber wann ist das nöthig? Doch nur im Allgemeinen auf den ***Stationen***. Der Einwand ist richtig für Anhaltstellen über der Triebröhre selbst. Aber es läfst sich nicht behaupten, dafs man nicht Mittel finden werde, auch da die Bewegung rückwärts möglich zu machen. (***P.*** Es ist wohl unnöthig, die Lösung einer Schwierigkeit zu suchen, die eben so unlös-

lich als unbedeutend ist.) Man darf nur einen dazu eingerichteten Kolben machen, vor und hinter welchem die Luft verdünnt wird. Durch Zulassung von Luft kann man dann die Verdünnung auf dieser oder auf jener Seite wegschaffen. Es giebt in England eine Eisenbahn, auf welcher es unmöglich ist, rückwärts zu fahren, die von Blackwall, und man findet nicht, dafs diese Beschränkung ein Übelstand sei.

54. Ein letzter Einwand betrifft die Bewegung der Wagen auf den *Stationen.* Da es an Dampfwagen fehlt, so würde man hier nur die Kraft von Maschinen oder von Pferden zu Gebot haben. Aber sehr grofse Lasten giebt es auch nicht zu bewegen. Ein beladener Wagen wiegt nicht über 100 bis 120 Ctr., und eine Kraft von 40 bis 50 Pfd. ist hinreichend, um ihn fortzubringen. Auf die Bahnhöfe zu London und Birmingham kommt nie ein Dampfwagen.

55. Ich glaube, keinen der Einwürfe, welche man gegen die atmosphärischen Eisenbahnen zu machen pflegt, übergangen zu haben. Einige davon sind allerdings sehr bedenklich. Aber sind die Schwierigkeiten so grofs, dafs man deshalb das System aufgeben müfste? Ich glaube es nicht; und daher verlange ich einen *Versuch.* Wenn alles schon zur Vervollkommnung gebracht wäre, so wäre der Versuch unnöthig, und man hätte nur nachzuahmen, um des Erfolgs gewifs zu sein. Aber ungeachtet des grofsen Schritts, der schon in Irland geschehen ist, sind allerdings noch Vervollkommnungen nothwendig. Man erinnere sich nur daran, was anfangs die Dampfwagen waren, und welche ungemeine Vervollkommnungen sie seit 20 Jahren erfahren haben. (*P.* Auch ich verlange *einen Versuch,* blofs in Rücksicht der Schwierigkeiten, die Herr *Mallet* selbst anerkennt. Ich glaube, dafs dieser Versuch sehr einfach angestellt werden müsse, und so, dafs die Mängel vermieden werden, welche *fundamental* zu sein scheinen, und welche, selbst nach Herrn *Mallet,* sehr schwer zu heben sein werden. Man müfste mit der Vorrichtung selbst zu experimentiren anfangen: mit den Ventilen, Klappen, Kolben und Signalen. Diese Versuche müfsten auf einer starken Steigung und mit Kolben angestellt werden, für eine Bahn ohne horizontale Übergänge. Die Vorrichtung müfste sehr sorgfältig gemacht sein, um erst den guten Gang derselben zu prüfen, ehe man zu ermitteln sucht, ob diese Art von Bahnen den Kosten nach vortheilhaft sei. Das System kann für starke Abhänge gut sein; aber vielleicht kostbar. Hier angewandt hat das System viel Aussicht auf Annehmbarkeit.)

56. Ich habe weiter oben die Vortheile angedeutet, welche dem atmosphärischen System in Rücksicht der *Gefälle* eigen sein können. Die Andeutung möge hier etwas weiter ausgeführt werden. Ich bemerke zuerst, dafs die Bewegung hier nicht von der Reibung eiserner Räder auf eisernen Schienen abhängt, die man dadurch verstärkte, dafs man die Dampfwagen allmälig immer schwerer machte. (*P.* Dieses ist ein ziemlich allgemein verbreiteter Irrthum, den ich bei dieser Gelegenheit zu heben versuchen will. Allerdings machte man die Dampfwagen allmälig schwerer; aber keineswegs um die Reibung ihrer Triebräder auf den Schienen zu verstärken. Zu *diesem* Zwecke darf man ja nur das *ganze* Gewicht der Maschine benutzbar machen. Von den Dampfwagen für Personenwagen wird blofs das auf zwei Rädern ruhende Gewicht benutzt; und die Dampfwagen für Gütertransporte sind nicht schwerer, sondern man kuppelt dort zwei, oder auch alle drei Räderpaare. Am schwersten wiegen an Dampfwagen die Kessel, und diese hat man gröfser gemacht, um mehr Dampf erzeugen und geschwinder fahren zu können. Die Achsen, Räder und übrigen Theile des Dampfwagens hat man ebenfalls stärker gemacht; aber immer nicht, um mehr Reibung der Triebräder zu erlangen, sondern um die Maschinen gefahrloser zu machen.) Ein Luftkolben kann jeden Abhang hinaufsteigen; selbst senkrecht, wenn die Röhre ganz von Luft geleert ist. Hier wird also das Maafs des Abhanges, welchen der Erdboden erfordert, nur durch die Frequenz bestimmt. Nehmen wir Beispiele an. Man kann setzen, dafs eine Kraft des Kolben von 1814 Pfd. disponibel sei. (*P.* Sehen wir hier sogleich, wie es sich bei *Dampfwagen* verhält; z. B. bei denen auf der Eisenbahn zwischen Paris und Rouen, deren Herr *Mallet* weiter unten gedenkt. Die Dampfwagen für die Personenzüge haben dort Cylinder von 12,62 Zoll im Durchmesser; der Kolbenlauf ist 20,26 Zoll lang; der Durchmesser der Triebräder ist 64,23 Zoll; die Geschwindigkeit der Triebräder ist das Fünffache der des Kolbens, und die Fläche der beiden Kolben beträgt 250 Q. Z. Die Spannung des Dampfs im Kessel steigt bis zu 4 Atmosphären. Wir setzen, dafs die Wirkung desselben auf die Kolben wegen der Reibung und sonstigen Verluste an Kraft der Maschine nur 3 Atmosphären betrage. Dieses giebt 10 885 Pfunde Druck und also etwa 2000 Pfd. Wirkung auf die Triebräder, mithin mehr als der Druck auf einen Kolben der atmosphärischen Eisenbahn von 15 Zoll im Durchmesser.

Bei den Maschinen zu Gütertransporten auf der Eisenbahn nach Rouen haben die Cylinder 13,76 Zoll im Durchmesser; der Kolbenlauf ist 20,26 Zoll lang; der Durchmesser der gekuppelten Triebräder ist 52,38 Zoll. Die Geschwindigkeit derselben ist das 4,05fache derjenigen des Kolbens. Die Oberfläche der beiden Kolben ist 297 Q. Z., der Druck auf die Kolben, zu 3 Atmosphären gerechnet, beträgt 12 997 Pfd., die Zugkraft der Räder beträgt also 3200 Pfd., folglich fast doppelt so viel als die des Kolbens der atmosphärischen Bahn.)

Diese Kraft von 1814 Pfd. entspricht einer Quecksilberhöhe von $20\frac{5}{8}$ Zoll und einer Triebröhre von 15 Zoll im Durchmesser, etwa wie der bei Dalkey, nach Abzug der Reibung des Kolbens etc. Die Luft kann in 5 Minuten auf jene Verdünnung gebracht werden. Setzt man die Reibung der Räder gleich dem 250ten Theile der Last, so werden fortgebracht

4118	Ctr.	auf horizontaler Bahn;				
1804	-	auf einem Abhange	von	1	auf	200;
1183	-	- - -	-	1	-	100;
873	-	- - -	-	1	-	$66\frac{2}{3}$;
679	-	- - -	-	1	-	50;
563	-	- - -	-	1	-	40;
485	-	- - -	-	1	-	$33\frac{1}{3}$;
388	-	- - -	-	1	-	25;
291	-	- - -	-	1	-	20.

(*P.* Aus dieser Berechnung geht deutlich die Unvortheilhaftigkeit des atmosphärischen Systems für *lange Linien* hervor. Legt man nemlich eine fortlaufende Röhre, so sind diejenigen Maafse derselben, die für gewöhnliche Gefälle ausreichen, für stärkere Gefälle unzureichend, und man mufs viel kleinere Wagenzüge nehmen. Nun aber sind es gerade die starken Gefälle, durch welche sich an den Baukosten der Eisenbahn sparen läfst: also ist die Fahrt auf einer solchen Linie *theuerer,* weil sich nur sehr kleine Wagenzüge fortschaffen lassen, für den gröfseren Theil der Länge also eine *überflüssige* Kraft verbraucht wird, die durch die Hemmschuhe wieder zerstört werden mufs. Dagegen auf einzelnen Theilen einer Eisenbahn, wo starke Steigungen nöthig und der Baukosten wegen vortheilhaft sind, das atmosphärische System angewendet, gleichsam als ein Hülfsmittel und *neben* den Dampfwagen, kann vortheilhaft sein, und es können sich dadurch grofse Anlagekosten sparen lassen, die ohne diese Hülfe, um die starken Steigungen zu vermeiden, nothwendig sein würden.)

Wo nicht besonderer Umstände wegen sehr starke Gefälle nothwendig sind, wird es gut sein, nicht über den Abhang 1 auf 40 hinauszugehen. Auf diesem Gefälle würde sich noch ein Zug von 5 Wagen auf einmal fortschaffen lassen und man würde täglich 18 Züge, 9 hin, 9 her, transportiren können; was jährlich für 300 Tausend Passagiere und 2 Millionen Ctr. Güter ausreicht. (*P.* Diese mäfsige Berechnung giebt schon weit kleinere Zahlen, als die weiter oben.) Herr *Darcy* hat diese Zahlen neulich in dem Plan zu der Eisenbahn zwischen Paris und Lyon angenommen. Da die atmosphärische Eisenbahn *nur ein* Schienenpaar haben soll, besondere Fälle ausgenommen, und also die Wagen von der Bahn so schnell als möglich entfernt werden müssen, so wird man wahrscheinlich die Güter eben so schnell als die Personen transportiren. Jeder Wagenzug würde also sowohl Güter als Personen fortschaffen; in dem Verhältnifs, wie es gerade nöthig ist.

57. Das atmosphärische System, bei welchem die Gefälle so zu sagen *beliebig* sind, giebt ganz andere Rechnungen als das Dampfwagensystem, bei welchem für die Gefälle die Bedingungen sehr strenge sind. (*P.* Herrn *Mallet,* als Inspecteur-divisionnaire und Mitglied des General-Conseils der Brücken und Strafsen, mufs bekannt sein, dafs die Regierung, und folglich das General-Conseil der Brücken und Strafsen, nur nach vielem Widerstreben auf der Eisenbahn zwischen Paris und Orleans einen Abhang von 1 auf 125 nachgegeben hat. Diese Abneigung der Regierung gegen starke Gefälle kann aber nicht auf der Unmöglichkeit beruhen, solche Abhänge mit Dampfwagen zu befahren, denn sie weifs ja, dafs zwischen Alais und Beaucaire die Dampfwagen regelmäfsig Abhänge von 1 auf $83\frac{1}{3}$ und 1 auf $66\frac{2}{3}$ ersteigen und dafs es in England Abhänge von 1 auf 40 giebt, welche von Dampfwagen befahren werden. Die Meinung ändert sich freilich täglich, und man scheint auch geneigt, von jener, nach meiner Ansicht sehr übertriebenen Strenge nachzulassen: aber gewifs ist es, dafs die bisherigen Bedingungen nicht von den Wirkungen der Dampfwagen, sondern nur von dem Willen der Regierung ausgehen.) Man wird hier jedesmal zu untersuchen haben, ob für eine bestimmte Transportmasse starke oder schwache Gefälle vortheilhafter sind. Nach Erwägung der Anlagekosten für beide Arten wird sich in jedem besonderen Fall finden, was die wenigsten Ausgaben verursacht. Aber ich habe mich hiemit nicht weiter aufzuhalten. Ich hatte nur auf einen der Hauptvortheile des atmosphärischen Systems aufmerksam zu machen und komme zu dem Gefälle von 1 auf 40 zurück.

58. Um einen solchen Abhang *hinab* zu fahren, kann man entweder den Kolben in die Triebröhre bringen, oder die Schwere allein wirken lassen. Mit dem Kolben in der Röhre wäre es immer leicht, die Geschwindigkeit durch eine Klappe und einen entgegengesetzten Kolben zu mäfsigen. Durch das Register im Kolben liefse sich die Verdünnung der Luft nach dem Erfordernifs des Abhanges einrichten. Herr *Samuda* zieht die Benutzung der blofsen Schwere vor, und würde sie auf die Weise wirken lassen, wie bei *Dalkey*. Diese bewegende Kraft kostet freilich nichts, aber man mufs dann das Hemmen zu Hülfe nehmen; und obgleich das auch allgemein geschieht, so ist doch damit immer die Gefahr von Unfällen, und sehr grofsen Unfällen verbunden, wenn die Hemmungen zerbrechen. Es sind also noch andere Mittel gegen die Gefahr beim Bergabfahren zu wünschen, ohne gleichwohl das Hemmen abzuschaffen, dessen Anwendung immer leicht und bequem ist. Man hat sich darum auch bemüht. Auf den Rampen bei Lüttich bedient man sich eines Hemmwagens, der sehr wirksam zu sein scheint und 4 beladene Wagen auf einem Abhange von 1 auf 33⅓, wenn nicht aufhält, so doch in ihrem Lauf mäfsigt. (*P.* Das Hinabfahren von Abhängen, die nicht steiler als 1 auf 40 bis 1 auf 33⅓ sind, hat, wenn man leicht ausführbare Vorkehrungen anwendet, keine Gefahr. [Es kommt aber doch wohl darauf an, ob die Abhänge sehr *lang* sind, und ob Krümmen darin vorkommen. D. H.] Offenbar werden solche Abhänge kein Hindernifs sein: aber von der verdünnten Luft die Wagenzüge noch hinunter *ziehen* zu lassen, würde ganz unangemessen sein, sowohl wirthschaftlich, als für die Sicherheit der Reisenden.)

59. Ein anderes Mittel würde sein, den Abhang zu *unterbrechen*, damit die Geschwindigkeit beim Hinabfahren nicht zu sehr zunehmen könne. Nimmt man z. B. 64 F. in der Secunde für die gröfste zuläfsliche Geschwindigkeit an, was etwa 9½ Meile in der Stunde macht, so mufs ein Abhang von 1 auf 40 3120 Fufs oder 260 R. lang durchlaufen werden, um jene Geschwindigkeit zu erreichen, und man ist 77,4 F. hoch hinabgestiegen. Wenn man nemlich durch a den Abhang auf die Einheit der Länge, durch r den Bruch, welcher die Reibung der Räder vom Gewicht der Wagen ist, und durch b die Länge des Abhanges bezeichnet, auf welchem die Geschwindigkeit v erlangt wird, so wie durch $g = 15\frac{5}{8}$ F. die freie Fallhöhe in der ersten Secunde, so ist $v = 2\sqrt{(gb(a-r))}$; woraus $v^2 = 4gb(a-r)$ und $b = \frac{v^2}{4g(a-r)}$ folgt. Dieses giebt für das obige $v = 64$ und $a = \frac{1}{40}$, wenn man die Rei-

bung r wie gewöhnlich $\frac{1}{250}$ setzt, $b = \frac{64.64}{4.15\frac{5}{8}(\frac{1}{40} - \frac{1}{250})} = 3120$ F.; wie oben. Für einen Abhang von 1 auf 100 findet man $b = \frac{64.64}{4.15\frac{5}{8}(\frac{1}{100} - \frac{1}{250})} = 10\,922$ F. Die Wirkung der Reibung der Räder auf den Schienen bringt hier einen bedeuten Unterschied hervor. Läfst man sie aufser Acht, und setzt also $r = 0$, so ist $b = \frac{v^2}{4ga} = \frac{64.64}{4.15\frac{5}{8}.\frac{1}{40}} = 2621$ F. für einen Abhang von 1 auf 40, und $b = \frac{64.64}{4.15\frac{5}{8}.\frac{1}{100}} = 6553$ F. für einen Abhang von 1 auf 100. [Im Original steht 3400 Metres = 10 833 F., was wohl ein Druckfehler ist. D. H.]

60. Eine schwer zu messende Kraft, die ebenfalls die Bewegung verzögert, ist der *Widerstand der Luft.* Herr *v. Pambor* hat eine Tafel gegeben, nach welcher sich Rechnungen darüber aufstellen liefsen. Aber die Versuche, auf welche die Tafel gegründet ist, wurden bei fast ruhiger Luft angestellt. Der Wind, seine Richtung und seine Geschwindigkeit, machen die Aufgabe so schwierig, dafs sie fast unlösbar ist. (*P.* Der Widerstand der Luft ist gröfser als nach Herrn *v. Pambour.*) Ich bemerke blofs, dafs diese Wirkungen, wie stark sie auch sein mögen, die Länge des Abhanges, an dessen Fufs 64 F. Geschwindigkeit erreicht werden, *verlängern.* [Aber wenn der Wind hinter dem Wagenzuge herweht, kann er diese Länge auch *verkürzen.* D. H.) Ich glaube, dafs man die Länge für einen Abhang von 1 auf 40, statt der obigen 3120 F., auf 3500 bis 4000 F. anschlagen kann, so dafs man also 90 bis 100 F. bergab fahren kann, ehe die Wagen eine Geschwindigkeit von 64 F. in der Secunde erreichen. Am Fufse des Abhanges müfste eine horizontale Strecke folgen, wo das Hemmen gute Dienste leisten und die Geschwindigkeit bald wieder mäfsiger werden würde. Mit Rücksicht auf das Hemmen würde für die horizontale Strecke schon eine mäfsige Länge hinreichen; und nun könnte wieder ein Abhang folgen. Die Bergflächen, längs welcher gewöhnlich in Thälern eine Eisenbahn hinlaufen mufs, begünstigen diese Anordnung. So also könnte man die Wagen auf eine ansehnliche Länge blofs durch die Schwere forttreiben lassen. Geht es an, so wird man natürlich die horizontalen Strecken bedeutend lang machen, um das Hemmen zu ersparen. Die Geschwindigkeiten würden zwar auf diese Weise sehr *verschieden* sein, aber daran liegt wenig, wenn nur die *mittlere* Geschwindigkeit dieselbe ist, wie auf dem Rest der Linie. (*P.* Diese theoretischen Voraussetzungen, selbst auf dem für sie günstigsten Terrain, würden in der Ausübung so viele Zufällig-

keiten herbeiführen, dafs die darauf gegründeten Mittel eigentlich unanwendbar sind. Man setze z. B. einen sehr heftigen Sturm, oder dafs man aus irgend einem Grunde genöthigt sei, auf einer horizontalen Strecke anzuhalten. Wie sollte man wohl von da *wieder loskommen?* Solche gänzlich willkürliche Theorieen sollten nach unserer Meinung gar nicht aufgestellt werden.) Auf eine längere Strecke würden natürlich eine oder mehrere Stationen sein. Hat man nun blofs die Schwere zur Triebkraft, so müfsten die Stationen auf die Rampen gelegt werden, so, dafs noch wieder Geschwindigkeit genug erlangt werden könne, um über die nächste horizontale Strecke zu kommen. Um auf solchen Stationen anzuhalten, würde man freilich hemmen müssen; allein dies liefse sich leicht gefahrlos einrichten. [Statt dessen dürfte man ja auch nur die Station an das *Ende* einer nicht zu langen horizontalen Strecke, also in den Anfang des neuen Abhanges legen. D. H.] Die bei dem atmosphärischen System zuläfslichen Abhänge, stärker als für Dampfwagen, veranlassen daher freilich noch mancherlei Aufgaben für die Ausübung, die nicht alle vorherzusehen sind, die sich aber ohne Zweifel lösen lassen werden.

61. Die *Triebkraft* bei dem atmosphärischen System ist das Product der Kolbenfläche in einem gewissen Theil des Drucks der Luft auf diese Fläche. Setzt man c für den bezeichnenden Bruch, den Druck der Luft $= p$, den Halbmesser des Kolbens $= r$, so ist die Triebkraft $\pi r^2 cp$. Der Widerstand ist der aus der Reibung der Räder entstehende Theil des Gewichts des Wagenzuges, wozu, wenn die Fahrt *bergauf* geht, noch derjenige Theil kommt, der dem Abhange entspricht. Ferner kommt noch die Reibung des Luftkolbens hinzu, der dem Obigen zufolge auf Einfünftheil Pfund für den Quadratzoll anzuschlagen ist. Setzt man, wie oben, den Bruch, der den Abhang ausdrückt, $= a$ und die Reibung der Räder auf die Schienen $= \frac{1}{250}$, so ist die Gleichung für das Gleichgewicht

$$\pi r^2 cp = P(\tfrac{1}{250} + a) + \tfrac{1}{5} r^2 \pi,$$

wo p und P in Pfunden und r in Zollen auszudrücken sind. Aus dieser Gleichung kann eine der drei Gröfsen r, P und a gefunden werden, wenn die beiden andern gegeben sind. (*P.* Die Reibung des Kolbens ist hier gewifs zu gering angeschlagen. Auch darf man nicht den *Widerstand der Luft* aufser Acht lassen, auf welchen so eben vorhin gerechnet wurde, um die Geschwindigkeit beim Bergabfahren zu mäfsigen. Er findet auch bei der Fahrt auf horizontalen Strecken und beim Ersteigen einer Rampe Statt und beträgt, bei 8 oder 12½ Meilen Geschwindigkeit in der Stunde, das Dreifache bis Fünffache der Reibung.) Die obige Gleichung paſst für den Zustand des Gleichgewichts. Sie kommt bei der Berechnung der Kosten der Transportkraft zur Anwendung.

Dritter Abschnitt.

Vergleichung der Kosten von Eisenbahnen nach dem atmosphärischen System mit den Kosten derer für Dampfwagen.

62. Zu dieser Vergleichung würde eigentlich der Entwurf einer *bestimmten* Eisenbahn auf einem *gegebenen* Terrain nach beiden Systemen nöthig sein; für das atmosphärische System mit starken Abhängen und kleinen Halbmessern der Krümmen. In Ermanglung Dessen werde ich Beispiele von *ausgeführten* Eisenbahnen hernehmen und versuchen, Das, was für das atmosphärische System nöthig ist, nach Analogie und Erfahrung zu ergänzen. Die Kosten der atmosphärischen Vorrichtung selbst lassen sich ganz gut berechnen.

63. Ich nehme für die Anlagekosten die Dampfwagen-Eisenbahnen von Paris nach Orleans und nach Rouen und die von Montpellier nach Nismes zu Beispielen. [Die Reduction auf Preuſsisches Maaſs, Geld und Gewicht ist hier im Einzelnen gleich so gemacht worden, wie sie von Interesse sein kann; und dann sind die *Resultate* des Herrn Verfassers reducirt. D. H.]

Die Kosten von Grund und Boden haben für die Meile betragen:

Auf der Eisenbahn zwischen Paris und Orleans . . .	106 000 Thlr.,
- - - - - - Paris und Rouen . . .	72 000 -
- - - - - - Montpellier und Nismes .	60 000 -
Im Durchschnitt in runder Zahl	80 000 Thlr.

Die Erd-Arbeiten betrugen auf die Meile:

Zwischen Paris und Orleans	55 836 Sch. R.
- - Paris und Rouen	43 146 - -
- - Montpellier und Nismes . .	37 393 - -
Im Durchschnitt	45 125 Sch. R.

Die Schachtruthe Erd-Arbeit kostete nach Orleans 1 Thlr. 23½ Sgr., nach Rouen 2 Thlr., nach Nismes 1 Thlr. 21½ Sgr., im Durchschnitt 1 Thlr. 25 Sgr. Ich rechne im Durchschnitt für die Meile Erd-Arbeiten 83 200 Thlr.

Die Brücken etc. kosteten auf die Meile nach Orleans 70 000 Thlr., nach Rouen, ohne die 4 groſsen Brücken, 50 000 Thlr., nach Nismes, ohne die Bahnbrücke bei Nismes, 64 000 Thlr. Im Durchschnitt setzen wir . . . . 62 000 Thlr.

Die Schienen sind 14,38 F. lang. Sie wiegen 20 Pfd. jede *auf den* laufenden Fufs. Der Centner Schienen kostete 4 Thlr. 20 Sgr. Jeder der 8 Schienenstühle, auf eine Schienenlänge, wog $22\frac{1}{2}$ Pfd. und der Ctr. kostete 3 Thlr. 17 Sgr. Jeder der 16 Keile wog 0,64 Pfd. und der Ctr. kostete 8 Thlr. 28 Sgr. Jeder der 8 hölzernen Keile kostete $1\frac{3}{8}$ Sgr. Jede der 4 Quer-Unterlagen ist $6\frac{1}{2}$ Zoll dick, $10\frac{1}{3}$ Zoll breit und 8 F. lang. Der Cubikfufs Holz kostete 22 Sgr. [wahrscheinlich Eichen. D. H.], mit Transport und Befestigung der Schienenstühle. Das Legen der Bahn kostete 1 Thlr. $13\frac{1}{2}$ Sgr. die Ruthe. Dieses zusammen giebt für die laufende Ruthe eines Schienenpaars . . . . 36 Thlr. 21 Sgr.

Und für 2 Schienenpaare . . . . 73 Thlr. 12 Sgr.

Hiezu kommen noch die Kosten der Sand-Unterlage (ballast). Findet man Sand oder Steine in den Abträgen, so macht man die Sandlage 23 Zoll dick. Ist aber der Sand theuer, so beschränkt man sich auf das Nothwendigste. Auf der Bahn nach Orleans ist sie nur 17 Zoll dick gemacht worden. Ich rechne dafür an Kosten auf die laufende Ruthe . 16 - — -

Für die Ausweichungen, die Kreuzungen und die Schienen auf den Bahnhöfen setze ich . . . . 14 - 21 -

Thut zusammen auf die laufende Ruthe 104 Thlr. 3 Sgr.

und auf die Meile . . . . 208 200 Thlr.

Die Bahnhöfe bleiben für beide Systeme dieselben. Die Werkstätten und Wagenhäuser kosten bei Dampfwagen-Eisenbahnen mehr als bei atmosphärischen. Sie haben auf der Eisenbahn nach Orleans 18 000 Thlr. auf die Meile gekostet. Die Barrieren sind ebenfalls bei beiden Systemen dieselben und kommen also nicht in die Vergleichsrechnung.

Auch die Bahn- und Güterwagen sind es, und es kommt also nur auf die Dampfwagen an. Auf den Bahnen nach Orleans und nach Rouen sind 60 Dampfwagen nöthig, welche mit Zubehör über 800 000 Thlr. gekostet haben, auf eine durchschnittliche Bahnlänge von 18 Meilen. Ich rechne für Dampfwagen auf die Meile . . . . 46 000 Thlr.

Zusammen also ergiebt sich folgende, *zur Vergleichung* kommende Summe:

Kosten von Grund und Boden . . . . . 80 000 Thlr.,

Kosten der Erd-Arbeiten . . . . . . 83 200 -

Für Brücken etc. . . . . 62 000 -

Bis hierher 225 200 Thlr.

	Bis hierher	225 200 Thlr.
Für zwei Schienenpaare	. . . . . .	208 200 -
Für Werkstätten und Wagenhäuser	. .	18 000 -
Für Dampfwagen	. . . .	46 000 -
	Thut zusammen für die Meile	497 400 Thlr.
Wollte man die *gesammten* Kosten berechnen, so müfste man noch die Kosten für Messungen, für Aufsicht, für die Bahnhöfe, Barrieren und die Personen- und Güterwagen hinzufügen. Dieselben haben auf der Strafse nach Orleans betragen	. . . .	118 000 -
	Thut im Ganzen	615 400 Thlr.
oder in runder Zahl	. . . .	620 000 Thlr.

Jedoch kommt nicht diese Summe, sondern nur die obige von 497 400 Thlr. zur Vergleichung. [Die von dem Herrn Verfasser genannten drei Eisenbahnen sind also in der That ungemein kostbar gewesen. D. H.]

64. Ich bemerke nun, *Erstlich,* dafs eine atmosphärische Eisenbahn im Allgemeinen *nur eines* Schienenpaares bedarf; *Zweitens,* dafs die Gefälle stärker sein können, bis zu 1 auf 40, und noch stärker; *Drittens,* dafs man die Halbmesser der Krümmungen bis auf 80 und 100 Ruthen reduciren kann. (*P.* Gegen den ersten und den dritten Punct protestire ich. Eine atmosphärische Eisenbahn mit *nur einem* Schienenpaar dürfte vielmehr *gar nicht zulässlich sein;* aus Rücksichten für die Sicherheit, die hier noch dringender sind, als bei Dampfwagenbahnen. Und für die Krümmen hat das atmosphärische System in *keinem* Betracht einen Vorzug, da die Halbmesser der Krümmen hauptsächlich nur durch die *Geschwindigkeit* bestimmt werden.)

65. Die Spurbreite der Bahn ist ganz dieselbe wie die für Dampfwagen: angenommen $4\frac{3}{4}$ Fufs. Rechnet man auf jeder Seite noch $4\frac{1}{2}$ F., so giebt das $14\frac{1}{4}$ F. Für Dampfwagen sind in der Regel $25\frac{3}{4}$ F. nöthig. Die Breite des Streifens Land, welchen die Eisenbahn nach Orleans einnimmt, beträgt $129\frac{1}{2}$ F.; bei derjenigen nach Rouen 108 F., bei der Eisenbahn zwischen Nismes und Montpellier $100\frac{1}{2}$ F.; thut im Durchschnitt $112\frac{1}{2}$ F. Diese Breite, welche mehr als das 4fache der obigen $25\frac{3}{4}$ F. ist, kommt daher, dafs darin die Fläche zu den Böschungen der Dämme und Durchschnitte, das Terrain zur Erdgewinnung, zu den Seitenwegen, Gräben, und zu den Ausweichestellen und Stationen mitbegriffen ist. Das Meiste erfordern die oft sehr beträchtlichen Bö-

schungen; und diese kommen wieder von den grofsen Halbmessern der Krümmen und besonders von den schwachen Gefällen her. Für atmosphärische Eisenbahnen wird viel weniger Erd-Arbeit und also auch weniger Terrain nöthig sein. Man wird reichlich rechnen, wenn man für eine atmosphärische Eisenbahn zwei Fünftheile der obigen 80 000 Thlr. für *Grund und Boden* rechnet, also 32 000 Thlr.

Eine solche Eisenbahn fällt in die Cathegorie der *Chausséen;* und 32 000 Thlr. für Grund und Boden zu einer *Chaussée,* selbst wenn sie 45 F. breit wäre, würde zu viel sein.

66. Was nun für die Kosten an *Grund und Boden* gilt, gilt um so mehr von den Erd-Arbeiten; und in der Ersparung an denselben liegt ein Hauptvorzug des atmosphärischen Systems. Als ich Ober-Ingenieur des Departements der Untern-Seine war, habe ich eine Menge von Departemental-Strafsen bauen lassen. Da der Grund und Boden, Hand-Arbeit und Materialien theuer waren, glaubte ich vorschlagen zu müssen, dafs man die Breite der Strafsen auf 22½ F. beschränke. Die Strafsen wurden übrigens unter günstigen Terrainverhältnissen und mit nicht stärkern Gefällen gebaut, als 1 auf 20. Man hat die Kosten der Erd-Arbeiten zu fünf dieser Strafsen in verschiedenen Gegenden des Departements besonders berechnet. Sie beliefen sich nicht über 4000 Thlr. für die Meile. Ich werde dieses für atmosphärische Eisenbahnen nicht annehmen, da ich voraussetze, dafs die Gefälle hier nicht über 1 auf 40 betragen und die Halbmesser der Krümmen nicht unter 80 bis 100 R. lang sein sollen, sondern *gedachte* blofs jener Thatsache. Ich nehme vielmehr Rücksicht auf die schwächeren Gefälle, die sanfteren Krümmen und die gröfsere Breite der Strafse, glaube indessen reichlich zu rechnen, wenn ich den dritten Theil der obigen 83 200 Thlr. Kosten der Erd-Arbeiten zu Dampfwagen-Eisenbahnen rechne und also . . . . 28 000 Thlr. ansetze.

67. Die meisten *Brücken,* welche vorzukommen pflegen, sind die, *unter* welche die Eisenbahn hindurchgeht. Diese Brücken dürfen hier statt 17½ F. unter dem Schlufssteine, blofs 11 F. hoch sein, weil kein Schornstein der Dampfwagen hindurchfährt. Die Anfahrten der Brücken, welche Fig. 4. und 5. vorstellt, können also niedriger sein, und die Breite der Brücken reducirt sich von 23½ F. auf 11½ F. Unter diesen Umständen dürften, wie ich glaube, von den obigen 62 000 Thlr. für Brücken wohl 20 000 Thlr. abgehen und also nur anzusetzen sein . . . . 42 000 Thlr.

68. Da die ***Bahnschienen*** jetzt nur den Lastwagen zu widerstehen haben, so werden sie stark genug sein, wenn jede 10 Pfd. der laufende Fufs wiegt. Ein Schienenstuhl wird an 19 Pfd. Gewicht zur Genüge haben. Eiserne und hölzerne Keile bleiben wie oben. Die Quer-Unterlagen rechne ich 8 F. lang, $7\frac{2}{3}$ Zoll dick und $11\frac{1}{2}$ Zoll breit.

Hienach, zu den obigen Preisen gerechnet, ergiebt sich für die laufende Ruthe . . . . 27 Thlr. 14 Sgr.

Dazu noch für die Sand-Unterlage . . 6 - — -

Und für Kreuzungen und Ausweichestellen . . . 11 - 12 -

Thut für die Ruthe 44 Thlr. 26 Sgr.

Und für die Meile 89 620 Thlr.

69. Statt 18 000 Thlr. für Werkstätten setze ich, weil keine Dampfwagen vorhanden sind, ... 12 000 Thlr.

70. Die Triebröhre wiegt 130 Pfd. der laufende Fufs; der Centner kostet 3 Thlr. $17\frac{1}{2}$ Sgr. Die Ventile, die Befestigung der Röhre und die Verdichtungsmasse kostet, nach den Preisen in England, auf den laufenden Fufs 2 Thlr. $6\frac{1}{3}$ Sgr., die Wetterdecke 3 Sgr.; der Kolben auf den laufenden Fufs gerechnet 2 Sgr., die Saugröhre, zu $\frac{1}{25}$ der Länge der Triebröhre, auf den laufenden Fufs 5 Sgr. Auf den Stationen ist die Triebröhre auf wenigstens 20 Ruthen lang unterbrochen; was eine Ersparung giebt, die aber hier nicht angeschlagen werden mag. Rechnet man nach diesen Sätzen, so ergiebt sich für die Meile . . . . 160 864 Thlr.

71. Die Dampfmaschine von 100 Pferden Kraft, oder vielmehr zwei Maschinen, jede zu 50 Pferden Kraft, kosten 26 667 Thlr.; das Gebäude dazu 8000 Thlr. Man mufs etwas mehr als eine Maschine auf $1327\frac{1}{2}$ Ruthen Länge rechnen, weil immer eine mehr nöthig ist, als Bahnstrecken vorhanden sind. Setzt man also 40 000 Thlr. für $1375\frac{1}{2}$ Ruthen, so kann man auf die Meile annehmen . . . . 60 000 Thlr.

72. Zusammen also ergeben sich folgende Anlagekosten einer atmosphärischen Eisenbahn.

Für Grund und Boden	32 000	Thlr.,
Für Erd-Arbeiten	28 000	-
Für Brücken etc. . .	42 000	-
Für die Eisenbahn selbst	89 620	-
Für Werkstätten . . .	12 000	-
Bis hierher	203 620	Thlr.

Bis hierher	203 620	Thlr.
Für die Lufttriebröhre mit Zubehör . . .	160 864	-
Für Dampfmaschinen	60 000	-
Thut zusammen für die Meile	424 484	Thlr.
oder in runder Zahl	430 000	Thlr.

Die Kosten einer Dampfwagen-Eisenbahn waren in runder Zahl anzunehmen zu	500 000	Thlr.
Also sind die Kosten der atmosphärischen Bahn von .	430 000	-
um	70 000	Thlr.

oder etwa den *siebenten* Theil der Kosten der ersten geringer.

(*P.* Ich enthalte mich ausführlicher Äufserungen über diese Rechnungen. Ich will blofs bemerken, dafs ich an so grofsen Ersparungen an den Erd-Arbeiten, Brücken und Terrainkosten zweifle. Auch sind Schienen, 10 Pfd. der laufende Fufs wiegend, zu schwach, und nutzen sich zu bald ab.)

Der Unterschied würde gröfser sein, wenn man die Kosten der Tunnels anschlüge, die im allgemeinen bei atmosphärischen Eisenbahnen nicht vorkommen. Auf der Eisenbahn nach Rouen haben die Tunnels 1 504 000 Thlr. gekostet; was mehr als 80 000 Thlr. auf die Meile ausmacht. Auf der Bahn nach dem Havre werden diese Kosten etwa eben so hoch sein. Nimmt man diese beiden Bahnen zur Vergleichung, so würde die Ersparung bei dem atmosphärischen System nicht blofs 70 000 Thlr., sondern an 150 000 Thlr. auf die Meile betragen.

73. Für zwei Schienenpaare, mit zwei Triebröhren, rechne ich:

Für Grund und Boden	60 000	Thlr.
Für Erd-Arbeiten	50 000	-
Für Brücken etc.	50 000	-
Für die doppelte Schienenbahn etc.	163 020	-
Für die Lufttriebröhre, mit der Rücksicht, dafs die nemlichen Dampfmaschinen für beide zureichen.	374 020	-
thut zusammen	697 040	Thlr.
oder in runder Zahl für die Meile	700 000	Thlr.

(*P.* Ich habe anderswo die Kosten der Lufttriebvorrichtung auf 200 000 Thlr. für die Meile geschätzt. Diese Schätzung war also nicht zu hoch, und die Folgerungen, welche ich daraus zog, waren begründet. Ich werde darauf mit einigen Worten zurückkommen. Die Ersparungen, welche Herr *Mallet* berechnet, sind nach meiner Meinung eine Täuschung. Sie lassen sich auch bei Dampfwagen-Eisenbahnen erreichen, weil auch diese Bahnen Abhänge von 1 auf 67 und Krümmen von geringem Halbmesser haben können. Andererseits aber findet die Ersparung auf mehr ebenem Terrain *gar nicht* Statt, weil da keine Rampen von 1 auf 40 vorkommen. Die Dampfwagen-Eisenbahnen bedürfen nur Vorrichtungen, welche der Frequenz proportional sind: eine atmosphärische Bahn mufs *immer* die theure Lufttrieb-Vorrichtung haben, sie mag stark oder schwach befahren werden. Ist die Passage gering, so kostet diese Vorrichtung 10 und 12mal so viel, als die Dampfwagen. Wir behaupten also geradezu, dafs die atmosphärischen Eisenbahnen *immer theurer sind,* als die gewöhnlichen.)

74. Da man nun eingewendet hat, dafs eine atmosphärische Eisenbahn mit blofs *einem* Schienenpaar und *nur einer* Triebröhre nicht rathsam sei, so fragt sich, der wievielte Theil der ganzen Länge einer Bahn *doppelt* sein könne, ohne dafs die Kosten der Dampfwagenbahn für diese Länge überstiegen werden. Es sei a die ganze Länge der Strafse, x die Länge der doppelten Bahn, so mufs

$$430\,000\,(a-x)+700\,000\,x = 50\,000\,a \quad \text{oder}$$
$$43(a-x)+70x = 50a \quad \text{oder}$$
$$27x = 7a \quad \text{und folglich}$$
$$x = \tfrac{7}{27}a = 0{,}26a$$

sein. Also auf 13¼ Meilen Eisenbahn kann man 5 Stellen mit doppelter Bahn, jede von 1327½ R. lang haben, als soweit die stehenden Maschinen von einander entfernt sein sollen. Auf der 18 Meilen langen Bahn zwischen Paris und Rouen würden 7 solche Ausweichestellen möglich und jede der 8 übrigen Strecken würde 3400 Ruthen lang sein. Diese Anordnung würde ohne Zweifel allen Bedürfnissen entsprechen; und das um so mehr, da, wie ich zeigen werde, ein *einzelnes* Schienenpaar für 12 Wagenzüge täglich hin und 12 her hinreicht.

75. Bei den obigen Vergleichungen habe ich auf den Einflufs der *Gefälle* gerechnet; aber ich habe mich strenger an die Bedingungen für Dampfwagenbahnen gehalten, als es wohl in der Ausübung geschehen wird. Die atmosphärischen Bahnen, falls sie in Gebrauch kommen sollten, werden noch ein anderes Verhalten haben. Man wird mehr die Wirkung der blofsen *Schwere* benutzen. Dann wird das doppelte Schienenpaar weniger kostbar sein, weil

keine Triebröhren nöthig sind. So, verbunden mit der Möglichkeit, Ausweichestellen zu machen, wird man *überall* doppelte Bahnen haben können, wo sie nöthig sind. Es giebt Dampfwagenbahnen mit nur einem Schienenpaar, welche in dieser Rücksicht weniger gut angeordnet werden konnten, als es nach dem atmosphärischen Princip angehen dürfte, weil sich bei dem letzteren von der Gestalt des Bodens mehr Vortheil ziehen läfst. Könnte man nicht auch. wie bei Dalkey, wo die Wagenzüge 133 Ruthen Weges mit dem Kolben aufserhalb der Röhre durchlaufen, lange Unterbrechungen der Röhre haben, an deren Ende der Wagenzug wieder eine neue Röhre fände, die ihm die verlorne Geschwindigkeit zurückgäbe? Auch Das würde eine Ersparung sein. Die verschiedenen Modificationen, die noch möglich sein dürften, sind noch lange nicht alle besprochen.

(Die Fortsetzung folgt.)

10.

Hydrotechnische Beschreibung der Wasserstrafse von der Nordsee nach dem Schwarzen Meere, welche durch die Verbindung mehrerer Ströme und Flüsse gebildet ist.

(Von dem verstorbenen Königl. Preufs. Geheimen Regierungs- und Baurath *J. C. Wutzke.*)

(Fortsetzung des Aufsatzes No. 12. im dritten, No. 15. im vierten Heft 20ten und No. 5. im ersten Heft 21ten Bandes.)

Achter Abschnitt.

Die tiefliegende Ebene, die Litthauische Niederung genannt (S. die Carte Band 20. Heft 3.), ist durch Anschwemmung gebildet. Sie bestand früher aus Wald und Sumpf, durch welchen sich die Wasserläufe in vielen Zweigen hindurchschlängelten, und war der Aufenthalt wilder Thiere: Elenne, Auerochsen, Hirsche, Bären, Wölfe u. s. w. Sie war nur auf der Eisdecke zugänglich.

Nachdem die Oberherrschaft über Ostpreufsen nach vieljährigen Kämpfen endlich fest begründet war, liefs der Churfürst Georg Wilhelm in den Jahren 1615 und 1616 den Staatshaushalt möglichst ordnen. Die dazu ernannten Beamten hiefsen Haushaltungs-Visitatoren. Sie bereiseten das Land und liefsen Vermessungen machen, um die Abgaben danach zu reguliren. Besonders machte der Churfürstliche Feldmesser *Christoph* die Messungen. Von seinen Situationsplanen vom Jahr 1617 sind noch einige auf der Plankammer der Königsberger Regierung vorhanden.

Es ward nun auch auf Ansiedlungen in der fruchtbaren Litthauischen Niederung und auf die Verbesserung der Schiffahrt auf der Gilge Bedacht genommen, weil die Schiffahrt der Wittinnen auf der Memel, den Ruststrom hinunter über das Curische Haf nach der Ausmündung des Deimeflusses bei Labiau, und umgekehrt, einen grofsen Umweg machen mufste, und die Fahrt bei Stürmen gefährlich war. Die Ansiedlungen von Colonieen und die Ziehung der Neuen-Gilge von Sköpen bis oberhalb Lappienen wurde auf den Carten entworfen, und letztere ist auch zum Theil späterhin so ausgeführt worden.

Zu der projectirten Gradeziehung der Gilge gaben nach den vorhandenen alten Acten und Planen (deren Benutzung ich dem Herrn Geheimen- und Ober-Regierungsrath ***Reusch*** verdanke) die Bürgermeister und Rathmänner der drei Städte Königsbergs im Jahr 1582 Veranlassung. Es wurde durch eine Commission mit Zuziehung eines Baumeisters untersucht, wie die Ströme und Flüsse, welche sich durch die Litthauische Niederung ziehen und in das Curische Haf ergiefsen, zu benutzen sein möchten. Die Commission schlug vor, den Schalteikflufs zu verdämmen (zu coupiren), um dem Gilgestrom mehr Wasser zuzuführen; auch die Betten der Ströme und Flüsse von den Fischzäunen, Staken (Aalfängen), über welche sich die Litthauischen Stände, so wie am 1ten August 1583 die Stadt Kauen beschwert hatten, befreien zu lassen. Sie überreichten dem Churfürsten George Friedrich einen Situationsplan dieser Ströme und Flüsse.

Im Jahr 1591 hatten die Magisträte der drei Städte Königsbergs den Churfürsten George Friedrich wiederholt gebeten, das Bette der Gilge aufräumen und mit Dämmen einfassen zu lassen. Es waren ferner mehrere neue Anträge gemacht worden, bis der Churfürst George Friedrich im Jahr 1598 erklärt hatte, dafs er die Kosten nicht sogleich hergeben könne; und so war die Angelegenheit auf sich beruhen geblieben.

Der Schiffahrtsverkehr aus dem Hinterlande nach Königsberg, um die Producte aus der Gegend von Kauen, Grodno und Wilna abzusetzen, erregte aber nun schon immer mehr Interesse, und es wurden Polnischer Seits, selbst auf dem Reichstage, im Jahr 1611 über die Beschaffenheit der Ströme und Flüsse in Preufsen Beschwerden geführt. Im Jahr 1612 klagten auch die Städte Wilna und Kauen, dafs die Schiff-Fahrzeuge, wenn sie wegen des niedrigen Wasserstandes nicht fortkommen könnten, in der Wildnifs (der jetzigen Litthauischen Niederung) beraubt würden.

Darauf befahl der Churfürst Johann Sigismund Untersuchungen der Localverhältnisse, und es wurde ihm im Jahr 1612 von der Commission wieder vorgeschlagen, das Bette der Gilge aufräumen und, um die Kosten aufzubringen, den damals schon bestehenden Wittinnenzoll (Wasserzoll) in Labiau erhöhen zu lassen, oder auch den Gilgecanal von Sköpen bis oberhalb Lappienen, 3200 Ruthen lang, ziehen zu lassen; und zwar sollte zuerst ein Probegraben gemacht werden, um das Gefälle zu erfahren. So weit also war damals die Hydrotechnik hier noch zurück!

Es ward nun wirklich von 1613 bis 1616 der Canal, die sogenannte

Neue-Gilge (S. die Carte) 60 Fufs breit und 8 Fufs tief gegraben. Die drei Städte Königsbergs schossen die Kosten vor.

Zur Erhaltung dieses Wasserweges liefs der Churfürst Johann Sigismund am 14ten März 1618 eine gedruckte Stromordnung bekannt machen, welche die Strafen von Beschädigungen des Wasserweges festsetzte. Auch verordnete er durch eine Verfügung aus Königsberg vom 14ten März 1613, längs des Canals, sobald er fertig sein würde, Pfähle oder Schiffshalter zu setzen, damit die Ufer durch das Ternen oder Einsetzen der Pfähle, oder Pflügen, nicht aufgelockert und beschädigt würden.

Die Bürgermeister und Rathmänner der drei Städte Königsbergs dankten am 16ten August 1615 dem Churfürsten Johann Sigismund, dafs er die Alte-Gilge bei Bogdahnen habe vertiefen und einige Ausrisse, durch welche das Wasser abflofs, verdämmen lassen. Die Einwohner hatten dabei Hülfe leisten müssen, weil ihre Besitzungen dadurch schon etwas gegen das Fluthwasser gesichert wurden. Sie versprachen, die Neue-Gilge gut zu erhalten und die Litthauischen Stände klaglos zu stellen.

Im Jahre 1620 beschwerten sich die Litthauischen Stände, dafs die Wittinnen in Labiau wegen der Bezahlung des Wasserzolles öfters so lange aufgehalten würden, dafs zuweilen während der Zeit niedriges Wasser eintrete, und sie dann nicht mehr zurückgehen könnten: besonders fliefse das Wasser in dem geradegezogenen Gilgecanal sehr schnell ab, und dann entständen viele Untiefen, über welche später oft und viele Beschwerden entstanden.

So wie die Ansiedelung in der Niederung zunahm, entstanden neue Klagen; besonders im Jahr 1633 von den Grundbesitzern über die Überschwemmungen. Sie suchten nun schon den Grund in der Ziehung der Neuen-Gilge, obgleich darin das Wasser zum Nachtheil der Schiffahrt sehr schnell abflofs und keine Überschwemmungen erzeugen konnte. Man sieht wie sehr das Privat-Interesse solchen allgemein nützlichen Anlagen auch damals schon entgegen wirkte, und wie man bemüht war, daraus Nutzen zu ziehen.

Auf die wiederholten Beschwerden des Grofsfürstenthums Litthauen über die Wasserstrafse, besonders über die Neue-Gilge im Herzogthum Preufsen, ward am 8ten August 1640 eine Commission, bestehend aus dem Voigt zu Fischhausen, Oberjägermeister *von Hoverbeck,* und *Reinhold Klein,* Burggraf zu Labiau, ernannt, um die Wasserstrafse mit Zuziehung des Baumeisters und Feldmessers *Conrad Burke* zu untersuchen, weil davon keine Plane und richtige Nivellements vorhanden waren. Auf den Bericht dieser Commissarien, und nach wiederholter Beschwerde, befahl der Churfürst Friedrich Wilhelm den Ober-Räthen in Königsberg, einen Abrifs (Situationsplan) von den Strömen und Wildnissen verfertigen zu lassen und einzureichen. Dieser Plan ward durch den Feldmesser ***Burke*** aufgenommen; er enthält zugleich eine hydrographische Beschreibung der Wasserstrafse und der schon zur Verbesserung der Schiffahrt ausgeführten Werke. Er befindet sich in dem hiesigen Geheimen Archiv. Aus den Aufschriften dieses Plans und den alten Acten ergiebt sich, welche ungeheuern Kräfte und Kosten zum Coupiren der Neben-Arme und der kleinen Seen, als Überreste des früheren Wasserlaufs, bei der Regulirung des Memelstrombettes bis zur Grenze, nach dem jetzigen Haupt-Zoll-Amt Schmaleningken hin, angewandt und zum Theil aus Sach-Unkunde völlig zwecklos verschwendet wurden. Die specielle Beschreibung davon liegt indessen aufser meinem Plan.

Die vorgenannten Commissarien untersuchten zugleich den vorhin erwähnten, von den Deutschen Rittern angefangenen Probe-Graben, welcher dienen sollte, den Nemonienstrom bei Wiepp mit dem Deimeflufs bei Labiau zu verbinden (S. die Carte). Sie fanden diesen Graben schon sehr verwachsen, und liefsen nun eine Linie durch die Wildnifs, die der Churfürst nach ihrem Berichte im Monat Februar 1641 selbst gesehen hatte, 2220 Culmische Ruthen lang, im Winter, wo die Brücher nur zugänglich waren, durchschalmen oder aufräumen. Aber dabei blieb der Gegenstand damals noch auf sich beruhen.

Die Beschwerden der Polnischen Regierung über die Wasserstrafse erneuerten sich, und es wurde vom Churfürsten Friedrich Wilhelm aus Cöln an der Spree am 22ten Februar 1651 abermals eine Commission, bestehend aus dem Burggrafen ***Reinhold Klein*** zu Labiau, und dem Baumeister ***Rabinsee,*** ernannt. Diese Commissarien berichteten am 20ten October 1651, sie hätten den oben gedachten Graben, den die Deutschen Ritter angefangen, untersucht, und schlugen vor, eine andere Linie vom Nemonienstrom nach dem Deime-Flufs, $\frac{1}{2}$ Meile oberhalb Labiau, bei Schellecken, zu dem Graben zu wählen; zu welchem Behuf sie die Linie durch die Wildnifs bei Agilla und Juwendt mit vielen Menschen im Beisein der Wildnifs-Bereiter (Waldwärter) mit vieler Mühe und Gefahr hätten durchschalmen und aufräumen lassen, „wozu ihnen der allerhöchste Gott Glück gegeben habe." Dergleichen Linien durch Wälder und Brücher nach auf beiden Seiten gegebenen Puncten zu ziehen, gehört jetzt zu den gewöhnlichen Operationen eines Feldmessers: die Mühe und Gefahr scheint also vielleicht nur mehr darin bestanden zu haben, dafs die

Sümpfe in den Brüchern bei offenem Wasser unzugänglich, und dafs darin viele wilde Thiere waren, wie z. B. noch später in dem 10 Quadratmeilen grofsen Boberbruch im vormaligen Neu-Ostpreufsen (Siehe die Beschreibung des Narewflusses in den Beiträgen zur Kunde Preufsens, 3ter Band 6tes Heft). Die Commissarien schlugen zugleich vor, den Schalteikflufs, welcher sich vom Memelstrom bei Jägerischken trennt und sich in den Nemonienstrom ergiefst, zum Wasserwege reguliren zu lassen; wozu nur nöthig sei, das Flufsbette aufzuräumen, die Krümmungen zu durchstechen, den Flufs gerade zu leiten und eine Schleuse an der Einmündung bei Jägerischken am Memelstrom zu bauen. Hierdurch würde nicht blofs ein besserer Wasserweg als auf der Gilge und auf dem Schneckeflufs entstehen, sondern auch die Thalflächen würden entsumpft und der Absatz des Holzes aus den Brüchern und angrenzenden Waldungen zum Vortheile des Staatshaushaltes befördert werden.

Dieser Vorschlag war nach meiner Localkenntnifs dem Zweck ganz entsprechend, und es wurde auch im Jahre 1651 mit dem Baumeister *Rabinsee* über die Schiffbarmachung des Schalteikflusses ein Contract geschlossen und die Ausführung sogleich, ohne auf den schon schiffbar gemachten Gilgestrom zu rücksichtigen, angefangen. Leider geschah aber die Regulirung dieser Wasserstrafse durch die Niederung, und die Melioration derselben, so ganz ohne technische Kenntnisse, dafs man viele Kräfte und Kosten verschwendete. Indessen hat man von Dergleichen ja auch noch Beispiele in neuerer Zeit, wenn erfahrene Sachverständige nicht zu Rathe gezogen werden.

Der Baumeister *Rabinsee* hatte die Ausführung angefangen; aber der Tod überraschte ihn, ehe er das übernommene Werk vollenden konnte. Er hatte weder Plane noch sonstige Nachrichten hinterlassen, und so war die Lage der Angelegenheit in technischer Hinsicht wieder ganz im Dunkeln, und im vorigen Zustande. Es gab dies einen Beweis, dafs wenn solche Anlagen nicht nach gehörig ausgearbeiteten Operations-Planen ausgeführt werden, das Dahinscheiden der Baumeister in jeder Hinsicht sehr nachtheilig werden kann.

Auf die so oft erneuerten Beschwerden des verkehrtreibenden Publicums und der in der Niederung angesiedelten Bewohner über Durchrisse, gab der Churfürst wieder dem Jägermeister *v. Halle*, Hauptmann zu Rhein, und dem *Friedrich von Schlieben*, Hauptmann zu Tilse, den Auftrag, die Schäden zu untersuchen. Dieselben sagten in ihrem Bericht vom 28ten Juli 1661, dafs sie 74 grofse und kleine Durchrisse an der Gilge und dem Memelstrom gefunden hätten, welche zugedämmt werden müfsten. Auch bemerkten sie, dafs sich das Fluthwasser aus dem Stromgebiet von Tilsit entfernt habe und einen neuen Weg zu bahnen suche; wovon der Feldmesser *Lucas Schwarz* einen Situations-Plan aufnahm. Es kam hier wieder zur Sprache, ob es nicht besser sei, den Schalteikflufs zum Wasserwege zu benutzen; was besonders *v. Halle* behauptete, weil er dort Güter, also ein Privat-Interesse dabei hatte; wogegen aber *v. Schlieben*, und mit Recht protestirte, weil die Neue-Gilge schon zum Schifffahrtswege eingerichtet sei.

Hierauf gab der Churfürst den Befehl zum Zusammentritt einer neuen Commission, bestehend aus dem Landrath und Landvoigt zu *Schaken*, dem Obristen, Commandanten und Hauptmann *Klein* zu Labiau, dem Rath *Friedrich von Mühlheim*, dem Magister *Andrie* und dem Ingenieur und Baumeister *Lucas Schwarz*.

Diese Commissarien schildern in ihrem Bericht vom 4ten August 1661 bei Überreichung eines Situationsplans den Nachtheil der Durchrisse am Rufs-, Memel- und Gilgestrom für die Schiffahrt und für die Grundbesitzer, welche schon wegen der Überschwemmungen die Zahlung des Zinses verweigerten.

Man begann jetzt mit der Zudämmung einiger Durchrisse; aber wieder eben so ohne alle hydrotechnischen Kenntnisse, wie früher. Als ein Beispiel davon gedenke ich einer Bemerkung, welche sich auf dem im Jahr 1647 von dem Feldmesser *Conrad Burke* von den Strömen und Wildnissen aufgenommenen Situationsplane, wo die Umrisse nur mit der Schreibfeder ausgezogen sind, findet. „Es ist," heifst es in dieser Bemerkung, „ein fürchterlicher Aus-„rifs am Memelstrom da wo der Szeschuppflufs in denselben einfällt (Siehe die „Carte) entstanden. Man hat 1632 angefangen, ihn zuzumachen, und im Jahr „1640 ihn mit sehr grofsen Haupten (eine Art Buhne) oben mit sehr grofsen „Eisbalken veradert (verankert) und mit etlichen 1000 Pfählen und wohl „1000 Fuder Strauch und Erde ausgefüllt." Im Jahr 1641 wurde diese Zudämmung wieder fortgesetzt und der Durchrifs mit sehr grofser Mühe mit Pfählen zugeschlagen. Allein der Durchbruch ward bis 1644 immer ärger, so dafs grofser Schaden geschah. Die Coupirung dieses nemlichen Durchrisses gelang in späterer Zeit, im Jahr 1741, mit geringer Mühe und Kosten durch den Ober-Deich-Inspector *von Suchodollek*.

Es wurde nun weiter der Burggraf *Reinhold Klein* zu Labiau am 23ten März 1668 vom Churfürsten *Friedrich Wilhelm* aufgefordert, sofort anzuzeigen, was der Baumeister *Rabinsee* nach den im Jahr 1651 mit ihm geschlossenen Contracte von der Regulirung des Schalteikflusses ausgeführt habe, und wieviel dafür die Kosten betrügen. Darauf erwiedert ***Albrecht Klein,*** dafs sein Bruder ***Reinhold Klein*** gestorben und es *ihm* unmöglich sei, die Rechnungen abzulegen; jedoch sagt er, dafs schon grofse Kosten verwendet wären; denn es wären von ***Rabinsee*** Teichgräber und Werkmeister aus Holland verschrieben und schon viele Graben-Arbeiten ausgeführt, welche wohl bis 300 000 Thlr. gekostet haben könnten: eine grofse Summe, besonders für die damalige Zeit; welche also planlos verwendet war, ohne einen Nutzen davon nachweisen zu können. Hierauf blieb Alles wieder im vorigen Zustande.

Im Jahr 1669 bereiseten der General-Quartiermeister ***Philipp v. Chieze,*** welcher dem Churfürsten Friedrich Wilhelm damals auch als Wasserbaumeister diente (wie schon bei der Beschreibung des Finowcanals bemerkt), und ***Carl von Rheden,*** Hauptmann zu Oranienburg, im Auftrage die Provinz Ostpreufsen. Sie lernten hier die sogenannte Wildnifs an der Gilge und am Rufs kennen, und ***Chieze*** machte sich anheischig, durch Ziehung mehrerer Entwässerungsgräben 25 Dörfer und 203 Hufen Bruchfläche trocken zu legen. Die Beiden schlossen sogleich in Königsberg gemeinschaftlich einen Contract über diese Melioration, mit der Bedingung, dafs ihnen 200 Hufen des entsumpften Landes als Eigenthum überlassen würden; was auch der Churfürst genehmigte, und welche sie auch nach vollendeter Ausführung erhielten.

Inzwischen beschwerte sich die Stadt Wilna im Jahr 1670 wieder über die Anwohner des Gilgestroms, und besonders über die willkürlichen Handlungen und Beschädigungen der Wasserstrafse; was denn eben kein vortheilhaftes Bild von der damaligen Strompolizei giebt. Zugleich trugen die Bürgermeister, Räthe, Gerichte, und die ganze Gemeinde der drei Städte Königsbergs am 22ten Juni 1670 auf die gehörige Erhaltung der grofsen Wasserstrafse von Königsberg nach Litthauen an, schilderten ihre Nützlichkeit und brachten die Verbindung des Nemonienstroms mit dem Deimeflufs bei Labiau, welche schon die Deutschen Ritter angefangen hätten, wieder in Anregung; besonders weil die Wittinnen noch immer die gefährliche Fahrt über das Haf, von dem Gilgestrom nach der Ausmündung der Deime und umgekehrt, machen müfsten. Sie bemerkten, dafs wenn die Wittinnen auf dem Haf von Stürmen überfallen würden, sie oft, nebst den Waaren, zuweilen mehrere Tonnen Goldes an Werth, untergegangen wären. Sie fügten hinzu, ehe die Neue-Gilge fertig geworden, sei ein sehr geringer Handel und Wandel in Königsberg gewesen. (Also hing das Aufblühen des Handels von der Ziehung einer kurzen Strecke einer Wasserstrafse ab.) Auch ***v. Chieze*** und ***v. Rheden*** hatten sich hievon zur

Stelle überzeugt und waren bereit gewesen, einen Canal von der Gilge nach Labiau in die Deime zu ziehen, worüber sie, wie oben bemerkt, mit dem Churfürsten Friedrich Wilhelm am 10ten Mai 1671 in Cöln an der Spree einen vortheilhaften Contract geschlossen hatten, und zwar den Canal nach einer Linie zu ziehen, welche sie am zweckmäfsigsten finden würden.

Es ward nun die Ausführung dieses Canals begonnen, allein *v. Chieze* starb im Jahr 1673, und die Ausführung dieser nützlichen Anlage gerieth ins Stocken. (Siehe Beiträge zur Kunde Preufsens, 4ter Band 4tes Heft.)

Die Wichtigkeit eines regulirten Schiffahrtsweges auf der Gilge sprach sich, wie schon früher bemerkt, nur zu deutlich aus, indem die Fahrzeuge dann nicht mehr den Rufsstrom hinunter, weit über das Curische Haf nach der Ausmündung des Deimeflusses und umgekehrt zu gehen hatten; allein es war einmal der grofse Fehler gemacht worden, dafs man die Neue-Gilge, ohne Berücksichtigung des Gefälles und der daraus entspringenden Geschwindigkeit des Stromes, *gerade* gezogen hatte. Man sahe dies auch nachher ein, allein das Werk war einmal da, und das Wasser flofs durch den neuen Gilge-Canal so stark ab, dafs oberhalb in dem alten Strombette und in der Neuen-Gilge, selbst bei kleinem Wasser, Untiefen entstanden; wohingegen der untere Theil des alten Strombettes von dem aus der Neuen-Gilge hinuntergetriebenen Sande verflächt und nach und nach so erhöht wurde, dafs das hohe Wasser zur Seite in die Niederung abflofs. Dies war die Ursache der vielen Beschwerden über die schlechte Beschaffenheit der Schiffahrt auf der Gilge, welche sich im Jahr 1670 abermals erneuerten.

Es erfolgte jetzt, da es an Geldmitteln fehlte, und die Städte Königsbergs wegen der drückenden Abgaben keine Vorschüsse mehr leisten konnten, und selbst die gemachten zurückforderten, vom Churfürsten eine Cabinets-Ordre aus Cöln (in Berlin) vom 12ten December 1670 an die Regierung zu Königsberg: die Litthauischen Kaufleute aufzufordern, anzuzeigen, wieviel die die Wasserstrafse passirenden Wittinnen wohl noch zahlen könnten, um die Kosten der Verbesserung der Schiffahrt aufzubringen. Nach vielen Unterhandlungen erklärten sich die Litthauischen Stände, einen angemessenen Zoll 20 bis 25 Jahre lang bezahlen zu wollen, und der abgeschlossene Vergleich ward auf dem Reichstage zu Warschau bestätigt. Es zeigt dies, wie sehr man sich bestrebte, aus Litthauen, einem Hinterlande, den Absatz der Producte und den Handel zu befördern.

Darauf wurden vom Churfürsten zur Local-Untersuchung der Wasserstrafse und zur Abhülfe der Mängel der Obrist *Nettelhorst, Albrecht Klein* und der Ingenieur *Neumann beordert.* Diese sagen in ihrem Bericht aus Labiau vom 10ten August 1670, dafs der im Jahr 1616 gezogene Graben (die Neue-Gilge) sich durch die schnell durchströmende Wassermenge sehr zu verbreiten strebe, wodurch denn in die Alte-Gilge viel Sand getrieben und darin grofse Verflächungen erzeugt würden. Sie schlugen vor, den Strom an beiden Seiten mit Dämmen einzufassen, damit das Wasser nicht austreten, sondern in die Tiefe wirken könne. Zugleich schlugen sie vor, zur Aufbringung der Kosten von allen durchgehenden Waaren für die Last 5 Preufsische Groschen zu erheben; desgleichen in Tilsit und Labiau etwa 12 Lichterkähne von 13 bis 14 Last Tragfähigkeit zu halten, mit welchen das Lichten, ohne weitere Bezahlung als die vorgeschlagenen 5 Groschen, unter Aufsicht eines Baggermeisters, der Sicherheit wegen, geschehen könne.

Von einem Ungenannten wurde, den Acten zufolge, dem Churfürsten noch der Vorschlag gemacht, an der Alten-Gilge einen Canal, ½ Meile lang ziehen, oder den Sand aus dem Bette des Stroms durch eine Sandmühle (Bagger) ausmahlen zu lassen, weil sonst zu befürchten sei, dafs sich der Sand bis in das Haf wälzen werde.

Man schien damals noch nicht zu wissen, dafs eine Geschwindigkeit des strömenden Wassers von 3 Fufs in der Secunde zum Fortwälzen des feinen Sandes und für gröberen noch eine weit gröfsere Geschwindigkeit erforderlich ist. Die Geschwindigkeit in der Alten-Gilge ist nur 1⅝ Fufs und wegen des Rückstaues aus dem Haf bei Nordweststürmen oft Null; also war diese Besorgnifs ungegründet.

Nun zeigte auch noch im Jahr 1670 der Rath und Ober-Zoll-Director *Heidekampf* dem Churfürsten an, dafs sich ein gewisser Holländer (der Holländische Baumeister *von der Wilden*) gefunden habe, welcher der Gilge eine schiffbare Tiefe von 7 Fufs beim niedrigsten Wasserstande für 5000 Thlr. schaffen wolle; welches offenbar ein kühnes Versprechen war. Das Anerbieten fand man jedoch, besonders wegen der geringen Kosten, so ansprechend, dafs der Churfürst Friedrich Wilhelm dem General-Quartiermeister *Philipp von Chieze,* welcher im Jahr 1662 die Anlage des Friedrich-Wilhelms-Canals geleitet hatte (wie oben bemerkt), und dem Hauptmann zu Marienburg *Carl von Rheden* den Auftrag gab, mit Dem *von der Wilden* nach seinem Anerbieten den Contract über die Vertiefung der Fahrbahn auf der Gilge abzuschliefsen. Als die Bedingungen zum Contract festgestellt wurden, erklärte *von der Wilden* noch, dafs wenn ihm 50 Soldaten, wie bei den damaligen Schanz-Arbeiten gestellt, und ihm das erforderliche Holz und Strauch unentgeltlich gegeben und von den Unterthanen angefahren würde, so verlange er nur 4500 Thlr. Der Contract wurde danach geschlossen und vom Churfürsten Friedrich Wilhelm in Cöln an der Spree am 3ten Januar 1671 genehmigt. Den Litthauischen Ständen wurde davon zu ihrer Beruhigung Nachricht gegeben.

Man begann die Ausführung, aber der Erfolg war so ungünstig, dafs der Churfürst am 5ten July 1672 befahl, Dem *von der Wilden* nicht mehr Geld auszuzahlen, als seine Arbeit betrage. Hierauf berichtete der Burggraf *Albrecht Klein* zu Labiau am 29ten July 1672, dafs durch *von Wilden* schon so viel geschehen sei, dafs von den vielen Wittinnen, welche die Gilge passirt hätten, nur sechs hätten gelichtet werden dürfen, und dafs an dem Durchstich zwischen Kalwellen und dem Welfsee, so wie auch bei Krysanen, gearbeitet werde. Auch würde mit der Baggerung, wozu *von Wilden* eine Modermühle (eine Pferde-Baggermaschine) eingerichtet, fortgefahren, und die Ausführung würde schon weiter gediehen sein, wenn die Unterthanen, welche seit zwei Jahren wegen des hohen Wassers und der Überschwemmungen in grofse Armuth gerathen, das Holz und Strauch hätten anfahren können.

Im Jahr 1675 starb *von Wilden,* ohne sein angefangenes Werk vollenden zu können, und es blieb, da er keine Plane davon zurückgelassen hatte, unvollendet liegen.

Die Überschwemmung der Niederung an der Alten-Gilge hatte nun sehr zugenommen, weil der Kaukeflufs, ein Arm der Gilge, welcher sich bei Kaukehnen in die Rufs ergofs, verdämmt oder coupirt worden war; nach der Art wie in frühern Zeiten, mit vielen Kosten; denn in Anmerkungen auf den alten noch vorhandenen Planen heifst es: „Um der Gilge zu helfen" (nämlich ihr Wasser zuzuführen) „war schon der Sage nach eine Tonne Goldes verbaut, um das „Abfliefsen des Wassers zu hemmen; aber die Arbeit war vergebens gewesen; „wie man es zur Stelle hat sehen können." Wie sehr also war man damals noch in der Hydrotechnik zurück! Späterhin, im Jahr 1778, ward dieser Arm der Gilge mit geringen Kosten coupirt und ist jetzt schon zum Theil verflächt und verwachsen. Eben so auch die verlassene Alte-Gilge.

Eine andere für die Schiffahrt auf der Gilge gefährliche Stelle war an der Spitze ihrer Einmündung in die Rufs. In früherer Zeit umflofs die Rufs die Erdzunge, auf welcher jetzt das Gut *Perwalkischken* liegt; das Fluthwasser bahnte sich hier einen geraden Weg. Um nun den Gilgestrom mit dem nöthigen Wasser schiffbar zu erhalten, baute man einen Überfall, welcher aber bald wieder zerstört wurde. Man mufste jetzt darauf Bedacht sein, einen Durchstich zur Einmündung des Gilgestroms bei Jägerischken zu ziehen, weil sonst alles Wasser in die Rufs abflofs. Dieser Durchstich ist schon auf den alten Planen angedeutet.

Der zur Untersuchung dieses Gegenstandes beauftragte Obrist *Nettelhorst* schlägt schon am 22ten Mai 1627 (seinem einfältigen Bedenken nach, wie er sich ausdrückt) vor, in den Memelstrom bei Jägerischken und Schanzenkrug, wo sich die Gilge von der Memel trennt, und der Hauptarm des Stroms dem Flecken Rufs zufliefst, von wo ab sie Rufsstrom heifst, der sich dann in das Curische Haf ergiefst, Häupter, Kribben und Bollwerke (Abweiser oder Buhnen) zu bauen, um das nöthige Wasser für die Schiffahrt in den Gilgestrom zu leiten, weil es sonst in dem Bette des Rufsstroms abfliefsen werde. Auch schlägt er ganz zweckmäfsig vor, die Ausrisse an der Gilge zu verstopfen (zu coupiren), und dazu *Faschinen,* welche durch sogenannte aus Strauch gebundene *Würste und Pfähle* verbunden würden, anzuwenden. In der Alten-Gilge, oberhalb des gegrabenen Gilge-Canals wollte er Höfter (Häupter) und Kribben (Buhnen) an den breiten Stellen des Strombettes bauen, um das Wasser zusammenzupressen, damit es sein Bette vertiefen könne. Unterhalb des Gilge-Canals wollte er die flachen Stellen, wo sich der aus dem Gilge-Canal hingetriebene Sand angehäuft hatte, bei Lappienen, durch Schaufeln und Kescher (eine Art Handbagger) vertiefen und sich dazu der Lichterkähne, (kleiner Fahrzeuge, welche vorhanden waren) bei niedrigem Wasserstande bedienen. Der Obrist *Nettelhorst* war also der Erste, der in dieser Gegend den *Faschinenbau* anwenden und die Strombauwerke nach bestimmten Regeln ausführen wollte; allein die Ausführung der von ihm vorgeschlagenen Arbeiten geschah nur theilweise und unvollkommen, und die Beschwerden über die Wasserstrafse wurden von neuem rege.

Es wurde jetzt wieder eine Commission zur Local-Untersuchung ernannt. Sie bestand aus dem Jägermeister *von Halle,* Hauptmann zu Rhein, und *Friedrich von Schlieben,* Hauptmann zu Tilsit. Diese Commissarien sagten in ihrem Bericht vom 28ten Juli 1661: „In der Münde der Gilge habe sich „eine gefährliche Bank gesetzt, über die nicht ein Kahn hat überkommen können; „und sollte dies Tief versanden, so würde der ganze Strom nach der Rufs „gehen." So wichtig auch die Angelegenheit war, blieb sie doch wieder auf sich beruhen, und erst am 17ten Mai 1686, aus Potsdam, befahl der Churfürst

Friedrich abermals, eine Commission zu bilden, um die Beschwerden gründlich zu untersuchen und die früher entworfenen Projecte zur Verbesserung der Schiffahrt zu prüfen. Diese neue Commission bestand aus dem Oberjägermeister *von Halle*, dem Oberhauptmann der Artillerie *Heinrich Steutner*, dem Rathsverwandten im Kneiphof zu Königsberg, *Lorenz Göbel*, und dem Kunstmeister aus Danzig, *Johann Wilke*. Die Commissarien sagen in ihrem nach geschehener Local-Untersuchung erstatteten Bericht: dafs die Einmündung der Gilge bei Loysen-Schanz (bei Neu-Schanzenkrug) (man sehe die Carte) erweitert werden müsse, um den Zuflufs des Wassers aus der Memel in den Gilgestrom zur Erhaltung der Schiffahrt zu befördern, und dafs dann einige, den Zweck befördernde Strombauwerke unvermeidlich wären.

Die Loysen-Schanze war auf der Erdspitze, wo sich die Memel in den Rufs und den Gilgestrom theilt, zur Beherrschung der Schiffahrt auf der Wasserstrafse angelegt; sie wurde im Jahr 1679, als der Churfürst die Schweden am linken Ufer der Memel bei dem Dorfe Splitter unterhalb Tilsit schlug, vom Schwedischen General *Horn* genommen und völlig zerstört. Es finden sich von ihr noch Spuren in dem Garten des Guts Perwalkischken. Aber in alter Zeit war man auf die Befestigung der Erdspitzen oder Theilungswerke bedacht, um den Verkehr auf den Wasserstrafsen, auf welchen das Vordringen der Eroberer und die Verbreitung der Cultur vorgeht, zu beherrschen. So liefs z. B. schon der Fürst *Schwantepol* von Pommern im Jahr 1243 auf der Erdspitze, an welcher sich die Nogat von der Weichsel trennt, ein Schlofs als festen Punct bauen (worüber ich bei der Beschreibung der alten Schlösser in Preufsen mehr gesagt habe).

Auf den Bericht der oben genannten Commission wurde nun der Oberhauptmann *von Steutner* beauftragt, nähere Vorschläge zur Erhaltung der Schiffahrt an dieser Stelle zu machen. Er sagt in seinem Bericht vom 5ten November 1686, dafs sich in der Mündung des Gilgestroms ein Haaken (eine Sandplatte) angesetzt habe, welche durchstochen werden müsse, und dann wären einige Stofskribben oder Abweiser (Buhnen) zu bauen nöthig, um das Wasser aus der Memel in die Gilge zu weisen. Auch bemerkte er sehr richtig, dafs dann auch die vernachlässigten Dämme (die Coupirungen der Einrisse in den Ufern) verstärkt werden müfsten, weil sonst das Wasser in die Niederung abfliefsen könne. Auf diesen Bericht wurde es den Hauptleuten zu Tilsit und Ragnit ernstlich verwiesen, dafs sie für die Uferbaue zur Erhaltung der Schiffahrt und zur Sicherheit der Niederung nicht besser gesorgt hätten.

Endlich wurde aber erst viel später einigen Mängeln abgeholfen. Zur Verbesserung der Schiffahrt in der Mündung des Gilgestroms wurde im Jahr 1774 ein Durchstich bei Alt-Schanzenkrug entworfen und derselbe auch 1778 und 1779 so ausgeführt, dafs nur ein Drittheil des Wassers der Memel in den Gilgestrom und zwei Drittheile in den Rufsstrom abfliefsen sollten.

Der Canal zog aber nun den Stromstrich so sehr auf das linke Ufer der Rufs an die Theilungsspitze, dafs darin grofse Einrisse entstanden und im Jahr 1779 noch eine declinante Buhne, 52 Ruthen lang, in einem Winkel von 20 Grad (von dem Ufer gerechnet) anzulegen beschlossen und auch ausgeführt wurde.

Der Durchstich wurde nach dem Anschlage des Ober-Bau-Inspector *Eckert*, 315 Ruthen lang, 156 Fufs breit, mit 3füfsiger Wassertiefe gegraben und kostete 27 888 Thlr.; dazu wurden noch 1656 Schock Faschinen zur Einfassung der Ufer bewilligt. Das Zuschlagen oder Coupiren des alten Strombettes kostete nach dem Anschlage des *Eckert* 2609 Thlr. Die Direction über die Ausführung ward dem Kriegsrath und Baudirector *Lilienthal* übertragen.

Aber es entstanden gleich wieder Beschwerden über das flache Wasser im Canal, und *Lilienthal* legte am 16ten November 1780 einen Kosten-Anschlag zur Abhülfe über 1180 Thlr. vor, welcher auch genehmigt ward.

Im Jahr 1782, am 8ten März, klagte die Kaufmannschaft von Königsberg schon wieder über die Verflächung in der Mündung des Canals; und nun ward die Einfassung der Ufer in der Mündung von Feldsteinen gemacht.

Auf fortwährende Beschwerden über diese Wasserstrafse wurde im Jahr 1786 nach höherer Bestimmung, wie schon oben gedacht, eine Commission aus dem Ober-Consistorialrath und Mathematiker *Silberschlag* aus Berlin, dem Kriegsrath und Bau-Director *Lilienthal* aus Königsberg, und dem Ober-Bau-Inspector *Ekert* aus Gumbinnen zur Local-Untersuchung zusammengesetzt; auch wurden noch zu derselben der Mühlenbaumeister *Kern*, der Bau-Inspector *Laddey*, der Damm-Inspector *Braun* und die Deputirten der Kaufmannschaft zu Königsberg, *Sembrowsky* und *Neue*, zugezogen. Diese Commissarien fanden bei ihrer Untersuchung am 20ten August 1786 die Neue-Gilge schon 270 F. breit, und bei dem mittleren Wasserstande die erforderliche schiffbare Tiefe. In der Alten-Gilge, von der Theilungsspitze bei Schanzenkrug bis Sköpen, war die Breite des Strombettes, welches sie am 2ten August untersuchten, sehr verschieden und es waren bedeutende Verflächungen darin vorhanden, welche durch Einschränkungswerke vertieft werden mufsten. Bei Sköpen war das Strombette 282 Fufs breit und 4½ Fuſs tief; die Geschwindigkeit des Stroms betrug 2½ Fuſs, und es flossen in 1 Secunde 4431 Cubikfuſs Wasser ab. Diese Vergleichung mag als Beweis dienen, wie sehr die stärkern Gewässer ihre Betten zu verändern und zum Beharrungsstande zu formen streben. Das durch die Niederung strömende Wasser der Memel, welche bei der Anhöhe Rombinus oberhalb Ragnit, am rechten Ufer, wo die alten Preuſsen ihre Götter verehrten, fast in eingeschlossenen Ufern flieſst, hat sein Bette sehr oft verändert; wie es die Überreste der Wasserläufe zeigen. Nur erst in neuerer Zeit sind die Ströme und Flüsse durch künstliche Anlagen in ihrer Bahn erhalten worden. Wo es nicht geschieht, werden die Ufer zum Theil abgebrochen: theils durch Wasserfluthen, theils durch den Verkehr auf den Wasserstraſsen, und von den Anwohnenden. Die Ströme und Fluſsbetten verbreiten und verflächen sich dann. So fanden auch die oben genannten Commissarien *Silberschlag* etc. am 24ten und 25ten August 1786 das Bette des Memelstroms, von der Theilungsspitze bei Schanzenkrug und Jägerischken aufwärts bis Tilsit, Ragnit, Schmaleningken und bis zur Russischen Grenze, an mehreren Stellen schon doppelt so breit, als es früher war.

Die Commissarien besichtigten auch die Theilungsspitze und den Durchstich oder Jägerischken-Canal am 20ten August 1786 und fanden denselben 132 Fuſs breit und 11 Fuſs tief, und darin 3½ Fuſs Geschwindigkeit. Es floſs in 1 Secunde 4840 Cubikfuſs Wasser ab. Nach den von ihnen angestellten Beobachtungen und Berechnungen fanden sie, daſs zwei Drittheile des Wassers der Memel für den Ruſsstrom und ein Drittheil für die Gilge zur Beschiffung erforderlich sei. Diese Theilungsspitze, welche das Wasser für den Gilgestrom von dem Ruſsstrom bei Schanzenkrug trennt, ist von der gröſsten Wichtigkeit und verdient die fortwährende Aufmerksamkeit der Hydrotechniker. In früherer Zeit wurden dergleichen Separationswerke für so wichtig gehalten, daſs z. B. die Könige von Polen August III. und Stanislaus August es beschwuren, darauf zu sehen, daſs die Montauer Spitze, welche die Nogat von der Weichsel trennt, in gutem Zustande erhalten würde. (Siehe die Beschreibung der Stadt Elbing von *Fuchs*.)

Der Commissarius *Silberschlag*, welcher vorher mit den örtlichen Verhältnissen hier nicht näher bekannt gewesen, sagt in seinem Bericht aus Königsberg vom 30ten August 1786, er habe in Preuſsen ein so verwickeltes Stromgewebe gefunden, daſs es ihm Mühe gemacht habe, sich darin zurecht zu finden; und so verschieden die Strom-Arme, wäre auch ihre Benutzung. Es ist merkwürdig, daſs man damals *Silberschlag*, einen Geistlichen, als Hydrotechniker brauchte, weil er Bücher über die Hydrotechnik geschrieben hatte. Allein damals war das Ober-Bau-Departement noch nicht gehörig organisirt. Zu seiner Begründung wirkte besonders erst der Geheime-Ober-Baurath *Gilly* und nachher der Ober-Landes-Bau-Director *Eytelwein*, die es so, wie es jetzt noch in der Ober-Bau-Deputation besteht, gestalteten.

Die oben gedachte, im Jahr 1779 gebaute Buhne war zu lang und hatte, mit Rücksicht auf die Geschwindigkeit des Wassers, gegen den Stromstrich nicht die richtige Lage. Deshalb entstanden gleich unterhalb der Buhne Drehungen oder Wirbel, die das Ufer dermafsen unterminirten, dafs im Jahre 1790 noch zwei kürzere Buhnen an diesen Ufern angelegt werden mufsten. (Man sehe die Beschreibung der Buhnen am linken Ufer des Rufsstroms in der „Sammlung nützlicher Aufsätze, die Baukunst betreffend; herausgegeben von mehreren Mitgliedern des Königl. Ober-Bau-Departements, Jahrgang 1797. Erster Band.")

Allein auch diese beiden Buhnen waren noch nicht im Stande, den Andrang des Stroms vom Ufer abzuhalten. Als der Geheime-Ober-Baurath *Gilly* vom vorgesetzten Ministerio im Jahr 1796 beauftragt wurde, Preufsen, Litthauen und Neu-Ostpreufsen mehrerer baulichen Gegenstände wegen zu bereisen, wurde ihm auch befohlen, den Zustand der Schiffbarkeit der Gilge und des Memelstroms zu untersuchen. Bei dieser Reise begleitete ich in Folge eines Befehls des Ministers *von Schrötter*, der die Baue und Meliorationen in Ostpreufsen thätigst beförderte, den Geheimen-Rath *Gilly* von Berlin aus, und fand dabei Gelegenheit, diese Gegenden und Bauwerke kennen zu lernen, ohne es damals zu ahnden, dafs in der Folge hier mein Wirkungskreis sein würde.

Gilly ordnete zur Stelle einige Bauwerke an, um den Stromstrich oberhalb der Gilge-Mündung mehr auf das rechte Ufer des Rufsstroms und von der Theilungsspitze abzuweisen; welche auch alsbald ausgeführt wurden; und die Wirkung dieser Werke war sehr günstig. Nun aber hatte sich der Stromstrich durch Eisstopfungen zu sehr an das rechte Ufer bei Lasdehnen, welches noch nicht gesichert war, von der Mündung der Gilge wieder entfernt und daselbst so bedeutende Ufer-Abbrüche erzeugt, dafs schon mehrere Gebäude zurückgerückt werden mufsten; worüber neue Klagen entstanden. Es wurde jetzt der Ober-Landes-Bau-Director *Eytelwein* beauftragt, bei seiner Geschäftsreise in Preufsen diesen Gegenstand zu untersuchen. Derselbe entwarf am 3ten September 1801 mehrere Strom-Bauwerke zur Sicherung des Schiffahrts-

Weges und der Ufer. Seine Vorschläge wurden genehmigt und der Ober-Deich-Inspector *Winkelmann* im Jahr 1802 mit der Ausführung derselben beauftragt. Man ging damit, jenachdem es der Wasserstand erlaubte, nach und nach vor, um die Wirkung abzuwarten, bis endlich die Kriegs-Unruhen die Beendigung hinderten; worüber ich späterhin, bei Beschreibung Dessen, was zur Verbesserung dieser Wasserstrafse in neuerer Zeit geschehen ist, mehr sagen werde.

Bevor ich vorläufig das Gebiet der Wasserstrafse auf der Memel, Rufs und Gilge verlasse, werde ich zunächst zur Beschreibung der Bedeichungen, welche die grofse Thalfläche oder Niederung gegen Überschwemmungen schützen sollen, übergehen.

(Die Fortsetzung folgt.)

11.

Die Herstellung des Octogons und der Cascaden zu Wilhelmshöhe bei Cassel.

(Von dem Herrn Oberbaumeister *Engelhardt* zu Cassel.)

Im sechszehnten Bande dieses Journals befindet sich in meiner Beschreibung von Wilhelmshöhe auch eine nähere Beschreibung dieses Octogons, welche also als bekannt vorausgesetzt werden darf, so dafs derselben hier zum Verständnifs des folgenden Aufsatzes nur noch wenig hinzuzufügen ist.

Beschreibung des Octogons und der Cascaden im Allgemeinen.

Die ersten Anlagen zu *Wilhelmshöhe,* oder, wie der Ort ehemals hiefs, *Weifsenstein,* wurden von dem Landgrafen *Carl* gemacht, der vor anderthalb Jahrhunderten über Hessen regierte. Der Berg, auf welchem sich die Anlagen befinden, erhielt davon den Namen *Carlsberg.* Sie bestanden in dem Octogon und den Cascaden, welche 1701 zu bauen angefangen und 1714 vollendet wurden.

Das Octogon hat im Grundrifs die Form eines Achtecks; die vier Seiten haben, eine um die andere, Vorsprünge (Risalite). Das Gebäude hat drei Stockwerke; das untere ist 32 Fufs 5 Zoll (Cassler Maafs, der Fufs zu 11 Zoll Rheinisch) hoch, das mittlere 27 Fufs 5 Zoll, das obere, ohne das Brüstungsgeländer, welches die Plateform umgiebt, 45 Fufs 10 Zoll hoch. Der äufsere Durchmesser des Bauwerks beträgt 224 Fufs, der innere unbedeckte Raum ist 96 Fufs im Lichten weit. Die drei Stockwerke haben Arcaden. Die beiden untern, um welche Freitreppen zu dem obern führen, sind mit rauhen Steinen, welche die an diesem Gebirge sehr grofsartig vorkommenden Basaltformationen nachahmen sollen, incrustirt; das obere Stockwerk ist aus regelmäfsig behauenen Quadern und Steinplatten, welche inwendig mit einer Art Béton oder Gufsmauerwerk gefüllt sind, zusammengesetzt; wie es die hier beigefügte Abbildung (Taf. VIII.) zeigt.

Der Baumeister des Octogons war *Giovanni Francesco Guernieri,* ein Italiener, der italienische Technik bei dem Bau anwendete, die, da er kein derselben angemessenes Material hatte, nicht gelingen konnte, so dafs es eher zu verwundern ist, dafs das Gebäude nach 130 Jahren noch steht, als dafs es dem Einsturz nahe ist.

Die Cascaden liegen unmittelbar vor dem Octogon am Berge hinunter, der nach Osten abgedacht ist. Die Ansicht des Octogons (Taf. VIII.) mufste zu ihrem Zweck, den gefährlichen Zustand des Gebäudes deutlich zu zeigen, von der Nordwestseite genommen werden, und es sind also darin die Cascaden nicht sichtbar.

Den Fufs der Cascaden bildet die sogenannte Neptunsgrotte, vor welcher sich ein halbmondförmiges, 220 Fufs im Durchmesser haltendes Bassin befindet. Gleich über der Grotte fangen die eigentlichen Cascaden an, die aus drei Reihen Wasserstufen bestehen, welche zusammen 900 Fufs lang und 40 Fufs breit sind. Die mittelste Abtheilung ist die breiteste. In Zwischenräumen von 150 zu 150 Fufs sind Bassins angebracht, und auf jeder Seite derselben führen Freitreppen, deren jede 842 Stufen hat, zu dem Octogon. Wenn die Cascaden angelassen sind, stürzt das Wasser von denselben in einem breiten Falle über die Neptunsgrotte, so dafs man in der Grotte *unter* dem Wasserfalle steht.

Mitten auf der vordern Fronte des Octogons, d. h. auf dem an der Mitte desselben liegenden Theile der Plateform steht ein thurmartiger Bau, die sogenannte Pyramide; eigentlich mehr einem Obelisk als einer Pyramide in der Form ähnlich. Er ist viereckig, 96 Fufs hoch, hat inwendig 5 Kreuzgewölbe übereinander, und trägt auf einem 11 Fufs hohen Postamente eine colossale Nachahmung des Farnesischen Hercules aus getriebenem Kupferblech. Die Figur ist 31 Fufs hoch. In der Zeichnung sieht man nur einen Theil des Postaments und die Statue, indem sich die Pyramide, auf welcher sie ruht, hinter das nordwestliche Risalit versteckt, da die Ansicht fast von der Rückseite des Gebäudes genommen ist.

Motive dieser Bauwerke.

Um sich das Motiv der Entstehung dieses Gebäudes zu vergegenwärtigen, mufs man sich an die Gartenkunst des achtzehnten Jahrhunderts erinnern; nemlich an den Gartenstyl von *Le Notre*, der damals über ganz Europa verbreitet war und in welchem auch die Carls-Aue bei Cassel von demselben Fürsten angelegt ist. Dieser Gartenstyl war durchaus geometrisch regelmäfsig, und eine nach demselben gemachte Garten-Anlage mufste symmetrisch sein. Ihren

Haupt-Effect machten grofse, regelmäfsige Baumgänge und Baummassen; die Anordnung dieser Gänge und Massen mufsten sich um einen bedeutenden Gegenstand concentriren, oder zu demselben hinleiten, und dieser Gegenstand gab erst dem Ganzen seinen eigentlichen Sinn und Werth.

Dafs man nun die Eigenthümlichkeit des Carlsberges, welcher auf der hinter seinem nach Cassel gerichteten Rande liegenden Hoch-Ebene einen grofsen *Wasservorrath* hat, benutzte, um eine prächtige Cascade anzulegen, die von dem Rande des höchsten Berges der Gegend in das Thal hinunterstürzte, war ohne Zweifel ein grofsartiger, schöner Gedanke; es war dieses der Gegenstand, um welchen sich die ganze Garten-Anlage concentriren konnte, und bedeutend genug ihr Interesse, um dem unten am Fufse des Berges den Cascaden gegenüberliegenden Lustschlosse ein Gegengewicht zu geben.

Aber eine Cascade hat oben einen geraden, einfachen Rand, der sich nicht über die Umgebung erhebt; was doch von einem als Gesichtspunct einer grofsen Garten-Anlage dienenden Gegenstande gefordert wird. Über diesen Rand nun einige grofse Hallen zu erbauen, aus welchen man die aufserordentlich schöne Aussicht über das Fulda-Thal geniefsen könne, besser als es unmittelbar von dem Bergrücken die umliegenden Wälder gestatteten, war wieder sehr richtig; nur fand sich bald, dafs bei der ungemeinen Grofsartigkeit der Natur, welche den Ort umgiebt, die Hallen nicht klein sein durften. Sie mufsten den Berg dominiren; und so entstand dieses Riesengebäude. Gewifs war der Genufs der Aussicht dabei ein Hauptzweck; das beweiset die grofse Plateform, welche das ganze Gebäude bedeckt. Die Pyramide war nicht in *Guernieri's* erstem Project, welches schon im Jahr 1705 zu Rom im Druck erschien; sie ist auch von minder correcter Architektur, als das übrige Gebäude, aber sie giebt dem Ganzen einen monumentalen Character. Man sieht sie in einem grofsen Theile von Hessen. Es stand auf derselben die colossale Statue des Hercules als ein Symbol grofser, in eine kleine Masse gedrängter intensiver Kraft, die man einem kleinen, aber vortrefflich regierten Lande wohl zuschreiben konnte, ganz an ihrem Platze.

Nähere Beschreibung der Construction des Octogons und der Cascaden.

Der Grund und Boden, auf welchem das Octogon und die Cascaden stehen, ist ein vulcanisches Conglomerat; theils dichter, theils minder fest. Im ersten Falle ist es dem gewöhnlichen römischen Bausteine, den man in Rom Peperino nennt, sehr ähnlich; im andern ist es vulcanischer Asche verwandt.

Guernieri hielt das dichtere Gestein, seiner Ähnlichkeit mit dem Peperino wegen, ohne Zweifel für einen guten Baustein und wendete es deshalb ausschliefslich zu dem Bau der Cascaden und des Octogons an. In dem Texte, den *Guernieri* der Herausgabe der Risse von dem Octogon und den Cascaden (Rom 1705) beifügt, nennt er den Stein geradezu „Travertin", welches einer der besten Bausteine ist, die an alten und neuen Gebäuden in Italien vorkommen, der aber ganz andere Bestandtheile hat.

Obgleich sonst der Carlsberg reich ist an mannigfaltigen Fossilien, fehlte es doch auf demselben oder in seiner unmittelbaren Nähe an einem zum Bauen brauchbaren, guten Sandsteine, oder Kalksteine, und eben so, was bei dem Bau des Octogons und der Cascaden von grofser Wichtigkeit war, an einem guten Bausande. Kalk wird zwischen Cassel und Wilhelmshöhe aus einem ziemlich viel Thon enthaltenden, tertiären Kalksteine gebrannt, und ist wahrscheinlich auch zu dem Octogon und den Cascaden daher genommen worden.

Dieses sind die zu dem Octogon und den Cascaden angewendeten Baumaterialien, und es sind auch fast die einzigen; Anderes ist nichts daran, wenn man drei hölzerne Glasthüren an einem darin eingerichteten Saal, einige unbedeutende andere Thüren und das zur Festigkeit des Ganzen angebrachte Eisenwerk ausnimmt. Der schöne, vier Stunden vom Octogon im Balhorner Walde brechende Sanstein ist bei den spätern Ausbesserungen und Zusätzen häufig benutzt worden; bei der ersten Erbauung aber, wo er von dem gröfsten Nutzen hätte sein können, wenn auch nur sparsam und an den wichtigsten Puncten gebraucht, so viel ich weifs, nirgends.

Man hat überall Incrustirung und Gufsmauerwerk gemacht, wo es nur irgend thunlich schien. Da das Gebäude so colossal war, so war dies motivirt genug. Da eine so grofse Masse nöthig war, so mufste man dadurch an den Kosten allerdings viel ersparen können.

Hier entschied nun aber ein mineralogischer, oder eigentlich ein chemischer Irrthum über die Dauer des ganzen Baues.

Es fehlt nemlich am Carlsberge, wie schon gesagt, guter ***Bausand***, und ***Guernieri*** kam auf den unglücklichen Gedanken, nicht allein jenes vulcanische Conglomerat, welchem man in hiesiger Gegend den nicht ganz richtigen Namen Tufstein giebt, in seiner dichteren Beschaffenheit zu Quadersteinen zu nehmen, sondern es auch in den kleinen bröcklichen Partikeln, in welchen es eine Art vulcanischer Asche ist, als ***Bausand*** zu verwenden; wobei er vielleicht auf eine Ähnlichkeit mit der Puzzolane rechnete, von welcher dieser Kies indessen sehr verschieden ist. Eine Folge dieses Irrthums war, dafs das Gufsmauerwerk keine feste Bindung bekam, so dafs es jetzt einer erdigen Masse gleicht, die gar nicht mehr compact ist. Besonders wo Feuchtigkeit eindringt, fällt es auseinander, wie Erde, und man mufs sich wundern, dafs das Gebäude noch so lange gestanden hat. Die eindringende Feuchtigkeit wirkte noch um so mehr nach und nach zerstörend, da das feuchtgewordene Material im Winter heftigem Froste ausgesetzt war und dadurch allen Rest von Bindekraft verlieren mufste.

Eben diese Zerstörungen von Feuchtigkeit und Frost wirkten auch auf die aus dem vulcanischen Conglomerat gebildeten Quadern und Platten und, was vielleicht das schlimmste war, es zeigte sich bald, dafs der Stein, abgesehen von jenen Einwirkungen, keine hinreichende Widerstandsfähigkeit habe, um gröfsere Massen zu *tragen*.

Das Übel mufs sich schon unmittelbar nach, ja während der Erbauung gezeigt haben. Die Überlieferung sagt, dafs der Bau noch während *Guernieri's* Anwesenheit schadhaft geworden sei, so dafs Dieser, an dem Abend, wo das erste Hauptgebrechen entstand, und in der darauf folgenden Nacht, ein Project, wie dem entstandenen Schaden abzuhelfen sei, entworfen, solches auf seinem Arbeitstische zurückgelassen habe und am andern Morgen verschwunden sei.

Es ist also überhaupt nicht so sehr die Construction, als die unvollkommene Beschaffenheit der Materialien, die Ursache der jetzigen Schadhaftigkeit des Octogons und der Cascaden; wenn gleich nicht zu läugnen ist, dafs auch die Construction Manches zu wünschen übrig läfst.

Die nähere Betrachtuug der beigefügten Zeichnung wird hierüber Aufschlufs geben.

Man sieht zunächst an dem untern Stockwerke eine Incrustirung mit aufrechten Steinplatten, die nur sparsam von wagerechten Lagen durchzogen sind. Der Mauerverband ist also sehr unvollkommen; denn die hochkantig stehenden Steine, welche die Basaltformation nachahmen sollen, haben nicht nur keine festen Stützpuncte auf den wenig Raum einnehmenden Lagerfugen, sondern auch keine genügende Fugenverwechselung in der Höhe. Eine ähnliche Incrustirung findet sich im innern Hofe des Gebäudes, und der Raum zwischen der innern und der äufsern Incrustirung ist mit Gufsmauerwerk ausgefüllt, in welchem jedoch Lagen von horizontalen Quadern vorkommen; wie denn an der eingestürzten Stelle, links neben der Nische, zwei Lagen zu sehen sind, die in diesen Zwischenräumen wahrscheinlich auch an dem ganzen Gebäude vorkommen werden; auch tiefer nach unten, wo es wegen des Schutts des eingestürzten Mauerwerks nicht mehr sichtbar ist.

Ohne diese Quadernlagen würde wohl das Gebäude schon während der Erbauung eingestürzt sein.

Das Bindemittel des Gufsmauerwerks ist aber, wie an den eingestürzten Stellen, wo sich die hochkantige Quadern-Incrustirung abgelöset hat, wahrzunehmen, ohne alle Festigkeit, da der Mörtel nichts anders ist, als jene vulcanische Erde, mit Kalk ziemlich mager angemengt. Die Steinbrocken dazwischen, wenigstens die gröfsern, sind einigermafsen lagerhaft gelegt; ein eigentlicher Verband ist indessen nicht vorhanden. Hätte man statt der vulcanischen Erde guten Quarzsand genommen, so würde wahrscheinlich der gefährlichste Theil der jetzigen Mängel nicht entstanden sein.

Das zweite oder mittlere Stockwerk ist schon etwas besser construirt. Hier ist die Incrustirung mehr lang als hoch; ist aber immer nur Incrustirung. Man dürfte wohl schon durch nachtheilige Erscheinungen an dem untern Stockwerke gewarnt worden sein, und also hier eine, zwar dem Character der Felsen weniger entsprechende, aber dauerhaftere Zusammensetzung gewählt haben.

Etwas anderes in der Construction dieses Stockwerks ist aber auffallend: nemlich die Beschaffenheit der Bogensteine der hier sichtbaren drei Wölbungen. (Ich bemerke an dieser Stelle, dafs die hier beigefügte Zeichnung auf das vollkommenste treu ist. Jeder Stein ist, sowohl in seinen Verhältnissen, als der Stellung nach, genau gezeichnet, und Risse, Ausweichungen und Senkungen sind auf das sorgfältigste der Wirklichkeit nachgebildet.) Die drei sichtbaren Bogensteine sind nemlich an den drei sichtbaren Bogen so sehr dünn, unregelmäfsig und übel behauen, dafs sie nicht einmal sich selbst, geschweige denn eine Last tragen können. Also auch bei diesen Bogen hat man auf die Festigkeit des Gufsmauerwerks über ihnen gerechnet, und die Bogensteine dienen nur zur innern Auskleidung. Die Construction ist dieselbe, nicht allein bei den Bogen des mittlern Stockwerks, sondern auch bei allen Bogen des obern, und sogar bei den Wölbungen, welche die Hallen des obern Stockwerks bedecken; und es ist in der That, bei der schlechten Beschaffenheit des Gufsmauerwerks selbst, zum Erstaunen, dafs auch nur diejenigen Bogen in den Mauern, welche eine Überbauung haben, die hoch genug ist, um zu verhindern, dafs die Feuchtigkeit zu ihnen durchdringen könne, stehn geblieben sind. Nicht so die Wölbungen über den Hallen, die, wie erwähnt, ebenfalls aus Platten zusammengesetzt sind, von welchen mehrere schon vor längerer Zeit, weil sie dem Einsturz nahe waren, abgenommen und durch Quadern von gröfserer Dicke und geringerer Länge und Breite ersetzt werden mufsten. Zu diesen Gewölben konnte die Feuchtigkeit der Plateform durchdringen und es mufste also das Gufsmauerwerk, weil es besonders auch noch dem Froste ausgesetzt war, zu Grunde gehn.

Bei der weitern Beschreibung der Construction des obern Stockwerks mufs ich noch besonders darauf aufmerksam machen, dafs, während die äufsere Ansicht nur grofse Stein-Abtheilungen zeigt, doch nur an den Pilastern und dem Carnies wirkliche Quadern sich befinden; alles übrige sind nur zur Incrustirung dienende Platten.

Dieses dritte Stockwerk ist nun eigentlich dasjenige, wo die meiste Gefahr droht.

Da die stärkern äufsern Flächen der untern Stockwerke vor das obere Stockwerke nach Aufsen vortreten, während sie nach Innen denselben gleichstehn, so ruhen die Aufsenmauern des obern Stockwerks auf Gufsmauerwerk von grofser Höhe, während die innern Mauern, die ein achteckiges Prisma bilden, auf der ziemlich starken Incrustirung der innern Mauern der beiden untern Stockwerke ruhen. Die Pilaster, deren je vier einen Gewölbpfeiler bilden, sind, wie oben erwähnt, aus kleinen Quadern gemacht; sie standen ursprünglich ganz frei, so dafs man zwischen sie durchsah: auch die Architrave über denselben besteht aus Quadern; aber schon die Würfel unter den Pilastern sind mehr hochkantig stehende Platten, als lagerhafte Quadern. Die Tonnengewölbe, welche von diesen Pfeilern getragen werden, waren ursprünglich alle ebenfalls aus grofsen, hochkantig zusammengesetzten Platten; jetzt indessen ist der gröfsere Theil derselben nach und nach aus kleineren, aber tiefer in die Wölbung einbindenden Steinen erbaut.

Die Stirnmauern über den Arcaden, dem Architrav und dem Friese des Hauptgesimses sind gleichfalls nur aus Platten gemacht; das Carniesgesims besteht aber, wie der Augenschein zeigt, aus Quadern; der untere Theil desselben aus einbindenden Platten. An der Brüstung endlich sind wieder die Postamente aus Quadern, und das Geländer zwischen denselben ist aus Platten hochkantig zusammengesetzt. Auch die Construction der häufig vorkommenden Nischen ist aus Platten.

Sehr wesentlich für die Erhaltung des Gebäudes sind ohne Zweifel die Eisen in demselben. Die Anker, deren Schliefsen über den Eckpfeilern des in der Zeichnung abgebildeten Risalits zu sehen sind, befinden sich noch in gutem Stande; soweit es wenigstens äufserlich sichtbar ist. Dagegen deuten die horizontalen Vertiefungen, die über den beiden mittlern Pfeilern zu sehen sind, auf verloren gegangene Eisen. Ich habe anfangs gezweifelt, ob dergleichen dort gewesen sein möchten, und war aufser Stand, dies näher zu untersuchen, da die Stellen ohne Gerüste nicht zugänglich sind: ein erfahrner Mauermeister, der schon viele Reparationen an diesem Gebäude besorgt hat. hat mir aber versichert, dafs er Gelegenheit gehabt habe, sich völlig zu überzeugen, dafs jene Vertiefungen durch die Einpressung eiserner Schliefsen entstanden seien. Unbegreiflich ist es, dafs man diese Schliefsen *horizontal* auf die Lagerfugen gelegt hat.

Der Verderb der Cascaden, nemlich ihr Zustand zuletzt, wo das Wasser, welches man auf sie anliefs, gröfstentheils nicht mehr über sie hinabstürzte, sondern in den Stufen verschwand, rührte von der unvollkommnen Untermaurung der Platten her, aus welchen diese Cascaden gemacht waren. Die Platten ruhten nemlich nur auf den beiden Mauern, welche die Wangen der Wasserstufen bildeten, und auf einer zwischen den Wangen befindlichen schmalen Mittelmauer oder Zunge. Der Raum zwischen der Zunge und den Wangen war hohl; was freilich viel Mauerwerk sparte, aber auch bei der kleinsten Undichtigkeit einer Plattenfuge vielen Wasserverlust zur Folge haben mufste.

Noch gehört zu der Construction des Gebäudes, dafs einige in den Felsen an den Cascaden angebrachte gewölbte Säle oder Grotten inwendig mit farbigem Stuck in mannichfaltigen Feldern und Einfassungen, dem ältern italienischen Grottenstyle gemäfs, verziert sind. Da die Wölbungen und Plattenbeläge über den Wölbungen nicht genügend verwahrt sind, so ist hier durch dieselben viel Feuchtigkeit eingedrungen.

Geschichte des Verfalls des Octogons und der Cascaden, und der dagegen angewendeten Mittel.

Diese Bauwerke haben nun nach und nach mancherlei nachtheilige Ergebnisse erfahren, denen man auf mannichfache Weise zu entgegnen bemüht gewesen ist.

Zunächst mufsten sich nothwendig die obern Stockwerke der vier Risalite und der Aufsenmauern des Achtecks aus dem Loth ziehen, weil sie auf Gufsmauerwerk gegründet waren, während die innern Mauern durch die geschlossene Form des Achtecks und durch die starke Incrustirung von innen gegen Senkungen und Ausweichungen mehr geschützt waren. Die obern Stockwerke der Aufsenmauern stehn jetzt mehr als ***einen halben Fufs*** aus dem Loth; wie es auch in der Zeichnung an dem im Profil sich zeigenden Risalit links zu sehen ist. Bis zu der Höhe, wo die eisernen Anker liegen, also bis einige Fufs über den Pilastern, ist die Ausweichung geringer; dann aber um so stärker; so dafs man sieht, die an den Aufsenmauern an einer Seite ruhenden Überwölbungen der innern Räume haben durch ihren Schub zu der Ausweichung beigetragen. Dafs eine solche Ausweichung mannichfaltige Risse und Störungen des Mauerverbandes zur Folge haben mufste, ist klar. Das in der Fronte gezeichnete Risalit sowohl, als das von der Seite sichtbare, geben davon Beispiele. Die Gefahr ist drohend genug.

Das Erste, was man dagegen gethan haben mag, dürfte die Ausmauerung der Zwischenräume der Pilaster gewesen sein; was freilich dem Gebäude ein etwas schwerfälligeres Ansehn gab, im Ganzen aber doch um so weniger etwas Unförmliches hervorbrachte, als freistehende viereckige Pilaster überhaupt etwas ***Regelwidriges,*** mit Pilastern verzierte Pfeiler aber etwas ***Gewöhnliches*** sind. Dadurch konnten indessen die Ausweichungen im Grundbau nicht gehoben werden. Um sie zu vermindern, mauerte man ohne Zweifel die Bogen-Öffnungen des zweiten Stockwerks voll. Dies geschah, wie es die Zeichnung anzeigt, mit Quadern. Es bleibt dahin gestellt, ob dadurch die Senkung der Fundamente aufgehoben oder beschränkt werden konnte; gewifs verlor aber dadurch das gute Ansehn des Gebäudes wesentlich, indem nun das zweite Stockwerk zu einer plumpen Steinmasse wurde.

Aber das Alles genügte nicht. Das Risalit des obern Sockwerks, dem in der Zeichnung gegenüber, also in derselben nicht sichtbar, war so weit aus dem Loth gewichen, dafs man es ganz abnehmen und erneuern mufste; wobei man denn zugleich die weiten, grofsartigen Bogen-Öffnungen der Pilaster-Pfeiler, eben wie es an dem zweiten Stockwerke geschehen war, mit kleineren Bogen und gewölbten Kreisen verstärkte; wie solches die Zeichnung an den darin sichtbaren Bogen des obern Stockwerks, mit Ausnahme der Bogen des von vorn dargestellten Risalits, sichtbar macht, und wie es an dem ganzen Stockwerke durchgeführt ist.

Zum Theil suchte man weitern gefährlichen Folgen der Ausweichung dadurch vorzubeugen, dafs man nur den am stärksten ausgewichenen Theil des obern Stockwerkes, nemlich den obern Theil bis zu den Knäufen der Pilaster, abnahm und erneuerte. Dieses sieht man in der Zeichnung rechts; die Pilaster sind noch alt, und es ist deutlich zu sehen, wie sie von der zwischen ihnen aufgeführten spätern Bogen-Unterfangung schräg abstehn. Auf gleiche Weise ist das in der Zeichnung nicht sichtbare südwestliche Risalit hergestellt. Aber nicht nur sieht diese Herstellung sehr übel aus, sondern sie kann auch nur ungenügend sein, da die Senkungen im Fundament dadurch nicht vermindert wurden. Es ist aber leicht zu sehen, welche beträchtliche Ausweichung eine kleine Senkung des Fundaments in so bedeutender Höhe zur Folge haben mufste.

Die in der Zeichnung genau nach der Wirklichkeit angedeuteten Risse und Ausweichungen an dem in der Fronte dargestellten Risalit hätten diesem Gebäudetheil schon längst den Einsturz bringen müssen, wenn er nicht durch eine neuere, gut construirte und solid ummauerte *Wendeltreppe* gehalten würde. An die Ummaurung derselben, die man in der mittelsten Bogen-Öffnung sieht, lehnt und stützt sich das ganze Risalit, und man hat es auch seither dadurch für hinlänglich gesichert gehalten und die beiden andern Bogen unausgemauert gelassen; die beiden Seitenbogen sind aber, wie die Zeichnung es ausweiset, unterwölbt.

Gegenwärtige Herstellung.

Während die beschriebenen Unvollkommenheiten der Construction des Octogons dasselbe nicht nur dem Einsturz nahe brachten, sondern der Einsturz auch wirklich an der Incrustirung des untern Stockwerks, wie es die Zeichnung an mehreren Orten zeigt, erfolgt ist, war bei den Cascaden zwar nicht so der Einsturz, als vielmehr die gänzliche Unbrauchbarkeit derselben die Folge der Constructionsmängel. Die Fugen der Platten, welche die Wasserstufen bildeten, wurden undicht, und das Wasser rann *in* die Stufen, statt *über* dieselben, Da nun hierdurch die Hauptsache dieser Anlage, nemlich die Wasserkünste, ganz aufhörten, so war es gewifs sehr zweckmäfsig, dafs man bei der gegenwärtigen Herstellung mit der Instandsetzung der Cascaden den Anfang machte. Sie ist in diesem Jahre (1844) vollendet, so dafs die Cascaden an dem Geburtstage S. K. H. des Kurprinzen und Mitregenten, nemlich am 20ten August, zum erstenmal wieder angelassen werden konnten. Man hat jetzt die Platten, welche die Wasserstufen bilden, überall untermauert und die Fugen mit Casseler Cement gedichtet. In den verschiedenen Bassins hat man die Plattenbeläge aufgenommen und dichter verwahrt, so dafs die Wasserkünste nun wieder einige Zeit zu benutzen sein werden. Bei der Herstellung sind mancherlei Mängel entdeckt und dadurch für die Zukunft die Mittel aufgefunden worden, denselben vorzubeugen.

Im nächsten Jahr (1845) wird die Herstellung des Octogons selbst erfolgen, und es sind dazu schon in diesem Jahre die weitläuftigen und kostspieligen Gerüste gemacht worden. Man verfährt dabei mit grofser Vorsicht, und scheut keine Kosten, um Unglücksfällen vorzubeugen; was unstreitig sehr lobenswerth ist, da kein Menschenleben mit Geld bezahlt werden kann.

Das südöstliche Risalit ist, wie oben erwähnt, schon in früherer Zeit erneuert worden. Auf gleiche Weise sollen die übrigen Risalite erneuert werden. Sie bilden gleichsam colossale Strebepfeiler, die, so lange sie selbst unversehert sind, auch das ganze obere Stockwerk zusammenhalten müssen.

Weitern Ausweichungen der Fundamente hofft man dadurch, dafs man die Incrustirung der untern Stockwerke in starke Futtermauern verwandelt, zu verhindern.

Freilich wird sich das Gebäude nicht in seiner ursprünglichen Form herstellen lassen, da dieselbe, wenigstens aus *diesem* Material und auf einer nicht genügenden Fundamentirung, als nicht zureichend dauerhaft sich gezeigt hat. Man wird nur die grofsen Arcaden, so wie es schon bei der Reparation und an dem erneuerten Risalit geschehen ist, wieder unterwölben können, und nur die ursprünglich freistehenden Pilaster werden, wie es schon bei der Herstellung geschehen ist, mit einer mittlern soliden Kernmauer aufgeführt werden können, so dafs sich die neue Herstellung an die ältere consequent anschliefst und mit derselben harmonisch wird.

Die Rüstungen zum Abbruch der schadhaften Gebäudetheile werden sorgfältig verzimmert, da man bei den colossalen Dimensionen und der Heftigkeit der Einwirkung der Witterung auf diesen Höhen auf gewöhnliche Tünchergerüste sich nicht hätte verlassen können. Die Aufstellung der Rüstung, die, gleich dem Gebäude, colossal sein mufs, ist nicht ohne Schwierigkeit: um so mehr, da man dabei nicht auf die untern schadhaften Stockwerke sicher fufsen kann.

Idee zur Herstellung mittels Eisen und durch eine die Fundamente verstärkende Felsenlage.

Das obige Herstellungssystem ist unter den vorhandenen Umständen nicht anders als zu billigen; denn, was man jetzt macht, mufs sich, wenn man nicht wieder zerstören will, was in früherer Zeit geschehn, an das Frühere anschliefsen.

Wäre aber das ganze Gebäude noch in seiner ursprünglichen, wenn auch ganz schadhaften Form, so dürfte wohl die neuere Technick Mittel zu einer Herstellung finden, welche die Zierlichkeit der italienischen Architektur nicht beeinträchtigen würde, und welche hier erwähnt werden mag.

Zunächst dürfte die Verstärkung der untern Stockwerke auf eine zugleich malerische Weise zu erlangen sein, wenn man sie mit Felsenmassen aus Basaltsäulen, wie sie, kaum eine Viertelstunde entfernt, so schön und grofs als irgendwo vorkommen, in der natürlichen Formation mannichfaltig geschichtet und mit Cement zusammengesetzt, um eine feste Masse zu bilden, umgäbe. Die architektonische Form der untern Stockwerke könnte so freilich nicht erhalten werden; aber daran würde auch nicht viel verloren sein; denn künstliche Felsenformen, mit symmetrisch geordneten und architektonisch construirten Bogenthüren und Nischen, sind stets etwas Widersinniges. Die Anordnung der Felsenmassen müfste so gemacht werden, dafs sie Erdbassins (wenn der Ausdruck erlaubt ist) für passende Felsensträucher enthielten, und in der Art, dafs sie gegen zu grofse Kälte, gegen Sturmwinde und allzu lebhafte Einwirkung der Sonnenstrahlen geschützt wären. Ich habe hier besonders die schönen ausländischen Sträucher, wie die pontischen Azaleen, die Kalmien, Andromeden, Rhodoren u. s. w. im Auge. In den Zwischenräumen der Basaltsäulen müfste, nachdem sie nach Innen vollkommen dicht durch Cement verwahrt wären, nach Aufsen Platz genug sein, um sie mit nahrhaften Erd-Arten auszufüllen und jene schönen Lichen, Moose und andern Kriechpflanzen, die mit ihren prächtigen rothen, gelben, weifsen und blauen Blüthen unsern modernen Gärten so sehr zur Zierde gereichen, in grofsen Massen anbringen zu können.

Nachdem auf diese Weise die untern Stockwerke in einen schön bewachsenen Basaltfelsen verwandelt worden wären, würde die ursprüngliche leichte und luftige Architektur des obern Stockwerks mit dieser Felsenmasse den schönsten Contrast bilden, und das obere Stockwerk würde dann erhalten werden können, wenn man es durch ein zusammenhängendes, wohlverbundenes und allen Mängeln, die jetzt durch unvollkommnes Material und unvollkommne Construction entstanden sind, entgegenwirkendes eisernes Skelet zusammenhielte. Ich meine nicht, dafs man dieses eiserne Skelet in dem Mauerwerk verbergen und in das Innere desselben bringen solle; vielmehr würde es, da alles *Zweckmäfsige,* wenn es mit Geschmack ausgeführt wird, auch *schön* sein kann, hier um so mehr auch äufserlich zur Annehmlichkeit der Wirkung des Ganzen beitragen, als es zugleich dazu dienen könnte, schöne Schlinggewächse, die in Wilhelmshöhe so wohl gedeihen, daran zu befestigen.

Die Idee wird noch deutlicher vor Augen treten, wenn ich einen Theil des Skelets, z. B. die Unterstützung der grofsen Bogenthüren, etwas näher beschreibe.

Ich denke mir dieselbe durch zweifache eiserne Gurtbogen, welche von den Bogen bis zum Fufsboden fortgesetzt und durch sich kreuzende diagonale eiserne Stäbe mit einander verbunden sind, unterstützt, während die Gurtbogen nicht nur von einer Bogenthür zur andern durch horizontale Stäbe zwischen den Pilastern hindurch, wo sich Quer-Eisen an dieselben anschliefsen, verbunden sind, sondern auch auf ähnliche Art mit den gegenüberstehenden, eben so unterfangenen Bogenthüren des innern Raums des Gebäudes in Verbindung stehn, dabei aber durch Einsatz, auch wohl am passenden Ort durch Schrauben, mit dem Gebäude so fest vereinigt sind, dafs dasselbe nicht weiter ausweichen oder sich verändern kann, ohne das durch das ganze Gebäude hindurch zusammenhängende eiserne Skelet zu zersprengen; wogegen man dann dasselbe nur hinreichend stark machen dürfte. Die nach entgegengesetzten Seiten strebenden Ausweichungen der einander gegenüberstehenden Gebäudetheile werden hiebei einander entgegenwirken. Dafs man das eiserne Gitterwerk mit Ranken von Schlinggewächsen umwinden könne, und dafs dies alles zusammen einen recht anmuthigen und malerischen, ja, wenn man etwas anwenden und z. B. das Eisenwerk ganz oder theilweis vergolden wollte, prächtigen Effect machen könne, ist leicht zu sehen. Es versteht sich, dafs die Vergitterungen so angebracht sein müfsten, dafs sie den Durchgang und die Benutzung des Gebäudes nicht hinderten.

12.
Versuch über das Ionische Kapitäl.

Ein Beitrag zur Geschichte der griechischen Architektur.

(Von Herrn Dr. *Ernst Guhl* zu Berlin.)

Wie die Griechen dazu berufen waren, sich zuerst unter allen weltgeschichtlichen Nationen der Freiheit bewufst zu werden und dies Bewufstsein in allen Gebieten des Lebens und des Geistes zu bethätigen, so liegt auch die Bedeutung der griechischen Kunstgeschichte gerade darin, dafs der Begriff der Freiheit der Kunst, der als solcher aller und jeder Kunstübung überhaupt gemeinsam ist, in ihr zum erstenmale auch zur äufsern, selbstbewufsten Erscheinung kam. Die Kunst, die in den vorhergehenden Epochen ihrer Geschichte nur ihrem Begriffe nach frei gewesen, wurde bei den Griechen auch in der That und Wirklichkeit frei und bekundet eben dadurch den tiefen und innigen Zusammenhang, in welchem sie, wie mit der Religion, so auch mit dem wissenschaftlichen und dem politischen Leben der Nation stand.

In der Baukunst giebt sich dies Erscheinen der Freiheit dadurch zu erkennen, dafs sich dieselbe von allen fremdartigen Einflüssen, sie mochten heifsen wie sie wollten, lossagte, und ihre Absicht eben auf nichts anderes, als auf die Darstellung rein künstlerischer, hier also architektonischer Ideen richtete, während in den vorhergehenden Zeiten die Baukunst unter dem Einflusse anderer, der Kunst selber mehr oder weniger fremder Ideen stand; ein Einflufs, der, wie in der orientalischen und ägyptischen Kunst, zu einem drückenden Joche ward und alles eigenthümliche Leben, alle freiere Entwickelung der Kunst im Laufe der Zeit hemmen und unterdrücken mufste.

Man kann diese Epochen der orientalischen und ägyptischen Kunst als die schwere Schulzeit, als die Lehrjahre der Künste betrachten, während welcher sie, im Dienste einer fremden, höheren Macht stehend, ohne eigenen Willen und ohne eigene Berechtigung mit saurem Schweifse gleichsam die schwierigsten, noch jetzt fast unerreichbar scheinenden Aufgaben zu lösen hatten und in der That gelöset haben. Deshalb sind jene Epochen für die

Entwickelung der Kunst von der äufsersten Bedeutung und sie mufsten ebenso nothwendig durchgemacht werden, als sie späterhin, wenn überhaupt ein Fortschritt, ein freierer Aufschwung in die schon erstarrte und stagnirende Kunstgeschichte treten sollte, nothwendig überschritten werden mufsten. Die griechische Kunst nun that jenen gewaltigen Schritt, womit sie die Lehrjahre, die Zeit des Zwanges verliefs und indem sie es verschmähte, als ein Mittel zur Erreichung fremdartiger Zwecke zu dienen, wagte sie es zum ersten Male sich selber Zweck zu sein.

Indem sich nun so die griechische Architektur durch keinerlei äufserliche Einflüsse und Motive mehr bestimmen liefs, indem sie nur der Darstellung rein architektonischer Kunst-Ideen nachging, so ergiebt sich daraus für ihre Geschichte der eigenthümliche und wichtige Umstand, dafs man von ihren vorliegenden einfachen Anfängen aus eine naturgemäfse, konsequente Entwickelung architektonischer Gedanken und somit aller ihrer Formen und Glieder verfolgen kann, die jene Gedanken zur Erscheinung zu bringen haben und die nichts als der reale, lebendige Körper derselben sind.

Beim dorischen Style ist dies Verhältnifs durchaus unzweifelhaft und mit wenigen Ausnahmen allgemein anerkannt. In seiner Totalität stellt derselbe einen solchen, auf rein architektonischen Grundlagen beruhenden und in sich vollkommen abgeschlossenen Entwickelungsgang dar, dessen Anfänge, in der Darstellung einfacher statischer Grund-Ideen bestehend, leicht zu erkennen sind und dessen Fortschritt, ohne durch fremdartige Motive bestimmt zu sein, nur das Resultat der nothwendigen Entwickelung und Ausbildung rein architektonischer Ideen ist.

Anders dagegen scheint es sich mit dem ionischen Style zu verhalten; in diesem ist der Kreis architektonischer Formen im Vergleich mit dem dorischen um ein Beträchtliches erweitert; neue, zum Theil auffallende Glieder machen sich geltend, ja es treten Bildungen in ihm auf, von denen es auf den ersten Anblick schwer, wo nicht unmöglich erscheint, sie mit denen des dorischen Baues in Einklang und inneren Zusammenhang zu bringen. Daher ist man es denn gewohnt, in dem ionischen Bau entweder ein durchaus fremdartiges Bildungs-Element anzunehmen oder doch mehr äufserliche und zufällige Umstände vorauszusetzen, durch welche der schlichte und einfache Bildungsgang des dorischen Baues unterbrochen und jene neuen Formen hervorgerufen seien.

Unter allen Theilen der ionischen Architektur ist es nun vorzüglich das Volutenkapitäl, das durch seine eigenthümliche Gestaltung der Ansicht, es walten bei der Ausbildung derselben durchaus verschiedene Gesetze und Bedingungen ob, als bei der dorischen, einen willkommenen Anhalt darbot; und so knüpften sich denn alle jene Zweifel und Bedenken, die man in Betreff des ionischen Styls überhaupt hegte, zunächst und hauptsächlich an das Kapitäl desselben, welches selbst Denen, die die Möglichkeit einer inneren Fortentwicklung aus den Principien des dorischen Styles angenommen haben, noch immer etwas fremdartiges und räthselhaftes beibehalten hat. Daher kommt es denn auch, dafs die Frage über das Wesen und die Entstehung des ionischen Kapitäls eine Bedeutung erlangt hat, wie sie kaum noch irgend einem anderen Punkte in der Geschichte der griechischen Baukunst beiwohnen möchte.

Es knüpfen sich nämlich unmittelbar an dieselbe folgende Fragen, die man in gewisser Beziehung als Lebensfragen für die gesammte innere Entwickelung der griechischen Architektur betrachten mufs. Erstens: Soll man in der Ausbildung des ionischen Styles, als dessen Hauptmerkmal man das Volutenkapitäl betrachtet, eine innere Fortentwickelung aus den Principien der griechischen Architektur selbst annehmen, oder soll man derselben äufserliche und zufällige Motive zu Grunde legen? Zweitens: Soll man diese Entwickelung als eine selbständige, als eine rein griechische betrachten, oder ist dieselbe aus dem Einflufs einer fremden Architektur zu erklären, deren Formen man im ionischen Bau nachgeahmt oder doch benutzt und ausgebildet habe? Drittens endlich: Liegt in der Ausbildung des ionischen Styls im Vergleich zum dorischen Bau ein Fortschritt oder ein Rückschritt?

Die Geschichte des dorischen Styls zeigt eine auf rein baulichen Bedingungen beruhende Entwickelung bestimmter baulicher Formen, frei von allen fremdartigen und nicht aus dem Begriffe der Baukunst selbst hervorgegangenen Motiven. Solche äufserliche und zufällige Motive hat man nun aber für den ionischen Styl und namentlich für das Volutenkapitäl im Kultus oder Leben der Griechen aufgesucht, um die auffallenden Verschiedenheiten desselben von dem des dorischen Baues zu erklären. Während nun diese Erklärungen, wenn auch nicht in den Grenzen der Architektur, doch immer noch im Bereiche des griechischen Lebens bleiben, greifen dagegen andere zu dem Auskunftsmittel, die ionische Architektur unter den Einflüssen einer fremden Baukunst entstehen zu lassen, oder sie, wie *Hübsch*, schlechthin als ganz fremder, asiatischer Art zu betrachten. Man kann hieraus auf die grofse Verschiedenheit schliefsen, mit welcher die beiden ersten der oben aufgeworfenen Fragen beantwortet worden sind; nicht minder verschiedener Natur sind die Beantwortungen der dritten Frage, denn während *Hirt* noch das erste Erscheinen der ionischen Ordnung an dem Tempel der Ephesischen Artemis, als einen wesentlichen Grund des kühnen Umschwunges bezeichnet, „vermöge dessen es vielleicht allein möglich ward, die architektonische Kunst der Griechen auf jene Höhe zu führen, wodurch sie das vollendete Vorbild für alle gebildete Völker und Zeiten ward" (Über den Tempel der Diana von Ephesus. Berlin, 1809, S. 5.), sehen dagegen neuere Forscher in ihr nur einen Schritt zum endlichen Verfalle der griechischen Baukunst, wie *Rosenthal* (Geschichte der Baukunst. Bd. II. S. 279.) den gesammten ionischen Styl als eine taube Blüthe des griechischen Kunstgeistes betrachtet und *Bötticher* (Tektonik der Hellenen. Bd. I. S. 115.) ihm die wesentlichsten Vorzüge des dorischen Styls und somit allen Anspruch auf künstlerische Vollendung abzusprechen scheint.

Es hat dieser Gegenstand eine so grofse Literatur aufzuweisen, als wohl kaum ein anderer der griechischen Architektur. Einmal nämlich haben die Vorschriften des *Vitruv* über die Konstruktion und technische Herstellung der Spiralwindungen der Voluten seit den Zeiten des Auflebens und der wissenschaftlichen Behandlung der klassischen Baukunst, sowohl in Monographieen, als in gröfseren Werken eine ungemein zahlreiche Menge von Behandlungen im technisch praktischen Sinne erhalten, und die lateinischen, italienischen, spanischen und deutschen Bearbeitungen dieses Gegenstandes von Meistern der Kunst oder der Wissenschaft bilden an sich schon eine vollständige Literatur, die sich vom funfzehnten Jahrhundert bis auf den heutigen Tag erstreckt *). Alle diese Untersuchungen indefs bewegen sich auf rein praktischem Gebiete und beabsichtigen nur die Lösung der vitruvischen Aufgabe, ohne auf die genetische Entwickelung und die eigentliche Natur dieser Form Rücksicht zu nehmen. Ihre Betrachtung gehört daher mehr der Geschichte der Wissenschaft an, als der Geschichte der griechischen Kunst selber, weshalb sie auch in den folgenden

---

*) Es möge hier ein kurzes Namens-Verzeichnifs Derer genügen, welche in diesem Sinne über die ionische Volute geschrieben haben. (Nach *Marini* zusammengestellt.) *Alberti*, 1485. — *Cesariano*, 1521. — *Albrecht Dürer*, 1525. — *Serlio*, 1537. — *Salviati*, 1541. — *Filandro*, 1544. — *Vignola*, 1563. — *Barbaro*, 1556 (1567). — *Bertano*, 1558. — *Delorme*, 1567. — *Catanco*, 1567. — *Palladio*, 1570. — *Scamozzi*, 1615. — *Wotton*, 1624. — *Goldmann*, 1661 — *Perrault*, 1673. — *Galiani*, 1758. — *Newton*, 1771. — *Ortiz*, 1787. — *Giovanni* 1795. — *Melocchi*, 1810. — *Wilkins*, 1812. — *Selva*, 1814. — *Rossi*, 1817. — *Vannini*, 1818. — *Romano*, 1826. — *Marini* 1825. —

Untersuchungen keine Beachtung finden können. Aber auch die theoretische Seite des Gegenstandes ist häufig, obschon seltener in besonderen Schriften und Aufsätzen, als die praktische, behandelt worden, und man hat die verschiedenartigsten, oft ziemlich abentheuerlichen Ansichten über die Entstehung und Bedeutung des Volutenkapitäls aufgestellt, mit deren unpartheiischer Würdigung es die erste Hälfte der vorliegenden Abhandlung zu thun hat, um die Wissenschaft von der hemmenden und fesselnden Anhäufung zum Theil veralteter Meinungen so viel als möglich zu befreien und den Weg zu einer freieren, ungehemmten und begriffsmäfsigen Behandlung des Gegenstandes zu bahnen, von welcher der zweite, theoretische Theil dieser Zeilen einen Versuch giebt. Zu bemerken ist dabei noch schliefslich, dafs, wenn es sich in der folgenden literarhistorischen Übersicht fast einzig und allein um die Erklärung der Voluten zu handeln scheint, dies nur auf dem Umstande beruht, dafs man fast durchgängig diese Form als den Haupttheil, als das wesentlichste Element des ionischen Kapitäls betrachtet hat, eine Ansicht, deren genaue Prüfung erst im Verlauf unsrer eigenen Untersuchungen möglich sein wird.

In einer gedrängten Aufführung nun der verschiedenen Meinungen über das ionische Kapitäl, drängt sich zuerst die haltungsloseste derselben auf, die des *Vitruvius* nämlich, der von seiner oberflächlichen Analogie der Säulen-Arten mit den verschiedenen Körperbildungen ausgehend, das Vorbild der ionischen Säule in der weiblichen Gestalt sieht und so spielend die Voluten für die Nachahmung der geringelten Locken des weiblichen Haarputzes erklärt. De Architect. Lib. IV. cap. 1.: „Item postea Dianae constituere aedem quaerentes novi generis speciem iisdem vestigiis ad muliebrem transtulerunt gracilitatem, ut haberent speciem excelsiorem basi spinam supposuerunt pro calceo, capitulo volutas, uti capillamento concrispatos cincinnos praependentes dextra ac sinistra collocaverunt et cymatiis et encarpis pro crinibus dispositis frontes ornaverunt." Die neuere Forschung *) hat sich von einer so unbegründeten Auffassung, die *Raoul Rochette* mit *Creuzers* Beistimmung mit Recht für lächerlich erklärt, losgesagt (vergl. *Wolf* S. 87, *Quatremère de Quincy* S. 693, *Stackelberg* S. 40 u. a. in den unten angeführten Werken), und nur

*) Schon *Bernaldinus Baldus* in seinem Lexicon Vitruvianum bei *De Laet* p. 143 bemerkt über diese Ansicht *Vitruvs:* „Ingeniose videtur haec dixisse, non vere." Was jedoch die eigene Erklärung des *Baldus* betrifft „volutas esse pulvinum oblongum inter abacum et echinum interpositum ne echinus abaci pondere frangeretur," so findet dieselbe weiter unten ihre Erledigung.

ganz vereinzelt scheint dieselbe hie da und einigen Anklang gefunden zu haben, besonders bei solchen, die eine rein praktische Absicht verfolgten, wie *Bertanus,* de opere Ionico Vitruviano in *Stratico's* Ausgabe des *Vitruv* (Vol. I. pars 1. 1825) pag. 283, der sich wenigstens darauf beschränkt, die Meinung *Vitruvs* ohne weitere Äufserung anzuführen; *Wotton,* der in den Elementis Architecturae, Lond. 1624, p. 214, die Analogieen *Vitruvs* befolgend, das capitulum „comtum utrinque haud dissimile foeminarum cincinnis in concrispatione" nennt; u. a. m. Vergl. *De Laet* Observationes bei *Stratico* I. 1. p. 203 ss.

Bei der Unzulänglichkeit der vitruvischen Erklärung war man nun ganz ohne Anhaltspunkt, und da die Methode, die Glieder der griechischen Architektur aus ihrem inneren Wesen zu erklären, erst eine der jüngsten Früchte der Wissenschaft ist, konnte es nicht fehlen, dafs man auf allerhand abentheuerliche und phantastische Erklärungsweisen verfiel, die hier nur kurz angegeben werden können, um zu den mehr begründeten einer besonnenen Untersuchung überzugehen. Die reichste Zusammenstellung von Erklärungen jener Art scheint eine Abhandlung von *Gherardo de Rossi* zu enthalten: „Esercitazione sulla voluta del capitello Ionico. Firenze, 1817", welche uns leider ebenso wenig als die „Dissertazione sulla voluta Ionica. Padova, 1814." von *Giannantonio Selva* zugänglich geworden ist. Indessen finden sich die Grundzüge des ersteren in desselben Verfassers Abhandlung über die Entstehung der Ornamente in der griechischen Architektur wieder, die noch weiter unten näher zu berühren sein wird. Was dagegen die Monographie von *Selva* betrifft, so scheint dieselbe weniger über das Wesen des Volutenkapitäls als über den Werth und die Vorzüglichkeit der verschiedenen Volutenarten zu handeln, wie dies aus den Worten *Marinis* in seiner Abhandlung: „Sul ritrovimento da lui fatto del metodo di descrivere la Voluta Ionica Vitruviana" in den „Atti dell' Accademia Romana di Archeologia, Tom. II. p. 107 (Roma, 1825)," hervorgeht: „Ne tampoco prendo l'assunto d'investigare a quale fra le varie volute debba darsi la preminenza, avendo di ciò ragionato *Giannantonio Selva* etc." Derselbe *Marini* erwähnt auch die Abhandlung *Rossis* und theilt uns die von diesem behandelten und wie es scheint widerlegten, verschiedenen Ansichten über die Volute in folgenden Worten S. 108 mit: „Se dai Capitelli Isiaci del Tempio di Tentyra, o dall' incurvatura delle foglie di palma de' capitelli del tempio di Salomone, ovvero dalle inanellate chiome delle donne Spartane, oppure del ravvolgimento de' rami nella cima de' tronchi degli arberi — il modello di si gentile ornamento prendesse origine, è questo un argomento trattato già dal ch. collega Cavaliere ***Gherardo de Rossi*** e dal Professore ***del Rosso*** etc." Die Ableitung von den mit Palmenblättern gezierten Kapitälern des Salomonischen Tempels kann füglich ohne weiteres zurückgewiesen werden, indem derselben weder eine Ähnlichkeit in der Anschauung, noch die Wahrscheinlichkeit einer Übertragung zu Grunde gelegt werden kann. Die erstere dagegen von den Isiskapitälern des Tempels von Tentyra verdient, wenn auch die Möglichkeit einer Übertragung aus Ägypten nach Griechenland zugegeben werden könnte, doch um so weniger Beachtung, als in der That nicht die geringste Ähnlichkeit des ionischen Kapitäls, weder mit jenen Isiskapitälern, noch auch mit irgend einer andern Formation in der ägyptischen Architektur vorliegt. Ein Umstand, der, neben der gänzlichen Verschiedenheit ägyptischer und griechischer Baukunst überhaupt, gegen jede Ableitung des ionischen Styls aus Ägypten spricht, wie sie z. B. ***Thiersch*** behauptet hat, welcher in seinen Epochen der bildenden Kunst S. 136 (2. Aufl. München, 1829) aus dem Vaterlande der beiden Erbauer des ephesischen Tempels, bei welchem bekanntlich der ionische Styl zum erstenmal durchgängig angewandt wurde (*Carelli* Diss. eseg. bezieht dies fälschlich auf den Tempel von Smyrna S. 31), zu rasch auf eine Übertragung der ionischen Architektur schlofs, indem Kreta, wie überhaupt alle seine Einrichtungen, so auch seine Bauweise aus Ägypten entlehnt und so mittelbarerweise nach Ionien verpflanzt haben soll. Vergl. dagegen ***E. Guhl*** Ephesiaca (Berlin, 1843) S. 171. Was endlich die zusammengerollten Zweige an der Spitze der Baumstämme betrifft, so ist einmal die Analogie zwischen diesen und den ionischen Voluten schwer zu begreifen, und dann liegen durchaus keine Gründe vor, die eine Ableitung der letzteren von einer so zufälligen Erscheinung nur irgend wie wahrscheinlich machten, angenommen selbst, dafs eine so auffallende Ähnlichkeit, die aber in der That gänzlich fehlt, wirklich stattfände.

Wenden wir uns nun zu den auf mehr wissenschaftliche Weise begründeten Ansichten über die ionische Volute, so können wir innerhalb derselben zwei Klassen unterscheiden, deren jede, von einer bestimmten Auffassungsweise ausgehend, die Voluten auf eine bestimmte Art zu erklären sucht. Die erste derselben glaubt in ihnen eine symbolische Bedeutung zu finden und sucht die eigenthümliche Form derselben aus Gebräuchen des Kultus und Lebens, aus der Nachahmung bestimmter heiliger Symbole herzuleiten. Die zweite sucht im entschiedenen Gegensatz gegen die erstere in den Voluten eine rein struktive Bedeutung nachzuweisen und leitet dieselben aus einem rein baulichen und zwar mehr oder weniger zufälligen Umstande ab. Die erste Auffassungsweise kann man die symbolische, die andere die struktive nennen; eine dritte, aus der Unzulänglichkeit dieser beiden Ansichten hervorgegangen, werden wir noch im Verlaufe dieser Übersicht kennen lernen.

Betrachtet man nun zunächst die Ansichten derjenigen Gelehrten, welche von einer symbolischen Bedeutung der Form ausgingen, so fällt es in die Augen, dafs dieselben um so mannigfaltiger ausfallen mufsten, als die Bedingungen dieser Auffassungsweise nicht durch die Erfordernisse des Baues selbst ursprünglich gegeben, sondern vielmehr von aufsen an die architektonische Form herangebracht sind. Daher hat denn auch hier die Willkür einen bei weitem gröfseren Spielraum, als bei irgend einer anderen Erklärungsart, indem eine zufällige Ähnlichkeit der Volute mit Gegenständen der Natur oder Kunst zu einer neuen Erklärung derselben hinreicht und es bei der Begründung dieser Meinung nur auf die gröfsere oder geringere Wahrscheinlichkeit ankommt, die man derselben zu geben vermag. Und so kann man denn auch wohl sagen, dafs so ziemlich alle nur erdenkbaren Analogieen mit der ionischen Volute durchlaufen worden sind, so dafs man innerhalb dieser einen symbolischen Auffassungsweise den verschiedenartigsten Ansichten und Hypothesen begegnet, deren eine nothwendig immer die andere aufheben mufs.

Schon *Winckelmann* gab in gewisser Weise einer symbolischen Auffassung der Volute Raum, indem er in dem Versuche über die Allegorie (Dresd. Ausg. II. 610.) in Betreff derselben bemerkte: „Es hatten auch die Capitäler Antheil an der Allegorie und in gewissem Maafse können die aus Schlangen geformten Voluten Ionischer Capitäler an einigen erhaltenen Werken hier angeführt werden, weil die Spiralwindungen dieser Glieder einer geringelten Schlange ähnlich sind, oder *weil diese zu jenen den ersten Begriff gegeben haben.*"

Indefs hat diese Behauptung, insofern nämlich die Volute von einer geringelten Schlange abgeleitet und in dieser das ursprüngliche Vorbild jener gesucht wird, an und für sich so wenig Wahrscheinlichkeit und liegt dem wirklichen Eindruck der Form so ferne, dafs eben nur eine ganz zufällige und vereinzelte Nachahmung von Schlangen in dem ionischen Kapitäl diese Idee in *Winckelmann* hervorgerufen haben kann. In einer solchen Nachahmung ist jedoch nur dieselbe spielende Anwendung animalischer oder vegetabilischer Gebilde zu erkennen, welche die Römer in späteren Zeiten besonders bei den Säulenkapitälern liebten, ohne dadurch irgend eine Andeutung über die Entstehung und den Ursprung der Grundform selbst geben zu wollen. Es beruhen vielmehr solche und ähnliche Formationen lediglich auf der Ausbildung einer fast zur Selbständigkeit gelangten Ornamentistik; wie sich denn auch, aufser den bekannten korinthischen Kapitälern (vergl. *Marini* a. a. O. S. 126) manche andere Beispiele anführen lassen, die diese Ansicht aufser Zweifel setzen. Dahin gehört das schöne ionische Marmorkapitäl aus Vienne im Dauphiné, welches *Millin* zu Valence gefunden und in seinem „Voyage dans les Départements du Midi de la France" (Tome II. p. 87, Paris, 1807. Vergl. Atlas pl. XXXVIII. no. 1.) folgendermafsen beschrieben hat „La volute est formée par les enroulemens de deux énormes dragons, qui s'enlacent autour de deux trépieds, dont l'un est surmonté d'une figure d'Apollon, vers laquelle se dresse la tête des deux serpens." Ferner ist das von *Piranesi* „in vinea Borionia" gefundene und in seinem Prachtwerke „Magnificenza ed Architettura de' Romani Tav. XIX." abgebildete Kapitäl zu vergleichen, dessen Voluten oder Schnecken auf eine äufserst sinnreiche Weise durch arabeskenartig gewundenes Blattwerk dargestellt sind. Endlich gehört hierher noch die Nachahmung von Widderhörnern an manchen ionischen Kapitälern, von der jedoch in der Folge noch näher zu handeln sein wird.

Hieraus ergiebt sich die rein ornamentale Bedeutung solcher Nachahmungen zur Genüge. Auch hat *Winckelmann* selbst nie grofses Gewicht auf seine allegorische Erklärung der Voluten gelegt; wie sie denn auch unseres Wissens nirgend weiter ausgeführt ist.

Ein anderer diesem Kreise angehöriger Erklärungsversuch geht nicht von einer einzelnen Erscheinung und deren Ähnlichkeit mit der Volute aus, sondern von einer Hypothese, die das ganze Gebiet der griechischen Architektur berührt. *Gherardo de Rossi* nämlich, dessen Monographie über die ionische Volute schon oben erwähnt worden ist, führt in einer Abhandlung über den Ursprung der Ornamente in der griechischen Baukunst (Atti dell' Accad. Romana Tom. I. parte II. p. 189 ss. Roma, 1823.), indem er die gesammte Architektur auf theologische Grundsätze reducirt (p. 193), die Idee aus, alle Ornamente, sowie überhaupt alle besonders hervorstehenden und ausgebildeten Glieder des griechischen Tempelbaues seien von Vegetabilien, von allerlei Pflanzen und Blumen, von Kränzen und Guirlanden abzuleiten, die, der Einfachheit der frühesten Zeiten entsprechend, dem Gotte als Spende und Dankopfer dargebracht und zum Schmucke des Tempels verwendet worden seien; indem nämlich späterhin die Architektur die vergängliche Zierde von heiligen Binden oder von Frucht- und Blumengewinden zu fixiren suchte, hätten sich die verschiedenen Ornamente der griechischen Architektur entwickelt, unter denen er die ionische Volute auf folgende Weise (p 197) herzuleiten sucht: „a me parea di dimostrare che i panni di addobbi ed i festoni pendenti nelle „solennità fra le colonne raggruppati intorno alla cima produssero l'idea del „capitello Ionico." Gegen diese Ansicht des gelehrten Italieners ist nun zunächst zu bemerken, dafs, um dieselbe unbedingt anzunehmen, seine gesammte Hypothese, die Entstehung der Ornamente betreffend, eine wissenschaftlich festere Begründung haben müfste, als dieselbe in der That hat. Wollte man ihr dieselbe indefs auch zugestehen, so ist selbst dann leicht zu sehen, dafs einmal die Nachahmung von Festons, Kränzen oder Guirlanden niemals auf die Volute geführt haben kann, und dafs andrerseits die vorausgesetzte Anordnung der heiligen Binden, welche allein ein Vorbild derselben hätte abgeben können, eine durchaus unwahrscheinliche und unnatürliche ist; wie dies der geringste Vergleich ergeben mufs.

Derselbe Grund ist auch gegen *Canina* geltend zu machen, welcher bei der Herleitung des ionischen Kapitäls mit andern Gelehrten zwar von der Grabstele ausgeht, die Voluten jedoch, wie *Rossi* aus der eigenthümlichen Zusammenfaltung eines Tuches oder einer Binde erklärt. „Il canale," sagt er in seiner Storia dell' Architettura Greca p. 62 (Roma, 1839) „che formava „col suo ravvolgimento le volute, vuolsi più communemente dedurre dalla pie„gatura, che produceva un panno posto nei più antichi tempi per cuoprire gli „echini collocati sopra le sepolture degli estinti. La formazione delle volute „ioniche si rinviene essere per se stessa simplicissima, perchè era formata „da pochi giri di fascie, che si ravvolgevano intorno restringendosi versa la „parte centrale." Die Sitte selbst, die Grabstelen durch Tücher und Binden zu schmücken, hat allerdings, wie auch *Canina* durch Citate nachweiset, stattgefunden, ja auf Vasengemälden, die bekanntlich das ionische Kapitäl häufig auf Grabsäulen zeigen, lassen sich hie und da auch solche Binden nachweisen (vergl. z. B. *Carelli* Dissert. eseget. Tav. VI. Fig. 2, Tav. VII. Fig. 10), indefs war, wie dies auch jene Darstellungen selbst bezeugen, in diesem Falle die Anordnung derselben eine ganz andere, als *Canina* sie voraussetzt, und weit davon entfernt, auch nur die geringste Ähnlichkeit mit der ionischen Volute darzubieten, geschweige denn als Vorbild derselben dienen zu können.

Nach diesen Erklärungen, denen man noch die schon bei *Rieger* Elem. Arch. civilis. Wien, 1756, Tom I. p. 196 erwähnte Ableitung von den Polstern der Karyatiden — „a pulvillis, Caryatidum symbolis" — jedoch ohne weitere Widerlegung hinzufügen kann, gehen wir zu einer Ansicht über, nach welcher die Volute aus der Nachahmung einer als Symbol irgend einer Gottheit betrachteten Seemuschel oder Seeschnecke hervorgegangen ist.

Eine ähnliche Ableitung der Volute soll nach *Stieglitz*, die Baukunst der Alten (Leipzig, 1796) S. 41, und *Hirt*, Anfangsgründe der schönen Baukunst (Breslau, 1804) S. 89, schon *Piranesi* vorgeschlagen haben; indessen gestehe ich, eine ausdrücklich ausgesprochene Meinung über diesen Gegenstand bei *Piranesi* nicht gefunden zu haben; wenn man auch die Voluten eines a. a. O. Tav. XVIII. abgebildeten ionischen Kapitäls „in villa Justiniana" allenfalls für die Nachbildung einer Schnecke halten könnte, in welchem Falle jedoch vielmehr die oben S. 195 ausgeführte Auffassung stattfinden würde. Neuerdings dagegen ist diese Idee, ohne jedoch durch *Piranesi* veranlafst worden zu sein, von *Creuzer* ausgesprochen in der Beurtheilung von *Raoul Rochette's* Monuments inédits, Wiener Jahrbücher, 1834, Band LIV. Indem nämlich dieser ehrwürdige Gelehrte seinen Zweifel ausspricht, ob die von *Raoul Rochette* versuchte Erklärung der Voluten (s. w. u.), so scharfsinnig sie auch sei, alle Archäologen und Architekten befriedigen würde, äufsert derselbe, mehr aus archäologischem und mythologischem, als rein architektonischem Standpunkte a. a. O. S. 130: „Vielleicht liefse sich eine Ansicht durchführen, dafs die Windungen gewisser Muschelarten auf die Erfindung jener Volute geleitet haben, „zumal wenn man nachzuweisen im Stande wäre, dafs die ionische Säule hauptsächlich, oder doch zuerst an Altären und Tempeln von Gottheiten gebräuchlich „gewesen, welche, wie die Artemis ποταμία und λιμενῖτις mit Attributen von „Wassergottheiten, wie des Seekrebses und dgl. auf Münzen und andern Bildwerken des Alterthums vorkommen."

Indem nun die Bedeutsamkeit, welche diese Behauptung für Kultus und Mythologie hat, nicht abgeleugnet werden kann, ist es sehr zu bedauern, dafs *Creuzer* dieselbe nicht weiter ausgeführt hat, was freilich an jenem Orte nicht wohl thunlich war; da wir indefs zu gleicher Zeit von der Unanwendbarkeit derselben auf die Architektur überzeugt sind und dieselbe auch beweisen zu können glauben, so würden uns selbst Nachweise, wie sie *Creuzer* an jenem Orte wünscht, dieselbe nicht annehmbarer machen können. Dafs aber solche Nachweise sich in der That auffinden lassen, ist keinen Augenblick zu bezweifeln. So liegt z. B. ein auffallender Umstand darin, dafs die ionische Ordnung zum erstenmale in ihrer Gesammtheit an dem Tempel der Ephesischen

Artemis zur Anwendung gekommen ist, diese Göttin aber, wie wir selbst nachgewiesen haben (Ephesiaca Cap. III. §. 1 — 7.) gerade eine solche See- und Wassergottheit, wie die ποταμία, λιμενῖτις und mannigfache andre Gestaltungen dieses Einen Begriffes gewesen ist (ebds. p. 84 ss.), unter deren Symbolen und Attributen, wenn auch nicht die Seemuschel, doch der von *Creuzer* hervorgehobene Seekrebs nachgewiesen werden kann (ebds. p. 93). Es würde daher die eigenthümliche Dekoration des Tempels, denn als solche müfste man in diesem Falle das Votutenkapitäl betrachten, vollkommen mit dem Begriffe der Göttin in Einklang stehen, ja durch diesen selbst auf eine eben so einfache, als natürliche Weise hervorgerufen erscheinen.

Diese Übereinstimmung ist nun allerdings überraschend und der Gedanke dieser Ableitung gewinnt dadurch etwas Bestechendes. Indefs darf man sich nicht verhehlen, wie unwahrscheinlich, ja wie unthunlich jene Übertragung des Attributes auf das Säulenkapitäl in der Wirklichkeit sei. Man mag sich nämlich das Attribut der Seeschnecke Schmuckes halber an den Echinus der dorischen Säule geknüpft denken, oder man mag nur eine freiere Auffassung und Nachbildung desselben als den Grund der Volutenform annehmen: stets wird diese Ableitung unüberwindliche Hindernisse in den Verhältnissen des Baues selber finden. Denn in dem letzten Falle ist die zwischen beiden Körpern stattfindende Ähnlichkeit viel zu geringe, um einen so engen Zusammenhang derselben voraussetzen zu dürfen, im ersten Falle dagegen findet ein so grofser Abstand von den vier gleichmäfsig um den dorischen Echinus gereihten Schneckenmuscheln — eine schon an sich ganz unwahrscheinliche, doch um die obige Folgerung zu ziehen, allein denkbare Verzierungsart — zu dem einfachen und in sich abgeschlossenen Volutenkörper statt, dafs bei näherer Untersuchung jede Ableitung des letzteren von einer so zufälligen und unschönen Kombination geheiligter Attribute als schlechthin unmöglich erscheinen mufs. Dazu kommt endlich noch, dafs je weiter sich die Bildung des ionischen Kapitäls rückwärts verfolgen läfst, die Schneckenwindungen desselben immer weniger zahlreich und erhaben werden, und somit auch die allenfalls noch denkbare Ähnlichkeit beider Formen immer mehr abnimmt, während diese, wenn eine solche Ableitung wirklich stattgefunden hätte, vielmehr nothwendigerweise immer mehr zunehmen und immer deutlicher hervortreten müfste.

Endlich bleibt nun noch diejenige der symbolischen Erklärungsweisen zu betrachten übrig, welche von allen die meisten Vertheidiger gefunden hat und die, obwohl zum Theil heftig angegriffen, andrerseits sich noch bis auf den heutigen

Tag einer grofsen Verbreitung erfreut. Es ist dies die bekannte Ableitung von Widderhörnern. Schon der Engländer *W. Wilkins* verfiel auf den Gedanken, die ionische Volute von den im griechischen Kultus nicht unbedeutenden Widderhörnern abzuleiten; jedoch sprach er diese Ansicht in einer so singulairen Weise aus, dafs dieselbe fast ohne Beachtung vorübergegangen sein dürfte und wenigstens für die Geschichte der griechischen Baukunst niemals von Bedeutung geworden ist. In seiner Architectura Vitruviana, the civil Architecture of Vitruvius (London, 1812) p. 282 s. bemerkt er nämlich über die Voluten: „they are thought with greater probability to have represented the horns of the Ammonian Jupiter", eine Erklärung, der weder des Autors Argumentation, dafs die Götterstatuen aus einfachen Blöcken entstanden seien, denen man die Attribute der Gottheit allmälig hinzugefügt hätte, noch überhaupt ein anderer Umstand zur Empfehlung dienen kann, indem es sich durchaus nicht absehen läfst, wie die Entstehung des Götterbildes aus der rohen Herme mit den verschiedenen Säulenarten, noch wie die ionische Volute mit Zeus Ammon in irgend einen so nahen Zusammenhang gebracht werden könne.

Bei weitem wichtiger und hier allein zu beachten ist die Ableitung der Voluten von den zu symbolischer Zierde benutzten Widderhörnern, die mehrfach und zwar von den bedeutendsten Männern der Wissenschaft behauptet worden ist.

Zuerst wurde *Stackelberg* durch die folgenreiche Entdeckung des Tempels von Phigalia zu einer gründlichen Behandlung des ionischen Kapitäls angeregt, indem die Kapitäler der Cella dieses Tempels ebenso durch die Neuheit ihrer Form die Aufmerksamkeit des verdienten Entdeckers anregten, als durch ihr erweislich allen andern Formen vorangehendes Alter eine ganz besondere historische Beachtung in Anspruch nahmen. In seinem berühmten Werke: der Apollotempel zu Bassae (Rom, 1826) S. 40 bezeichnet er treffend das Wesen jener Kapitäler mit folgenden Worten: „Hohe Einfalt kündet hier die begin„nende Bauordnung an, die noch frei von allen erst späteren Zuthaten sich „erhielt," wogegen noch neuerdings *Rosenthal* in seiner Geschichte der Baukunst (Berlin, 1842) Band II. S. 398, freilich von seiner irrigen Auffassung der gesammten ionischen Ordnung ausgehend, in demselben Kapitäl ein „bedeutungsloses widerliches Unding" sah, in welchem Urtheil wohl schwerlich jemand mit dem gelehrten Architekten übereinstimmen möchte. *Stackelberg* begnügte sich indefs nicht bei einem ästhetischen Urtheile, er ging weiter und suchte die Entstehung der Volute selbst auf eine Art nachzuweisen, welche von Späteren nicht nur angenommen, sondern auch mannigfach weiter ausgebildet worden ist. „Was die Verzierung der dem Ionischen Käpitäl charakteristischen Voluten betrifft, sagt er a. a. O., welche auf mannigfaltige, oft „abgeschmackte Weise gedeutelt worden, so scheinen sie unzweifelbar von „Widderhörnern herzurühren. Der Gebrauch Altäre mit Hörnern, dem Sinnbilde der Macht und Hoheit zu schmücken, war uralt und entstand einfacherweise zum Zeichen dargebrachter Opferweihen. Statt jener setzten die Bildner „späterer Zeit ganze Widderköpfe an die Ecken derselben und in Bauzierden „mit Perlschnüren umbundene Schädel von verbrannten Opfern. Apollo, der „Lehrer der Baukunst sollte zuerst den Altar und die Wände seines Heiligthums zu Delos mit Hörnern von Böcken geziert haben. Auf altgriechischen „Vasen, insbesondere der Athener, des ionischen Stammvolkes, finden wir „daher den Altar Ionischen Capitälern völlig ähnlich gebildet und schliefsen daraus, „dafs jenes Abzeichen ebenfalls durch Tempelgebrauch als ein stehender Schmuck „in die Ionische Bauart überging."

Die Widderköpfe an Altären und die Bukranien am Friese des korinthischen Gebälkes sind nun allerdings in mannigfaltigen Beispielen bekannt; wenn indefs *Stackelberg* bemerkt, Apollo solle auch den Altar und die Wände seines Heiligthums zu Delos mit Hörnern geziert haben, so ist dagegen zu bemerken, dafs sich die von ihm angeführten Stellen nicht sowohl auf eine *Verzierung* des Altares oder der Tempelwände mit Hörnern beziehen, als vielmehr auf einen vollkommenen Aufbau aus solchen, wie aufser den Worten des *Kallimachos,* Hymnos auf den Apollo V. 62 f.

Δείματο μὲν κεράεσσιν ἐδέθλια, πῆξε δὲ βωμόν
᾿Εκ κεράων, κεραοὺς δὲ πέριξ ὑπερβάλλετο τοίχους,

auch *Plutarchos* im Theseus Kap. XXI. bezeugt, der den Altar *aus Hörnern zusammengefügt* nennt; so wie der Anonymus, der im zweiten Kapitel der Incredibilia den delischen Altar unter die Wunder der Welt rechnet und hinzufügt, *ὃς λέγεται γενέσθαι ἐκ θυμάτων τοῦ θεοῦ μιᾶς ἡμέρας δεξίων κεράτων* — dafs derselbe aus den Hörnern der dem Gotte an einem Tage geschlachteten Opferthiere bestände. Wir haben daher bei dem Altar sowohl, als bei den Tempelwänden nur an eine, immerhin künstliche, doch keineswegs wirklich künstlerische Anhäufung und Zusammenfügung von Widderhörnern zu denken, die auf ornamentale oder gar architektonische Bedeutung eben so wenig Anspruch machen kann, als der aus dem Blute der geopferten Thiere bestehende Altar zu Milet und jener fabelhafte Tempel, von dem die delphische Sage so Wunderbares zu erzählen weifs.

Sei nun jener Hörnerschmuck auf die Altäre der Götter, seien die Bukranien — jedoch, wohl zu bemerken, erst in späterer Zeit — auf den Fries des Gebälkes übertragen worden, so dürfe man, meint *Stackelberg*, mit Wahrscheinlichkeit eine solche Übertragung auch auf das Kapitäl der ionischen Säule annehmen. Dabei läfst er jedoch den wichtigen Umstand aufser Acht, dafs wir es im ersten Falle mit einem reinen Ornamente, ohne alle statisch fungirende Bedeutung zu thun haben, im letzten Falle dagegen mit einem baulichen Gliede, einem wirklichen Architekturtheile, dem eine bestimmte tektonische Bedeutung und Funktion innewohnt. Dem Ornamente nun kommt seiner Natur nach und im direkten Gegensatz zu den baulichen Gliedern, eine mehr oder minder reale Nachahmung wirklicher Gegenstände zu, keineswegs aber dem statisch fungirenden Architekturtheile, und wenn auf ein Ornament die Nachahmung jener Widderhörner wirklich übertragen worden ist, so spricht dieser Umstand eher gegen, als für die Übertragung derselben auf das Kapitäl der ionischen Säule. Was dagegen die Altäre mit einer den ionischen Voluten ähnlichen Verzierung betrifft, so zeigen dieselben zum gröfsten Theile eine so willkürliche und ausschweifende Bildung der Voluten (wie z. B. die bei *Stackelberg* selbst, Gräber der Hellenen Taf. XVII. 6. und Taf. XVIII. 1.), dafs man die letzteren, weit entfernt, sie für Vorläufer des ionischen Kapitäls oder auch nur mit der Entstehung desselben gleichzeitig zu halten, vielmehr als spätere Ausbildungen oder Ausartungen der Volutenform betrachten mufs, für deren erstes Erscheinen ja das Datum der Erbauung des ephesischen Tempels feststeht.

Endlich, und dies ist als das Hauptargument gegen *Stackelbergs* Erklärung zu erachten, zeigt die ionische Volute, je weiter wir auf ihre ursprüngliche Form zurückgehen, um desto weniger Annäherung zu einer dem theils mannigfach gewundenen, theils mächtig herausgedrehten Widderhorn nur irgend wie entsprechenden Form, indem namentlich das Kapitäl von Phigalia, auf welches es hier begreiflicherweise am meisten ankommt, nur wenig Windungen des Kanals zeigt und aufserdem eine fast ganz ebene und nur leise skulpirte Fläche darbietet; wie dies auch bei den Kapitälern des Grabes von Myra stattfindet (*Texier*, Description de l'Asie Mineure pl. 225), welches von den lykischen Beispielen wohl das bedeutendste ist *).

*) Hier scheint der passendste Ort zu sein, einer der anscheinend merkwürdigsten Bildungen des ionischen Kapitäls Erwähnung zu thun, in welcher man der Rohheit der

Erst die späte römische Zeit drehte die Schnecken auf eine unschöne Weise so mächtig heraus, dafs man auf einen Vergleich mit Widderhörnern gebracht werden könnte, und daher hat denn auch das von *Stackelberg* angeführte Beispiel eines ionischen Kapitäls zu S. Cosimato in Rom, welches wirklich Widderhörner zeigt, eben so wenig Beweiskraft für seine Meinung, als die in Schlangenform gebildeten Voluten für die Ansicht *Winckelmanns* hatten. Übrigens ist wahrscheinlich das von *Stackelberg* als ionisch angegebene Kapitäl dasselbe mit dem kompositen Kapitäle bei *Piranesi* Magnificenza Tav. XVI. „in templo Divi Cosmatis," an welchem die Schnecken allerdings als Widderhörner gebildet sind, wie auch an einem andern Kapitäl ebendaselbst Tav. XVIII· „ad quintum lapidem extra Portam Capenam."

Stackelberg hatte die Widderhörner lediglich als Symbole der Macht und Herrschaft betrachtet; seine Hinweisung auf Vasengemälde, welche häufig den Voluten ähnliche architektonische Formen zeigen, mochte die Aufmerksamkeit vorzüglich auf diese Art von Bildwerken gerichtet haben, um an ihnen

---

Formen wegen leicht eine Urform dieses architektonischen Gliedes vermuthen könnte. In der Nekropolis von Kyrene nämlich befindet sich unter andern Sepulkralmonumenten ein langer, in verschiedene kleinere Abtheilungen zerfallender Portikus, der wie die meisten jener Monumente aus dem lebendigen Felsen gearbeitet ist. Einige der erwähnten Unterabtheilungen, die förmliche kleine Tempelfaçaden bilden, zeigen dorische Säulen; die bedeutendste derselben hat zwei reichverzierte ionische Säulen zwischen zwei Antenpfeilern, der gröfsere Theil des Portikus indefs besteht aus viereckigen Pfeilern, deren Kapitäler durch eine nur nach den Seiten hin im Halbkreise ausgebauchte Platte gebildet werden. (Voyage de *M. Pachò* Cyrénaïque Pl. XXXVII.) Diese Form des Kapitäls ist so einfach und hat in ihrer Rohheit einen solchen Anschein sehr früher, unausgebildeter Kunstweise, dafs man beim ersten Anblicke leicht auf den Gedanken kommen kann, es läge hier die ursprüngliche Bildung und gleichsam die Urform des ionischen Kapitäls vor. Bei näherer Betrachtung indefs ergiebt es sich, dafs, wie die viereckige Form der Pfeiler, so auch die eigenthümliche Bildung des Kapitäls, nur aus dem Umstande zu erklären sei, dafs dieser ganze Theil des Portikus unvollendet geblieben ist. Dafür spricht einmal die ungemein reiche Bildung der schon oben erwähnten mittleren ionischen Säulen, die offenbar einer späteren Zeit angehören, und andrerseits der Umstand, dafs auf einigen jener Pfeilerkapitäler schon die später auszuarbeitende Volute angedeutet ist, während sie auf anderen noch gänzlich fehlt. Die allerdings ursprünglich erscheinende Massenhaftigkeit dieser Kapitäler aber entspricht vollkommen derselben Eigenthümlichkeit der dorischen Kapitäler dieses Portikus, deren Echinus im Verhältnifs zum Abakus ebenso übermächtig, wie dort der Abakus, ausgebildet ist.

Bedenkt man nun ferner, dafs die übrigen Felsenfaçaden dieser Nekropolis fast alle die späteren und ausgebildeteren Formen des attisch-dorischen Baues und in den Gesimsen namentlich die reichen Formen der ausgebildetsten ionischen Ordnung zeigen, so verschwindet vollends jede Möglichkeit eine Urform des ionischen Kapitäls in jenen Pfeiler-Kapitälern zu sehen, die in der Folge Anlafs zu manchen anderen, nur diesen Gegenden eigenthümlichen, Kapitälformen gegeben zu haben scheinen. Vergl. *Pachò* Pl. XLII. XLIII. XLVII.

einen Anhalt für die Erklärung der noch immer räthselhaften Form zu gewinnen. Das Ergebnifs dieser Bemühungen war, dafs man zwar *Stackelbergs* Ableitung beibehielt, in den Widderhörnern selbst jedoch eine von dessen Auffassung ganz abweichende symbolische Bedeutung fand und dadurch der ganzen Frage eine andere Wendung gab. Das häufige Vorkommen ionischer Kapitäler auf Vasengemälden von funebralem Inhalt liefs nämlich auf eine ganz besondere Verknüpfung der ionischen Ordnung mit Funebral-Riten schliefsen und veranlafste zuerst *Carelli,* dem ionischen Kapitäl, wie der gesammten Ordnung, eine ausschliefslich auf dergleichen Riten beruhende symbolische Bedeutung beizulegen. In seiner Dissertazione esegetica intorno all' origine ed il sistema della sacra Architettura presso i Greci (Neapel, 1831), worin er der Architektur im Allgemeinen eine symbolisch-religiöse Grundlage zu geben sucht, bemerkt er S. 62 über das ionische Kapitäl: „Mentre questo ricorda con più estensione i riti funebri, crediamo che sia questa la ragione, per cui gli vediamo usati spessissimo nelle architetture delle tombe dipinte sopra i vasi ed in quelle specialmente delle nostre Italiche regioni," wobei er das ganz besondere Verdienst hat, eine grofse Menge der verschiedenen Formen des ionischen Kapitäls auf Vasengemälden nachgewiesen und so deren, wenn auch nicht ausschliefslichen, doch häufigen Gebrauch bei Grabmonumenten aufser Zweifel gesetzt zu haben.

An diesen Umstand knüpfte *Raoul Rochette* an, indem er zugleich die von *Stackelberg* festgestellte Ableitung von den gewundenen Widderhörnern mit Nachdruck hervorhob. In seinen Monuments inédits (Paris, 1833) Orestéide p. 141 sagt er ganz in *Carellis* Sinn: „la colonne ionique a presque sans exception une signification funéraire," eine Behauptung, die indefs nur in Betreff der auf Vasengemälden dargestellten ionischen Säulen erwiesen werden kann, und die *Roul Rochette* insofern zu weit ausdehnt, als er die Anwendung der ionischen Säule zu Grabmonumenten für früher als den allgemeinen Gebrauch des ionischen Styles hält (vergl. Odysséide p. 304 v. 3), indem die Vasenbilder wohl schwerlich den für den letzteren feststehenden Daten, Olympias XXX. und L., vorausgehen möchten. Und nachdem er die Nothwendigkeit einer symbolischen Erklärung hervorgehoben, adoptirt er ohne alle Modifikationen die Ansicht *Stackelbergs:* „Suivant toute apparence," fährt er a. a. O. n. 4. fort, „la forme de la volute ionique, sur laquelle on a tant disserté et dont *Vitruve,* il faut bien l'avouer, allègue une origine si ridicule, dérivait de l'usage de suspendre aux autels les cornes des victimes, qu'on y avait sacrifiées," eben so wie er sich auch auf die von *Stackelberg* angeführten Beispiele stützt: „C'est ainsi, que le bucrâne et les guirlandes, autres symboles dérivés de la même source, sont devenus des ornements de la frise. De là sans nul doute la forme adoptée pour tant de cippes funéraires couronnés de têtes de bélier."

Was nun das neue Moment in den Ansichten *Carellis* und *Raoul Rochettes* betrifft, nämlich die häufige Anwendung der Voluten an Grabmonumenten, — l'emploi exclusif, qui se fit d'abord de la stèle à volute sur les monumens funéraires — so ist dabei zu bemerken, dafs dieser Gebrauch keineswegs auf einer, in jeder Hinsicht unbegründeten symbolischen Bedeutung der Volute beruht, sondern vielmehr ganz einfach aus der besonderen, von dem dorischen Kapitäl durchaus abweichenden Bildung des ionischen Kapitäls hervorgegangen ist. Einer freistehenden, isolirten Säule, die, wie der Cippus und die Grabstele, weder architektonisch, noch durch Geräthe belastet ist, konnte nämlich aus ästhetischen Rücksichten das schmucklose und streng gebildete dorische Kapitäl nicht zum genügenden Abschlufs dienen, und es war natürlich, dafs man zu diesem Zwecke das lebendiger bewegte und reicher geschmückte ionische Kapitäl wählte, welches, wie das ästhetische Gefühl einen jeden belehren wird, den schönsten und gefälligsten Abschlufs für die freistehende Säule darbietet. Hiefür zeugt nun auch der Umstand, dafs man jenen gefälligen und mehr hervorstechenden Abschlufs, auf den es, unserer Ansicht nach, hier allein ankommt, wie durch eigenthümliche Ausschmückungen des ionischen Kapitäls (*Carelli* Tav. VI. 3. 10., VI. 2. Vase des Archemoros. Nouv. Annales. Paris, 1836. pl. V.), so auch durch besondere Modifikationen und Ausbildungen des dorischen Kapitäls (*Carelli* Tav. V. 1. 2., IV. 1.) und endlich durch ganz neue eigenthümliche Formen hervorzubringen suchte, die weder mit der dorischen, noch mit der ionischen Ordnung irgend eine Ähnlichkeit haben, wie sie namentlich das Vasenbild bei *Stackelberg* zeigt „Gräber der Hellenen Taf. XXXIV. Fig. 1."

So erklärt sich ganz einfach und naturgemäfs aus den Bedürfnissen der freistehenden Säule der häufige Gebrauch, den man von dem schon zu einer festen Gestalt gediehenen Volutenkapitäl bei der Grabstele machte, von welcher dasselbe dann eben so natürlich und ohne alle symbolisirende Hypothesen auf die Säulen der dem Todtenkulte geweihten Heroa übertragen wurde.

Hope in seinem trefflichen Historical Essay on Architecture (London, 1835) nimmt nur die zufällige Verzierung einer Säule durch Widderhörner an, ohne weiter eine symbolische Bedeutung darin zu suchen, aber auch ohne derselben irgend eine tiefere Begründung zu geben: „a few rams' horns," sagt er p. 34, „suspended from the top of a pillar, so struck the imagination of another, that he formed out of them the new combination, since called the Ionic capital."

Nach *O. Müller,* Archäologie der Kunst (Breslau, 1835) §. 54. 3. S. 35 ist das Ionische Kapitäl „ein verziertes Dorisches, über dessen Echinus ein Aufsatz aus Voluten, Canal und Polstern gelegt ist, welcher auf ähnliche Weise am oberen Rande von Altären, Cippen, Monumenten vorkommt und wohl aus angehängten Widderhörnern hervorgegangen ist." Gegen *Stackelberg, Carelli* und *R. Rochette* fördert er die symbolische Auffassung noch dadurch, dafs er den Widder ganz richtig als ein gewöhnliches Todtenopfer bezeichnet, ohne jedoch damit die Zweifel, die gegen die symbolische Ableitung überhaupt obwalten, entkräften zu können. Aufserdem bringt *Müller* noch zur Begründung dieser Ansicht die Notiz bei, dafs auch ein Theil des korinthischen Kapitäls durch seine Benennung *Κριός,* nach *Hesychios μέρος τι τοῦ Κορινθίου κίονος παρὰ τοῖς ἀρχιτέκτοσι,* an die Entstehung der Volute aus Widderhörnern erinnere; dagegen ist indefs zu bemerken, dafs jener Theil des korinthischen Kapitäls, wahrscheinlich die Schnecke, wenn er auch aus einer Erinnerung an die Volutenform entstanden sein sollte, in seiner ausgebildeten Form doch alle und jede Ähnlichkeit mit dieser verloren hat, und wohl nur wegen des Umstandes, dafs er frei aus dem Kapitäle hervorspringt, eine solche Benennung bekommen konnte. Daher kann denn auch dieser Name, als wesentlich auf eine Eigenthümlichkeit bezüglich, die der ionischen Volute durchaus fremd ist, keinen Anhaltspunct für eine Erklärungsweise abgeben, die das eigentliche und innerste Wesen dieser letzteren bestimmen will.

Wodurch hingegen *Müller* wesentlich auf die vorliegende Untersuchung eingewirkt hat, ist der Nachweis auffallender Analogieen der ionischen Volute in der persischen Architektur. Jedoch bleibt diese Bemerkung bei *Müller* noch ohne bestimmenden Einflufs auf die Entstehung und Bedeutung der Volutenform selbst; erst spätere Forscher nahmen *Müllers* Andeutung auf und führten dieselbe weiter aus, wodurch die Bedeutung derselben eine andere wurde und die Frage über Entstehung des ionischen Kapitäls und der Volutenform eine Wendung erhielt, die uns noch weiter unten beschäftigen wird.

Betrachtet man nun im Gegensatze zu der symbolischen Auffassung der Volute diejenigen Ansichten, welche diese Form aus struktiven Rücksichten zu erklären suchen, so mufs man sich, bei dem entschiedenen Widerspruche, in dem beide Ansichten gegen einander stehen, in der That wundern, dafs noch kein Vertreter der einen die andere wissenschaftlich und gründlich zu widerlegen gesucht hat. Man begnügte sich, ohne auf Andere Rücksicht zu nehmen, seine Meinung hinzustellen, und so kommt es denn, dafs zwei so ganz entgegengesetzte Ansichten ohne alle Vermittelung bis auf den heutigen Tag nebeneinander bestehen konnten. Liefs man sich ja einmal auf eine Beurtheilung der entgegengesetzten Ansicht ein, so beschränkte man sich jedoch meist auf kurze und scharfe Bemerkungen, ohne eine wirkliche Widerlegung zu unternehmen. Dahin gehört die übrigens ganz richtige Äufserung *Wolffs*, der in den Beiträgen zur Ästhetik der Baukunst S. 87 die ganze symbolische Auffassung der Voluten und ihre Ableitung von Widderhörnern „eine witzige Vergleichung" nennt, „die sich aber weder durch einen constructionellen Gang, noch durch die unbefangene Anschauung rechtfertigt." Und darin liegt denn auch allerdings ein wesentlicher Vorzug der struktiven Erklärungsart, dafs sie, lediglich im Bereich architektonischer Erscheinungen bleibend, Bauliches nur aus Baulichem zu erklären sucht, und auf diese Weise fremdartige, der architektonischen Bildung eher widerstrebende, als entsprechende Umstände aus der Betrachtung der baulichen Formen ausscheidet; während dagegen die symbolische Erklärung gerade diese mit Vorliebe herbei zieht und, so gut es eben gehen will, mit den baulichen Erscheinungen zu vereinigen strebt, so dafs man dabei mit *Millin* ausrufen möchte: „Pourquoi donc imaginer, que dans tout ce que les anciens ont produit, il y a des symboles, des allégories!"

Von dem allen weifs nun die struktive Erklärungsart nichts, und eben darin liegt ihr unbestreitbarer Vorzug vor der symbolischen Auffassung. Wenn man nun aber auch ihr nicht durchaus beistimmen kann, so liegt dies lediglich in dem Umstande, dafs keiner der hierher gehörigen Erklärungsversuche das Wesen der Volute aus den allgemeinen und unzweifelhaften Grundprincipien der Formenbildung in der griechischen Architektur selbst ableitet, sondern dafs sie vielmehr alle von einer zufälligen und durch nichts bewährten Erscheinung ausgehen und so dem Zufalle das Geschäft der Formenbildung anheim stellen, welches allein dem frei und unbehindert schaffenden Geiste des Künstlers zukommt. Diesem zu seinem Rechte zu verhelfen ist, wie überall, so auch in der folgenden Widerlegung unsere Absicht. Denn wir mögen nun einmal nicht den Zufall als eine Macht anerkennen, wo es sich um architektonische und überhaupt um Kunstformen handelt; am allerwenigsten aber da, wo der Begriff derselben klar und deutlich vor Augen liegt. Betrachtet man aus diesem Gesichtspunkte die Ansichten, zu denen sogleich überzugehen ist, so kann man kaum umhin, die Worte auf sie anzuwenden, welche *Stieglitz* einmal gegen ähnliche Bestrebungen aussprach: „Diejenigen, die diesen Meinungen zugethan sind, lassen äufsere Gegenstände auf das Wesen der Kunst einwirken, und räumen diesen gleichsam die Herrschaft über sie ein, da doch ihre Schöpfungen aus ihrem Innern entspringen, von innnen heraus die Bildung sich entwickelt, aus eigener, selbständiger Kraft, fern von allem Fremden, fern von allem Zufälligen."

Dies im Allgemeinen gegen eine Ansicht, deren Einzelheiten uns nun noch zu erörtern bleiben. Aus dem oben Gesagten leuchtet ein, dafs wir es hier nicht mit so mannigfaltigen Meinungen zu thun haben werden, als dies bei der symbolischen Auffassung der Fall war; der symbolisirenden Willkür ist aller und jeder Spielraum benommen und so liegt denn allen den hieher gehörenden Ansichten nur der *eine,* leider aber alles historischen und wissenschaftlichen Haltes entbehrende witzige Einfall — denn so möchten wir eher diese, als die symbolische Erklärungsweie bezeichnen — zu Grunde, dafs ein über die Säule gelegter Spahn oder ein Stück Rinde durch die Hitze der Sonne, oder durch seine Elasticität sich zufällig zusammengerollt und dadurch die Form hervorgebracht hätte, welche das Vorbild der Volute geworden sei. Wer diesen Einfall zuerst gehabt hat, weifs ich nicht zu sagen; Nachbeter und Nachsprecher hat er genug gefunden, und es ist dabei nur zu bewundern, wie selbst gründliche Forscher sich durch den augenblicklichen Schein eines solchen Einfalls so sehr blenden lassen konnten, um ihm alles eigene Nachdenken zum Opfer zu bringen. Von solchen nun, die diese Erklärung ohne weitere Begründung anführen, ist hier nur *Chr. Rieger* zu nennen, bei dem ich dieselbe zuerst gefunden, und der in seinen Elementis Universae Architecturae civilis (Wien, 1756) Tom. I. p. 196 nach Aufzählung der verschiedenen Ansichten über die Entstehung der Volute sich durch gröfsere Ausführlichkeit für die Auffassung derselben als *cortex* zu entscheiden scheint; *Roland le Virloys* Dictionnaire de l'Architecture (Paris, 1771) Tom. III. p. 123 erklärt die Volute schlechtweg als „enroulement en spirale, représentant une écorce d'arbre entortillée;" *Hirt* in den Anfangsgründen der schönen Baukunst (Breslau, 1804) bemerkt nach kurzer Erörterung der anderen Meinungen über die Volute ziemlich lakonisch S. 82: „ein über die Säule gelegter Span oder Rinde hat sich durch Sonnenhitze getrennt und umgerollt;" *Millin* endlich im Dictionnaire des beaux arts (Paris, 1830) Tom. III. p. 818 begnügt sich damit, die Erklärung von ***Roland le Virloys*** wörtlich und ohne irgend einen weitern Zusatz zu wiederholen.

Wenn nun schon die Genügsamkeit der bisher angeführten Autoren mit Recht auffallen mag, so darf man sich noch mehr verwundern, wenn selbst ***Rosenthal,*** Über die Entstehung und Bedeutung der architektonischen Formen der Griechen (Berlin, 1830), und später noch einmal in der Geschichte der Baukunst (Berlin, 1842) Bd. II. S. 389 auf diese haltungslose Ansicht zurückkommt, zumal da er doch nicht ohne Glück ein allgemeines Princip für den gesammten ionischen Baustyl aufzustellen versucht. Er vermochte indefs ein solches Princip nicht konsequent durchzuführen, denn, nachdem er dasselbe schon näher als die Elasticität bestimmt hat, bemerkt er in dem ersten Werke S. 42 ganz im Sinne der oben erwähnten Autoren: „Da mochte sich der bekannte „Zufall ereignen, dafs eine auf den Abakus unter dem Architrave beim Ver„setzen gelegte Baumrinde in Folge des Druckes und vermöge ihrer Elasticität „sich an den Seiten umbog, und ***nun war das Princip des neuen Styles „gefunden!***" Wen überraschte wohl nicht der eigenthümliche Schlufs dieser Stelle: ein Stück Baumrinde rollt sich zufällig zusammen, und das ***Princip*** eines neuen Styles ist gefunden! Welch ein Unheil aber, wenn das Stück Baumrinde sich eben so zufällig ***nicht*** zusammengerollt hätte! Die Griechen hätten niemals im ionischen Style gebaut, er existirte gar nicht in der Architektur, denn das Princip desselben hätte sich nicht offenbart. Man weifs in der That nicht, was man mehr bewundern soll, die ungeheure Bedeutung jenes Stückes Rinde, dessen schöpferischem Zusammenrollen wir eine fast unendliche Fülle der erhabensten Kunstwerke griechischer und römischer Architektur verdanken, oder die eben so überraschende Bedeutungslosigkeit jenes Princips, das einem so äufserst problematischen Zufalle, wie das Zusammenrollen einer Baumrinde, seine Entstehung verdanken kann, und dem somit eigentlich alles das abgeht, was ein Princip zum Principe macht, Selbständigkeit, Begriffsmäfsigkeit, innere Nothwendigkeit. Hat sich ein Stück Rinde zusammengerollt oder nicht? Das ist die Frage, von der eine der wichtigsten und bedeutsamsten Erscheinungen in der Geschichte der griechischen Baukunst abhängig gemacht wird — und wer kann es beweisen, dafs es sich wirklich zusammengerollt habe?

Soll man aber im Ernste eine solche Ansicht widerlegen, so mögen dazu folgende Bemerkungen genügen. Erstens: Dafs man in der That niemals Baumrinde zwischen Architrav und Abakus gelegt habe. Es kommt vielmehr beim Versetzen der Architekturstücke unserer Ansicht nach hauptsächlich darauf an, alle fremden Körper zwischen denselben zu entfernen, um eine möglichst gleichförmige Berührungsfläche beider Theile zu erlangen; jede Zwischenlage würde daher hindernd und störend gewesen sein. Denn sollte dieselbe auch nach Vollendung des Baues an ihrem Orte bleiben? Niemand wird dies behaupten wollen. Oder sollte sie nur während des Versetzens selbst ihre Stelle beibehalten, so ist dabei wohl zu beachten, dafs sie hernach schwer wieder zu entfernen gewesen sein würde, indem nun schon der Architrav mit seiner ganzen Schwere auf ihr lastete und jede Veränderung unmöglich gemacht hätte. Man hat also keine Baumrinde zum Versetzen gebraucht. Zweitens: Hätte dies auch ausnahmsweise und zufällig dennoch einmal stattgefunden, so konnte sich doch unmöglich die Baumrinde auf den beiden Seiten zusammenrollen, indem man wohl schwerlich ein so grofses und den Abakus auf beiden Seiten so gewaltig überragendes Stück Rinde dazu angewendet hätte; wie es denn überhaupt sehr zweifelhaft ist, ob ein Stück Rinde so elastisch sei, um die erforderlichen Spiralwindungen auf beiden Seiten des Abakus hervorbringen zu können. Drittens endlich ist es leicht einzusehen, dafs, wollte man auch alle jene Voraussetzungen einmal ausnahmsweise und gegen alle Möglichkeit zugeben, die Form jener zusammengerollten Baumrinde von der Gestalt des ionischen Voluten-kapitäls so unendlich verschieden sei, dafs wohl kein Unbefangener jemals darin das Vorbild der letzteren erkennen würde.

Dies genüge um eine Meinung zu widerlegen, die, wie sie von ***Rosenthal*** aufgestellt worden, einer so ausführlichen Widerlegung wohl kaum bedurfte. Mit neuen Modifikationen und mit gröfserer Bedeutung ist dieselbe in neuerer Zeit noch einigemale hervorgetreten. ***J. H. Wolff***, Professor zu Cassel, behandelt die Frage über die Entstehung des ionischen Kapitäls ziemlich ausführlich in seinem bekannten Werke: Beiträge zur Ästhetik der Baukunst, oder die Grundgesetze der plastischen Form, nachgewiesen in den Haupttheilen der griechischen Architektur. (Leipzig und Darmstadt, 1834.) Von der Nothwendigkeit und Bedeutsamkeit des Abakus ausgehend, bemerkt er daselbst S. 86, dafs zwischen diesem und dem Stamm der Säule eine doppelte Verschiedenheit der Gestaltung auszugleichen bliebe: erstens nämlich der Kontrast der aufsteigenden und horizontalen Richtung: zweitens der Übergang aus der runden in die quadrate Form. Der erste Punkt sei nun beim dorischen Kapitäl erreicht, der zweite dagegen gänzlich vernachlässigt; auch sei die zweite Aufgabe bei weitem schwieriger, indem sie eine gefällige Verschmelzung zweier so sehr widerstreitender Formen erfordere und die Härte des raschen Überganges vom runden Stamm in die viereckige Platte zu vermeiden sei. Bis hieher verfährt ***Wolff*** ganz konsequent; anstatt nun aber ebenso konsequent weiter zu gehen und der Form, welche die von ihm ganz richtig erkannte schwierige Aufgabe auf so bewunderungswürdige Weise löset, eine begriffsmäfsige Begründung zu geben, anstatt dem kunstbildenden Geiste der Griechen, der doch die Nothwendigkeit jener Vermittelung erkannt und den Gedanken ihrer Ausführung gefafst hatte, auch das Vermögen zuzutrauen, dieselbe, wie die übrigen architektonischen Aufgaben, selbständig ins Werk zu setzen. läfst er alles dies unbeachtet und fällt, wir können es nicht anders nennen, in die Schwäche zurück, hier den Zufall zu Hülfe zu rufen. Der Zufall wird so der eigentliche Baumeister, und ihm wird zugemuthet, was der ausgebildetste künstlerische Verstand der Griechen nicht zu lösen vermocht haben soll. „Ein passendes Mittel hiezu," fährt er nämlich a. a. O. fort, „konnte durch einen glücklichen Zufall, welchen man geschickt als Motiv ergriff, entdeckt und festgehalten worden sein. Wir können uns nämlich die Polster und die mit ihnen verbundenen Voluten auf keine Weise anders, als durch die aufgewundenen Ränder einer Decke, welche man *etwa um das Abdrücken der hier nicht überragenden* (!) ***Ecken des Abakus zu vermeiden,*** zwischen diesen und das Ende des Stammes aufgelegt hätte, entstanden denken;" — denn die anderen Erklärungsweisen der Voluten seien schlechthin zu verwerfen. Der Unterschied von der gewöhnlichen Ansicht besteht also darin, dafs statt des Stückes Baumrinde eine Decke angenommen wird, und dieselbe statt zwischen Architrav und Abakus, vielmehr zwischen Abakus und Echinus gesetzt worden sein soll. Diese Decke nun, die ***Wolff*** hier ziemlich willkürlich annimmt, soll wegen der geschwungenen Linien des Kanals, vegetabilischer Natur, d. h. aus Binsen, Schilf oder Stroh geflochten gewesen sein, wodurch, beiläufig bemerkt, jener Zufall immer unwahrscheinlicher wird; dauernd und häufig, giebt er zwar zu, seien sie nun allerdings nicht angewendet worden, „ihre Form aber wurde deshalb nachgeahmt und beibehalten, weil sich ihre Ränder auf beiden Seiten passend an die runde Contour anlehnten und durch die Tangenten, welche die Seitenlinien bilden, einen eben so angenehmen, als natürlichen Übergang zu dem geradlinigen Abakus darboten." Ganz abgesehen nun von der Unwahrscheinlichkeit dieses Zufalls, dafs man ganz ohne bestimmten technischen Zweck (vergl. oben) eine Schilf- oder Binsendecke von der Gestalt und Gröfse, wie sie zur Hervorbringung unserer Form nothwendig erforderlich ist, gerade bei der

Hand hatte und über die Säule deckte, so hebt sich die ganze Erklärung von selbst durch den einfachen Umstand auf, dafs, soweit wir die griechische Architektur kennen, Echinus und Abakus der dorischen Säule jederzeit aus *einem* Stücke gearbeitet sind und folglich *Wolffs* Vermuthung, man habe eine Decke zwischen beide Theile gelegt, zu den Unmöglichkeiten gehört.

Hatte nun *Wolff* das innere Wesen der Voluten in der Vermeidung des schroffen Übergangs von dem runden Stamm in die viereckige Platte, in der Verschmelzung dieser beiden so sehr widerstrebenden Formen erkannt und dadurch dem ionischen Kapitäl eine gewisse Nothwendigkeit und Begriffsmäfsigkeit vindicirt, so findet fast das Gegentheil hievon bei *Schnaase* statt. *Schnaase* giebt zwar die Schönheit der Form für das Gefühl zu, vermifst aber ihre begriffliche Bedeutung und glaubt in ihnen vielmehr nur ein fremdes Element der Willkür zu erkennen. „Von dem dorischen Kapitäl," heifst es in seiner Kunstgeschichte Bd. II. (Düsseldorf, 1843) S. 29, „unterscheidet sich das ionische höchst wesentlich. Während in jenem der Gedanke des Tragens rein und einfach ausgedrückt und jedes Zufällige und Fremdartige vermieden war, nimmt dieses Formen an, welche, so wohlthuend sie auch für das Gefühl sind, auf den ersten Blick etwas Willkürliches haben oder auf unbekannte Beziehungen und Gedankenverbindungen hinzudeuten scheinen. Die Theile des ionischen Kapitäls, die Voluten oder Schnecken, der Eierstab auf dem dazwischenliegenden Echinus, endlich die Polster auf der Seitenansicht des Kapitäls, haben sämmtlich etwas Künstliches und lassen sich nicht mehr einfach aus dem Bedürfnisse und der Belegung tragender Stoffe erklären." Ganz abgesehen nun von den Vorwürfen, die *Schnaase* hiemit dem ionischen Kapitäl macht und deren Widerlegung der folgenden Darstellung vorbehalten bleiben mufs, wie erklärt *Schnaase* den Volutenkörper? Die so eben erwähnte Ableitung von einer zwischen Abakus und Echinus gelegten Decke verwirft er zwar ausdrücklich S. 33, indefs wird dadurch nicht viel gewonnen, indem er an die Stelle jener unwahrscheinlichen Decke einen nicht minder unwahrscheinlichen und räthselhaften Körper setzt, der im Grunde von einer Decke nicht sehr wesentlich unterschieden ist. — Auf den mit einem Eierstabe geschmückten Echinus, sagt er a. a. O. S. 30, 31: „ist nun ferner die Platte (der Abakus) nicht unmittelbar aufgelegt, *sondern es tritt ein anderer besonders charakteristischer Körper dazwischen.* Man denke sich einen flachen elastischen Stoff in länglich viereckiger Gestalt, dessen kleinere Seite dem Echinus gleich, die gröfsere aber bedeutend breiter ist. Diesen lege man nun auf den Echinus und zwar so, dafs die überflüssige Breite auf den beiden Seiten gleichmäfsig herabhängt, während auf der Vorder- und Rückansicht der Säule nur eben der Rand jenes flachen Körpers sichtbar bleibt. Demnächst werden die herabhängenden Theile auf beiden Seiten der Säule lose aufgerollt und diese Rolle in ihrer Mitte durch ein Band zusammengezogen, während sie an ihren beiden Enden geöffnet bleibt und also die schneckenartige Windung des Aufrollens blicken läfst. — Die Zwischenräume der Windungen der Voluten sind, damit diese hervortreten, leicht ausgehöhlt und bilden den sogenannten Kanal, der sich dann auch unter der horizontalen Verbindung beider Voluten in der Mitte des Kapitäls fortsetzt." Wie ist aber dieser Zwischenraum überhaupt zu erklären, da doch auf dieser Stelle unmittelbar die Platte — der vermeintliche Abakus — auflastet und damit jeder Zwischenraum, wie er in den Voluten selbst stattfindet, unmöglich gemacht wird? „Die Platte endlich, welche diesem Kapitäl aufliegt, ist nicht nur, wie gesagt, bedeutend niedriger, wie die des dorischen Styls, sondern selbst ziemlich unscheinbar u. s. w. (vergl. unten). „Auf diese Weise," sagt *Schnaase*, „haben wir die Gestalt des ionischen Kapitäls erlangt." Soll man nun diese Worte *Schnaase's* als eine Beschreibung des ionischen Kapitäls betrachten, so ist dieselbe meisterhaft und man mufs gestehen, dafs die Formen desselben nicht treffender und anschaulicher beschrieben werden konnten. Als Erklärung kann man sie aber schon deshalb nicht gelten lassen, weil erstens der Körper, den er zwischen Abakus und Echinus gelegt denkt, an und für sich selbst aller Begründung, eben so sehr als die Decke *Wolffs* und die Baumrinde *Rosenthals,* ermangelt und zweitens gegen die Trennung des Echinus von dem Abakus, es sei durch einen Körper, welchen man wolle, dieselben Gründe vorliegen, die wir oben gegen die Ansicht *Wolffs* geltend gemacht haben (S. 211).

Schnaase ist der letzte Vertreter der struktiven Erklärungsart des ionischen Kapitäls, indem er zwar von einem bestimmten struktiven, technischen Zweck ganz absieht, aber doch die Volute durch den von Andern zu diesem Zwecke vorausgesetzten Körper erklärt, und wir beschliefsen hiemit die Übersicht der verschiedenen Modifikationen, deren die struktive Auffassung fähig war und die sie in fast konsequenter Entwickelung in der That durchlaufen hat.

Die Unzulänglichkeit dieser, wie der symbolischen Erklärungsart, rief nun, wie schon oben bemerkt wurde, nothwendig eine dritte Auffassung des ionischen Kapitäls hervor, welche man die ästhetische nennen kann, indem sich dieselbe, von aller symbolischen oder struktiven Bedeutung der Formen ganz absehend, lediglich darauf beschränkt, den Eindruck, den die allerdings nicht gewöhnlichen Formen des Volutenkapitäls hervorbringen, in der Form des Begriffes darzustellen und denselben so eine Bedeutung zu vindiciren, die man ganz passend die ästhetische benennen darf. Zunächst erscheint diese ästhetische Auffassung in der Gestalt eines blofsen sinnlichen Wohlgefallens an der Form, welches als solches einer tieferen Begründung weder bedarf, noch überhaupt fähig ist, bei *Quatremère de Quincy*, der dies in seinem Dictionnaire historique d'Architecture (Paris, 1832) Tome II. p. 693 auf folgende Weise sehr elegant ausdrückt: „il ne reste à chercher son origine (c. à d. de la volute), que dans le goût de l'ornement et dans cette sorte d'instinct, qui n'a d'autre principe et d'autre bût, que le plaisir des yeux." Während diese Ansicht *), der man, ohne ihr beizutreten, eine gewisse Art von Berechtigung nicht absprechen darf, weil die bisherigen Erklärungen nicht ausreichen, der Form sogleich jeden Grund und alle tiefere Bedeutung streitig macht, so gewinnt dagegen *Hegel* den Formen des ionischen Kapitäls eine ungleich tiefere Bedeutung ab. „Die Schneckenwindungen am Polster," sagt er in der Ästhetik Bd. II. (Berlin, 1837) S. 326, „deuten das Ende der Säule an, die aber noch höher steigen könnte, doch sich in diesem möglichen Weitergehen hier in sich selber krümmt." Hiemit ist nun zwar das Wesen jenes architektonischen Körpers noch keineswegs erschöpft, doch kann man andrerseits auch nicht leugnen, dafs durch den Gedanken eines Zurücktretens der Säule gleichsam in sich selber der Charakter einer der Masse innewohnenden Lebendigkeit und elastischen Beweglichkeit richtig angedeutet und somit wenigstens eine der ästhetischen Eigenthümlichkeiten der Volutenform trefflich hervorgehoben ist.

Ferner gehört hieher die Ansicht, welche der vielverdiente *Stieglitz* in den Beiträgen zur Geschichte der Ausbildung der Baukunst (Leipzig, 1834) über das ionische Kapitäl ausspricht. Denn wie derselbe überhaupt allen fremd-

---

*) In gewisser Hinsicht neigt sich auch *Canina* zu einer ästhetischen Ansicht von den Voluten. Denn wenn er auch in Betreff der äufseren Veranlassung dieser Form die schon oben S. 196 angeführte Meinung ausspricht, so verwirft er doch die Versuche der Theoretiker, eine bestimmte Regel für die Windungen des Kanals festzustellen, indem dieselben vielmehr lediglich von der Willkür des Künstlers und von dem Wohlgefallen an der Form abhängig gewesen seien —: „ed era questo ravvolgimento praticato in vario modo e forse anche senza usare nessuna regola determinata, ne ricercata — ma solo spesso designata dagli artefici costruttori in modo più atto a produrre una buona forma al loro ochio." Stor. d. Arch. Greca pag. 62.

artigen Einflüssen auf die Architektur abgeneigt ist, so berücksichtigt er auch bei der Bildung des ionischen Kapitäls keinerlei derartige Motive, sondern geht vielmehr einzig und allein auf die ästhetische Bedeutung der Formen ein. So leitet er die Gestaltung des dorischen Kapitäls ganz richtig „aus dem Naturgesetze der Kraft und des Widerstandes" ab (Bd. I. S. 120), wogegen er das ionische Kapitäl auf folgende Weise (S. 122) bezeichnet: „Die Auszeichnung des (ionischen) Kapitäls bestand in vorspringenden Voluten und in mehrern Gliedern, als dem dorischen Kapitäl eigen waren. Bei der Construction des dorischen Capitäls geht alles aus der Nothwendigkeit hervor, die Naturgesetze in einfacher Bildung aufstellend; *bei dem ionischen hingegen zeigt sich das Produkt aus der Bewegung der Kraft hervorgegangen, wodurch die Volute entstand.*" Hierin ist nun, abgesehen von der folgenden Konstruktion der Volutenwindungen aus der Eilinie, wiederum ein nicht unbedeutender Punkt in der innern Wesenheit des Volutenkörpers hervorgehoben, welche dann nach der ästhetischen Seite hin bei *Kugler* zu ihrer vollkommenen Entwickelung gelangt.

Kugler, dessen von allem Fremdartigen und Zufälligen absehende Darstellung im Handbuche der Kunstgeschichte wir als den Schlufspunkt der ästhetischen Auffassungsweise betrachten, hat zunächst das Verdienst, bei der Entstehung des ionischen Kapitäls die Möglichkeit einer konsequenten Fortbildung und Entwickelung aus dem dorischen Kapitäl von vorn herein angenommen zu haben. „Die Bildung des ionischen Kapitäls," sagt er a. a. O. S. 159, „ist sehr eigenthümlich, gleichwohl kann man dieselbe, so abweichend die Formen im Einzelnen von den dorischen Formen erscheinen (und so bestimmt in ihnen orientalischer Einflufs sichtbar wird) zunächst auf das Grundprincip der dorischen Architektur zurückführen," worauf eine genaue Vergleichung der einzelnen Theile beider Kapitäler folgt. „Statt der rohen unbeweglichen Form des dorischen Abakus," heifst es sodann von dem Volutenkörper, „wird sodann aber ein Glied angewandt, welches ein reiches, glänzendes Leben entwickelt und die Kraft des vom Gebälk niederwirkenden Druckes in kühner, geistreicher Entfaltung zeigt. Dies ist das Polster mit den nach den Seiten hinaustretenden Voluten (den Schnecken). — In elastisch geschwungener Linie senkt sich dasselbe auf den Echinus nieder, seitwärts, *in den Voluten, zusammengerollt,* aber in einer Weise, dafs es sich hier spiralförmig mit elastischer Federkraft zusammenzieht und dafs umgekehrt aus dem Auge der Voluten stets neue Kraft in das Ganze hinauszuströmen scheint."

Niemand wird in dieser glänzenden Schilderung des ionischen Kapitäls die Grundzüge einer dessen innerste Wesenheit berührenden Auffassung verkennen, wohin namentlich der Gedanke „des vom Gebälk niederwirkenden Druckes" gehört; der Eindruck, den dieser Körper auf den denkenden Beschauer macht, ist treffend dargestellt, sein ästhetischer Charakter scharf und richtig aufgefafst. Indefs ist mit dem ästhetischen Charakter noch nicht das ganze Wesen des Volutenkörpers erschöpft, es ist derselbe vielmehr nur als eine Folge seiner baulichen Natur und Bedeutung zu betrachten. Diese aber erschöpft *Kuglers* Behandlung ebensowenig, als sie die Bedingungen seiner Entstehung und sein Verhältnifs zu den übrigen Gliedern des ionischen wie des dorischen Kapitäls vollständig darstellt, was freilich auch die Grenzen der durch den Zweck des ganzen Werkes bedingten Behandlung überschritten hätte. Dagegen müssen wir als wichtiges Resultat der *Kugler*schen Untersuchung festhalten die Möglichkeit einer inneren und durch keine willkürliche Motive veranlafsten Entwickelung des ionischen Kapitäls aus dem dorischen, wenn gleich selbst *Kugler* diese Entwickelung nicht ganz konsequent durchzuführen scheint, indem auch bei ihm jener räthselhafte *zusammengerollte* Körper auftritt, auf dessen alleinige Beschreibung sich *Schnaases* Auffassung des ionischen Kapitäls beschränkt. Indefs ist auch in Betreff dieses Volutenkörpers, wie man ihn nennen kann, ein wichtiges Resultat gewonnen, indem derselbe nämlich bei *Kugler* keineswegs auf eine so willkürliche und unbegründete Art zwischen Abakus und Echinus eingeschoben ist, als bei denen, welche die feine Deckplatte des ionischen Kapitäls als den nur modificirten Abakus der dorischen Ordnung betrachten. Dies thut, nach *Kuglers* Darstellung, noch *Schnaase*, obwohl auch diesem die wesentliche Verschiedenheit beider Körper nicht entgangen ist. Diese Verschiedenheit ist nun aber in der That so auffallend und so bedeutend, dafs sie schon von vorn herein von jeder direkten Vergleichung beider Körper und noch viel mehr von der Ableitung des einen von dem andern hätte zurückschrecken müssen; wir müssen es daher als einen nicht unbedeutenden Gewinn betrachten, wenn bei *Kugler* jener vielbesprochene Volutenkörper den eigentlichen Abschlufs der Säule bildet, und er die feine Deckplatte des ionischen Kapitäls nicht als Abakus, sondern vielmehr nur als ein vermittelndes Übergangsglied von der Säule zu der horizontalen Linie des Architravs betrachtet.

Der zweite Punkt, welcher der konsequenten Entwickelung der Formen hindernd in den Weg tritt, ist der orientalische Einflufs, den *Kugler* sowohl, als *Schnaase* nach *Müllers* Andeutungen, aus der persischen Architektur auf die Bildung der ionischen Formen annimmt. *Kugler* nämlich auf jene Analogieen ionischer Formen in der persepolitanischen Architektur, als welcher ein höheres Alterthum zukomme, gestützt, setzt voraus, dafs dieselben, hier also die Voluten, „von Seiten der griechisch-ionischen Architektur *aufgenommen* und in ihr eigenthümliches System *verarbeitet*" seien (a. a. O. S. 192), nachdem ihnen dorischer Einflufs erst den festen klaren Organismus und das geregelte Verhältnifs zwischen den architektonischen und bildnerischen Theilen, so wie das sichere und geläuterte Ebenmaafs mitgetheilt habe, wodurch sich die ionische Architektur so wesentlich von der orientalischen unterscheide. *Schnaase* fühlt sich besonders durch den Umstand, dafs das ionische Kapitäl schon früh im asiatischen Griechenlande vorkomme, veranlafst, einen bestimmenden Einflufs orientalischer Architektur auf die der Griechen anzunehmen; wogegen jedoch zu bemerken ist, dafs im eigentlichen Griechenlande schon früher einzelne Spuren der ionischen Bauart vorliegen, die *Schnaase* mit Unrecht zu übersehen scheint. Dagegen, bemerkt auch er ausdrücklich: „sei die Ausbildung der ganzen Form (des Volutenkapitäls nämlich) eine so eigenthümlich griechische, dafs das *barbarische Vorbild* nur eine äufsere Veranlassung dazu gab," a. a. O. S. 23.

Wir können nicht umhin hier auf das eigenthümliche Verhältnifs aufmerksam zu machen, welches zwischen den Ansichten *Müllers, Kuglers* und *Schnaases* stattfindet. *Müller* nahm eine Ableitung der Volutenform von den bei Grabstelen u. s. w. gebräuchlichen Widderhörnern an und erinnerte (eigentlich nur beiläufig) daran, dafs eine gewisse Gleichartigkeit in den Ornamenten der persischen und der ionischen Architektur stattfinde; *Schnaase* folgt der struktiven Erklärungsart und man kann sagen, dafs er dieselbe am weitesten und konsequentesten ausgebildet habe; zu gleicher Zeit aber fafst er auch *Müllers* Andeutungen auf, führt dieselben weiter aus und nimmt geradezu ein *barbarisches Vorbild* an, wo *Müller* mit Recht nur eine gewisse Gleichartigkeit sah, ohne einen direkten Einflufs der einen Bauart auf die andere vorauszusetzen. *Kugler* endlich läfst sowohl die symbolische, als die struktive Erklärungsart fallen und indem er der Volutenform einen rein ästhetischen Grund vindicirt, läfst er dieselbe dennoch, obschon mit einigen Modifikationen aus der persischen Architektur in die ionische aufgenommen und verarbeitet werden. — So befinden sich diese beiden Forscher fast auf demselben Punkte, wie schon früher *Hübsch,* welcher in seiner polemischen Schrift, „Über griechische Architektur (Heidelberg, 1826), Einleitung S. 5," obschon ohne alle und jede Begründung seiner Ansicht, sich wörtlich dahin äufsert: „Die ionische Bauart ist, ob sie gleich in der Konstruktionsart ihre hellenische, mit der dorischen Bauart ursprünglich gemeinsame Abkunft nicht verleugnet, *doch ganz fremder asiatischer Art* u. s. w."

Man mufs gestehen, dafs diese halben Ableitungen einer Form aus orientalischen Vorbildern, mit der Restriktion ächt griechischer Eigenthümlichkeit, nicht geeignet scheinen, ein klares Bild von der wirklichen Entstehung und Entwickelung jener Formen zu gewähren, indem sie vielmehr den Zusammenhang derselben mit vorangehenden Formen gänzlich aufheben und eine zufällige äufserliche Übertragung an die Stelle folgerechter Entwickelung setzen. Eine solche äufserliche Übertragung ist nun an und für sich durchaus nicht unmöglich, es gilt nur sie zu beweisen. Ist sie bewiesen, oder hält man sie wenigstens dafür, so mufs man sich aber auch bei dieser *einen* Lösung der Frage begnügen. Wenn eine Form erweislich einer fremden und auf durchaus verschiedenen Grundlagen beruhenden Architektur entlehnt ist: wozu sucht man dann nach Entstehungsgründen dieser Form innerhalb der Bedingungen griechischer Kunst? Hat eine Übertragung stattgefunden, so bedarf man ja keines inneren Grundes. Hat dagegen dieser stattgefunden, so ist nothwendig jene zu verwerfen. Es ist dies eine Alternative, bei der man sich schlechthin entweder für die eine Seite, oder für die andere zu entscheiden hat. Ein dritter Ausweg ist nicht denkbar, und jede Akkomodation unthunlich. Eine solche Akkomodation aber ist es, wenn jene Forscher zwar einen fremdartigen Anstofs, ein barbarisches Vorbild annehmen, diese aber dann als blofs äufserliche Veranlassung betrachten und der weiteren Ausführung und Anwendung auf das ionische Kapitäl, also dessen eigentlicher Bildung, ächt griechische Eigenthümlichkeit vindiciren. Sie geben damit das Princip selbständiger Entwickelung aus den Grundlagen der griechischen Kunst auf, ohne an dessen Stelle ein anderes Princip, einen anderen stichhaltigen Bildungsgrund zu gewinnen. Denn wenn man auch selbst die Möglichkeit, jene beiden Umstände mit einander zu vereinigen, im Allgemeinen zugeben wollte, so spricht doch sowohl die Beschaffenheit des Volutenkörpers in der persischen Architektur, als auch dessen eigenthümlicher Gebrauch gegen jede, wenn auch nur mittelbare Übertragung desselben in die griechische Baukunst. Denn da einmal die Spiralwindungen der persischen Voluten von der der griechischen Voluten in so fern sehr abweichend sind, als in jenen der Kanal, wenn man ja diesen Namen hier anwenden darf, sich auf eine wesentlich andere Art verengert, als dies in der ionischen Volute stattfindet; und da ferner jene persischen bandrollenartigen Verzierungen aller statischen Bedeutung gänzlich ermangeln und in beliebiger Anzahl und auf phantastische Weise nur den vier Seiten eines der griechischen Architektur ganz fremdartigen Körpers, welcher sich über dem Kelchkapitäle der Säule erhebt, gleichsam nur lose angefügt sind: so fällt die Möglichkeit einer jeden Nachbildung derselben in dem ionischen Kapitäle, als einem statisch fungirenden Architekturtheile, ja eines jeden Vergleichs mit letzterem weg und die Ähnlichkeit beider Theile, welche lediglich auf der Gemeinsamkeit der Spirallinie beruht, bedarf somit einer anderen Erklärung, die einen nicht unbedeutenden Theil der folgenden Erörterungen ausmachen wird. Vergleiche für die persepolitanischen Voluten *Robert Ker Porter* Travels in Georgia etc. Vol. I. pl. 45.

Müller, dem wir die Anregung dieser wichtigen Frage verdanken, beschränkte sich, wie gesagt, mit Recht darauf, die Ähnlichkeit einiger Glieder in den beiden Architekturen nachzuweisen. „Die Verzierungen einzelner Glieder (der ionischen Architektur)," sagt er a. a. O. S. 35, „finden sich meist in Persepolis wieder, und waren vielleicht in Asien frühzeitig verbreitet," und ebds. §. 244, 6. S. 298: „das Detail der (persischen) Architektur zeigt eine Kunst, die sich eines reichen Vorrathes von Formen decorirender Art bemächtigt hat, aber nicht sonderlich damit haushält: man findet die wahrscheinlich in Asien frühzeitig verbreiteten Glieder und Zierrathen der Ionischen Ordnung wieder, aber durch Überhäufung und seltsame Verbindung eines grofsen Theils ihrer Reize beraubt." Diese Ähnlichkeit ist aufser Zweifel gesetzt; jedoch ist weder die Nachahmung persischer Formen in der griechischen Architektur (eher vielleicht das Gegentheil davon), noch überhaupt irgend eine äufserliche Übertragung aus jener in diese angedeutet. In demselben Sinne und nach *Müllers* Vorgange haben wir selbst dies Verhältnifs darzustellen gesucht bei Gelegenheit des ersten Erscheinens der ionischen Architektur im Ephesischen Tempel, Ephesiaca S. 109 ff. Es ist daselbst ferner ausgeführt, wie an den verschiedensten Punkten der griechischen Kultur sich das Bedürfnifs gezeigt habe, die strengen, und in ihrer ersten uns zum Theil unzugänglichen Periode verhältnifsmäfsig unschönen Formen der eben so weit verbreiteten dorischen, das heifst, der ursprünglich griechischen Architektur zu mildern und dieselben, nicht etwa in einer späteren Periode erst, sondern gleichzeitig mit der Ausbildung der dorischen Architektur selbst, auch nach einer anderen Seite hin gefälliger und reicher zu entwickeln. So erkannte schon *Pausanias* an dem Thesauros, welchen Myron, der Tyrann von Sikyon, um die drei und dreifsigste Olympiade zu Olympia gebaut hatte, so deutliche Spuren der ionischen Bauart, dafs er den einen Thalamos im Gegensatz zu dem anderen, dorischen, *ἐργασίας τῆς Ἰώνων,* im ionischen Style erbaut, nennen konnte; die Ruinen des Heraeons auf Samos, welches man wohl als das vom Rhoekos erbaute betrachten darf, zeigen in der gröfseren Schlankheit der Säulen und in den beim dorischen Bau ungewöhnlichen Basen eine Annäherung an den späteren ionischen Bau; in den durch griechische Kolonieen früh civilisirten Theilen Kleinasiens, wie z. B. Lykien, finden sich Monumente einer zwar einfachen und strengen, doch deshalb nicht minder schönen ionischen Bauart. Treten nun dergleichen, an die ionische Architektur erinnernde Formen auch in den Monumenten eines durchaus fremden Volkes auf, so folgt daraus noch keineswegs, dafs jene Formen nothwendig aus der Kunst des einen Volkes in die des anderen übertragen worden seien; vielmehr kann diese Gemeinsamkeit auf den Gesetzen einer unter allen Bedingungen gleichmäfsigen Formenbildung beruhen, die man in der Geschichte der Architektur bisher vielleicht noch zu wenig beachtet hat.

In dem gegenwärtigen Falle spricht nun schon die Thatsache gegen jede Ableitung der Volute aus den Ornamenten der persischen Architektur, dafs wir die Entwickelung der erstern von den einfachsten Anfängen an verfolgen können, die letzteren aber eine so grofse Überladung, eine gewisse ausschweifende Willkür in ihrer Anwendung zeigen, dafs man in diesen, wenn ja ein äufserlicher Zusammenhang der Formen stattfinden soll, eher eine Umbildung und Ausartung der ursprünglichen einfachen ionischen Formen, als ein Vorbild derselben vermuthen könnte.

Was dagegen den oben angedeuteten Umstand betrifft, so möchte es hier vielleicht am rechten Orte sein, auf eine nicht seltene Gleichartigkeit baulicher Formen in verschiedenen Architekturen aufmerksam zu machen, welche, an sich unleugbar, weder durch Nachahmung, noch sonst durch irgend eine äufsere Gemeinschaft erklärt werden kann; sondern welche vielmehr einzig und allein auf der innern Gesetzmäfsigkeit und Nothwendigkeit der Formenbildung selbst beruht. Das Verhältnifs der Masse nämlich zu der Form, als das des rohen unmittelbaren sinnlichen Substrats zu seiner durch den Geist bestimmten Erscheinung, geht durch alle Perioden und Zeiträume der Architektur gleichmäfsig hindurch. Die Masse aber hat ihre immanenten, unwandelbaren Gesetze, und man kann sagen, dafs auch die Form, als solche, bestimmte Gesetze habe, die, mögen sie nun auf geometrischen oder ästhetischen, oder, was das häufigste ist, auf beiderlei Gründen vereint beruhen, eben so unwandelbar sich durch alle Architekturen hindurchziehen, als die natürlichen Gesetze der Masse. Es ist daher sehr wohl möglich, ja es wird als eine nothwendige Folgerung dieser Thatsachen erscheinen, dafs, selbst bei gänzlicher Verschiedenheit nationaler und Zeitbedingungen, das Vorhandensein jenes Verhältnisses überhaupt in Verbindung mit den überall gleichmäfsigen immanenten Gesetzen der Masse sowohl, als der Form, in verschiedenen Architekturen äufserst ähnliche, ja zum Theil ganz gleichartige und übereinstimmende Formationen hervorrufe.

Solche Formationen sind entweder zu einfach und scheinen sich zu sehr von selbst zu verstehen, als dafs man in der Geschichte der Architektur irgend wie darauf Rücksicht genommen hätte; dahin gehören z. B. der rechtwinklige Plan der Gebäude, die parallelopipedisch-kubische Form derselben, Horizontalität der Lasten, Perpendikularität der Stützen u. s. w. Andere, obwohl auf denselben Gründen beruhend, stellen sich nicht so einfach dar, man hat daher gar nicht nach einem inneren Grunde der Gleichmäfsigkeit gefragt und, was man seiner inneren Natur nach nicht verstehen konnte, durch äufserliche Gründe zu erklären gesucht. In diesem Falle erhält das oben angedeutete Verhältnifs schon eine gröfsere Wichtigkeit, indem die Unkenntnifs desselben und das daraus hervorgegangene Bestreben, äufserliche Übertragungen aufzusuchen, die gröfsten Irrthümer in der Geschichte der Architektur zu Wege gebracht hat. Als Beispiele können hier die beiden Formen der Pyramide und des Spitzbogens angeführt werden. Die Pyramide ist eine aus den einfachsten Bedingungen baulicher Konstruktion naturgemäfs hervorgegangene Form, und als solche tritt dieselbe nicht nur in der Geschichte der Architektur vielfältig auf, sondern es läfst sich dieselbe, eben wegen ihrer immanenten Nothwendigkeit, auch noch heutzutage an vielen Erscheinungen des gemeinen Lebens nachweisen, wo es sich um eine in gewissem Sinne bauliche Anhäufung beliebiger Massen handelt. Dennoch hat man das vielfältige Vorkommen der Pyramidalform durch eine bald mehr, bald minder gezwungene Kette von äufserlichen Übertragungen zu erklären gesucht und ein ganzes System architektonischer Traditionen darauf erbaut, das bei genauer Prüfung jener Formen in sich selber zusammenfällt. Über das Irrthümliche dieser Ansicht, so wie über die specifische Natur der Pyramidalform vergleiche man meine Recension von *Rosenthals* Geschichte der Baukunst in den Jahrbüchern für wiss. Kritik, 1844, I. S. 340 ff.

Was dagegen den Spitzbogen betrifft, so ist es zur Genüge bekannt, dafs sich derselbe fast auf allen Punkten der architektonischen Welt vorfindet, und dafs sich Beispiele desselben von den lykischen Grabdenkmälern bis zu den normannischen Bauten, von den uralten kyklopischen Monumenten bis zur germanischen Architektur, in den mannigfaltigsten Anwendungen nachweisen lassen. Ebenso bekannt ist es auch, wie man dadurch, namentlich in Betreff des germanischen Baues, zu den abentheuerlichsten Ableitungen des Spitzbogens verleitet worden ist, die zum Theil schon durch eine besonnene Forschung widerlegt worden sind, zum Theil aber eine solche Widerlegung noch zu erwarten haben, während das häufige Vorkommen jener Form unter den verschiedensten Bedingungen der Zeiten und der Nationalitäten, ohne auf äufserlichen Traditionen zu beruhen, vielmehr lediglich aus den Gesetzen der oben angedeuteten Gleichmäfsigkeit in der Bildung der architektonischen Formen zu erklären war.

Endlich ist noch eine dritte Art dieses Verhältnisses denkbar, insofern nämlich jene Gleichartigkeit weniger im Ganzen und Grofsen der architektonischen Formen, als vielmehr in Einzelheiten und namentlich in den ornamentalen Theilen stattfindet, wie dies gerade in Betreff der persischen Ornamente und der ionischen Volute noch weiter unten näher nachzuweisen sein wird.

Vor der Hand indefs sollen diese Andeutungen nur dazu dienen, um einen äufserlichen Einflufs der persischen Architektur auf die ionisch-griechische zurückzuweisen und zu der Annahme zu berechtigen, es sei die Form des ionischen Volutenkapitäls als eine rein griechische zu betrachten; eine Annahme, die nun freilich erst zu beweisen ist und die nur durch die vollständige Entwickelung des ionischen Kapitäls aus den Grundlagen und Principien der griechischen Architektur selbst bewiesen werden kann. Diese Entwickelung ist die Aufgabe der folgenden Zeilen und ihre Forderung ist mit um so gröfserer Strenge an uns gestellt, als wir selbst alle andere Erklärungsarten eben nur deshalb verworfen haben, weil sie nicht von den Principien und Grundbedingungen der griechischen Baukunst ausgingen. Die symbolischen Ableitungen des ionischen Kapitäls mufsten wir verwerfen, die struktiven und baulichen Motive in Abrede stellen; jeder fremdartige Einflufs mufste zurückgewiesen werden, und selbst die erschöpfendste ästhetische Begründung konnte zum vollkommenen Verständnifs der Form nicht für genügend erachtet werden —. Dies sind die negativen Resultate der bisherigen Untersuchungen; den folgenden sind die positiven Resultate vorbehalten, deren Erreichung ohne jene nicht möglich war.

So wenig bisher der ionische Styl in seiner Gesammtheit zum Gegenstande specieller und ausführlicher Untersuchungen gemacht worden ist, so hat man doch hie und da eine allgemeine Bestimmung für ihn aufzufinden und festzustellen gesucht. Diese hat sich indefs bei den meisten Kunstgelehrten darauf beschränkt, dafs der ionische Styl im Gegensatz zu der einfachen strengen Würde des dorischen Baues ein volleres Leben entwickele, einen gröfseren Reichthum von Gliederungen darlege, überhaupt mehr auf Schmuck, Pracht und Zierde, als auf die einfach schöne Darstellung der statischen Verhältnisse ausgehe; welche letztere, so wie die weise Beschränkung in der Anwendung jener Mittel, das wesentliche Merkmal des dorischen Styles ausmache. Der Reichthum und die gröfsere Mannigfaltigkeit der Gestaltung ist nun allerdings eine nicht unwichtige Eigenthümlichkeit der ionischen Bauart; jedoch hätte man sich nicht blofs mit jener Bemerkung begnügen, sondern vielmehr in den architektonischen Verhältnissen selbst einen Grund dieser Erscheinung suchen sollen. In dieser Hinsicht beschränkte man sich indefs darauf, an den allgemein anerkannten Charakter der Schmuck und Pracht liebenden Ionier zu erinnern, deren heiterer, ja üppiger Sinn auch in der Architektur eine so heitere und üppige Kunstweise hervorgerufen habe. Dafs man nun in dem Charakter eines Volkes oder Stammes, in dem inneren, geistigen Leben desselben den Grund für die besonderen Erscheinungsweisen der Kunst sucht, ist allerdings ein grofser und vielleicht der bedeutendste Fortschritt, den man in der Geschichte der Künste jemals gemacht hat; indefs scheint man sich doch, wie überhaupt öfter, so auch in diesem Falle, die Mühe, einen solchen genetischen Zusammenhang zwischen den Formen der Architektur und dem besonderen eigenthümlichen Volksgeiste nachzuweisen, allzuleicht gemacht zu haben; fast wie man den Spitzbogen und die Formen der germanischen Architektur wohl lediglich als den Ausdruck des nach oben sich sehnenden und gleichsam himmelan strebenden Gemüthes zu betrachten pflegte und damit allen Ernstes den Grund und die Entstehung dieser Formen vollständig und erschöpfend dargestellt zu haben vermeinte.

In wiefern man hierin, bei aller Richtigkeit der Grundansicht, durch Beiseitelassung aller der vielfachen Vermittelungen gefehlt habe, ohne die der Geist niemals, weder in der Geschichte, noch in dem Kunstwerke zur Erscheinung kommt, ist hier nicht der Ort zu ermitteln; es ist hier nur zu bemerken, dafs jene Ansicht von dem ionischen Style den innern Zusammenhang und die konsequente Entwickelung in der Geschichte der Architektur, welche sie hervorzuheben glaubte, im Gegentheil vielmehr gänzlich abbricht, indem sie das leitende Princip der dorischen Architektur, die statische Bedeutung der Formen, in der ionischen Architektur nun völlig aufgiebt und vernachläfsigt. Diese Vernachläfsigung aber führte nur einen Schritt weiter zu der Ungerechtigkeit, dem ionischen Style und seinen eigenthümlichen Formen und Gliedern eine solche statische Bedeutung durchaus abzusprechen und ihn damit zu einem inhaltslosen Spiele der Willkür herabzuwürdigen. So betrachtet z. B. *Rosenthal* die gesammte ionische Bauart, die er als ein Zeichen des Verfalls, als eine taube Blüthe des griechischen Kunstgeistes bezeichnet, ohne indefs einem so harten und gewagten Vorwurf auch nur die geringste wissenschaftliche Begründung zu geben. Diese glaubt nun *Bötticher* allerdings darin gefunden zu haben, dafs es dem ganzen ionischen Style an allem *integralen Zusammenhange* der einzelnen Glieder und Theile fehle (Tektonik der Hellenen, Berlin, 1844, Bd. I. S. 115). Indefs hat diese, mehr beiläufig hingeworfene, als streng durchgeführte Behauptung ihre nähere Begründung wohl noch in dem zweiten Theile des angeführten Werkes zu erwarten, der die Ionika enthalten soll, und dem wir mit gespannter Erwartung entgegensehen. — Dagegen ist es anerkennend hervorzuheben, dafs *Kugler* gerade den festen klaren Organismus und das sichere und geläuterte Ebenmaafs, obschon nur in Bezug auf die orientalische Architektur, als dem ionischen Style ganz besonders eigenthümlich hervorhebt und denselben dadurch gegen einen eben so harten, als unbegründeten Vorwurf in Schutz nimmt.

Abgesehen jedoch von dieser allgemeinen Charakteristik, welche näher zu betrachten aufser unserer Absicht liegt, so hat man in neuerer Zeit das Wesen des ionischen Styles auf ein fester bestimmtes und schärfer begränztes Princip zurückzuführen gedacht, welches man als das der *Elasticität* bezeichnen kann. Wie nämlich die ionischen Formen, vorzüglich aber die Voluten des Kapitäls in der That den Eindruck einer elastisch bewegten Masse auf das Auge des Beschauers machen, so hatte schon *Müller* (Archäologie der Kunst a. a. O.) darauf hingewiesen, ein dieser Kraft entsprechendes Princip möchte der Gesammtbildung der ionischen Formen zu Grunde liegen. Bestimmter sprach dies *Rosenthal* aus (Entstehung und Bedeutung der architektonischen Formen a. a. O.). Er nimmt an, man habe sich die Masse des Baumaterials in einem weichen formbaren Zustande gedacht und dieselbe dann eine Form annehmen oder beibehalten lassen, welche sie vor dem Beharrungszustande gehabt hätte. Der Gedanke ist richtig, insofern alle Gliederung eine bewegliche Masse, alle

Form die Fähigkeit der Formbarkeit voraussetzt. Geht man indefs näher auf dies Princip ein, wie es *Rosenthal* hingestellt hat, so ist nicht zu verkennen, wie unhaltbar dasselbe bei ihm sei, und dafs er ihm durch seine zufällige und unwahrscheinliche Begründung (vgl. oben S. 208 f.) selbst alle innere Wahrheit geraubt hat.

In der That aber ist die jenem Principe zu Grunde liegende Idee so richtig, dafs man nur in dem einen Punkte fehlt, sie allein auf den ionischen Styl beschränken zu wollen. Wenn nämlich der Umstand, dafs in der schönen Architektur die Masse durch die Form beherrscht wird und beide untrennbar verbunden sind, auch eine Fähigkeit der Masse, die Form anzunehmen, nothwendig voraussetzt, so leuchtet es ein, dafs ein solches Princip der Beweglichkeit und Formbarkeit der Masse nicht auf diese oder jene Bauweise beschränkt werden kann, sondern vielmehr aller Architektur zu Grunde liegt, welche auf Darstellung statischer Ideen durch die der Masse gegebene schöne Form ausgeht: in gegenwärtigem Falle also ebensowohl dem dorischen, als dem ionischen Style. Ein Mehr oder Weniger kann dabei allerdings stattfinden, es leuchtet jedoch ein, dafs darauf allein die principielle Verschiedenheit der Style nicht beruhen kann.

Dies sind die beiden Versuche, die Formen der ionischen Ordnung aus allgemeinen Principien zu erklären; das erste derselben, sahen wir, war zu wenig bestimmt, das zweite zu weit, indem es sich vielmehr als Princip aller architektonischen Gestaltung ergab. Unseres Erachtens haben nun die Eigenthümlichkeiten des ionischen Styles lediglich in dem Bestreben ihren Grund, die Entwickelung der architektonischen Formen, welche der Dorismus mit so entschiedenem Glücke vorgezeichnet hatte, fortzuführen und dieselbe zum Abschlufs, zur möglichsten Vollendung zu bringen.

Im dorischen Bau zeigen alle einzelnen Glieder und Formen die gröfseste Einfachheit und Knappheit, sie halten sich strenger innerhalb der Grenzen des Nothwendigen und können und wollen eben deshalb den Reichthum der statisch-architektonischen Ideen nicht ganz zur Erscheinung bringen. In der einfachsten primären Form genügt diese Knappheit vollkommen; wo man später jenen Mangel der Darstellung fühlte, begnügte man sich damit, ihn durch eine leise Andeutung auszugleichen. Die Farbe ist das andeutende Moment des Dorismus. Die Farbe dient im dorischen Bau keineswegs nur als Schmuck oder Zierde in unserem Sinne, indem das edle Material der griechischen Kunst in seinem lichten Glanze sich selber Schmuck und Zierde genug war; sie dient vielmehr als *Schein der Form* da, wo die Idee nicht durch die reale Form zur Erscheinung gelangt; und es ist namentlich *Böttichers* grofses Verdienst, dafs er die dem Farbenschmuck der dorischen Architektur zu Grunde liegenden statischen Bezüge nachgewiesen und damit die eigentliche Bedeutung desselben aufser Zweifel gesetzt hat.

Diese Andeutungen des Dorismus werden nun zur Wirklichkeit im ionischen Style. Und sie müssen es, denn die Andeutung ist eine der Idee unwürdige und ihren Reichthum nicht erschöpfende Form. Die Idee, hier also näher die architektonische Idee, ist nicht einseitig, arm oder beschränkt, sie ist vielmehr innerlich reich und mannigfaltig und verlangt in ihrer schönen Erscheinung daher denselben Reichthum, dieselbe Mannigfaltigkeit; sie mufs ganz, nach allen ihren Seiten und Besonderheiten hin zur Darstellung kommen. Dies kann sie aber nicht in der Andeutung des Dorismus, und darum drängt die Idee über diese hinweg zur festen objektiven Gestaltung. Ebenso wenig aber kann sie ihren Reichthum vollständig entfalten, wenn sie sich nur auf das Nothwendige beschränken soll; und darum verschmäht sie das knappe Gewand der Darstellung, die, wie zum Theil im dorischen Bau, eben nicht über das Nothwendigste hinausgeht. Wie die Erfüllung der allernothwendigsten Pflichten aber noch nicht Tugend, noch die Befriedigung der Nothdurft Glück ist, so ist — man möge uns diese Zusammenstellung erlauben — die Darstellung des Nothwendigsten in der Kunst noch weit davon entfernt Schönheit zu sein. Ja, wie es mit Recht von der Wissenschaft gesagt worden ist, dieselbe könne erst dann beginnen, wenn das Bedürfnifs befriedigt sei, so kann man mit demselben Rechte, wenn freilich auch in einem anderen Sinne, von der Kunst behaupten, dafs in ihr erst nach der Beseitigung und Überwindung des Nothwendigsten die Darstellung der wahren Schönheit erreicht werden könne. Hätte sich die griechische Kunst lediglich auf die Darstellung des Nothwendigsten beschränkt, was übrigens auch in der dorischen Architektur durchaus nicht in dem Maafse, als man meint, stattgefunden hat, so wäre sie niemals zu der vollkommnen Entfaltung alles ihres Reichthums gelangt und hätte niemals jenen hohen Grad der Schönheit erreichen können, der sie in der Geschichte der Kunst auf eine so anerkannte Weise auszeichnet. Die kärgliche Knappheit der Darstellung, die sich lediglich auf das Nothwendigste beschränkt, ist so wenig Bedingung der wahren künstlerischen Schönheit, dafs sie derselben vielmehr überall hindernd in den Weg treten wird; denn wie die Ideen in der Natur reich und mannigfach sind und mit einer verschwenderischen Fülle von Mitteln ins Leben gesetzt werden, so sind auch die Ideen der Kunst reich und unerschöpflich, und ihre Mittel sind ihr nicht karg zugemessen. Jede ihrer Seiten ist in sich wiederum ein Ganzes, und da es eine der wesentlichsten Bedingungen der klassischen Kunst ist, dafs ihr Inhalt ganz und vollständig in die Erscheinung, in die Form übergehe, so ist mit dem Reichthume der Idee, die den Inhalt der Kunst ausmacht, auch zugleich der Reichthum und die über die Nothwendigkeit hinausgehende Fülle der Formen als eine nicht minder wesentliche Seite des Kunstschönen gegeben.

Diese aus der Natur der Idee hervorgehenden Forderungen, wodurch, wie wir hier nur beiläufig gegen Einwände der Art bemerken können, die Einheit des architektonischen Kunstwerkes an und für sich durchaus nicht beeinträchtigt wird, sind es, die den Fortschritt vom Dorismus zum Ionismus nothwendig machten. Wie nun in ihnen der Charakter des Letzteren begründet liege, und wie aus ihnen alle Eigenthümlichkeiten des ionischen Styles zu erklären und herzuleiten seien, kann hier nicht erschöpfend nachgewiesen werden. Wir müssen uns vielmehr bei diesen allgemeinen Grundzügen begnügen und haben nur diejenigen Folgerungen hervorzuheben, welche bei der Bildung des ionischen Kapitäls in Betracht kommen. Indem nämlich die architektonischen Formen, die der dorische Styl so rein und schön vorgezeichnet hatte, in dem ionischen Bau zur vollendeten Entfaltung kommen, indem, was dort Andeutung war, hier zur Wirklichkeit wird und die architektonische Idee nach allen ihren Seiten zur Erscheinung kommt, folgt daraus für den ionischen Styl mit Nothwendigkeit, dafs die einzelnen Glieder und Theile desselben, jedes für sich selbst eine gröfsere Selbständigkeit und eigenthümliche Bildung erhalten. Eine eben so nothwendige Konsequenz dieses Punktes ist ferner der Umstand, dafs auch zwischen den einzelnen Gliedern und Theilen des ionischen Baues eine schärfere und bestimmtere Sonderung eintreten mufs. Denn je klarer und bestimmter ein Gedanke in einem Körper zur Erscheinung kommt, desto schärfer wird sich dieser gegen andere unterscheiden und von ihnen absondern. Zugleich aber wird diese Sonderung im ionischen Style durch so zarte Gliederungen bewirkt, wie Perlenstab, Astragal, Leistchen, dafs der Harmonie des Ganzen dadurch kein Eintrag geschieht und z. B. der Architrav vom Fries, das Kapitäl vom Schaft und ebenso vom Architrav (durch das Bindeglied des Plättchens) weniger getrennt und auseinandergehalten, als vielmehr mit denselben verknüpft und verbunden werden, und die dem ionischen Styl öfter zum Vorwurf gemachte gröfsere Trennung der Theile ergiebt sich in der That nur als eine stärkere und absichtlicher ausgedrückte Verknüpfung. Diese aber ist hier keineswegs zufällig oder willkürlich, sie ist im Gegentheil durch die gröfsere Bedeutsamkeit und Selbständigkeit der zu verknüpfenden Glieder nothwendig hervorgerufen, indem die Bindeglieder mit den zu verbindenden Theilen im engsten Zusammenhange stehen, und die Wesenheit der ersteren durch die Bedeutsamkeit der letzteren wesentlich modificirt und bedingt ist. Vgl. *Bötticher* Tektonik der Hellenen S. 65 ff.

Was nun aber die weitere Entwickelung und die daraus hervorgehende gröfsere Selbständigkeit der einzelnen Theile selber betrifft, so liegen die Beispiele dafür sehr nahe. Auf ihr beruht z. B. der Unterschied zwischen dem eigenthümlich gebildeten ionischen und dem dorischen Architrave, der eben nichts als die kahle Nothwendigkeit zeigt; wie dies auch mit dem Abakus des dorischen Kapitäls stattfindet, während das ionische Kapitäl eine bei weitem selbständigere und charakteristischere Gestaltung zeigt. Nun liegt hierin aber keineswegs, wie man fälschlich behauptet hat, eine Ausartung des ursprünglichen Adels und der Würde des dorischen Styls, noch darf man diese reichere und selbständigere Entwickelung der einzelnen Glieder als ein Zeichen des Verfalls betrachten; im Gegentheil mufs darin ein nothwendiger und in der Natur der architektonischen Idee begründeter Fortschritt erkannt werden, wie wir dies schon oben nachgewiesen haben. Ob nun übrigens der so als ein Fortschritt erkannte ionische Styl deshalb auch schöner als der dorische sei und demgemäfs mehr gefallen *müsse*, das soll und kann durch Untersuchungen, wie die vorliegende, gar nicht zur Entscheidung gebracht werden. Denn es handelt sich in der Wissenschaft nicht um das subjektive Wohlgefallen und um die Liebhaberei des Einen für diese, des Andern für jene Stufe der Entwickelung, sondern lediglich um das unpartheiische, wissenschaftliche Verständnifs derselben, womit übrigens eine individuelle Vorliebe, die dann aber nie die Grenzen einer Privatansicht zu überschreiten hat, durchaus nicht unvereinbar ist. Deshalb soll denn auch die gegenwärtige Auseinandersetzung nicht etwa dazu dienen, den Liebhabern des dorischen Styls ihr Wohlgefallen daran zu rauben, noch sie zu zwingen, dasselbe auf den ionischen Styl zu übertragen: sie hat vielmehr nur die unbefangene und unpartheiische Würdigung beider verschiedenen Entwickelungsstufen zur Absicht, während man es nicht leugnen kann, dafs die Begeisterung für den dorischen Bau manchen trefflichen Forscher befangen und ungerecht in der Beurtheilung der ionischen Architektur gemacht hat.

Betrachtet man nun aus diesem Gesichtspunkte die Säule des ionischen Styls, so wird man an ihr leicht die oben angedeuteten Grundsätze bestätigt finden.

Die ionische Säule unterscheidet sich nämlich von der dorischen wesentlich durch ihre Basis und ihr Kapitäl. Die ionische Säulenbase ist erst die vollständige, allen statischen und ästhetischen Rücksichten vollkommen entsprechende Entwickelung desjenigen Princips, welches der unverhältnifsmäfsigen Verjüngung der dorischen Säule zu Grunde liegt und in dieser nur zu einer unvollkommenen Erscheinung gelangt. Dafs die Basis aber wirklich ein Fortschritt gegen die basenlose Säule sei, wird selbst der entschiedenste Vertheidiger des Dorismus nicht in Abrede stellen. Die Säule erhält dadurch erst ihren letzten Abschlufs gegen den Fufsboden des Gebäudes hin, der Beginn eines selbständigen architektonischen Körpers wird angedeutet und somit die statische Bedeutung der Säule erst zum vollständigen Ausdruck gebracht. Man könnte das Verhältnifs der dorischen Säule zur ionischen Säule treffend mit demjenigen vergleichen, welches zwischen den stark verjüngten und gegen oben so mächtig zusammengezogenen ägyptischen Tempelwänden und der perpendikularen, nur durch Fufs und Sockel statisch charakterisirten griechischen Wandfläche stattfindet, wobei gewifs Niemand anstehen wird, der letzteren Bildung einen unbedingten Vorzug einzuräumen. Wie nun so in der ionischen Basis erst das der eigenthümlichen Formation der stark verjüngten dorischen Säule zu Grunde liegende Princip zur vollständigen Entwickelung gelangt, so verhält es sich auch mit dem ionischen Kapitäl im Vergleich zu dem der dorischen Ordnung.

Diese Entwickelung des ionischen Kapitäls besteht nun, ohne alle fremdartige Beimischung, einzig und allein darin, dafs erstens dem Principe gröfserer Formbarkeit gemäfs, die Bewegung, die früher nur in dem Schaft der Säule und im Echinus ausgedrückt war, auch in den Abakus übertragen wird, der in der dorischen Architektur noch eine rohe und leblose Masse bildete und dessen besondere Charakteristik nur durch die andeutende Malerei hervorgebracht wurde. Indem aber die einfache Platte des dorischen Abakus keine architektonische Gestaltung erhielt, gelangte in der dorischen Säule nur die eine Seite desjenigen Konfliktes zur Erscheinung, dessen Ausdruck die statischen Formen, namentlich des Kapitäls begründet. Dieser Konflikt ist der perpendikularer Stützen und einer horizontalen Belastung. Die beiden Seiten desselben sind einerseits das Tragen, andrerseits das Lasten, die Belastung. Das dorische Kapitäl läfst nur die eine Seite, die des Tragens hervortreten. Allerdings kann man sagen, dafs jedes Tragen an und für sich schon eine Belastung voraussetze, indem der tragende Körper, die Stütze, doch etwas, eine

Last tragen müsse, um eben Stütze zu sein. An sich hat also die dorische Säule, näher das dorische Kapitäl, wohl die Seite der Belastung; damit es den Architrav trage, mufs dieser ja lasten. Aber der Gedanke der Belastung ist am dorischen Kapitäl nicht für sich, als solcher, zur Erscheinung gekommen; er existirt an demselben nur in der Voraussetzung, in der Andeutung. Es tritt der Konflikt der Kräfte nur in der *einen* und zwar aktiven Form des Tragens auf; die Säule entwickelt sich nur nach oben hin in dem Anlaufe des Echinus, der eine Aktion ausspricht, ohne die Reaktion, ein Tragen ohne die Belastung, zum Ausdruck kommen zu lassen. Der Abakus dagegen, der zweite wesentliche Theil des dorischen Kapitäls bleibt bei dieser einseitigen Erscheinung des statischen Konfliktes ein neutraler Körper; er hat keine selbständige, charakteristische, keine statisch-modificirte Form. In der ionischen Ordnung aber, wo alle Theile mehr Leben und Formbarkeit, wo die Masse selbst mehr Fähigkeit zum Ausdruck der statischen Ideen hat, darf eine solche Neutralität nicht bestehen bleiben; der Abakus wird vielmehr seine Neutralität aufgeben und selbst mit in das lebendige Zusammenwirken der Theile eintreten müssen.

Bedenkt man nun ferner, dafs nach dem Principe des ionischen Styles alle Seiten der architektonischen Idee zur vollständigen Entfaltung kommen, die Dialektik derselben sich gleichsam vollendet auseinanderlegen mufs, so folgt daraus auch nothwendig, dafs, während im dorischen Kapitäl nur die eine Seite des Konfliktes, die des Tragens, ausgedrückt war, in dem ionischen nun auch die Seite der Belastung für sich selbständig hervortreten wird. Dafs dies aber einzig und allein an dem Abakus geschehen kann, der ohnehin seine Neutralität aufzugeben hat, ergiebt sich nun sowohl aus der eigenthümlichen Stellung desselben, als aus der schon feststehenden Bedeutung der übrigen Theile des Kapitäls, namentlich des Echinus. Spricht dieser den Gedanken des Tragens rein und vollständig aus, indem sich in ihm die nach oben strebende, stützende Wesenheit der Säule gleichsam koncentrirt und zusammenfafst, so wird nun der Abakus vermöge seiner Lage zwischen dem tragenden Gliede des Echinus und dem lastenden Architrave den Begriff der Belastung (der in der rohen Form der neutralen dorischen Platte noch nicht hervortrat) eben so rein und vollständig darzustellen haben; und in dieser neuen Funktion ist es nun, dafs er, vermöge der gröfseren Formbarkeit der Masse, die lebendige und gleichsam elastisch bewegte Form des ionischen Volutenabakus annimmt.

Denn wenn man bisher jenen Volutenkörper fast durchgängig als aus zwei Theilen, den Voluten und den Polstern bestehend dachte, so ist dies eine falsche und den Gesetzen der architektonischen Formenbildung durchaus widersprechende Ansicht, die schon durch die vollkommene Harmonie und den tief gedachten Zusammenhang seiner Glieder selbst widerlegt wird, indem ein solcher durch eine äufserliche Zusammensetzung nimmermehr erreicht werden kann. Es bilden vielmehr jene beiden Glieder (Voluten und Polster) ein einfaches und untrennbares Ganze, welches unter Voraussetzung der oben festgestellten Praemissen aus der Belastung des nur auf einer kreisrunden Fläche fest aufliegenden und ruhenden viereckigen Abakus nothwendig und begriffsmäfsig hervorgehen mufste. Man denke sich nämlich eine aus leicht formbarer und elastisch beweglicher Masse bestehende viereckige Platte, wie der dorische Abakus ist, auf der Unterlage eines, wie der Echinus, in kreisrunder Fläche endenden Körpers ruhend und im perpendikularen Drucke durch einen andern Körper belastet, so sind zwei daraus entstehende Bildungen möglich.

Es können nämlich erstens die Endpunkte der Stirnflächen des Abakus, so wie diejenigen Theile desselben, welche durch keine Unterlage gestützt sind — die stützende Fläche des Echinus läfst die vier Ecken der untern Fläche des Abakus unberührt — sich heruntersenken, und die rechtwinkligen Ecken desselben durch die dem Körper innewohnende Elasticität in die Rundung übergehen, wie denn jede elastisch lebendige Bewegung der Masse nur durch Rundung der Formen und den daraus hervorgehenden Schwung der Profillinien zum Ausdruck gelangen kann. Es ist dies eine Umwandlung, bei der nur die Umrisse der Stirnfläche eine Veränderung erleiden, während dieselbe an und für sich eine ebene Fläche bleibt.

Es kann aber zweitens ebensowohl die belastete Masse aus der Fläche heraustretend gedacht werden, und gleichsam hervorquellend sich über den Rand des stützenden Echinus herabsenken (so dafs im Durchschnitt die gerade

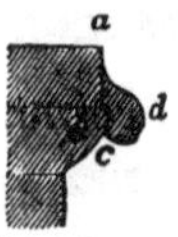

Linie *ab* in die geschwungene Linie *adc* übergehen würde); wobei indefs noch zu bemerken ist, dafs diejenigen Theile der Platte, welche der festen Unterstützung ermangeln, sich natürlich tiefer und unbehinderter herabsenken werden, als die der stützenden Kreisfläche, welche sie tangirt, näher stehende Mitte. Dies sind die beiden Bildungen, welche dem Gefühle nach unter den oben angegebenen Bedingungen aus der Belastung des auf der kreisrunden Stützfläche des Echinus aufruhenden Platte des Abakus hervorgehen würden. Vergegenwärtigt man sich nun die Bedingungen, unter denen die Säulen im Ganzen des Baues auftreten, so wie die Stellung, welche dieselben gegen einander einnehmen, so ist es einleuchtend, dafs die erste jener Bildungen wegen Beibehaltung der ebenen Fläche, sowohl an der vorderen Stirnseite, als an der dieser gegenüberstehenden Seite des Abakus, benutzt werden mufste, um sich hier wie dort an die Fläche des Architravs vermittelnd anzuschliefsen. Dagegen entspricht die zweite der oben deducirten Bildungen vollkommen den architektonischen und ästhetischen Rücksichten, welche bei den beiden Seitenflächen des Abakus in Betracht kommen. Da nämlich der Architrav über sie hinaus fortgeht, so scheinen sie auch dem lastenden Drucke desselben viel mehr ausgesetzt und lassen demgemäfs in ihrer hervorquellenden, nach aufsen gedrängten Form den Begriff einer starken Belastung viel deutlicher und fühlbarer hervortreten.

Wer nun mit den Formen der griechischen Architektur und namentlich mit der Grundform des ionischen Kapitäls vertraut ist, wird es auf keine Weise verkennen können, dafs die Verbindung und innige Verschmelzung dieser beiden Formen die Grundform desjenigen Körpers ergiebt, den wir schon öfter den Volutenkörper genannt haben. Der Volutenkörper des ionischen Kapitäls ist also nichts anderes als ein Abakus, der, um den beim Kapitäl wesentlich integrirenden, in dem dorischen Bau jedoch nicht ausgedrückten Begriff der Belastung zur Erscheinung zu bringen, sich in geschwungenen und gleichsam hervorquellenden Formen über den Echinus des Kapitäls herabsenkt. Er ist in der That der Abakus der ionischen Säule, dessen Stelle er nicht etwa blos einnimmt, weshalb man ihn wohl schon hie und da als Volutenabakus bezeichnet hat, sondern dessen durch die Natur des ionischen Styls wesentlich modificirten Funktionen er in eben dem Maafse, als der dorische Abakus die seinigen, erfüllt und zur deutlichen Anschauung bringt. Wie nun dieser ionische Abakus vollkommen allen den Anforderungen genügt, die aus der Natur des ionischen Styls hervorgehen, wie er namentlich die Idee des Kapitäls vollständig und nach beiden Seiten des in ihm zur Erscheinung kommenden Konfliktes darstellt, so entspricht derselbe auch denjenigen Anforderungen, in denen man wohl sonst den Grund des ionischen Kapitäls gesucht hat und unter welchen namentlich diejenigen hervorzuheben sind, welche *Wolff* (vergl. oben) geltend gemacht hat und wonach das ionische Kapitäl den von dem dorischen Kapitäl ganz vernachläfsigten Übergang aus der runden in die quadrate Form zu vermitteln habe. Man kann ferner hinzufügen, dafs auch die Verknüpfung des Kapitäls mit dem langgestreckten Architrave durch den ionischen Abakus in so fern viel besser, als durch den dorischen erlangt sei, als jener, bei aller Beibehaltung der quadraten Form (im Deckplättchen) durch das Hervorquellen der Masse auf den beiden Seitenflächen auch wieder eine oblonge Form erlangt, welche sich dem über das Kapitäl lang hingestreckten Architrave auf eine wahrhaft schöne und fein gefühlte Weise anschliefst.

So einleuchtend diese Auffassung des ionischen Kapitäls erscheinen mufs, so wird dieselbe doch noch wahrscheinlicher gemacht durch die Bemerkung, dafs das seiner Bildung zu Grunde liegende Princip kein vereinzeltes in der griechischen Architektur sei, sondern sich vielmehr noch in manchen andern Formen und Gliedern derselben erkennen lasse Es besteht dasselbe ganz einfach darin, dafs zum Ausdruck einer grofsen Belastung die belasteten Glieder in ihren Profilen eine sich gleichsam herabsenkende und herunterneigende Form erhalten. Ein Beispiel dieser Formbildung liegt, obschon weniger dem Volutenabakus entsprechend, unter anderen im Geison vor, welches bald geradlinig im dorischen Bau, bald mehr oder minder ausgeschweift im ionischen und korinthischen Style sich nach vorn herüber senkt, um in seiner schwebenden und auf einer Seite der Unterlage ermangelnden Stellung die Belastung des unmittelbar auf dasselbe wirkenden Daches auszudrücken. Analoge Formen zeigen auch die Antenkapitäler in der dorischen und ionischen Architektur, so wie die eigenthümlich gebildeten Pilasterkapitäler im Didymaeon zu Milet. Vor allen aber sind es die Antenkapitäler, welche in bedeutender Senkung und gleichsam in elastischem Schwunge sich vorn herüber und herabneigen, so dafs die Profillinien im Durchschnitt sogar der Volutenform sehr nahe kommen. Hier finden sich die beiden Seiten jenes Konfliktes in einem und demselben Gliede vereinigt, und während die untere Fläche des Kyma's, dem Echinus entsprechend, kühn in die Höhe strebt, scheint die obere Fläche durch einen lastenden Druck sich abwärts zu senken, in welche Senkung dann auch die erst anstrebende untere Fläche allmälig übergeht. Als Beispiele dieser Form, die im Principe dem sich überneigenden Abakus ziemlich nahe kommt, mögen folgende Antenkapitäler dienen, deren Vergleich die Bildung des ionischen Abakus noch mehr bestätigen und anschaulicher machen wird. Durch starke Senkung zeichnen sich nämlich die Antenkapitäler am Theseion aus, die an den Propyläen zu Eleusis und Sunium. Ebenso die am Parthenon, und die in höherem oder geringerem Grade diesen entsprechenden des Artemistempels zu Eleusis, der Tempel von Rhamnus und Agrigent, der Propyläen von Athen u. s. w.

Was ferner die zweite der oben angedeuteten Bildungen insbesondere betrifft, nämlich das Hervorquellen des Abakus über den Rand des Echinus, so genügt es, um diese allerdings eigenthümliche Bildung aufser Zweifel zu setzen, die Durchschnittsformen der schönsten und mit dem gröfsten Verständnifs gebildeten ionischen Kapitäler zu betrachten. Zu diesen *) rechnen wir das des Tempels am Ilissos (*Stuart* Antiquities of Athens Vol. I, Lond. 1762, Ch. II, pl. VII, Fig. 4); die verschiedenartig, aber allesammt im reinsten Style gearbeiteten Kapitäler am Erechtheion (*Stuart* ebds. Vol. II, Ch. II, pl. VI, Ch. II, pl. IX, Fig. 1. — Ch. II, pl. XII, Fig. 2), das des Tempels der Nike Apteros auf der Akropolis (*Rofs* und *Schaubert,* der Tempel der Nike Apteros auf der Akropolis von Athen, Taf. VII), der Propyläen und des Tempels von Eleusis (Unedited Antiquities of Attica Vol. I, Lond. 1817, Ch. II, pl. 15, Fig. 4 und Ch. III, pl. 4, Fig. 2), der Säulen in der Nähe des Monuments des Thrasyllos (*Stuart,* Ant. of Ath. Vol. III, ch. XI, pl. 1, Fig. 6), so wie einige Kapitäler, deren Fragmente von *Inwood* gefunden und in *v. Quasts* Übersetzung von dessen Werk über das Erechtheion abgebildet sind (II. Abtheilung, Blatt 22, No. 12 und 16, vergl. ebds. das schöne Kapitäl II. Abth., Blatt 8, Fig. 6). Alle diese der besseren Zeit angehörigen Monumente zeigen im Mitteldurchschnitt der s. g. Polster eine im schönsten Schwunge geführte und durch keinen Winkel gebrochene Profillinie, welche bei einem gefälligen Hervorquellen über den Echinus einen leichten Anschlufs an den runden Umrifs der Stirnfläche des Abakus (Kanal und Voluten) begünstigt und zugleich die Entstehung dieser Form überhaupt auch für die Anschauung klar und verständlich darlegt. Ferner gehören hierher die Kapitäler des Tempels der Athene Polias zu Priene (Ionian Antiquities, Lond. 1767, Part I, Ch. II, pl. IV, Fig. 3 und pl. V), des Didymaeons (Ionian Antiq. Part I, Ch. III, pl. V, Fig. 3 und pl. VI), des Tempels der Aphrodite zu Aphrodisias (Antiquities of Ionia Part III, Lond. 1840, Ch. II, pl. XIX) und der Agora ebendaselbst (Ant. of Ionia l. l. pl. VIII, Fig. *D*), des Dionysostempels zu Teos (Ion. Antiq. Ch. I, pl. III, Fig. 4), des Vestibulums zu Knidos (Ant. of Ion. Part III, Ch. I, pl. XIV, Fig. *E*) und endlich des Aquädukts des Hadrian zu Athen (*Stuart,* Ant. of Ath. Vol. III, Ch. IV, pl. IV, Fig. 4), welche zwar die Profillinie nicht in der Reinheit, wie die vorhergenannten Monumente

*) Beim Apollotempel zu Bassae findet der besondere Umstand statt, dafs man auch an den Seitenflächen die erste Bildung des Abakus hat eintreten lassen, was bei einem, an eigenthümlichen Einrichtungen so reichen Bauwerke nicht auffallen darf; was aber aufserdem nur in der bekannten Form der Eckkapitäler ionischer Periptera seine Analogieen findet

zeigen, jedoch das Herabsinken der Masse des Abakus über den Rand des Echinus kaum minder deutlich als jene erkennen lassen.

Wenn es nun nach dem Bisherigen scheinen möchte, als ob bei dieser Umwandlung der Formen des dorischen Kapitäls in die des ionischen nur der Abakus betheiligt sei, der Echinus dagegen schlechthin bei seiner Gestalt dorischer Ordnung verharre, so ist dagegen zu bemerken, dafs, wie ein solches theilweises Verharren und theilweise Fortbildung dem Begriffe organischer Entwickelung widerspricht und den innern lebendigen Zusammenhang der Theile zerstören würde, auch in der That der dorische Echinus, ganz abgesehen von seinem skulpirten Ornamente, im ionischen Kapitäle eine sehr wesentliche Veränderung erleidet. Denn während derselbe im dorischen Bau, überwiegend und fast allein den Begriff des Tragens aussprechend, mit seiner Ausladung nicht über den Abakus hinaustrat (Fig. *a*), so ladet dagegen der ionische Echinus in der Gestalt des s. g. Eierstabes mehr oder weniger bedeutend über die Senkrechte des Abakus aus (Fig. *b*), je nachdem der Begriff der Belastung, zu dessen Ausdruck das weite Ausladen dient, mehr oder minder bedeutsam hervorgehoben werden soll. Dafs diese Form aber in der That die passendste sei, um an

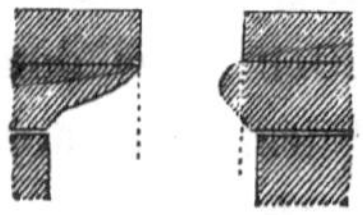

einem Kyma den Begriff einer gröfseren Belastung auszudrücken, lehrt der Augenschein, und es stimmt damit die geistreiche Erklärung überein, die ***Bötticher*** von dem s. g. Eierstabe gegeben hat und nach welcher derselbe nichts als ein mächtiger belastetes ***Kyma*** ist, als welches er eben so richtig den dorischen Abakus überhaupt dargestellt hat. So erklärt sich aus der folgerechten Entwickelung des einfachen Principes, welches der Bildung des ionischen Kapitäls zu Grunde liegt, auch eine bisher noch unerklärte Eigenthümlichkeit desselben, nämlich der Umstand, dafs die Platte des Abakus, der Breite nach, kleiner ist, als der obere gröfste Durchmesser des Echinus, welcher in der dorischen Architektur das Maafs des Abakus abgegeben hatte, indem die Seiten desselben ***ab*** dem Diameter des Echinus ***cd*** gleich waren. Dieser Umstand mufste vorzüglich bei denen sehr fühlbar werden, welche eine struktive Erklärungsart befolgten, denn, legt man einmal nur den dorischen Echinus und den dorischen Abakus zu Grunde (zwischen welche dann die bewufste Decke oder dergl. eingeschoben wird): woher kommt es dann,

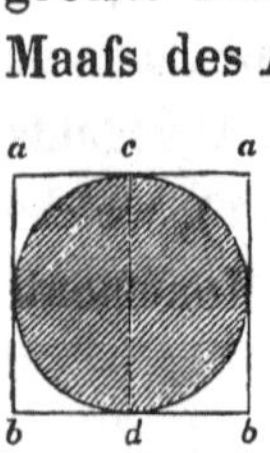

dafs im ionischen Kapitäle dieser Abakus so plötzlich verändert erscheint, indem die Seiten desselben kleiner geworden sind, als der Durchmesser des Echinus? Aufser ***Schnaase,*** der in der Deckplatte des ionischen Kapitäls den Abakus sieht, scheint nur *Wolff* diese Inkonvenienz gefühlt zu haben; wenigstens ist er der einzige, der auf den Umstand, dafs die Ecken des Abakus im ionischen Kapitäl den Echinus *nicht überragen*, hindeutet, ohne sich jedoch auf eine Erklärung desselben einzulassen. Vgl. oben S. 210 und die von ihm a. a. O. gegebene Zeichnung.

Endlich ist noch zu bemerken, dafs, wenn auch in dieser letzteren Eigenthümlichkeit des ionischen Kapitäls der Begriff der Belastung wiederholt zur Erscheinung kommt, doch die Last selbst im ionischen Style keineswegs eine gröfsere sei, als im dorischen Bau; im Gegentheil liegt es in der Idee des ersteren, die Last als solche zu vermindern, weshalb denn auch die Bildung des ionischen Kapitäls nicht von dem wegen übermäfsiger Last mächtig in die Breite ausladendem dorischen Kapitäl ausgeht, wie es z. B. die grofsgriechischen Monumente zeigen, sondern sich vielmehr der schlankeren Form anschliefst, die sich durch einen weniger ausladenden steileren Echinus und demgemäfs auch durch einen kleineren Abakus auszeichnet und die, in den attischen Monumenten die gewöhnliche, wahrscheinlich auch schon sehr früh in andern Gegenden, als im griechischen Kleinasien, ausgebildet worden sein mag. Die ionische Architektur vermindert die reale Last, läfst aber dagegen am Kapitäle, welches den Konflikt der Kräfte auszudrücken hat, den Begriff der Belastung deutlicher hervortreten; wogegen im dorischen Bau die reale Last bei weitem gröfser ist, indefs nur der Begriff des Tragens zur Darstellung kommt. Dieser Umstand ist es, nicht die gröfsere Massenhaftigkeit allein, welcher dem dorischen Styl den Charakter intensiver gedrängter Kraft giebt, wogegen dem ionischen Style der Charakter gröfserer Leichtigkeit eigen ist; denn jemehr die Belastung als solche zum Ausdruck kommt, um so viel mehr ist dieselbe auch als überwunden und aufgehoben zu betrachten.

Dies sind die Veränderungen des dorischen Kapitäls, welche, aus den oben schon weiter ausgeführten Principien in einfacher Entwickelung hervorgegangen, die Grundform des ionischen Kapitäls bilden, und wozu man noch die Eigenthümlichkeit zu rechnen hat, dafs, um die geschwungene Linie des Volutenabakus mit dem Architrav zu vermitteln, zwischen diese beiden Körper ein feines und nach oben hin aufstrebend profilirtes Plättchen gelegt ist, welches man ab und zu fälschlicherweise für den eigentlichen Abakus gehalten, wogegen *Kugler* schon die wahre Bedeutung desselben nachgewiesen hat.

Das Kapitäl ist in der gesammten griechischen Architektur von der entschiedensten Wichtigkeit. Zwischen den lastenden Theilen des Gebälkes und der Bedachung und den stützenden Säulenschäften, zu denen es selber gehört, und somit an einem Punkte gelegen, in welchem die herabwirkende Kraft der Last und die anstrebende Kraft der Stützen sich begegnen und gleichsam berühren, hat es den Konflikt dieser beiden entgegengesetzten Kräfte auf die deutlichste Art zum Ausdruck zu bringen. Das Verhältnifs dieser beiden Kräfte zu einander aber ist es vorzüglich, welches den statischen Charakter der verschiedenen Bauweisen bedingt. Da sich dies Verhältnifs nun am schärfsten an dem Kapitäle ausprägt, so wird dasselbe dadurch zum Ausdruck der wesentlichsten Eigenthümlichkeiten der verschiedenen Style und gleichsam zu einem koncentrirten Abbilde derselben; weshalb man denn auch mit Recht die verschiedenen Kapitäler der griechischen Architektur als die Hauptmerkmale der verschiedenen Style derselben betrachtet. Die verschiedenen Style der griechischen Architektur, von denen wir hier nur den dorischen und ionischen hervorheben wollen, differiren nun bekanntlich in vielen und zum Theil sehr bedeutenden Punkten von einander; indefs ist diese Verschiedenheit nicht so grofs, dafs man ihnen durchaus verschiedene und einander fremdartige Principien zu Grunde legen dürfte. Bei allen Abweichungen sind z. B. der dorische und ionische Styl auch wesentlich wieder einer und derselben Natur, und ihr Verhältnifs zu einander besteht darin, dafs das Princip des einen nur die weitere Entwickelung des Princips der anderen ist; nicht aber darin, dafs dem dorischen Bau etwa dieser, dem ionischen dagegen ein anderer, mit dem vorigen in gar keiner Verbindung stehender Gedanke zu Grunde läge.

In demselben Verhältnifs stehen auch die Kapitäler der dorischen und ionischen Ordnung zu einander. Das ionische Kapitäl ist im Vergleich zum dorischen nicht in sofern ein anderes, als es auf einem dem dorischen Kapitäl ganz fremden Gedanken beruht, sondern nur in sofern, als es den Gedanken des dorischen Kapitäls in einer weitern, vollständigeren Entwickelung zeigt. Das ionische Kapitäl ist nichts als das entwickelte dorische, seine Bildung nichts, als die *vollständige* Entfaltung aller der architektonischen Begriffe, welche im dorischen Kapitäl nur unvollständig, nur in der Weise der Andeutung zum Ausdruck gekommen sind. Dies hat auch schon von einer andern Seite aus die vorhergehende Untersuchung gezeigt. So ist nämlich erstens die Bewegung, die sich im dorischen Kapitäl lediglich auf den Echinus beschränkte, während der Abakus eine rohe unbewegte Masse blieb, im ionischen Kapitäl auch in den letzteren übertragen, der dadurch aufhört ein neutraler Körper zu sein und in das lebendige Zusammenwirken, in den organischen Konnex der Theile eintritt. Zweitens gelangt der Konflikt der architektonischen Kräfte, der im dorischen Kapitäl nur nach der Seite des Tragens hin dargestellt war, im ionischen Kapitäl auch nach der Seite der im dorischen nur angedeuteten Belastung hin zum vollständigen Ausdruck; und zwar sowohl durch den auf eine gedoppelte Weise sich über den Echinus herabsenkenden Abakus, als durch den über die Senkrechte des Abakus hervorgedrängten Echinus.

Die bisherigen Untersuchungen behandelten die Grundform, das Kernschema des ionischen Kapitäls; es bleibt noch übrig von der äufserlichen Formation, von der Ornamentik desselben zu sprechen; in welcher Beziehung zunächst und hauptsächlich die Voluten zu betrachten sind, deren Behandlung wir gegen die allgemein gültige Ansicht gewifs schon Manchem zu lange aufser Acht gelassen haben.

Die Volute nämlich, wie wir hier die Spiralwindungen des Kanals und die denselben einfassenden erhabenen Ränder zusammenfassend benennen wollen, ist bisher irriger Weise als der Hauptheil und die eigentliche Grundform des ionischen Kapitäls betrachtet worden, und wir haben schon oben gesehen, wie man durch die Erklärung dieser ganz singulären Form das Wesen des gesammten Kapitäls erschöpft zu haben glaubte, obgleich man gerade die wichtigsten Eigenthümlichkeiten desselben nicht nur unerklärt, sondern sogar ganz unberührt gelassen hatte. Wie nun diese Versuche schon, einzeln betrachtet, ganz unhaltbar waren, so ergiebt sich aus allgemeinerem Standpunkte die Unstatthaftigkeit jenes Verfahrens aus dem Umstande, dafs es allen Gesetzen der architektonischen Formenbildung durchaus widerstrebt, eine so gänzlich unsolide und jedes statischen Haltes entbehrende Form, wie die geschwungene Spiralwindung der Volute, man möge dieselbe erklären, wie man wolle, in der That ist, zur Grundlage eines statisch fungirenden architektonischen Körpers zu machen, für den es im Gegentheil vielmehr hauptsächlich darauf ankam, einen statisch haltbaren und soliden Kern zu gewinnen.

Diese solide Grundlage, dieses wahrhafte Kernschema des ionischen Kapitäls haben wir so eben entwickelt; die Volute dagegen ist lediglich als ein Ornament desselben zu betrachten, als ein Ornament, welches, den beiden längern und rundgeschlossenen Stirnflächen des Abakus eigen, hier weder durch symbolische, noch durch struktive Motive veranlafst, sondern ganz einfach und ungezwungen aus der Form der zu ornirenden Fläche hervorgegangen ist. Denn wie es tektonische Formen oder Konstruktionsarten giebt, die sich ohne allen äufsern Zusammenhang bei verschiedenen Nationen und in verschiedenen Zeitaltern in ihrer Grundlage durchaus gleichartig gestalten, indem sie aus den allgemeinen und unveränderlichen Gesetzen der architektonischen Formenbildung selbst hervorgehen (vergl. oben S. 219 ff.): so giebt es, Dem entsprechend, auch Ornamentenformen, die sich lediglich aus der gleichartigen Natur und Gestalt der zu ornirenden Körper oder Flächen gleichartig hervorbilden und die deshalb auch nicht selten unter den verschiedensten Bedingungen des Ortes und der Zeit nachgewiesen werden können. Ohne uns hier auf die weitere Ausführung dieses Grundsatzes einzulassen, welcher nur auf dem eben so einfachen und naturgemäfsen als innigen Zusammenhange des Ornaments mit dem Körper, an welchem dasselbe erscheinen soll, beruht, wollen wir nur zwei Beispiele solcher Ornamente hervorheben, deren Form man aus der Natur des ornirten Körpers oder der ornirten Fläche genügend erklären kann. Diese sind das Maeanderschema für rechtwinklig-, und die Spirallinie für kreisrund-geschlossene Flächen, wie solche z. B. in den beiden längeren Frontseiten des Volutenabakus vorliegen.

Was zunächst das Maeanderschema betrifft, so scheint es in der That ganz einfach und natürlich, geradlinig geschlossene und einerseits wagerecht, andrerseits senkrecht begränzte Flächen durch die Zusammensetzung von kleineren, ebenfalls horizontalen und perpendikularen Linien zu verzieren: eine Zusammensetzung, welche wir hier nur im allgemeinsten Sinne mit dem Maeandernamen benennen, und die allerdings bald mehr, bald weniger roh und kunstlos ausfallen mufste; wie dies z. B. an einer merkwürdigen Klasse von Monumenten stattfindet, deren besondere Beschaffenheit und Örtlichkeit auch nicht, weder an die geringste Gemeinschaft, noch an den entferntesten Zusammenhang mit der griechischen Architektur zu denken erlaubt: wir meinen die höchst räthselhaften und wenig bekannten Bauwerke in Yukatan, an denen das Maeanderschema als Ornament geradlinig geschlossener Mauerflächen fragmentarisch und in mannigfaltigen und theilweise sehr rohen Versuchen auftritt, ohne jedoch jemals zu einer reinen und vollendeten Gestaltung, zu einem lebendigen Zusammenhange durchzudringen. Als Beispiele dieser keineswegs partikulären und zufälligen, sondern vielmehr ganz allgemeinen und durchgängigen Erscheinung mögen die Wandornamente der Casa del Gobernador zu Uxmal gelten, bei *Stephens,* Travels in Yucatan Vol. I, p. 174, welche, wie die Maeanderformen an dem westlichen Gebäude von Monias (ebds. S. 302) und die zu Sabacktsché (Vol. II, p. 44) und Mayapan (Vol. I, p. 134) mehr Vollkommenheit und eine bessere Komposition zeigen, als die Fragmente zu Sackbey (Vol. II, p. 122), zu Chunchuhu (II, 130), zu Chichenitza Monias (II, 293), zu Labna (II, 54), und andere, welche fast jedes engeren Zusammenhanges gänzlich zu entbehren scheinen.

Nicht ohne Absicht stellen wir gerade diese räthselhaften Denkmäler einer in ihren weitern Bezügen fast noch ganz unerforschten Architektur *) den ausgebildeten Monumenten der griechischen Baukunst, und die mehr oder weniger rohen Versuche eines maeanderartigen Ornamentes der vollendeten Form des griechischen Maeanders gegenüber, um an einem so auffallenden Beispiele die schon oben angedeutete Natur dieses Ornamentes überhaupt schlagend nachzuweisen. Denn wie an den Bauten von Yukatan, so ist das Maeanderschema, welches das charakteristische Ornament des dorischen Abakus bildet, aus denselben Bedingungen einer rechtwinklig geschlossenen Fläche hervorgegangen, nur mit dem Unterschiede, dafs jene gleichsam die *disjecta membra* einer Form zeigen, deren vollendete Entwickelung zu dem graziösen und gefälligen Maeanderschema nur dem feinfühlenden Kunstsinne der Griechen erreichbar war.

Dasselbe Verhältnifs einer innern, auf der Gleichartigkeit der verzierten Flächen beruhenden Verwandtschaft findet nun auch zwischen den mannigfaltigen, in der Geschichte der Architektur sporadisch hie und da vorkommenden spirallinigen Ornamenten, und dem Hauptornamente des ionischen Kapitäls, der Volute, statt. Gewifs wird ein Jeder zugeben, dafs die Spirallinie an und für sich selbst eine so einfache und natürliche Form sei, dafs jedes Kind in seinen ersten bildnerischen Versuchen — und die macht wohl jedes Kind einmal —, geschweige denn der über den ganzen Reichthum und die ganze Fülle der Formen herrschende Künstler, ganz von selbst, wie man zu sagen pflegt, auf dieselbe verfallen könne, ohne durch weit her geholte Analoga und symbolische Bezüge auf sie hingeführt zu sein. Näher jedoch, und aus mehr künstlerischem Gesichtspunkte betrachtet, ergiebt sich diese Form als das einfachste und natürlichste Ornament einer kreisrund geschlossenen Fläche, und es ist daher nicht zu verwundern, wenn sich ein solches Ornament in der That an den verschiedensten, in der Geschichte der Kunst alles äufserlichen Zusammenhanges entbehrenden Monumenten vorfindet.

---

*) Es verdiente dieselbe schon deshalb um so mehr bekannt gemacht und erforscht zu werden, als sich in ihr, neben abenteuerlichen und phantastisch ausgearteten Formen, auch wieder sehr einfache und allen statischen Anforderungen entsprechende Bildungen zeigen, wie z. B. die nicht seltenen und in sehr reinen Verhältnissen erbauten Säulenhallen. Auch für unsere obigen Bemerkungen S. 220 ff. finden sich aufser den oben angeführten Beispielen einige merkwürdige Beläge, namentlich in der durch Überkragung hervorgebrachten Bedachungs- und Wölbungsweise, welche viel Analogieen mit der Wölbungsart der griechischen Thesauren hat.

So hat z. B. *Stephens* Travels in Yucatan, ein unter den Ruinen von Mayapan gefundenes Fragment bekannt gemacht (Vol. I, p. 131), welches durch seinen halbkreisrunden Contour und durch die denselben ornamental ausfüllende, auf beiden Seiten spiralförmig aufgewundene Linie die obige Behauptung bestätigt und sogar die auffallendste Ähnlichkeit mit der Vorderansicht des ionischen Volutenabakus darbietet. Ferner gehören hierher die spirallinigen Ornamente an den sogenannten Voluten-Aufsätzen der Säulen von Persepolis (*Robert Ker Porter* Vol. I, pl. 45), deren allgemeines Verhältnifs zu den analogen Erscheinungen in der griechischen Architektur schon oben behandelt worden ist. Endlich kann hier noch daran erinnert werden, dafs ein der Volute entsprechendes Ornament in der Form einer Spirallinie auch an Monumenten der neueren Architektur sich vorfindet, wo dasselbe nicht aus der Nachahmung früherer Formen, sondern lediglich aus den oben näher bezeichneten Bedingungen hervorgegangen ist. Der seit Michel Angelo eine nicht unbedeutende Zeit lang herrschende Baustyl liebte es nämlich bekannterweise, die Front- und Façadenmauern in den mannigfachsten geschwungenen Linien auszuschneiden; dabei findet nun häufig der Fall statt, dafs die Mauer durch einen vollkommenen Halbkreis oder einen noch gröfseren Kreisabschnitt begränzt wird, in welchem dann nicht selten Ornamente von erhaben gehaltenen Spirallinien angebracht sind, die sowohl den oben angeführten Beispielen, als der ionischen Volute selbst vollkommen entsprechen, ohne dafs man für die Gleichartigkeit derselben einen anderen Grund, als die Gleichartigkeit der zu ornirenden Fläche annehmen dürfte.

Diese Thatsachen, wodurch die Existenz eines spirallinigen Ornamentes an den verschiedensten und der Zeit und dem Orte nach aufser allem Zusammenhange stehenden Monumenten aufser Zweifel gesetzt wird *), berechtigten uns dazu, für die den vorigen Formen vollkommen entsprechende ionische

*) Wir können hier noch an die merkwürdige Form einiger Säulenkapitäler in den Malereien eines fränkischen Manuscriptes aus dem neunten Jahrhundert erinnern; diese zeigen nämlich über den gewöhnlichen Blätterverzierungen des Knaufes einen den ionischen Voluten vollkommen analogen Aufsatz, der aber so bedeutend ist, dafs man diese Kapitäler lieber für verzierte ionische, als für komposite halten möchte. Eine Vergleichung dieser fränkisch-sächsischen Voluten mit den ionisch-griechischen und denen von Persepolis, Yukatan und der modernen römischen Architektur wird nicht ohne Interesse in Bezug auf die oben ausgesprochenen Behauptungen sein, wenn auch in diesem Falle die Möglichkeit einer bestimmten Nachahmung der Antike nicht ganz in Abrede gestellt werden soll. Vergl. Comte *de Bastard* Peintures de Manuscrits de la Bibliothèque royale (Paris, 1844) Livr. X. (Evangiles de François II, Style Franco-Saxon.)

Über das Vorkommen eines volutenartigen Gliedes im Klosterhofe der alten Kirche von Gernrode (X. Jahrh.) vergl. *Kugler* Museum 1834, No. 18. S. 144.

Volute jede fremdartige, zufällige und den Gesetzen der architektonischen Form widerstrebende Ableitung zurückzuweisen und dieselbe als ein nur aus der kreisrund geschlossenen Form der zu verzierenden Fläche hervorgegangenes Ornament zu betrachten. Mag diese Ableitung der Volute, in deren Behandlung man bisher einen solchen Schatz von Gelehrsamkeit entwickelt hat, immerhin zu ungelehrt, Manchem wohl gar zu trivial erscheinen: in ihrer Trivialität, wenn man ihre natürliche und ungezwungene Einfachheit so nennen will, liegt vielleicht ihre beste Beweiskraft. Und in der That erscheint uns dieselbe dadurch so einleuchtend, dafs man sich wundern mufs, derselben nicht schon früher zu begegnen; ja man kann für die mannigfaltigen Erklärungsversuche, die sich zum grofsen Theil so weit von allen architektonischen Formengesetzen entfernen, nur den einzigen Grund ausfindig machen, dafs das Volutenornament an dem ionischen Kapitäl nicht durch Farben, sondern durch Skulptur ausgeführt ist. Wäre die Volute durch Malerei dargestellt worden *), wie der Maeander des dorischen Abakus, so wäre wahrlich Niemand darauf gefallen, in ihrer Spirallinie, einer durchaus alles statischen Haltes entbehrenden Form, den eigentlichen Kern des ganzen Kapitäls zu suchen und sie anders, denn als ein blofses Ornament zu betrachten. Nun ist aber der Umstand, dafs die ionische Architektur es liebte, ihre Ornamente durch Skulptur auszuführen und ihnen so eine realere Form zu geben, schon früher erörtert und namentlich von *Bötticher,* wenn gleich mit Unrecht in tadelndem Sinne, hervorgehoben worden. Es liegt nämlich in der Natur der Sache und ist durch die geschichtliche Entwickelung der griechischen Architektur genugsam begründet, dafs man vom einfachen Kernkörper zum gemalten, von diesem aber erst allmälig zum skulpirten Ornamente überging; welches dann zunächst dem ausgebildeten ionischen Style eigenthümlich ist. Indefs hätte diese reale Darstellung um so weniger dazu verleiten sollen, die Volute als den Kern des ganzen Kapitäls zu betrachten, als einmal das skulpirte Ornament des Echinus, der s. g. Eierstab, auf ein ähnliches Verhältnifs auch beim Abakus hätte aufmerksam machen sollen, und zweitens die historische Entwickelung der Volute, den oben gegebenen Grundzügen folgend, die Natur derselben als lediglich ornamental zur Genüge nachweiset.

---

*) Für die Ausführung durch Malerei scheinen die Kapitäler einer sonderbaren dreisäuligen Grottenfaçade der Nekropolis von Kyrene bestimmt gewesen zu sein (*Pachò* a. a. O. pl. XLVII), indem die Vorderfläche des Abakus ohne alle skulpirte Verzierung, *ohne Volute* geblieben ist und, wenigstens der Abbildung zufolge, auch die von der Kannelirung übrig gebliebenen Spuren durch Malerei hergestellt scheinen.

Je weiter man nämlich auf die Entstehung der Volute zurückgeht, desto einfacher werden die Spiralwindungen derselben; wie sich dies namentlich an denen des Apollotempels zu Bassae und des Grabes von Myra zeigt, mit welchen man auch einige Stelenkapitäler auf bemalten Thongefäfsen vergleichen kann, z. B. bei *Carelli* Dissertazione esegetica VI, 1. VII, 3. 7. 8. und *Raoul Rochette* Monumens Inédits Pl. XLV, so wie die einfachen, aber schönen Formen ionischer Kapitäler auf Münzen von Tarent und Agrigent. Neben dieser Einfachheit der Windungen des Kanals ist es ferner die fast ganz flach gehaltene Andeutung des Ornamentes selbst, welche diese frühern Beispiele der Voluten auszeichnet, während die spätern Monumente ein gröfseres Relief, so wie reichere und mannigfaltigere Profilirungen der skulpirten Spiralwindungen zeigen, womit es andrerseits im engsten Zusammenhange steht, dafs an den früheren ionischen Kapitälern auch der Echinus ganz glatt und ohne alles skulpirte Ornament gebildet ist, ohne welches in der spätern entwickelten Bildung weder Abakus und Echinus jemals erscheinen. Diese gedoppelte Erscheinung läfst sich aber nur aus der Auffassung der Volute als Ornament erklären; wogegen sowohl bei der symbolischen, als der struktiven Erklärung derselben gerade das Gegentheil stattfinden würde, indem nach dem jedesmaligen Vorbilde der Volute die Windungen derselben in früherer Zeit sowohl in gröfserer Anzahl, als auch mit gröfserem Relief gebildet sein müfsten.

Endlich mufs in dieser Beziehung noch die besondere Freiheit bemerkt werden, mit der man noch eine zweite Spirallinie zwischen die beiden Ränder des Kanals legte und denselben dadurch in zwei Hälften theilte. Denn dieses Verfahren, welches an den Kapitälern des Erechtheions und häufiger in der römischen Architektur beobachtet wird („volute di due circuiti, a due girate" bei *Marini* a. a. O. S. 125 f.), ist allen Ableitungen aus symbolischen oder anderweitigen Motiven durchaus entgegengesetzt, wogegen es der Auffassung der Volute als Ornament vollkommen entspricht und dieselbe augenscheinlich bestätigt.

Vergleicht man nun schliefslich aus diesem Gesichtspunkte die äufsere Formation der Kapitäler im dorischen und ionischen Style mit einander, so kann es nicht entgehen, dafs auch diese in demselben innigen Zusammenhange stehen, den wir schon oben zwischen den Kernschematen beider Körper nachgewiesen haben. Der zum Ausdruck einer bedeutenden Kraft mächtig aufstrebende und deshalb auch nicht über den Abakus hervortretende Echinus des dorischen Kapitäls wurde im ionischen Kapitäl durch eine deutlicher ausgesprochene Belastung über den Abakus hervorgedrängt; und während derselbe dort nur durch die andeutende Malerei einer vorn übergeneigten Blattreihe charakterisirt war (*Bötticher* Tektonik S. 30 ff.), erhält er hier zwar dasselbe Ornament, jedoch der Idee des ionischen Styles gemäfs durch Skulptur ausgedrückt, in der Form des s. g. Eierstabes. Der Abakus war im dorischen Style noch eine rohe viereckige Platte, die ihre besondere Formation nur durch andeutende Malerei erhielt; im ionischen Styl nahm er dagegen, um den Begriff einer stärkeren Belastung auszudrücken, die lebendig bewegte Gestalt des in runden und gefälligen Formen sich über den Echinus herabsenkenden Volutenkörpers an; und wie der den dorischen Abakus umgürtende Maeander ein aus der Natur rechtwinklig geschlossener Flächen einfach und naturgemäfs hervorgehendes Ornament ist, dem man mit Unrecht eine symbolische Bedeutung unterzulegen versucht hat (vergl. meine Recension von *Böttichers* Tektonik, Jahrb. f. wiss. Kritik, 1844, Bd. I, S. 816), so müssen auch die, die beiden längeren Flächen des ionischen Abakus verzierenden Voluten lediglich als ein aus der Natur kreisrund begränzter Flächen hervorgehendes Ornament betrachtet werden, welchem ebenfalls eine symbolische Bedeutung nur mit Unrecht untergelegt worden ist. Endlich ist das Ornament des dorischen Abakus durch Malerei dargestellt, die Volute dagegen durch Skulptur, und zwar aus demselben Grunde, als das Ornament des Echinus, des Plättchens und der schmaleren Seiten des Abakus selbst, welches letztere die gleichsam über den Abakus herüberquellende Bewegung desselben auf das trefflichste charakterisirt.

Durch die bisherige Entwickelung, die wir nicht willkürlich aufgestellt oder erfunden, sondern dem kunstbildenden Geiste der Griechen nachzudenken versucht haben, hat sich uns die Grundform des ionischen Kapitäls ergeben, wie sie allen verschiedenen Gestaltungen desselben, sowohl in Betreff des Kernschemas, als des Ornamentes gemeinsam zu Grunde liegt. Wie nun diese Grundform an den verschiedenen Monumenten zu vielfach verschiedener Erscheinung gelangt sei, wie man die einzelnen Theile und Glieder vermittelt und zu einem schönen Ganzen verschmolzen habe, wie endlich die verschiedenen Künstler, je nach ihrer Individualität und nach der künstlerischen Freiheit in der Behandlung der Formen den einen, gemeinsamen Begriff auf verschiedene Weise dargestellt und ausgeführt haben — diese Untersuchungen gehören lediglich der speciellen Geschichte der griechischen Architektur an, welche es mit den einzelnen besonderen Erscheinungen des Begriffs zu thun hat.

Es ist nämlich die besondere Gestaltung des allgemeinen Begriffes der Punkt, wo sich der frei schaffende Geist des Künstlers eben als ein besonderer, individueller geltend macht, und die Aufgabe der Kunstgeschichte ist es, dies Element der reinen Subjektivität mit der Objektivität des allgemeinen Begriffes zu vermitteln. Diese Vermittelung aber wird von unserem Standpunkte aus um so leichter sein, als der Begriff der Formen, welcher durch seine Allgemeinheit gleichsam eine Objektivität gegen die Subjektivität des Künstlers erlangt hat, im Grunde ein Werk derselben Subjektivität ist, indem ja auch er durch denselben frei und unbehindert schaffenden künstlerischen Geist gesetzt wurde, der in der besonderen Gestaltung des Einen und gemeinsamen Begriffes sich bethätigt. Denn dieser allgemeine Begriff der Formen stammt ja nicht, wie der Dichter sagt „von der Eiche, noch von dem Felsen," sondern auch er ist vom Menschen erfunden, und der Unterschied ist nur der, dafs in der besondern Gestaltung desselben der kunstbildende Geist des Menschen als besonderes Individuum thätig ist, während bei der ursprünglichen und primitiven Konception des allgemeinen Begriffes der Formen alle Spur einer besonderen Individualität zurücktritt und jene kunstbildende Thätigkeit des menschlichen Geistes sich in mehr substantieller Weise als Volksindividualität bekundet. Denn das haben die Anfänge der Kunstbildung mit den Anfängen aller andern Bildungskreise des menschlichen Geistes gemein, dafs sich in ihnen die Spur einzelner Persönlichkeiten verliert, wogegen die Gesammtheit der Volksindividualität selbst als schöpferisch auftritt. Wie sich in den äufsersten Anfängen der Poesie gewisse bestimmt ausgebildete Formen, in denen der Mythologie gewisse Dogmen, in denen des politischen Lebens die Spuren bestimmter staatlicher Verhältnisse unzweifelhaft nachweisen lassen, ohne dafs man angeben könnte, in welcher Zeit und von welchem Individuum dieselben erfunden und ins Leben gerufen seien, so giebt es auch gewisse Formen in der Kunst, und dazu gehört die des ionischen Kapitäls, von denen weder eine Entstehungszeit, noch ein bestimmter Urheber nachzuweisen ist: Formen, die so weit unsere Kenntnisse reichen, nicht *geworden,* sondern von Anfang an gleichsam *da gewesen* sind und die in ihrer, über die Grenzen historischer Forschung hinausgehenden Existenz als unmittelbare Manifestationen des kunstbildenden Volksgeistes betrachtet werden müssen. Darum mufs man sich wohl hüten, für solche unmittelbar existirende und gleichsam uranfänglich vorhandene Formen zufällige und äufserliche Entstehungsgründe aufzusuchen. Sie *nachdenken* ist das einzige, was die Wissenschaft thun kann; wie dies denn auch allerdings das wichtigste ist. Und doch hat man sich von jeher und zwar im Alterthume selbst schon, dem es freilich am ehesten zu verzeihen war, besonders darin gefallen, für dergleichen Erscheinungen, die nur aus ihrer inneren Nothwendigkeit zu begreifen sind, kleinliche und oft lächerliche Erfindungsgeschichten zu ersinnen, welche nur deshalb eine so allgemeine Geltung erlangen konnten, weil sie in dem lieblichen, allen Traditionen des Alterthums in so hohem Grade eigenen Gewande des Mythos auftreten, dessen Reiz man sich nur schwer entziehen kann, obwohl man von der andern Seite ihre Unhaltbarkeit wohl einsieht. Auch die Kunst hat ihre Mythen; fast jede Kunstgattung kann deren aufweisen, und sie gehören mit zu den lieblichsten Gebilden griechischer Phantasie. Dahin gehören die anziehenden alten Geschichten von Daedalos' Statuen, von der Erfindung der Malerei und von der Entstehung des korinthischen Kapitäls, von denen, selbst wenn man sie verwirft, immer noch das „se non è vero, è ben trovato" gelten kann; dahin gehören auch die mit erstaunlicher Fruchtbarkeit bis auf unsere Tage fortgepflanzten Entstehungsgeschichten des ionischen Kapitäls, auf die man aber nicht einmal jenes Sprüchwort anwenden kann. Es beruht diese Anschauung im Allgemeinen auf der Schwäche des Menschen, lieber nach jedem Strohhalm einer, wenn selbst imaginären Realität zu greifen, als sich dem sicher tragenden Meere des Gedankens anzuvertrauen. Sie ist nicht ohne Analogieen auf anderen Gebieten der Wissenschaft, und hat namentlich, um eines der obigen Beispiele zu benutzen, in der Mythologie viel Unheil angerichtet. Dafs sie auch in der Kunstgeschichte viel Irrthum zu Wege bringen kann, haben wir an der Geschichte des ionischen Kapitäls gesehen; auch hier hat man es meist vorgezogen, nach dem Schattenbilde einer obenein sehr problematischen Realität zu haschen, weil man dem Gedanken nicht vertrauen mochte, der aber doch, wie überall, so auch hier, die wahre Realität ausmacht.

13.

Beschreibung eines Wasserschöpfrades, dessen man sich bei den Festungsbauten zu Bayonne bedient hat.

(Von Herrn Ingenieur-Capitaine *Niel.*)

(Aus dem Mémorial de l'officier du génie Bd. 14. von 1844.)

[Diese Wasserschöpfmaschine ist, wie man aus der hier folgenden Beschreibung sehen wird, augenscheinlich ungemein *practisch,* und ihre Wirkung ist, wie sich aus den am Schlusse dieses Aufsatzes mitgetheilten Erfahrungen ergiebt, in Vergleich gegen andere Maschinen vorzüglich. Die Maschine hat über 80 pr. C. Nutz-Effect gegeben, und ein Rad, welches täglich in 10 Stunden 187 722 C. F. Wasser 1 F. hoch oder z. B. 23 440 C. F. Wasser 8 F. hoch hebt, hat nur 160 Thlr. und täglich, mit dem Lohn der Arbeiter, noch nicht 3 Thlr. gekostet. 1000 C. F. Wasser damit 8 F. hoch zu heben, kosteten nur 3,6 Sgr. Die Maschine verdient also besondere Berücksichtigung und würde auch in Deutschland bei Grundbauen, wo es in der Schöpfgrube nicht an Raum fehlt, häufig von bedeutendem Nutzen sein können, wenn man sich ihrer bedienen will. Desgleichen würde sie vorzüglich passend sein bei der Entwässerung von Ländereien, wo das Wasser nicht sehr hoch zu heben ist und wo man sie dann auch durch die Kraft des Windes, oder des Dampfes, oder, wenn Wassergefälle in der Nähe ist, durch die Kraft des Wassers in Bewegung setzen lassen kann. Deshalb theilen wir die folgende Abhandlung mit, die Worte ins Deutsche, Maafs, Gewicht und Geld in Preufsisches übersetzt. D. H.]

Die Baue zur Erweiterung der Festungswerke von Bayonne zwischen dem alten Schlofs und dem Bar und Dour in den Jahren 1834 und 1835 erforderten fortgesetztes Ausschöpfen von Wasser, welches sehr kostspielig wurde. Man fand sich deshalb bewogen, auf eine Maschine zu denken, die einem anhaltenden und lange fortgesetzten Gebrauche widerstehen könnte, und welche von Menschen auf die vortheilhafteste Weise, nemlich *durch ihr Gewicht,* in Bewegung zu setzen sei.

Von allen Wasserschöpfmaschinen sind *Räder* die festesten. Sie sind um ihre Axe im Gleichgewicht; und da sie selbst zugleich die Stelle der Schwungräder vertreten, reicht schon eine geringe Geschwindigkeit hin, die Bewegung *gleichförmig* zu machen.

Die Räder mit Kasten (à tympans) haben zwei Übelstände. Der eine ist, dafs sie das Wasser nur bis auf die Höhe ihrer Axe heben; was z. B. in Bayonne einen Durchmesser des Rades von beinahe 18 F. erfordert haben würde; der zweite ist, dafs die Kraft, sie in Bewegung zu setzen, nach der Tiefe der Eintauchung des Rades *veränderlich* ist.

Diejenigen Räder, welche das Wasser bis *über* ihre Axe heben, haben zwar den erstgenannten Übelstand nicht, aber alle uns bekannten haben den zweiten. Denn die Wassermasse, welche sie fassen, bleibt dieselbe, während die Kraft, um diese Masse zu heben, mit der Höhe des Hubes wechselt.

Das Rad, welches wir hier beschreiben wollen, hat die beiden Mängel nicht. Fünf Mann hoben in einer Stunde mit demselben 3234½ C. F. Wasser 8 F. hoch [also 7,19 C. F. in der Secunde 1 F. hoch; thut etwa 95 Pfd. Hub auf den Mann in der Secunde 1 F. hoch. D. H.] Vermindert sich die Höhe des Wasserspiegels in der Schöpfgrube, so ändert sich die gehobene Wassermenge; aber die nöthige Kraft, das Rad in Bewegung zu setzen, bleibt dieselbe.

Taf. IX. Fig. 1. bis 6. stellen dieses Schöpf-Tretrad vor.

aa (Fig. 2. 3. und 5.) ist die hölzerne Axe, an den Enden mit eisernen Zapfen.

b, b (Fig. 2. und 3.) sind die beweglichen Zapfenlager.

c, c sind die Arme, durch welche das Tretrad, so wie die kreisförmigen Schaufelscheiben an der Axe befestigt sind.

d, d (Fig. 2. und 3.) sind die Gerüste, auf welchen die Stiele stehen, zwischen denen die Zapfenlager *b* auf und nieder gestellt werden können. Die Stiele haben Löcher, durch welche eiserne Bolzen gesteckt werden können, um die Zapfenlager horizontal zu stellen und das Rad auf die nöthige Höhe zu heben.

e, e (Fig. 2. und 5.) sind Klappen, welche sich durch ihr Gewicht öffnen, wenn die Schaufeln niedergehen, und sich schliefsen, wenn sie emporsteigen.

f, f (Fig. 2. 3. und 4.) ist die Rinne, in welche die Schaufeln das Wasser ausgiefsen.

g, g (Fig. 2.) ist die horizontale Stange, an welcher die Männer in dem Tretrade mit den Händen sich festhalten.

Die Maafse der Maschine und was von ihrem Gebrauch zu bemerken, ist Folgendes.

Es sei die Geschwindigkeit der Mitte der Schaufelkränze $= v$ Fufs; die Höhe des Bodens des Ausgufscanals über dem Wasserspiegel in der Schöpfgrube sei $= H$ Fufs; die gröfste Höhe des innern Umfangs des Rades über dem Boden der Schaufel $= h$ Fufs; der Halbmesser des Wellzapfens $= r$ Fufs; das Gewicht des durch einen Umlauf des Rades gehobenen Wassers p Pfund; das Gewicht der Menschen im Tretrade q Pfd.; $\frac{p}{2g}$ sei $= m$, wo $g = 15\frac{5}{8}$ F. nemlich die freie Fallhöhe in der ersten Secunde ist; endlich das Gewicht des Rades mit seiner Ladung sei Q Pfd.

Wir nehmen an, die Bewegung des Rades sei zur Gleichförmigkeit gelangt, und wenden auf die Maschine das Princip der lebendigen Kräfte an, nach welchem in einer gegebenen Zeit die Summe der Wirkung, nemlich das Product der Kraft in den durchlaufenen Raum, dessen Einheit 1 Pfd. 1 F. hoch gehoben sein mag, nach der einen Richtung genommen, weniger der Wirkung in der entgegengesetzten Richtung, der Hälfte der erlangten und der verlornen lebendigen Kräfte gleich sein mufs.

Sehen wir also, was während eines Umlaufs der Maschine erfolgt.

1. Das Gewicht p des Wasser ist auf die mittlere Höhe $H + \frac{1}{2}h$ gehoben worden: also ist die erlangte Wirkung.

$$1. \quad p(H + \tfrac{1}{2}h).$$

2. Wenn die Maschine in t Secunden einen Umlauf gemacht hat, und die Höhe, um welche die Menschen im Tretrade ihren Schwerpunct in einer Secunde erhoben haben, h Fufs ist, so haben sie die Wirkung

$$2. \quad nqt$$

hervorgebracht.

3. Bezeichnet f das Verhältnifs der Reibung der Zapfen zum Druck auf dieselben, so beträgt diese Reibung $Q\frac{f}{\sqrt{(1+f^2)}}$ und die daraus entstehende Wirkung für einen Umlauf des Rades

$$3. \quad \frac{2\pi r Q f}{\sqrt{(1+f^2)}}.$$

Die Summe der Wirkungen, mit ihren gehörigen Zeichen genommen, ist also

$$4. \quad nqt - p(H + \tfrac{1}{2}h) - \frac{2\pi r Q f}{\sqrt{(1+f^2)}}.$$

Suchen wir jetzt die lebendigen Kräfte.

I. Das Rad hat eine ruhende Wassermasse von p Pfd. an Gewicht aufgenommen und ihr eine Geschwindigkeit von v F. beigebracht. Dies giebt einen ersten Verlust an lebendiger Kraft von

$$5. \quad mv^2 = \frac{pv^2}{2g}.$$

[Nemlich um dem Gewicht p eine Geschwindigkeit v in der ersten Secunde beizubringen, ist bekanntlich eine bewegende Kraft $\frac{pv^2}{2g}$ nöthig, wo $g = 15\frac{5}{8}$ F. ist. D. H.]

II. Nachdem das Rad dieses Wasser in die Ausgufsrinne abgesetzt hat, ist dem Wasser die nemliche lebendige Kraft geblieben. Es ist also für die Menschen eine zweite Kraft

$$6. \quad mv^2 = \frac{pv^2}{2g}$$

verloren gegangen.

Die Bedingungsgleichung für die Bewegung ist also aus (4. 5. und 6.), und nach der Bemerkung weiter oben,

$$7. \quad nqt - p(H + ih) - \frac{2\pi r Q f}{\sqrt{(1+f^2)}} = \tfrac{1}{2}(2mv^2) = mv^2 = \frac{pv^2}{2g};$$

und daraus ergiebt sich für den Nutz-Effect

$$8. \quad pH = nqt - \frac{2\pi r Q f}{\sqrt{(1+f^2)}} - \tfrac{1}{2}ph - mv^2.$$

[Der Herr Verfasser bringt also die Kraft in Rechnung, welche nöthig ist, dem durch *einen Umlauf* von dem Rade in die Höhe gehobenen Wasser p *in einer Secunde* die Geschwindigkeit v des Rades beizubringen. Der Grund von dieser Art der Berechnung des Widerstandes des ruhenden Wassers gegen das in Bewegung befindliche Rad ist nicht recht deutlich. Man könnte ebensowohl sagen, der fortwährende Widerstand des Wassers sei der Kraft gleich, welche nöthig ist, dem Wasser, welches *eine* Schaufel fafst, nicht in einer Secunde, sondern in der Zeit, welche die Schaufel braucht um sich zu *füllen,* die Geschwindigkeit v zu geben. Auch leuchtet nicht recht ein, warum die von dem Herrn Verfasser angesetzte Kraft $\frac{pv^2}{2g}$ *doppelt* in Rechnung kommen soll; wovon denn freilich auch wieder die Hälfte genommen wird. Es scheint, es komme immer nur auf die Kraft an, die nöthig ist, um das ruhende Wasser dem Rade folgen zu machen: was aus dem Wasser wird, nachdem das Rad es ausgeschüttet hat, ist für die Maschine gleichgültig. Doch *alle* solche Berechnungen sind wohl sehr unsicher; denn sie beruhen alle immer mehr oder weniger auf *willkürlichen* Annahmen. Nur *Versuche* allein, im Ganzen, mit der Maschine selbst, können sichere Auskunft über ihre Wirkung geben und über ihre Vorzüge vor andern entscheiden. Von solchen Versuchen giebt aber auch der Herr Verfasser am Schlusse genaue Nachricht. D. H.]

Es folgt hieraus zunächst, dafs der Halbmesser der Wellzapfen r, die Höhe h des innern Umfanges des Rades über dem Boden der Schaufeln, und die Geschwindigkeit v des Rades so klein sein müssen, als möglich.

Wellzapfen von $1\frac{1}{2}$ Zoll im Durchmesser sind stark genug, um ein Rad für 7 bis 8 Mann zu tragen. Aber die Zapfen müssen mittels ihres viereckigen Theils sehr genau an die Welle befestigt werden; denn wenn sie im geringsten lose werden, verliert das Rad sein Gleichgewicht. Der Werth von h hängt von der Form der Schaufeln ab.

Diese Form der Schaufeln mufs zwei Bedingungen erfüllen. Die *erste* ist, dafs möglichst die *gleiche* Kraft zur Bewegung des Rades nöthig sei, wie tief es auch eintauchen möge. Bei dem ersten Rade, welches man zu Bayonne baute, war diese Bedingung nicht gehörig berücksichtigt, und es war nun nicht möglich, das Rad in Bewegung zu setzen, wenn es bis zu seiner Welle eintauchte. Die *zweite* Bedingung ist, dafs die Schaufeln, wenn sie ihre volle Ladung von Wasser eingenommen haben, dasselbe nicht eher ausschütten, als bis sie bei der Ausgufsrinne angelangt, oder darüber hinausgekommen sind.

Um die *erste* Bedingung zu erfüllen, müssen *Erstlich* die Schaufeln noch immer so viel Wasser als möglich schöpfen, wenn wenig in der Schöpfgrube steht; weshalb ihre äufsere Fläche dem äufsern Rande der Radkränze so nahe sein mufs, als es irgend angeht. *Zweitens* müssen sich die Schaufeln nicht überladen, wenn sie tief eintauchen; was dadurch erreicht werden wird, wenn man sie nach oben zu verengt, das heifst, wenn man den Punct g (Fig. 1.) dem Puncte d möglichst nähert und die Zahl der Schaufeln so grofs macht, als es sich thun läfst.

Die *zweite* Bedingung erfordert, dafs *erstlich* die Schaufel ihr Wasser so schnell als möglich ausgiefse, und dafs deshalb alles Wasser in der Schaufel möglichst zugleich in Bewegung komme; was nur geschieht, wenn die innere Wand kg der Schaufel *eben* ist. *Zweitens* erfordert die zweite Bedingung, dafs die innere Wand der Schaufel eine solche Lage habe, dafs die Schaufel das Wasser nicht eher als in die Ausgufsrinne ausschütte; was denn die Höhe h bestimmt.

Es sei ab (Fig. 1.) die gröfste Höhe des Wassers in der Schöpfgrube. Die Schaufel wird dann, wenn sie sich aus dem Wasser hebt, die Masse $d'k'h'$ aufgenommen haben. Ist nun ferner ge der obere Rand der Ausgufsrinne, so wird die Schaufel nur die Masse ekg oder $e'k'g'$ bis dahin bringen; das etwa Übrige wird unterweges verloren gehen. Damit nichts verloren gehe, müssen also die Querschnitte $d'k'g'$ und $e'k'g'$ und folglich die Dreiecke $d'e'f'$ und $g'h'f'$ einander gleich sein. Diese Bedingung wird erreicht, entweder dadurch, dafs man die Schaufeln mehr in einander hineintreten läfst, oder dafs man die Höhe der Ausgufsstelle verändert.

Endlich müssen die Schaufeln auch all' ihr Wasser in die Ausgufsrinne schütten. Die Erfahrung hat gezeigt, dafs diese Bedingung bis zu einer Geschwindigkeit von etwa 23 Zoll in der Secunde erreicht wird, und insofern der Boden gk der Schaufel schon über die horizontale Lage hinausgekommen war, in dem Augenblick, wo der Punct die Vertical-Ebene durch die Rad-Axe passirte.

Um die Schaufeln zu zeichnen, mufs man also den gröfsten und den kleinsten Werth von H kennen. Man nimmt dann erst irgend einen Werth von h an und sucht vermittels des Obigen in einer Zeichnung wie Fig. 1. denjenigen Querschnitt der Schaufeln, der, wenn n Schaufeln zugleich voll sind und die Fläche $d'k'h'$ gleich s ist, für das Product $ns(H+\frac{1}{2}h)$ möglichst stets eine und dieselbe Gröfse giebt, was auch H sein mag. Findet sich mit dem angenommenen h das verlangte Ergebnifs nicht, so nimmt man ein gröfseres h an; was dann einen gröfsern Halbmesser des Rades verlangt, und wiederholt die Versuche. Das Begehrte wird um so leichter zu erzielen sein, je gröfser der Spielraum ist, den man dem h giebt; aber dies geschieht dann auch auf Kosten des Nutz-Effects. Zu bemerken ist noch, dafs wegen der *Bewegung* des Rades die Schaufeln *etwas mehr* Wasser aufnehmen, als geschehen würde, wenn das Rad *stillstände*. Bei 1 F. Geschwindigkeit füllen sich die Schaufeln so, als wenn das Wasser 2 Zoll höher stände, als es wirklich steht; bei 2 F. Geschwindigkeit so, als wenn das Wasser 4 Zoll höher stände.

So lange das Wasser in der Schöpfgrube nicht die innere Öffnung der Schaufeln bedeckt, entweicht die Luft aus der Schaufel auf der einen Seite, während das Wasser auf der andern eintritt; steht aber das Wasser höher, so mufs man der Luft einen andern Ausweg verschaffen. Zu dem Ende befindet sich an dem Boden jeder Schaufel eine kleine Klappe, welche vermöge ihres Gewichts sich öffnet oder schliefst, je nachdem sie die Luft entweichen lassen, oder das Wasser zurückhalten soll. Fig. 6. zeigt die Einrichtung dieser Klappe näher. [Dieses ist wohl nicht recht deutlich. D. H.]

Die angemessenste Geschwindigkeit des Rad-Umfanges liegt zwischen 1 und 2 F. in der Secunde. Für eine geringere Geschwindigkeit verliert die Bewegung an Gleichförmigkeit. Bei einer gröfsern Geschwindigkeit müssen sich die Menschen im Tretrade zu schnell bewegen.

Es ist zu bemerken nöthig, dafs die Wirkung der Menschen im Tretrade, wenigstens innerhalb bestimmter Grenzen, welche wir angeben werden, von der Geschwindigkeit der Maschine unabhängig ist. In der That ist diese Wirkung, für jeden Schritt der Männer, gleich ihrem Gewicht multiplicirt mit der senkrechten Höhe einer Staffel. Ständen die Menschen in der durch die Axe gehenden wagerechten Ebene, so würde die senkrechte Höhe der Staffel der Höhe der Staffel selbst gleich sein; ständen sie dagegen auf dem obersten Punct des Rades [sie treten nemlich *von aufsen* auf die Radstäbe. D. H.], so würde die senkrechte Höhe Null sein. Die Arbeiter finden leicht von selbst zwischen diesen beiden äufsersten Puncten denjenigen, welcher für ihre Wirkung der vortheilhafteste ist. Wollen sie erst das Rad in Bewegung setzen, so steigen sie bis zur Axe hinunter, und dann wieder hinauf, so wie die Geschwindigkeit zunimmt. Läfst man einen Mann zu Hülfe kommen, um die Geschwindigkeit zu verstärken, so steigen sie mechanisch ein wenig höher auf das Rad hinauf, damit die Vergröfserung der Geschwindigkeit sie nicht zu sehr ermüde. Man sieht daraus, dafs in der Gleichung (8.) in dem Gliede nqt, welches die Wirkung der Menschen am Tretrade ausdrückt, n nach den Umständen *veränderlich* ist.

Wenn die Meeresfluth oder das Wasser schnell in der Schöpfgrube stieg, strengten sich die Leute $\frac{3}{4}$ bis eine ganze Stunde lang so an, dafs $n = 7\frac{2}{3}$ Zoll war; sank dagegen das Wasser, so war n nur 4 bis $4\frac{1}{4}$ Zoll. Es wird nach unserer Meinung der von *Navier* angegebene Werth $5\frac{3}{4}$ Zoll von n, der aus umfassenden Beobachtungen gefunden worden ist, im Durchschnitt für eine ganze Tages-Arbeit angenommen werden können. Als erst die Maschine gebaut war, beklagten sich die Arbeiter über Ermüdung in den Beinen. Späterhin aber gefiel ihnen die Arbeit, und es gab einige darunter, die den ganzen Tag und die folgende Nacht sie aushielten.

Wir schliefsen aus allem diesem, dafs man im Mittel $v = 17{,}20$ Zoll $= 1{,}434$ Fufs und $n = 5{,}73$ Zoll $= 0{,}478$ F. setzen kann; welches dann in (7.), wenn man einstweilen die Reibung aufser Acht läfst,

$$9. \quad 0{,}478\,qt - p(H + \tfrac{1}{2}h) = p\,\frac{1{,}434^2}{31{,}25} = 0{,}0658\,p$$

giebt. Da nun wegen der Schaufeln der Durchmesser des Rades schon bestimmt ist, so sind in dieser Gleichung nur noch die beiden Unbekannten p und q vorhanden, von welchen also die eine durch die andere bestimmt werden kann.

Das Rad (Fig. 1. 2. und 3.) hat 20 Schaufeln. Der Querschnitt jeder Schaufel ist 0,8436 Q. F.; die Radkränze stehen 1,02 F. von einander: also faſst jede Schaufel 0,8605 C. F. Wasser. Bei einem Umlauf des Rades werden daher $20 . 0{,}8605 = 17{,}21$ C. F. Wasser gehoben, an Gewicht $66 . 17{,}21 = 1136$ Pfd. $= p$. Die Höhe H ist $8\frac{1}{4}$ F. und h ist $1\frac{1}{8}$ F. Der Durchmesser des Kreises, dessen Geschwindigkeit v bezeichnet, ist 10,83 F. und die Zeit eines Umlaufs 23,68 Secunden. Alles dies in (9.) gesetzt giebt $q = 896$ Pfd., und wenn man das Gewicht eines Menschen $= 150$ Pfd. setzt, so ergiebt sich, daſs $\frac{896}{150} = 6$ Mann nöthig sind, um die 17,21 C. F. Wasser in 23,68 Secunden $8\frac{1}{4}$ F. hoch zu heben.

Setzen wir, das Wasser stiege in der Schöpfgrube um 1,85 F., so daſs H nur noch $= 6{,}37$ F. wäre, so ergiebt sich aus (Fig. 2.), daſs dann der Querschnitt der Wassermasse in jeder Schaufel 1,0426 Q. F. sein wird; was jetzt $p = 1360$ Pfd. und $q = 881$ Pfd. giebt. Es werden also jetzt 6 Mann dem Rade eine etwas gröſsere Geschwindigkeit beibringen. Aber, wie man sieht, ist die Wirkung für 8,25 und 6,37 F. Fuſs Hubhöhe beinahe dieselbe.

Wenn die Zahl der Arbeiter bestimmt ist, so ergiebt sich daraus die nöthige Breite des Tretrades. Ein Mann braucht 15 Zoll Breite der Staffeln; also muſs das Tretrad für 6 Mann $6 . 15$ Zoll $= 7\frac{1}{2}$ F. breit sein. In Fig. 3. ist das Tretrad zu schmal gezeichnet. Es war auf 1 F. Geschwindigkeit und auf 160 Pfd. Gewicht eines Mannes berechnet; was in der dortigen Gegend nicht passend ist.

Wenn die Maaſse der Maschine bestimmt sind, läſst sich ihr Gewicht Q berechnen. Ist dieses geschehen, so kann man auch in der Gleichung (8.) noch die *Reibung* berücksichtigen und dann q und die Zahl der nöthigen Arbeiter noch genauer finden. Aber, wie sich zeigen wird, ist die daraus hervorgehende Abänderung des Resultats wenig bedeutend.

In dem Rade, welches die Figuren vorstellen, befinden sich

an Fichtenholz	. . . .	2081 Pfd.,
an Eichenholz	. . . .	400 -
an Eisen	. . . .	277 -
	Das Rad wiegt also	2758 Pfd.

Für $H = 8{,}25$ F. sind 7 Schaufeln *zugleich* voll und enthalten 395 Pfd. Wasser. Aufserdem ist das Gewicht der 6 Arbeiter 900 Pfd. Es ist also zusammen $Q = 2758 + 395 + 900 = 4053$ Pfd. Für eiserne Wellzapfen, die geschmiert in kupfernen Pfannen laufen, ist der Reibungs-Coëfficient $f = \frac{1}{10}$, und da nun $r = 0{,}127$ F. ist, so erhält man für die *Reibung* während eines Umlaufes des Rades

$$10. \quad \frac{2\pi r Q f}{v(1+f^2)} = 159.$$

Setzt man dieses in die Gleichung (7. oder 8.), so ergiebt sich für q, statt wie oben 896 Pfd., jetzt 911 Pfd. Der Unterschied ist also nicht bedeutend.

Es wurde oben q aus p gesucht. Man kann ebensowohl auch die Zahl der Arbeiter, und also q im Voraus bestimmen und daraus p berechnen. Dann bleibt nur die *Breite* der Schaufeln zu bestimmen, indem ihr Querschnitt im Voraus festzusetzen ist.

Die *Versuche* mit dem durch die Figuren vorgestellten Rade haben folgendes Verhältnifs der Kraft zum Nutz-Effect ergeben.

Als fünf Mann angestellt waren, welche im Durchschnitt jeder $151\frac{1}{2}$ Pfd. wogen, maafs man wiederholt das Wasser, welches das Rad in die Höhe brachte. Es hob in 1 Secunde 48,13 Pfd. Wasser 8 F. hoch und machte in 42 Secunden einen Umlauf. Die Arbeiter hoben in der Secunde ihren Schwerpunct um 0,6 F. Die Wirkung jedes Arbeiters war also $151\frac{1}{2} . 0{,}6 = 90{,}9$; dagegen der Nutz-Effect war $\frac{1}{5} . 48{,}13 . 8 = 77{,}0$.

Man liefs nun einen Mann mehr auf das Rad steigen. Dann machte das Rad in 25 Secunden einen Umlauf; die Arbeiter hoben sich um 0,637 F. in der Secunde und die Wirkung eines jeden war also $151\frac{1}{2} . 0{,}637 = 96{,}5$. Das Rad hob jetzt in der Secunde 60,16 Pfd. Wasser 8 F. hoch; also war der Nutz-Effect jedes Arbeiters jetzt $\frac{1}{6} . 60{,}16 . 8 = 80{,}21$.

Bei dem ersten der beiden Versuche war also der Nutz-Effect 83, bei den zweiten 82 Procent von der angewendeten Kraft.

Das Rad, welches diese Wirkung leistete, hatte nur 160 Thlr. gekostet und diente schon mehrere Monat. Es wird ganz hinreichend sein, wenn man zu der Erhaltung und Erneuerung desselben 8 Sgr. auf den Arbeitstag rechnet. Die Wirkung eines Arbeiters kann dem Obigen zufolge für einen Arbeitstag von 10 Stunden auf

$$11. \quad 0{,}478 . 150 . 10 . 60 . 60 = 2581200$$

gerechnet werden. [Nemlich angenommen, dafs die Arbeiter ihren Schwerpunct, statt wie oben um 0,6 F., nur um 0,478 F. in der Secunde erhoben und ein Mann 150 Pfd. wiegt. D. H.] Rechnet man hievon für den Nutz-Effect 80 Procent, so beträgt derselbe 2 064 960, also $\frac{2\,064\,960}{66} = 31\,287$ C. F. Wasser 1 F. hoch gehoben. Der Taglohn eines Arbeiters zu Bayonne ist 12,80 Sgr. Die Erhaltung der Maschine, zu 8 Sgr. täglich, beträgt auf jeden der 6 Arbeiter 1,33 Sgr.: also kosten 31 287 C. F. Wasser 1 F. hoch zu heben $12{,}80 + 1{,}33 = 14{,}13$ Sgr. [Die 6 Arbeiter würden also täglich in 10 Stunden $6 . 31\,287 = 187\,722$ C. F. Wasser 1 F. hoch oder $\frac{182\,722}{8} = 23\,440$ C. F. Wasser 8 F. hoch zu heben vermögen, und dies würde $6 . 14{,}13 = 84{,}78$ Sgr. oder noch nicht 3 Thlr. kosten. 1000 C. F. Wasser 1 F. hoch zu heben, würde $\frac{14{,}13 . 1000}{31\,287} = 0{,}451$ Sgr., und 8 F. hoch zu heben, 3,6 Sgr. kosten. D. H.]

14.

Nachrichten von den Letestuschen Wasserpumpen.

(Aus dem Mémorial de l'officier du génie No. 14 von 1844.)

[Diese Wasserschöpfmaschinen sind in ihrer Art ebenso bemerkenswerth, wie das Bayonner Schöpfrad. (Vorige Abhandlung No. 13.) Besonders ist es die hier unten in No. III. beschriebenen Pumpe mit *einfacher* Wirkung; die andere mit *doppelter* Wirkung No. I. ist zu künstlich und wohl zu wenig haltbar; wie sich dies auch zufolge der Bemerkung in No. III. durch die Erfahrung gefunden hat.

Während das Bayonner Schöpfrad insbesondere da mit Nutzen anwendbar sein dürfte, wo die Schöpfgrube Raum genug hat, und wo das Wasser nicht eben sehr hoch zu heben ist, nemlich nicht über 8 bis 10 F., wird die *Letestu*sche Pumpe mit einfacher Wirkung insbesondere in den Fällen gute Dienste leisten, wo es an Raum fehlt, und dort auch für gröfsere Hubhöhen, von 20 bis nahe an 30 Fufs; also recht eigentlich bei Grundbauen. Die beste Kraft zur Bewegung der Pumpe wird immer die von Menschen-Armen sein. Eine Dampfmaschine dazu zu bauen wird wohl nur in seltenen Fällen einen andern als blofs scheinbaren Nutzen haben. Eher ein Wasserrad, da wo *strömendes* Wasser in der Nähe ist; wie z. B. bei der Gründung von Brückenpfeilern oder Futtermauern in schnellfliefsenden Strömen. D. H.]

I.

Von den Letestuschen Pumpen mit doppelter Wirkung, wie sie zum Wasserschöpfen bei den Befestigungswerken von Paris angewendet worden sind.

(Von Herrn *Bodson de Noirfontaine*, Bataillons-Chef im Königl. Franz. Genie-Corps.)

Anmerkung des Herrn Verfassers. Die hier folgende Beschreibung dieser Pumpen nimmt dem Erfinder nichts von seinem Eigenthumsrecht. Wer solche Pumpen verlangt, mufs sich an denselben in Paris Rue du temple No. 40 wenden.

Unter den verschiedenen Maschinen und Mitteln, welche man in den Jahren 1841, 1842 und 1843 bei dem Bau der Festungswerke von de la Villette und Aubervilliers bei Paris angewendet hat, um das Wasser auszuschöpfen, haben sich die Saugpumpen des Herrn *Letestu* als die besten bewährt; sowohl wegen ihrer bedeutenden Wirkung, als wegen ihrer Haltbarkeit; wegen der Leichtigkeit sie anzubringen und wegen ihrer geringen Reibung und des geringen Verlustes an lebendiger Kraft.

Diejenigen, deren man sich anfänglich bediente, obgleich sonst von derselben Art, waren in ihrer Form, Zusammensetzung, und in dem Stoffe, aus welchem sie gemacht waren, sehr verschieden. Aber nach einigen Versuchen kam man auf die zwei besten Arten, die sich am haltbarsten zeigten; und diese wollen wir hier beschreiben.

Gerade Pumpe.

Dieselbe besteht aus einer Röhre mit zwei Ansätzen und ist aus rothem gewalzten Kupfer von 1,38 Linien dick gemacht. Die Stücke sind in gerader Linie mittels lederner Scheiben und aufgeschraubter Ringe zusammengefugt. An jedem Ende der Röhre ist eine Verstärkung, mit einem mit dem Hammer umgeschlagenen Rande. Die Zahl der Röhrenstücke hängt von der Tiefe ab, aus welcher das Wasser zu heben ist.

Der Pumpenstiefel ist, wie es (Fig. 1. Taf. X.) zeigt, durch Ringe von Kupferblech und durch eiserne Bänder (Fig. 4. und 5.) verstärkt. Er wird senkrecht aufgestellt und ruht mittels der eisernen Ohren *a*, *a* (Fig. 1. 3. und 5.) auf dem Gerüst, welches über die Schöpfgrube gelegt wird und auf welches sich die zum Pumpen bestimmten Arbeiter stellen.

In dem Pumpenstiefel befinden sich zwei Kolben *b*, *b* (Fig. 1.) von eigenthümlicher Form, durch welche eben die Vorzüge dieser Maschine erlangt werden.

Jeder dieser Kolben besteht erst aus einem hohlen umgekehrten Kegel aus starkem Eisenblech (Fig. 6. 7. 8. und 9.), der mit vielen Löchern durchbohrt ist. Die Spitze des Kegels ist ein wenig abgeschnitten und er endigt in eine cylindrische Dille, durch welche die Kolbenstange geht und an welcher dieselbe mittels der Schraubenmuttern *c* und *d* (Fig. 10. und 11.) befestigt ist. Der Durchmesser der obern Fläche des Kegels ist um $4\frac{1}{2}$ bis 9 Linien kleiner als der des Pumpenstiefels.

In jedem der blechernen Kegel befindet sich ein anderer Kegel aus $\frac{4}{5}$ Linien dickem Leder, der in *e* (Fig. 8. und 9.) über den Rand des ersten hinausgeht und sich genau an den Pumpenstiefel anlegt. Das Leder ist nur unten befestigt und zwischen das Blech und die kleinen Kegel *c* und *d* der Kolbenstangen eingeklemmt.

Die beiden Ränder des Leders, aus welchem der Kegel gemacht ist, sind da wo sie zusammenstofsen schief geschnitten und blofs über einander gelegt, nicht zusammengenäht. Der Verlust an Wasser dadurch ist unbedeutend; dagegen behält das Leder auf diese Weise alle seine Biegsamkeit und legt sich immer und überall genau an den Pumpenstiefel an; selbst wenn es durch Zusammentrocknen sich etwas zusammengezogen hätte. Der obere Rand kann durch einen schrägen Schnitt verdünnt werden.

Bewegt sich der Kolben nach unten, so dringt das Wasser durch die Löcher des blechernen Kegels und durch den Spielraum zwischen diesem und dem Pumpenstiefel. Es hebt das Leder, treibt es nach der Seite und nach innen und gelangt so ohne merklichen Widerstand und Kraftverlust *über* den Kolben.

So wie der Kolben wieder in die Höhe steigt, drückt das Wasser das Leder wieder nach aufsen. Die Längsfuge desselben bildet sich, und der obere Rand, indem er sich entfaltet, legt sich genau an den Pumpenstiefel an. Auf diese Weise entsteht die Reibung des Kolbens nur allein aus dem Druck des Wassers und ist demselben proportional.

Der Pumpenstiefel bedarf so, wie man sieht, keiner genauen Ausführung, braucht nicht ausgebohrt zu werden und kann aus gewöhnlichem Blech sein. Auch schöpft die Pumpe ohne Schwierigkeit *unreines* Wasser, und selbst Kies, der durch die Löcher über die Kolben gelangen kann. Dergleichen feste Körperchen können sich dann auf dem obern Rand des Leders nicht halten und fallen auf den Boden des Kegels. Da sie nicht zwischen das Leder und dem Pumpenkolben bleiben können, so können sie keine Reibung und keine Beschädigungen verursachen, wie in den gewöhnlichen Pumpen. Beim schnellen Pumpen sind zuweilen mehr als zollgrofse Kiesel aufgeschöpft worden; ohne allen Schaden für die Maschine.

Der *untere* Kolben ist an die grofse Kolbenstange *df* (Fig. 10. und 11.) befestigt, welche durch die Hebel *h* (Fig. 1. und 14.) in Bewegung gesetzt wird. Die Stange für den *obern* Kolben besteht zunächst aus dem Theile *c* (Fig. 10. und 11.), an welchem der Kolben befestigt ist. Dieser Theil ist *hohl* und die Stange des untern Kolbens geht mit geringer Reibung durch ihn hindurch. Eine doppelte Bläuelstange *gg* (Fig. 10. und 11.) setzt darauf den untern Kolben mit den beiden Armen des Gabelhebels *i* (Fig. 1. und 14.) in Verbindung.

Die beiden Schwengel *h* und *i* sind durch die Gelenke (Fig. 1. und 12.) mit einander in Verbindung gebracht, und vermittels dieser Verbindung bewegt sich der eine Kolben nach unten, wenn der andere in die Höhe steigt.

Jeder der beiden Kolben dient beim Aufsteigen dem andern als Rückhaltsventil; welches also hier nicht nöthig ist. Dieses hat den Vortheil, Hemmungen zu vermeiden und das Aufsteigen des Wassers ungemein zu erleichtern. Die Pumpe, obgleich sie *nur einen* Stiefel hat, ist von *doppelter* Wirkung, und giebt einen fast ununterbrochenen Wasser-Ausguſs, und mit demselben fast so viel Wasser als *zwei* Pumpen von gleichem Durchmesser, jede mit nur *einem* Kolben.

Bei den vergleichenden Versuchen mit mehreren Pumpen hat sich gefunden, daſs die Saugröhre so *gerade* und so *weit* sein muſs, als möglich. An den *Letestu*schen Pumpen ist der Durchmesser der Saugröhre fast zwei Drittheile des Stiefels.

Bei der geraden Pumpe, die wir hier beschreiben, liegen die Kolben sehr tief unter dem Ausguſs: *erstlich*, um die Saugröhre zu verkürzen und also das Eindringen von Luft, welches die Haupt-Ursach des Kraftverlustes ist, zu vermindern; *zweitens*, um die Pumpe, nachdem sie angesogen hat, möglichst lange in diesem Zustande zu erhalten; und *drittens*, damit das Wasser oben möglichst ruhig ausflieſse. Bei kürzern Stiefeln spritzt es öfters in Menge oben hinaus.

Die Figuren 1. 3. und 13. stellen vor, wie die Kolbenstangen an dem Schwengel befestigt sind; so wie die Befestigung der Gelenke an dem Pumpenstiefel. Diese Gelenke sind aus Bronze. Sie haben, so wie die andern Biegungen, fortlaufende Stöſse auszuhalten, und müssen sehr fest sein.

Eine bedeutende Verbesserung an der geraden Pumpe würde noch sein und ihren Gebrauch noch allgemeiner machen, wenn man den an den Stiefel stoſsenden Theil der Saugröhre so lang und gerade so weit machte, daſs er sich in die Röhre über ihm hineinschieben lieſse, wie ein Fernrohr; wozu eine leicht anzuordnende Büchse mit Werg nöthig wäre. Dann könnte man die Länge der Saugröhre leicht je nach der Tiefe des Brunnens einrichten. Man hätte nur die Schrauben der Wergbüchse zu lösen und wieder zu befestigen, um den untern Theil der Röhre nach Bedarf zu verkürzen oder zu verlängern.

Pumpe mit einer Seitenröhre. (Fig. 15. und 16.)

Diese Pumpe ist zusammengesetzter und weniger fest, als die gerade; aber sie ist in den Fällen nützlich, wo sich das Gerüst nicht gerade über die Schöpfgrube legen läfst. Man setzt sie dann an den Rand derselben und legt die Saugröhre auf die Böschung der Grube. Der Pumpenstiefel wird auf eine hölzerne Schwelle und zwischen zwei Stiele gestellt, welche die Schwengel tragen. Die Saugröhre wird seitwärts an den untern Theil des Stiefels gefugt; sie biegt sich dann gleich horizontal ab, und darauf zum zweitenmal. Zwischen diesen beiden Knieen ist eine gewöhnliche Ansatzröhre, und es läfst sich auf solche Weise der Röhre in einer senkrechten Ebene jede beliebige Richtung geben. Es hat sich auch als vortheilhaft gezeigt, der Röhre gegen die Mitte ihrer Länge noch Kniee zu geben. Dann läfst sich das untere Ende der Röhre nach jedem beliebigen Punct hinbringen.

Die Seitenröhre verursacht viel weniger Widerstand als die senkrechte Röhre in der geraden Pumpe. Die Stöfse, welche die Kolben in senkrechter Richtung auf das Wasser machen, erschüttern die Maschine sehr und wirken nachtheilig auf ihre Zusammenfugung. Die Erschütterung des Pumpenstiefels durch die Schwengel vermehrt noch diese nachtheilige Wirkung. Es ist sehr nöthig, die Maschine *recht fest* zu stellen.

Die Kolben dieser Pumpe sind eben so eingerichtet, wie die der geraden Pumpe; wegen der geringen Länge des Stiefels müssen sie aber dicht über der Wasserfläche stehen. Um diesem Übelstande abzuhelfen und das Wasser besser in der Pumpe festzuhalten, hat man zuweilen in dem Zusammenstofs der Röhre zwischen den beiden Knieen ein Ventil angebracht; aber ein solches Ventil hemmt, wie schon bemerkt, die Bewegung und verursacht Stopfungen.

Das Ventil, ebenfalls von Herrn *Letestu* erfunden, ist übrigens durch seine Einfachheit und Zweckmäfsigkeit merkwürdig. Es besteht aus einer blechernen Scheibe mit durchgebohrten Löchern, welche Scheibe von einer zweiten ledernen Scheibe bedeckt wird, die im Mittelpunct mittels eines Schraubenbolzens mit breitem Kopf an der blechernen Scheibe befestigt ist. Die lederne Scheibe vertritt, indem sie sich hebt und senkt, also die Löcher der blechernen Scheibe abwechselnd öffnet und verschliefst, die Stelle der Klappe.

Allgemeine Bemerkungen.

Die Stiefel der geraden Pumpen, so wie der meisten Pumpen mit Seitenröhren, welche zu La Vilette und Aubervilliers angewendet worden sind, hatten $11\frac{1}{2}$ Zoll im Durchmesser und der Kolbenhub betrug $7\frac{3}{8}$ Zoll.

Die gerade Pumpe, welche hier oben beschrieben ist, kostete 266 Thlr. 20 Sgr., die Pumpe mit Seitenröhre 320 Thlr., mit Inbegriff der Kosten von etwa 32 F. Röhre für die eine und die andere. Die Pumpen dienten, das Wasser von 5 bis zu $25\frac{1}{2}$ F. hoch zu heben. Für die erste Hubhöhe reichten 2 bis 3 Mann hin; aber für gröfsere Höhen waren 8 und zuweilen bis 18 Mann nöthig. Die Arbeiter *löseten sich halbstündlich ab*, und es war also die *doppelte* der vorhin angegebenen Zahl von Arbeitern nöthig.

Bei dem Bau einer Wasserleitung unter dem Canal von St. Denis hindurch, im Jahr 1841, hoben 3 Pumpen das Wasser $25\frac{1}{2}$ F. hoch. An jeder Pumpe arbeiteten 10 Mann und die 3 Pumpen standen in einem Raum von noch nicht 250 Q. F., ohne sich irgend zu hindern; was gewifs bei keiner andern Art des Wasserschöpfens möglich gewesen wäre.

Wirkungen der geraden Pumpe.

Dieselben waren nach verschiedenen Beobachtungen folgende.

Erster Versuch. Die Hubhöhe war 20,7 F., der innere Durchmesser des Pumpenkolbens 11,47 Zoll.

1 Es arbeiteten 6 Mann an der Pumpe und die Arbeit wurde unter die beschäftigten und die ruhenden Leute vertheilt.

Der Kolbenlauf war 8,1 Zoll.

Jeder Kolben fafste 0,485 C. F. Wasser.

In der Minute geschahen 40 Kolbenhübe.

Jeder Kolbenhub lieferte in die Ausgufsrinne 0,4 C. F. Wasser.

In der Minute wurde 16 C. F. Wasser gehoben.

Dies war von dem Wasser, welches die Kolben fafsten, 82,6 pr. C.

Nutz-Effect der Pumpe bei jedem Kolbenhub [nemlich Cubikfufs Wasser 1 F. hoch gehoben. D. H.] $20{,}7 . 0{,}4 = 8{,}28$.

Nutz-Effect in einer Minute $40 . 8{,}28 = 331{,}2$.

Nutz-Effect in einer Minute für jeden der 12 Arbeiter $\frac{331{,}2}{12} = 27{,}6$.

2. Mit 8 Mann an der Pumpe.

Der Kolbenlauf und das aufgenommene Wasser war wie oben.

Zahl der Kolbenschläge in der Minute 45.

Jeder Kolbenschlag hob 0,395 C. F. Wasser.

In der Minute wurden gefördert 17,8 C. F. Wasser.

Also von dem Wasser, welches die Kolben fafsten, 81,6 pr. C.

Nutz-Effect bei jedem Kolbenhub 20,7.0,395 = 8,176.

Nutz-Effect in einer Minute 45.8,176 = 367,92.

Und auf jeden der 16 Arbeiter $\frac{367,92}{16} = 22,99$.

Bei diesem Versuch waren 6 Mann etwas zu wenig und 8 Mann etwas zu viel. 7 wäre die rechte Zahl gewesen.

Bei dem einen und dem andern Versuch wurden die Arbeiter ein wenig angestrengt und lieferten also mehr als bei den folgenden Versuchen.

Zweiter Versuch. Die Hubhöhe war 22,64 F., der Durchmesser des Pumpenkolbens wie oben 11,47 Zoll.

1. Mit 10 Mann an der Pumpe.

Der Kolbenlauf war 8,79 Zoll.

Jeder Kolben fafste 0,526 C. F. Wasser.

Zahl der Kolbenschläge in der Minute 34.

Jeder Kolbenschlag hob 0,435 C. F. Wasser.

In der Minute wurden gefördert 14,798 C. F. Wasser.

Dies war von dem Wasser, welches die Kolben fafsten, 82,8 pr. C.

Nutz-Effect der Pumpe für jeden Kolbenlauf 22,64.0,435 = 9,848.

Nutz-Effect in der Minute 34.9,848 = 334,84.

Und für jeden der 20 Arbeiter 16,74.

2. Mit 12 Mann an der Pumpe.

Der Kolbenlauf war 9,176 Zoll.

Jeder Kolben fafste 0,549 C. F. Wasser.

Zahl der Kolbenschläge in der Minute 35.

Jeder Kolbenschlag hob 0,455 C. F. Wasser.

In der Minute wurden gefördert 15,927 C. F. Wasser.

Das war von dem Wasser, welches die Kolben fafsten, 82,9 pr. C.

Nutz-Effect der Pumpe für jeden Kolbenhub 22,64.0,455 = 10,301.

Nutz-Effect in der Minute 35.10,301 = 360,53.

Und für jeden der 24 Arbeiter $\frac{360,53}{24} = 15,02$.

Der Erfolg mit 12 Mann war, wie man sieht, weniger vortheilhaft, als mit 10 Mann. Auch war diese Zahl für 22,64 F. Förderungshöhe ganz ausreichend.

Dritter Versuch. Die Hubhöhe war 13,38 F., der Durchmesser des Pumpenkolbens wie oben 11,47 Zoll.

1. Mit 12 Mann an der Pumpe.

Der Kolbenlauf war 9,176 Zoll.
Jeder Kolben fafste 0,549 C. F. Wasser.
Zahl der Kolbenschläge in der Minute 29.
Jeder Kolbenschlag hob 0,509 C. F. Wasser.
In der Minute wurden gefördert 14,765 C. F. Wasser.
Das war von dem Wasser, welches die Kolben fafsten, 92,8 pr. C.
Nutz-Effect der Pumpe für jeden Kolbenhub $13,38 . 0,509 = 6,810$.
Nutz-Effect in der Minute $29 . 6,810 = 197,49$.
Und für jeden der 8 Mann $\frac{197,49}{8} = 24,68$.

2. Mit 6 Mann an der Pumpe

war das geförderte Wasser ganz dasselbe, also der Nutz-Effect auf den Mann $\frac{197,49}{12} = 16,46$.

Bemerkungen über diese Ergebnisse.

Bei dem dritten Versuch waren 4 Mann vortheilhafter als 6, und sechs leisteten jeder nur etwa so viel, als jeder von den 10 Mann bei dem zweiten Versuch.

Das geförderte Wasser war niemals weniger als 82 pr. C. von dem, welches die Kolben fafsten, und bei geringerer Förderungshöhe sogar 92 pr. C. davon. Die gewöhnlichen Pumpen, selbst im besten Zustande, heben wegen der Fugen, wegen des Spielraums und wegen des zu langen Offenbleibens der Ventile und Klappen, weniger als 80 pr. C.

Es liefs sich bei den obigen Versuchen nicht genau die angewandte Kraft schätzen, um danach das Verhältnifs des Nutz-Effects zu beurtheilen. Man konnte die Pumpen nur mit andern Wasserschöpfmaschinen vergleichen.

An einem gewöhnlichen Paternosterwerk fördert ein Mann in 8 Stunden 7006 C.F. Wasser 1 F. hoch, also in der Minute $\frac{7006}{8.60} = 14,59$ C. F. [welches also weniger ist, als selbst die obige geringste Zahl 15,02, bei dem zweiten Versuch. D. H.]. An der Archimedischen Schraube fördert ein Mann etwa 21,45 C. F. in der Minute.

Dieses ist weniger als die Wirkung der *Letestu*schen Pumpe, wenn sie durch eine *angemessene* Zahl von Leuten in Bewegung gesetzt wird. Die

Pumpe hat also, aufser dem Vortheil, dafs sie sich leicht anbringen läfst und wenig zu erhalten kostet, auch in Rücksicht ihrer Leistungen vor den gewöhnlichen Wasserschöpfmaschinen den Vorzug.

La Vilette am 15. Februar 1844.

[Mit dem ***Bayonner Wasserschöpfrade*** (Siehe weiter oben) förderte ein Arbeiter in 10 Stunden 31 287 C. F. Wasser 1 F. hoch, also $\frac{31\,287}{10.60} = 52{,}14$ C. F. in der Minute. Dieses ist fast das ***Doppelte*** des günstigsten Falles bei der Pumpe; was wohl besonders darin liegt, dafs hier die Arbeiter alle halbe Stunden sich ablöseten, anders wie bei dem Rade, und weil an dem Rade die Leute mit ihrem ***Gewicht,*** also viel vortheilhafter wirkten, als die an der Pumpe mit den Armen. Indessen hebt das Rad das Wasser nur 8 bis 10 F. hoch und erfordert viel Raum: die Pumpe dagegen kann 20 bis 30 F. hoch das Wasser heben und erfordert wenig Raum. D. H.]

III.

Nachricht des Herrn General Vaillant, Directors der Befestigungs-Arbeiten von Paris auf dem rechten Ufer der Seine.

Wegen der guten Dienste, welche die ***Letestu***schen Pumpen bei den Befestigungsbauen um Paris auf dem rechten Ufer der Seine leisteten, schien es uns gut, in das „Mémorial de l'officier du génie" eine Beschreibung derselben und eine Nachricht von ihren Wirkungen aufzunehmen. Der Herr Verfasser dieser Beschreibung, der Genie-Chef zu La Villette, hat insbesondere Gelegenheit gehabt, von diesen Pumpen Gebrauch zu machen.

Als uns Herr ***Letestu*** seine Pumpen im Jahr 1841 bei den Befestigungsbauten um Paris vorschlug, waren auf mehren Baustellen schon Wasserschöpfmaschinen verschiedener Art vorhanden; aber alle diese Maschinen vermochten nichts gegen die von allen Seiten andringenden Quellen. Man versuchte nun erst ***eine Letestu***sche Pumpe; bald aber verbreitete sich ihr Gebrauch über alle Baustellen. Der Gebrauch von 30 Pumpen, von einfacher und doppelter Wirkung, hat jetzt hinreichend den Vorzug gerechtfertigt, welchen man dieser neuen Maschine gab. Ohne dieselben wäre unser Bau an mehreren Stellen auf sehr nachtheilige Weise verzögert worden. Nach unserer Meinung leistet diese

Maschine Alles was zu wünschen ist, und dürfte fortan für die Militairbaue bedeutenden Nutzen haben.

Zahlreiche Versuche, welche auch die Marine-Ingenieurs zu Cherbourg und Toulon damit gemacht haben und worüber 30 verschiedene Berichte erstattet worden sind, so wie die Bestellung von 90 Pumpen, welche kürzlich Herr *Letestu* erhalten hat, beweisen ebenfalls die Vorzüge, welche seine Maschine auch in der Marine vor den Pumpen habe, deren man sich bis 1840 bediente.

Noch ist zu bemerken, dafs Herr *Letestu* seine Pumpen seit der Zeit, wo der Commandant Herr *Bodson de Noirfontaine* Versuche damit anstellte, noch vervollkommnet und, besonders, sie noch vereinfacht hat. Die Kolben sind jetzt noch besser eingerichtet, die Saugröhren sind jetzt bequemer anzubringen und leichter wieder abzuehmen.

III.

Beschreibung der Letestuschen Pumpen mit einfacher Wirkung.

(Von dem Herrn Ingenieurhauptmann *Baillemont.*)

Diese Pumpen sind auf (Taf. XI. Fig. 1. bis 9.) vorgestellt.

Fig. 1. ist die Ansicht der Pumpe von oben.

Fig. 2. ist die Ansicht von der Seite.

Fig. 3. ist ein senkrechter Durchschnitt durch die Mittellinie des Pumpenstiefels und der ledernen Saugröhre.

Fig. 4. der Saugemund an der ledernen Röhre.

Fig. 5. Zusammensetzungsstöfse der Saugröhren.

Fig. 6. Schraubenmutter mit Wulst, um die Schraubenspindeln der Zusammensetzungen der Röhre anzuziehen.

Fig. 7. Kupferne Stange, um die verticale Bewegung des Kolbens zu lenken.

Fig. 8. Handhabe am Deckel der Pumpe, mit seiner kreisförmigen Schraubenmutter.

Für 9. Eiserner Ring, welcher zwischen die Leder der Saugröhre gelegt wird.

Die von dem Mechanicus Herrn *Letestu* zu Paris, Vendome-Platz No. 9., erfundene Pumpe mit einfacher Wirkung besteht aus einem Stiefel von gewalztem Kupfer, in welchem sich ein kegelförmiger Kolben aus geschlagenem Eisen, mit mehreren Löchern durchbohrt, bewegt. Im Innern dieses Kolbens befindet sich ein zweiter von Leder, der an jenem nur unten bei der Spitze des Kegels befestigt ist. Aufserdem ist er frei, löset sich von dem blechernen Kegel ab, wenn der Kolben hinuntergeht, läfst das Wasser durch die Löcher in den blechernen Kegel treten, und legt sich wieder an denselben und gegen die Löcher an, wenn der Kolben hinaufgeht, so dafs das Wasser nicht zurückfliefsen kann. Die Bekleidung mit Leder besteht aus zwei Theilen, die nur an dem Scheitel des Kegels mit einander verbunden sind und deren Ränder, schief geschnitten, nach den geraden Linien in der Kegelfläche sich über einander legen.

Der Kolben reibt sich nicht an dem kupfernen Stiefel, sondern das Leder steht 2 Zoll über dem blechernen Kegelkolben vor und legt sich beim Aufsteigen des Kolbens genau gegen die Wand des Stiefels, verschliefst so den Spielraum zwischen dem blechernen Kegel und dem Stiefel, selbst wenn die Wand des Stiefels nicht sehr glatt wäre, und hält also auf diese Weise das Wasser ab, zurückfliefsen. Die Eigenthümlichkeit der *Letestu*schen Pumpen hat den zweifachen Nutzen, dafs der Pumpenstiefel nicht eben sehr glatt zu sein braucht und dafs beim Wasserschöpfen der Kies und andere Körperchen, welche das Wasser enthalten mag, mit hindurchgelangen können, ohne dafs das Pumpen dadurch gehemmt wird.

Bei den Befestigungsbauten um Paris hat man sich auch *Letestu*scher Pumpen mit *doppelter* Wirkung, nemlich mit *zwei* Kolben bedient, die sich in dem kupfernen Stiefel in entgegengesetzter Richtung bewegten. Sie wurden durch Arbeiter an zwei einander gegenüberstehenden und durch ein Gelenk verbundenen Schwengeln in Bewegung gesetzt [also die oben in No. 1. beschriebenen Pumpen. D. H.]. Aber da ein länger fortgesetzter Gebrauch ergab, dafs diese künstlichere Einrichtung der Wirkung der Maschine nachtheilig sei, so baut der Erfinder nur noch Pumpen von *einfacher* Wirkung. Die auf (Taf. XI.) vorgestellte Pumpe ist eine von denen, mit welcher die Versuche angestellt wurden und über welche wir hier berichten wollen. Die Pumpe war schon gebraucht, wurde aber von Herrn *Letestu* erst ganz in Stand gesetzt.

Der Hub des Kolbens kann nicht über 19 Zoll sein. Die Kolbenstange Fig. 7. stöfst beim Aufsteigen an ein kupfernes Querstück und beim Hinuntergehen auf den Boden des Stiefels.

Unten sind im Stiefel zwei Öffnungen. Die eine ist für den Ansatz des Saugrohrs bestimmt und hat ein Ventil, bestehend aus einer Scheibe von Bronze, mit Löchern durchbohrt, und mit einer im Mittelpunct befestigten ledernen Scheibe darüber. Die andere Öffnung, durch eine bronzene Schraubenbüchse verschliefsbar, dient, um zu dem Ventil gelangen zu können, ohne den Kolben herauszunehmen.

Die Saugröhren sind entweder von Kupfer, oder von Leder; die erstern kosten 3 Thlr. 10 Sgr., die andern 4 Thlr. 5 Sgr. der laufende Fufs.

Herr ***Letestu*** hält die ledernen Röhren für die bessern, weil sie sich leichter in jede Richtung bringen lassen und bequemer und dauerhafter sind, indem sie sich eher biegen. Die einzelnen Stücke der ledernen Röhren werden auf die Weise zusammengesetzt, wie es die Figuren zeigen.

Versuche mit dieser Pumpe.

Um mit der Pumpe Versuche anzustellen, setzte man sie auf eine der Brücken des Bachs von Monfort unweit des östlichen Forts von St. Denis. Sie gofs das Wasser in einen Behälter, der aus starkem Eichenholz und mit Zink gefuttert war. Der Behälter war von dem Brunnen des Lagers von St. Ouen genommen und fafste 64$\frac{3}{4}$ C. F. Wasser. Er wurde durch einen Hahn geleert. Vermittels einer hölzernen Rinne konnte das Wasser, welches die Pumpe lieferte, nach Belieben entweder in den Behälter, oder in den Bach geleitet werden. An die Schwengel wurden starke Leute gestellt, ***die sich jede halbe Stunde ablöseten.*** Wie man schon bei dem andern Wasserschöpfen beobachtet hatte, konnten die Arbeiter in der Minute 20 bis 22 Kolbenschläge machen, und die Zahl der Schläge war von der Höhe des Hubes beinahe unabhängig.

Die Höhe von dem Wasserspiegel des Baches, aus welchem die Pumpe das Wasser schöpfte, bis zum Ausgufs, wurde genau gemessen. Wir werden sie ***Förderungshöhe*** nennen.

Erster Versuch.

Innerer Durchmesser des Pumpenstiefels	7,65 Zoll.
Innerer Durchmesser der ledernen Saugröhre . .	4,59 Zoll.
Förderungshöhe	9,75 Fufs.
Zahl der Arbeiter	2.

Mittlere Hubhöhe	1,529 Fufs.
Dauer des Versuchs	5 Min. 30 Sec.
Zahl der Kolbenhube	110.
Gefördertes Wasser	56,83 Cub. F.

Zweiter Versuch.

Mittlere Hubhöhe	1,529 F.
Dauer des Versuchs	5 M. 30 Sec.
Zahl der Kolbenhube	108.
Gefördertes Wasser	55,08 Cub. F.

Dritter Versuch.

Mittlere Hubhöhe	1,529 F.
Dauer des Versuchs	5 M. 30 Sec.
Zahl der Kolbenhube	109.
Gefördertes Wasser	56,24 C. F.

Die Ergebnisse dieser drei, unter gleichen Umständen, aber zu verschiedenen Stunden angestellten Versuche können als die mittlere gewöhnliche Wirkung der Pumpe betrachtet werden. Die durchschnittliche Zahl von 20 Kolbenhuben in der Minute ist die, welche während 10stündiger täglicher Arbeitszeit Statt findet, wenn sich die Arbeiter jede halbe Stunde ablösen. Obgleich nur 2 Mann angestellt waren, so ist doch das Gesammt-Ergebnifs als das von 4 Arbeitern zu betrachten.

Nach den obigen 3 Versuchen hob die Pumpe in 16½ Minute 168,15 C. F. Wasser 9,75 F. hoch, also 1639,46 C. F. Wasser 1 F. hoch, und in einer Minute 99,36 C. F.: thut für den Arbeitstag von 10 Stnnden 59 616 C. F. Da hiezu 4 Mann nöthig waren, so kommen auf den Mann 14 904 C. F. [und in der Minute 24,84 C. F. D. H.]

Da die mittlere Hubhöhe des Kolbens 1,529 F. war, so fafste der Pumpenstiefel bei jedem Hub, nach Abzug der Kolbenstange, 0,396 C. F. Wasser. Aber das mittlere Ergebnifs der Wirkung war *gröfser*, nemlich 0,514 C. F. und folglich 129,8 pro cent der vorigen Masse. Ähnliches hat sich bei einigen Versuchen in der Marine gefunden. Es scheint indessen, dafs das Verhältnifs nach dem Durchmesser der Pumpe und der Geschwindigkeit des Kolbens verschieden ist. Eine Pumpe von 11,47 Zoll im Durchmesser, aber blofs mit 11,09 Zoll Hub und mit 25 Huben in der Minute, gab nur 109 pro cent und 2938 C. F. Wasser auf den Mann in 10 Stunden. Der Umstand, dafs die Pumpe *mehr* Wasser hinaufbringt, als der Kolben auffafst, erklärt sich aus der aufsteigenden Geschwindigkeit des Wassers, die mehr ersetzt, als etwa wieder zurückfliefsen könnte.

Nach den obigen drei Versuchen wurde noch ein vierter gemacht, um zu sehen, was die Pumpen zu leisten vermögen, wenn man sie *anstrengte.* Man behielt die nemliche Hubhöhe bei, und die nemliche Zahl von Arbeitern, liefs aber dieselben sich möglichst anstrengen. Das Ergebnifs war folgendes.

Dauer des Versuchs	4 Min. 30 Sec.
Zahl der Kolbenhube	105.
Zahl der Kolbenhube in 1 Minute	23½.
An Wasser wurde gehoben	56,54 C. F.
Thut in 10 Stunden	73505 C. F. 1 F. hoch.
Und von dem was die Kolben fafsten . .	131,1 pro cent.

Die Pumpe, mit welcher man die Versuche machte, kostete, mit Inbegriff von 25½ laufende Fufs lederner Saugröhre, 320 Thlr.

St. Denis, den 11. April 1844.

15.

Notiz über Zinkdecken mit hohlen Flächen.

(Von Herrn *Lemoine*, Bataillons-Chef im Königlich-Französischen Genie-Corps.)

(Aus dem Mémorial de l'officier du génie Bd. 14. von 1844.)

[Die in diesem Aufsatz beschriebene Construction der Zinkdecken scheint dem Herausgeber des gegenwärtigen Journals eine bedeutende Verbesserung der gewöhnlichen Arten zu sein. Deshalb theilt er die Beschreibung derselben hier wörtlich mit. D. H.]

Ich habe am 25. Febr. 1843 dem Comité der Befestigungs-Arbeiten eine Abhandlung über diese Art von Zinkdächern gesendet, welche von der Erfindung des Herrn Artillerie-Obristen *Parisot* ist. Sie ist eine von der in No. 13. des Mémorial de l'officier du génie S. 280 etc. beschriebenen [Mitgetheilt im gegenwärtigen Journal, Band 17. S. 25 etc. D. H.], nur darin verschieden, dafs die Theile der Decke zwischen den Stöfsen der Zinktafeln *hohl* statt *eben* sind. Diese Abweichung, obgleich scheinbar nur geringe, ist gleichwohl von bedeutender Wirkung. In der That bemerkt man an den *hohlen* Zinktafeln nicht das Werfen der ebenen; und das Wasser, welches sogleich nach der Mitte der Tafeln gelangt, fliefst viel besser ab, als von den ebenen Flächen. Der Abhang der Dächer kann also geringer sein und ohne Bedenken nur 1 auf 50 bis 1 auf 33 betragen; so dafs dann die Dachgerüste nur noch blofs flache Decken sind. Alle Fugen müssen gelöthet werden. Die Decke wird auf folgende Weise gemacht.

Man legt Balken aus Bohlen von $8\frac{1}{2}$ Zoll hoch und 3 Zoll breit 25 Zoll von Mitte zu Mitte von einander entfernt. Auf die Mitte dieser Balken schnürt man Linien ab. Auf diese Linien nagelt man, $7\frac{3}{4}$ Zoll von einander entfernt, Bogen aus dickem Eisendraht, Rippchen (cotelettes) genannt, die man mit dünnem Eisendraht bindet. Dann befestigt man die hölzernen Latten (tringles), welche die Zinkdecke zu tragen bestimmt sind. Durch die obigen parallelen Linien erlangt man es, die Latten genau in die Lage zu bringen, welche sie haben müssen.

Um sodann die *Rinnen* oder Tröge (augets) von Gips zu machen, auf welche die Zinktafeln gelegt werden sollen, bringt man unter das Eisendrahtnetz eine hohle Form, auf welche man den flüssigen Gips giefst, und führt über die Latten eine Chablone hin, wie wenn man ein Gesims zieht. Darauf bedeckt man den Gips mit Papier, legt darauf die Zinktafeln in die Krümmung und löthet sie der Länge nach zusammen. Endlich legt man die Fugendeckel darüber und nagelt sie auf die Latten an den Enden fest.

Diese Rinnen haben nun zwar den Vortheil, nicht zu brennen, aber der Zink wird bald oxydirt; denn da das Papier durch die Feuchtigkeit schnell zerstört wird, so kommt der Zink sehr bald mit dem Gips in Berührung. Vielleicht wäre es also besser, in passender Jahreszeit bauend, auf den Gips, nachdem er getrocknet ist, einen harzigen Überzug zu bringen, z. B. von Schiffstheer, der das Metall gegen die Verkalkung schützen würde. Ich habe damit keine Versuche machen können und deute den Vorschlag blofs an.

Während ich nun der Methode des Herrn Obristen *Parisot* alle Gerechtigkeit wiederfahren lasse, habe ich doch geglaubt, nur auf eine solche Weise davon Anwendung machen zu dürfen, dafs die *Erhaltung* des Zinks gesichert sei. Zu dem Ende habe ich zu den Rinnen statt des Gipses fichtene Latten genommen, die auf hölzerne Lehrbogen genagelt wurden. Ich schlage diese Veränderung jetzt mit Zuversicht vor, nachdem ich zwei Zinkdächer mit hohlen Rinnen habe bauen lassen, an welchen sich noch nicht die geringste Veränderung gezeigt hat, obgleich sie schon die Hitze und die Kälte ausgehalten haben und das eine, über dem mittleren Theil des neuen Kornspeichers am Quai de Billy, von bedeutender Gröfse und ungemein den Stürmen ausgesetzt ist.

Die Kosten dieser Dächer sind ungefähr die nemlichen, wie die der dritten im Mémorial No. 13. beschriebenen Art [also etwa 7 Sgr. für den Quadratfufs. S. Band 17. S. 222 d. J. D. H.] Blofs die hölzernen Rinnen kosten etwa doppelt so viel als die Verschalung der geraden Dächer; was auf den Quadratfufs etwa 1 Sgr. mehr ausmacht. Aber da die Dächer so weniger Abhang bedürfen, so sind sie eigentlich *nicht* theurer; denn es ist fast nur noch die horizontale Grundfläche zu bedecken, und das Dachgerüst ist wohlfeiler.

Die Figuren 1. 2. und 3. Taf. XII. zeigen diese Art von Dachdecken. Man braucht nicht genau danach zu verfahren. Es kommt nur darauf an, *hohle Rinnen* zu bilden; und die Fugendeckel müssen fest sein, damit sie den Stürmen widerstehen. Sie müssen aus Zinktafeln No. 16. sein. Zu der Decke selbst sind Tafeln No. 14. oder 15. hinreichend.

Einige Baumeister sind gegen die gelötheten Fugen, wegen der Dehnung des Zinks. Man mufs aber diesen Übelstand am Zink nicht überschätzen. Auf $38\frac{1}{4}$ F. lang z. B., welches etwa die halbe Breite des Speichers am Quai de Billy ist, beträgt die Veränderung der Länge der gelötheten Tafelstreifen, die als aus einem Stück zu betrachten sind, 8 Linien auf 40 Gr. R. Wärmeänderung, die in Paris das Äufserste ist, was vorkommt. [In Berlin würde man auf etwa 50 Gr., also auf 10 Linien Längeveränderung für $38\frac{1}{4}$ F. Länge rechnen müssen. D. H.] Wäre daher der $38\frac{1}{4}$ F. lange Zinkstreifen am Forst fest, so müfste er am andern Ende 9 [bis 11] Linien Spielraum haben, um nicht zu zerreifsen. Auf flache Dächer sind die Zinkdecken übrigens nicht beschränkt, und auf steilen Dächern ist es nicht nöthig, die Zinktafeln zusammenzulöthen. Für steilere Dächer zeigen die Figuren 4. 5. 6. 7. und 8. die Art der Verfertigung der Rinnen. Dieselben sind von dem Dachgerüst unabhängig. Nicht dafs die Zinkdecke auf das Dachgerüst gar keinen Einflufs hätte, aber die Rinnen ändern die Arbeit des Zimmermanns nicht. Derselbe macht die Binder und Fetten wie gewöhnlich, und darauf legt der Tischler [auch wohl der Zimmmermann. D. H.] die $1\frac{1}{2}$ Zoll breiten und $8\frac{1}{2}$ Zoll hohen Sparren zu den Lehrbogen, auf welche die Latten genagelt werden. Auf diese Weise erhält man überall die nöthigen regelmäfsigen Rinnen. Auf steilen Dächern würde ich die Rinnen 31 Zoll breit machen lassen; die auf dem Speicher am Quai de Billy sind nur 25 Zoll breit, weil sie flach liegen. Wo es sich irgend thun läfst, mufs man breite Rinnen machen, weil die breiten Zinktafeln in der Fläche wohlfeiler sind.

Ich schlage also überall rinnenförmige Zinkdecken vor, mit gelötheten Fugen, wenn sie sehr flach liegen, und mit sich überdeckenden Fugen auf steileren Dächern. Bei diesen letztern könnte man zwar ganz nach der

3ten Art des Mémorial No. 13. verfahren; aber die rinnenförmigen Decken würden doch immer besser sein.

Es ist hier der Ort, des *galvanisirten* oder, richtiger, *verzinkten Blechs* zu gedenken, dessen man sich auch zu Dächern bedient. Die Dehnung desselben ist nur halb so beträchtlich, als die der Zinktafeln, und das Blech entzündet sich nicht in starkem Feuer, wie der Zink. Man findet gewöhnlich bei den Herren *Ledru und Comp.* rue Angoulême du Temple No. 40. verzinkte Tafeln von 62 Zoll lang und 25 Zoll breit vorräthig; auch selbst Tafeln, die schon ganz zu Dachdecken vorbereitet, nemlich gebogen und gerändert sind, so dafs sie, einander übergreifend, ohne weiteres auf das Dach gelegt werden können. Zwischen den Tafeln mufs man 14 Linien Zwischenraum lassen, der mit einer hölzernen Leiste ausgefüllt wird, die man hernach mit Zink bedeckt. Diese Zubereitung der Tafeln erhöht ihre Kosten um 18 pr. C. Man mufs überschlagen, ob es vortheilhafter sei, die Tafeln vorbereitet zu kaufen, oder sie durch den Dachdecker selbst zubereiten zu lassen.

Übrigens ist der Nutzen der Rinnendächer nicht auf den Zink beschränkt, sondern findet auch für Blechdächer Statt. Man mufs immer möglichst *grofse* Tafeln nehmen, um die Zahl der Fugen zu vermindern. Ich theile in diesem Punct die Meinung des Herrn *Poncelet* nicht, welcher die kleinen Tafeln oder Blechschiefer, einander wohl überdeckend, den grofsen Tafeln vorzieht. Diesen Vorzug müfste erst die Zeit lehren. Nach meinen Erfahrungen kann ich die kleinen Tafeln, wenn nicht verwerfen, so doch nur zu Dächern empfehlen, die nicht den Stürmen ausgesetzt sind. Dieses ist auch die Meinung des Herrn *Turenne,* des Nachfolgers von Herrn *Lebobe.* Er hat mir gesagt, er sei zwar für die Dachdecken aus Zinkschiefer auf den Gebäuden in der Strafse St. Lazare nicht besorgt, aber er halte die Decke auf dem Hofe der Eisenbahn nach Orleans, aus Tafeln von 74½ Zoll lang und 15¼ Zoll breit, für fester. Nur damit die Leisten der Fugen auf die Dachsparren zutreffen, hat er Tafeln von 31 Zoll breit zerschnitten. Und wenn nun ein Unternehmer, der sich insbesondere mit Zinkdecken aus kleinen Tafeln beschäftigt, für sehr den Stürmen ausgesetzte Gebäude die grofsen Tafeln vorzieht, so mufs er sie gewifs wohl für besser halten.

Nach meiner Meinung sind die Zinkdecken mit Rinnen, die Fugen gelöthet, oder nicht, je nach dem Abhange des Daches, von *allen* die besten. Nach ihnen kommt die dritte Art im Mémorial No. 13.

Schliefslich bemerke ich, dafs ich gleichwohl keinesweges die metallenen Dachdecken den gewöhnlichen vorziehe. Im Gegentheil halte ich die Dachdecken aus hohlen oder platten Ziegeln für die festesten und für Militairgebäude am passendsten. Da indessen Umstände zuweilen die Anwendung von Zink oder Eisenblech zu Dächern nothwendig machen können, so habe ich es für dienlich gehalten, eine Vervollkommnung dieser Dachdecken, die ich für sehr bedeutend erachte, durch das Vorstehende bekannt zu machen.

Paris, den 1ten April 1844.

16.

Historisch-hydrographische Nachrichten von den Häfen und andern Schiffahrts-Anstalten Ostfrieslands bei der Stadt Emden und in den Emsmündungen,

nebst

practischen Vorschlägen zur Verbesserung des Fahrwassers, zur völligen Sicherung der Stadt und Umgegend gegen Zerstörung durch hohe Sturmfluthen, und zur Vermehrung der innern Entwässerungs-Anlagen des Binnenlandes zum Besten der Landwirthschaft.

(Von *D. Reinhold,* Königl. Hannöverschem Wasserbau-Inspector.)

(Fortsetzung der Abhandlung No. 1. im ersten und No. 8. im zweiten Hefte dieses Bandes.)

Vierter Abschnitt.

Auf Erfahrung gegründete Vorschläge des Verfassers zur Eindeichung und Sicherung der Stadt Emden gegen künftige Überströmungen durch Sturmfluthen, zur Verbesserung der Entwässerung der durch die Stadt hindurch auswässernden Syhlachten und benachbarten Gegenden.

Desgleichen,

Entwurf zu einem für grofse Kauffahrtheischiffe hinreichend tiefen und stets schiffbar bleibenden Fahrwasser von der Stadt bis in die Ems, nebst Seeschleuse; ferner zur Eindeichung der Insel Nesserland und des angrenzenden Anwachses, und zur Beförderung desselben; zur Vergröfserung des Hafenraums der Stadt; zur Verbesserung des Wasser-Umlaufs in den Stadtcanälen; zur Reinigung derselben zum Besten der Gesundheit, §. 7. 8. 9. 10. u. s. w. §. 11. Über die Baukosten nach den frühern und jetzigen Projecten §. 12., und über die Bauart der Durchdeichung des jetzigen Fahrwassers und des alten Ems-Arms vor der Stadt Emden. §. 13. Schlufs.

§. 7.

Aus den bisher angeführten Erfahrungen sach- und localkundiger Schriftsteller und Bürger, mithin glaubwürdiger Männer, geht der hülfsbedürftige Nothstand, so wie der grofse Schaden hervor, welchen die unglückliche und gute Stadt Emden seit Jahrhunderten durch die verheerenden Sturmfluthen in den Jahren 1277, 1717, 1736, 1756, 1775, 1791, 1817, 1824 und 1825 erlitten hat, und welche sie ferner oft erleiden kann und wird, so lange eine sichere Bedeichung der Stadt fehlt und die Verschlammung des jetzt fast schon unfahrbaren Fahrwassers fortwährt und zunimmt; wodurch Schiffahrt, Handel, Gewerbe der Stadt und der landwirthschaftliche Betrieb grofser Landstriche von mehreren Quadratmeilen in den Ämtern Emden, Petsum, Greetsyhl und Aurich einen nicht zu berechnenden grofsen, immer zunehmenden Verlust erleiden, so dafs sie zuletzt aufser Stande sein werden, ihn zu tragen. Welches Opfer könnte denn wohl zu grofs sein, um den bedeutenden Zweck baldigst zu erreichen, eine so namhafte Stadt nebst Umgegend von dem physischen und öconomischen Untergange zu retten! Es gilt hier, eine Lebensfrage über Sein oder Nichtsein zu entscheiden.

Es macht mir, wie jedem Vaterlandsfreunde, Freude, mein Scherflein zur Auflösung dieser Frage beizutragen. Ich habe dazu seit einer langen Reihe von Jahren mühsam die Materialien gesammelt, unpartheiisch beurtheilt und habe, ohne Grundbesitzer oder sonstiger Betheiligter an der Sache zu sein, den Gegenstand aus Theilnahme und Liebe zur Kunst für meine Mitbürger Ostfrieslands bearbeitet. Die Geschichte und die Erfahrung, so wie wiederholte Beobachtungen an Ort und Stelle, nebst Local-Untersuchungen, Beurtheilung und Veranschlagung der Häfen bei den Städten Norden, Leer und Weener, die ich seit 20 Jahren gemacht habe, und endlich die Vergleichung mit andern ähnlichen Anlagen in Holland, haben mir die Mittel dazu an die Hand gegeben.

Wiewohl ich mich gern bescheide und aus Erfahrung weifs, dafs Jeder seinen Meister findet, glaube ich doch, kraft des Satzes, dafs auch Die, welche mich beurtheilen, wieder ihren Meister finden können und werden, dafs eine freimüthige Beurtheilung unpartheiischer, freier Männer, die der Wahrheit und Sache zur Ehre, auf Erfahrung und Kenntnisse gestützt, ihre Ansichten und Vorschläge klar, wahr und offen vortragen, der Sache nur nützen und nicht schaden können, und dafs nur dadurch die falschen Ansichten und Vorschläge, welche, wie wir gesehen haben, bisher im Publico verbreitet sind, und die noch künftig verbreitet werden könnten, widerlegt und die Wahrheit und das beste Mittel zum Zwecke erreicht werden können. Ich denke hier, was *Newton* in der Vorrede seiner Übersetzung von *Vitruvs* Baukunst sagt: „I have endeavoured „to be in the right, but if I have failed, I shall with pleasure see my errors „corrected; my aim is truth, and by whomsoever it is found, it is to me „equally welcome and acceptable."

Nachdem, wie wir gesehen haben, die Erfahrung von 43 Jahren, seit 1800 bis jetzt, es hinreichend gelehrt hat, dafs alle früherhin und bis hieher angewandten Palliativmittel und die vielen angewandten Kosten, gehabten Opfer und enormen Verluste an Zeit und Entbehrung des Nutzens nichts gefruchtet und dem Übel nicht gründlich abgeholfen haben, mithin demselben wohl auch in Zukunft nicht abhelfen werden, eben so wenig wie die von den Herrn *Nanningu, Paschier, Woortmann* und andern nicht sachverständigen Dilettanten vorgeschlagenen Projecte der neuern Zeit, die ebenfalls nur Palliative und keine Radicalmittel für immer sein können, und die nur besonders eine unzuläfsliche, sehr schädliche und nicht zu erreichende Ersparung beabsichtigen, womit sie sich selbst und Andere willkürlich täuschen, liegt es endlich wohl klar auf der Hand, für alle unbefangene und nicht betheiligte Sachkundige, dafs es auf Vorschläge ankommt, die *sicher* zum Ziele führen und die *alle* Ansprüche, Bedürfnisse und Zwecke möglichst erfüllen, die *alle* bei der Sache Betheiligten genügend zufrieden stellen können, und die Niemand täuschen.

Wir haben oben gesehen, dafs und warum die Anlage eines neuen Fahrwassers (*hgp* Taf. III. Heft 1.) durch das rohe Watt vom Hammrichs-Hause auf dem Nesserlande nach der Landspitze des Logumer Vorwerks, so wie einer Schleuse im jetzigen Fahrwasser beim Hammrichshause von Nesserland, nach dem von dem verstorbenen Baudirector Herrn *Bley* in den Jahren 1802 und 1803 gemachten, aber im folgenden Jahre von ihm selbst nach reiflicher Prüfung wegen der damit verbundenen Gefahr des Mifslingens der schwierigen Ausführung als zu frühzeitig verworfenen Plane nicht zweckmäfsig ist. Auch jetzt noch sind dieselben Ursachen und örtlichen Umstände vorhanden, die Herrn *Bley* bewogen, sein eigenes Project bis auf eine spätere Zeitperiode aufzuschieben. Denn dieselbe Strecke des rohen, bei jeder Ebbe trocken werdenden Wattes, nördlich von der Insel Nesserland und dem jetzigen Fahrwasser und zwischen demselben und der Deichlinie, die sich von Emden bis Constantia und Larrelt bis zur Landspitze des Logumer Vorwerks erstreckt, ist seit 1803 bis jetzt 1843, nach Verlauf von 40 Jahren, nur zum geringsten Theile von Emden bis zum Larrelter Syhle um etwa 200 Grasen oder 150 Diemate angeschlickt und begrünt; alles Übrige (*B. ahg*) zwischen dem jetzigen Fahrwasser und der jetzigen Deichlinie ist noch roh und wird von den täglichen, gewöhnlichen Meeresfluthen überströmt.

Es läfst sich hier noch weder graben, noch deichen, noch eine Schleusenbaustelle im alten Fahrwasser bei *h* neben dem Hammrichshause *c* auf dem Nesserlande mit Sicherheit umdämmen, trocken halten und eine Schleuse darin bauen, ohne mit unverhältnifsmäfsigen Kosten die Möglichkeit um jeden Preis durch colossale Faschinenwerke, Dämme und Auspumpen der Baustelle zu erzwingen. In der That würde die Ausführung einer grofsen Schiffahrtsschleuse im jetzigen Fahrwasser, nördlich neben dem Hammrichshause, in einem aufgeschlickten weichen Strombette, ohne enorm hohe Ausgaben und für die Summe, welche ***Bley*** dafür veranschlagt hatte, ein Problem sein, dessen Ausführung auf die damals vorgeschlagene Weise unmöglich scheint. Aus diesen Gründen mufs also von diesem Projecte abgestanden werden.

Die Vorschläge des verstorbenen Stadtbaumeister *Nanninga* in seiner oben erwähnten Schrift: „Vorschläge zum Besten des Vaterlandes" (Emden, 1823) S. 59 u. s. w.: „zur Beförderung der Küsten-Anwächse, und wie man „in wenigen Jahren alles sogenannte Watt in culturfähiges Land umschaffen „könne" sind noch bei Weitem unausführbarer. Er wollte die Inseln Norderney, Juist, Baltrum, Langerooge, Spieckerooge und die Anwächse und rohen Watte bei Emden und Nesserland mit dem festen Lande verbinden, das bedeichte Watt in begrüntes, nutzbares Land verwandeln und dadurch Ostfriesland mittels etwa 32 000 Ruthen oder 16 Meilen Deich um 64 400 Grasen Landes mit einem Kosten-Aufwande von 7 420 000 oder etwa $7\frac{1}{2}$ Millionen Thaler vergröfsern, das Emdner Fahrwasser zwischen zwei Deiche einfassen und so einen Capitalwerth von $15\frac{1}{10}$ Millionen Thaler, mithin einen reinen Überschufs von 8 710 000 bis 9 Millionen Thaler gewinnen! Wahre technische Phantasieen!

Den Vorschlag des Herrn *Nanninga*, in eben derselben Schrift, zu einer Schleuse auf eine leichte Art, nahe vor Emden, im jetzigen Fahrwasser bei (*a*, Taf. III.), so wie die Seite 93 vorgeschlagene Eindeichung der Stadt, haben wir oben beurtheilt und unhaltbar gefunden.

Endlich ist noch das Project des Herrn *Nanninga* übrig, durch das ehemals zur Bedeichung ausgespickte Binnenland an der Deichlinie zwischen Emden und Grofs-Borsum einen Canal zu graben und bei Borsum im Emsdeiche eine zweite Schleuse zu bauen, wenn etwa der obenerwähnte Plan nicht genügen sollte; was er also damals selbst schon und mit Recht befürchtete. Auch dieses Project ist nicht gut, eben wie die andern, vor der Ausmündung des vereinigten Faldern- und Rathhausdelftes oder der sogenannten langen Brücke, unmittelbar vor der Stadt anfangend, in der Richtung von Nordwest nach Südost, stromaufwärts durch das Aufsendeichland, unmittelbar unter der Aufsenberme des Emsdeiches ein neues Fahrwasser aufserhalb des Hauptdeiches zwischen Emden und Grofs-Borsum von etwa 1000 Ruthen rheinländisch lang, (Taf. I. und Taf. III. *ak*) zu graben. Denn dieses Terrain besteht aus dem alten, seit 1277 zugeschlammten und seit 1768 begrünten Ems-Arme, welcher bis in die letztgenannten Jahre, wo das jetzige Fahrwasser gegraben und jener alte Emsarm zugedämmt wurde, von Schiffen befahren worden ist, wie früherhin, als der Dollart entstand. Es würde sehr schwierig und kostspielig sein, sowohl durch Pütten und Spittdobben innerhalb des Deichs, besonders durch den alten, etwa 1000 Ruthen langen und 400 Ruthen breiten zugeschlickten und begrünten Ems-Arm, als aufserhalb des Deiches, zwischen Emden und Borsum einen in den Ufern und Boden haltbaren Canal zu graben und den Zweck der Bedeichung der Insel Nesserland, so wie der unmittelbar daran stofsenden Anwächse, ohne kostspielige Mittel zu erreichen.

Diese und die andern bereits angeführten Gründe sind mehr als hinreichend, von den genannten und sonst bisher gemachten Vorschlägen der Herren *Nanninga, Paschier, Woortmann* und anderer nicht sachverständiger Männer abzustehen; so gut auch diese Vorschläge gemeint sein mögen. Es sind andere Mittel nöthig, die sicherer und schneller zum Ziele führen und die allseitigen Zwecke erfüllen.

Ich nehme an, dafs der alte feste Urboden der Insel Nesserland, dessen Oberdecke auf einem festen Seesande gelagert ist, der bauwürdigste, sicherste und beste Boden bei Emden zu einem neuen Fahrwasser (*abcd* Taf. III.) nebst Schleuse sei; so wie, dafs er Festigkeit und Tragvermögen für einen Deich genug besitze, um Deiche und Schleuse darauf bauen zu können.

Die Zwecke, welche zu erreichen sind, gehen aus dem bisher Gesagten hervor. Sie sind folgende:

1. Die dauernde Sicherung der Stadt Emden und der hinterliegenden Ämter gegen den Eintritt hoher Sturmfluthen, wie sie im Jahr 1825 Statt fanden, und gegen die dadurch angerichteten verderblichen Zerstörungen und Beschädigungen.
2. Die Erhaltung und Verbesserung der Entwässerung, nicht allein der durch die Stadt Emden hindurch jetzt zu entwässern berechtigten Syhlachten und Vehne, sondern auch anderer benachbarter Syhlachten; besonders, wenn hohes Binnenwasser eintritt. Ingleichen die Verbesserung der Circulation des Binnenwassers in den Syhltiefen und Stadtcanälen, zur Reinigung derselben und zur Erfrischung des Wassers zum Besten der Bewohner der Stadt.

3. Die Anlegung und Erhaltung eines für grofse Kauffahrtheischiffe, welche die Ems befahren können, stets schiffbaren Fahrwassers nebst Schleuse.
4. Die Vergröfserung des Hafenraums für den Seehandel der Stadt Emden.
5. Die sichere Eindeichung der Insel Nesserland und eines grofsen Theils der daran liegenden begrünten See-Anwächse, nebst Beförderung der baldigen Vergröfserung derselben.

§. 8.

Richtung und Abmessungen des neuen Fahrwassers, und Lage der neuen Schleuse und Syhle.

Die Insel Nesserland (*A* Taf. III.) und der südlich bis Klein-Borsum daran liegende begrünte Anwachs *C*, zusammen *abcdmlnk*, bieten ein festes Terrain zum Deich und zum neuen Fahrwasser dar; denn die Insel selbst ist noch altes Urland, welches schon vor 1277 da war, als die Emsdeiche bei Jansum und Willgum einbrachen und der Dollart entstand, mithin schon damals Deiche trug. Der Anwachs *C* (*alnk*),. südlich und südöstlich von der alten Insel *A*, besteht aus dem im Jahr 1277 und vorher schon vorhanden gewesenen Strombette der Ems, welches nach und nach, besonders seit der Zerstörung des im Jahr 1616 und fernerhin verfallenen sogenannten Rheider Pfahlhauses, und insbesondere nach der Abdämmung dieses alten Strombettes und nach Grabung des jetzigen Fahrwassers *ahg*, im Jahr 1768 schnell zuschlickte und begrünte, so dafs dieser begrünte Anwachs theils seit 1616 227 Jahre, theils seit 1768 75 Jahre lang vorhanden und im Stande ist einen Deich zu tragen, wenn auch einzelne Strecken durch Faschinen-Betten gegen zu starkes Einsinken gesichert werden müssen; wie es z. B. mit dem Heinitzpolderdeiche der Fall war, dessen Untergrund von 1752 an, als der hinterliegende Landschaftspolder eingedeicht wurde, bis zum Jahr 1795, wo man den Heinitzpolder eindeichte, also in 43 Jahren anwuchs und begrünte, mithin bei Weitem jünger war, als der seit 73 Jahren entstandene und begrünte Anwachs östlich und südöstlich von der Insel Nesserland. Es ist kein Zweifel, dafs dieser Anwachs hier eingedeicht und dafs darin ein Canal gegraben werden kann, dessen hinreichend flach geböschte Ufer stehen bleiben werden; und zwar um so mehr, da nach Versicherung der Bewohner der Insel auf 15 bis 20 Fufs tief unter dem Maifelde fester Seesand liegt; wie man dies beim Graben von Brunnen zu Trinkwasser gefunden hat. Auch das an der Westseite der Insel an der Ems entlang liegende Watt, oder der Strand von der Insel bis zur

Ebbe-Linie der Ems, etwa 300 Ruthen Rheinl. breit, als so weit er täglich trocken wird, besteht gröfstentheils aus festem Seesande, auf welchem man gehen und im Sommer sich baden kann, wie es dort von den Bewohnern geschieht.

Diesen Thatsachen gemäfs ist anzunehmen, dafs der alte feste Urboden der Insel Nesserland *A* und der begrünte Anwachs *C*, östlich und südöstlich derselben, zur Anlage eines haltbaren Seedeiches, eines Canals und einer Seeschleuse der beste und zweckmäfsigste Ort sei.

Die Richtung des neuen Fahrwassers und die Baustelle der darin zu bauenden Seeschleuse kann nun aber nach Ermittelung der Beschaffenheit des Grundes und Bodens keine grofse Schwierigkeit haben.

Der geradeste, kürzeste und zweckmäfsigste Weg von den vereinigten Ausmündungen des Faldern- und Rathhausdelfts bei der sogenannten langen Brück (Taf. I. 21. 84.) bis zur Ems, ist der parallel mit der Richtung des jetzigen Fahrwassers am nördlichen Ufer der Insel Nesserland, in der auf Taf. III. mit *abcdef* bezeichneten Richtung.

Der zur Bedeichung nöthige Zwischenraum zwischen dem jetzigen Fahrwasser *ahg* und dem projectirten neuen Fahrwasser *abcdef* würde von der Stadt Emden oder der vereinigten Ausmündung des Faldern- 46 und des Rathhausdelftes 45, oder von dem Puncte 84 Taf. I. an, nordwestwärts auf dem seit 1616 zugeschlickten und begrünten alten Strombette der Ems, etwa 260 bis 300 Ruthen lang (Taf. III. *abc*), und ferner in der Strecke beim Hammrichshause auf dem Nesserlande (Taf. III. *c*) bis an den Sommerdeich (bei Taf. III. *d*), wo die neue Seeschleuse angelegt werden mufs, auf etwa 300 Ruthen lang, aus altem Urboden der Insel bestehen, so dafs das neue Fahrwasser von der sogenannten langen Brücke (Taf. III. *a*) an bis zur neuen Schleuse (Taf. III. *d*) etwa 600 rheinländische 12füfsige Ruthen oder 7200 rheinl. Fufs lang werden würde. Von der neuen Schleuse (Taf. III. *d*) bis zur gewöhnlichen täglichen Ebbelinie der Ems *f* würden erst noch etwa 40 Ruthen begrünter Anwachs und dann etwa 320 Ruthen rohes Watt oder Strand bis zur Ebbelinie der Ems (Taf. III. *def*) übrig sein, mithin von der neuen Schleuse bis zur Ebbelinie 360 Ruthen rheinl. oder etwa 4,320 Fufs, so dafs das ganze Fahrwasser von der Stadt Emden an bis zur Ebbelinie der Ems (Taf. III. *abde*) 960 Ruthen oder 11 520 Fufs rheinl. lang werden würde. Das jetzige alte Fahrwasser ist in seinem krummen Laufe von der Stadt Emden bis zur Vereinigung mit dem Larrelter Fahrwasser bei der Landspitze vom Logumer Vorwerke (Taf. III. *ahg*) etwa 1400 Ruthen lang, mithin 460 Ruthen rheinl. oder 5,520 Fufs länger, als das neu projectirte. Das letztere ist also für die Entwässerung und Schiffahrt schon in dieser Hinsicht viel zweckmäfsiger als das jetzige.

Obwohl nun die projectirte Linie zwei Biegungen, die eine nahe vor Emden (Taf. III. *a*), die zweite in der Gegend des Hammrichshauses *c* hat, so sind dieselben doch nur sehr geringe und sanft, und weder der Entwässerung noch der Schiffahrt hinderlich. Sie sind statt einer ganz geraden Linie deshalb rathsam, um mehr nutzbaren Boden mit einzudeichen, ohne gerade den äufsern Canaldeich ganz nahe auf das Ufer des alten Fahrwassers setzen zu dürfen, wodurch dieser Deich einen minder festen Untergrund bekommen würde.

Die neue Schleuse bei *d* (Taf. III.) findet ebenfalls in dem alten festen Urboden der Insel ihre Stelle, und daselbst einen guten Baugrund.

Die Hauptrichtung des neu projectirten Fahrwassers geht nach dem Compas von Nordost nach Südwest, so dafs West-, Nordwest und Nordwinde der Ein- und Ausfahrt nicht besonders hinderlich sind, auch die hohen Sturmfluthen, die gröfstentheils bei Nordwestwinden sich einfinden, die Wellen nicht in gerader Richtung gegen die Schleuse bei *d* werfen, sondern mehr in der Ems stromaufwärts gewälzt werden, als in die neue Hafenstrafse.

Durch die oben angegebene Länge des neuen Fahrwassers *abcd* von 600 Ruthen rheinl., von der Stadt bis zur Schleuse *def*, und von 360 Ruthen von der Schleuse bis zur Ebbelinie der Ems, bekommt das neue Fahrwasser einen hinreichend grofsen Sammelbusen, der, wenn er bis zur Höhe der täglichen ordinären Fluth gefüllt ist, bei 8 bis 10 Fufs Höhe zwischen Ebbe und Fluth, das aufserhalb der Schleuse befindliche Fahrwasser bis zur Ebbelinie der Ems, 360 Ruthen oder 4320 Fufs lang, durch Spühlen leicht rein halten kann und wird, da die mittlere Fluthhöhe des innerhalb der Schleuse bis zur Fluthhöhe des aufgestauten Fluthwassers an der neuen Schleuse 4 bis 5 Fufs beträgt, also auf 4320 Fufs Länge 1 auf 1080 bis 1 auf 864 Gefälle hat, woraus eine weit gröfsere Geschwindigkeit als 3 Fufs in der Secunde (etwa die doppelte) entstehen wird, welche mehr als hinreichend ist, Sand, Lehm, Klai, Muscheln, Grand, kleine Steine und andere Sinkstoffe fortzutreiben und den Boden vor Erhöhung und die Ufer vor Anwachs zu bewahren, wie es die in §. 4. Abschn. 3. angeführte Erfahrung lehrt; so dafs also sowohl die innere Canalstrecke, als die äufsere Hafenstrafse durch öftere zweckmäfsige Spühlung stets rein und fahrbar wird erhalten werden können.

Der jetzige Mangel eines hinreichend grofsen Sammelbusens, so wie der möglich-kleinsten Länge des aufserhalb der Syhle oder der Schleuse liegenden Fahrwassers ist die Ursache der bisherigen Verschlammung und Veruntiefung des Fahrwassers und der Rathhaus- und Faldern-Delfte, deren öftere Reinigung bisher so viele Kosten verursacht hat. Diesem grofsen Mangel wird durch die bedeutende Abkürzung des Fahrwassers aufserhalb der neuen Schleuse bis zur Ebbelinie der Ems künftig abgeholfen werden, und die Reinigungskosten werden gröfstentheils wegfallen.

Die Tiefen und horizontalen Abmessungen oder Querschnitte des neuen Canals richten sich einestheils nach der Höhe des Terrains und der Tiefe, auf welche der Schlagbalken oder die Drempel und der Boden der Schleuse gelegt werden mufs, nach der Weite der Schleuse und nach der Gröfse der Canal-Ufer: anderntheils nach der Tiefe und Breite der auf der Ems hier üblichen gröfsten Seeschiffe; so wie sich auch die Schiffahrtschleuse sowohl danach, als nach derjenigen Weite richten mufs, die ihr nöthig ist, um ein hinreichendes Entwässerungs-Vermögen für das Binnenland und zum Spülen und Reinhalten des Aufsenlandes von der Schleuse bis zur Ems zu besitzen.

Die seefähigen Schiffe, welche die Emsmündungen bei der Insel Borkum, hinein und hinaus, und die Ems bis Leer, Halte und Papenburg, als der Grenze der hiesigen Schiffahrt, stromauf- und ab befahren, ohne beladen aufzustofsen, sind nach der Angabe hiesiger Schiffsbaumeister folgende:

No.	Benennung der Schiffe.	Tragvermögen in Lasten zu 4000 Pfund.	Die Schiffe gehen tief ins Wasser: beladen, Fufs.	ledig. Fufs.	Weite der Schiffe: Fufs.	Länge der Schiffe: Fufs.	Ganze Tiefe des Schiffes im Rumpfe: Fufs.	Anzahl der Schiffsmannschaft: Mann.
1.	Barken, Fregatten, Briggs, Mastenfahrer und grofse Handelsschiffe	150	15	8	22 bis 24	90 bis 100	16 bis 20	12
2.	Grofse Koffen	150	12 bis 14	6 bis 7	22 bis 24	100	12 bis 16	8 bis 10
3.	Desgleichen kleinere	100	10 bis 11	5 bis 6	23	94	11	7
4.	Desgleichen .	75	8 bis 8½	4	19	80	8	6
5.	Desgleichen	36	6	2½	15	68	6½	3
6.	Tjalken	35	6	2½	16	65	7	2 bis 3
7.	Schuiten, Tjalken, Schmacken, Mutten	40	6 bis 7	2½ bis 3	15 bis 16	65 bis 70	7 bis 8	3 bis 4
8.	Desgleichen kleinere	30	5	2	15	65	6	2
9.	Desgleichen	20	4	2	14	50 bis 55	5 bis 5½	2
10.	Mutten mit Deck, und Ever	16	5	2	15	50	5	2 bis 3

Soll nun die auf der Insel Nesserland bei *d* (Taf. III.) neuzubauende Doppelschleuse den Erfordernissen völlig genügen, so mufs sie, als Schiffahrts-

und Entwässerungs-Schleuse, bei hinreichender Länge und Weite, durch eine Mittel-Scheidemauer nach der Länge in zwei Schleusenkammern getheilt sein, von verschiedener Weite, oben nicht überwölbt, sondern offen, aber mit zwei leicht zu öffnenden Zug- oder Klappbrücken über beide Schleusen-Kammern zur Passage für Wagen und Pferde, und so hoch in den Mauern, dafs die höchsten Sturmfluthen, wie die vom Jahr 1825, nicht über sie hinwegstürzen und in die Stadt und das Binnenland dringen können; auch müssen die Fluth- und Ebbethüren, nebst den Umläufen, Aufziehschützen haben, um durch dieselben das Binnen- oder Aufsenwasser in und durch die Schleuse zu lassen, ohne die Thore zu öffnen, damit man bei jedem innern oder äufsern Wasserstande Schiffe beliebig durchschleusen und dadurch den Aufsencanal spülen, oder auch das Binnenwasser zur Entwässerung des Binnenlandes beliebig hinausfliefsen lassen, oder dasselbe zurückhalten könne.

Die jetzt in Emden vorhandenen Syhle haben folgende horizontale Weite und entwässern die nachstehenden Oberflächen syhlpflichtigen Landes.

1) Der rothe oder Faldern-Syhl (Taf. I. 53.), 1776 von Stein erbaut, entwässert . . . . 10 000 Grasen, und ist weit 20 Fufs.

2) Der Neupfortsyhl (56), 1753 von Stein erbaut, entwässert . . 11 600 - - - - 18 -

3) Der Gasthaussyhl (55), 1744 von Stein erbaut, entwässert. . . 9 060 - - - - 15 -

Thut zusammen 30 660 Grasen, und 53 Fufs.

4) Hiezu kommt noch der neue Stadt-Syhl (54), 1730 von Stein erbaut, der kein syhlpflichtiges Land zu entwässern und keine Syhlrichter hat, wie es der Herr Kammerrath *Freese* in seiner Schrift „Ostfries- und Harrlingerland" Seite 338 angiebt, mithin zu einem andern Zwecke erbaut sein wird. Er ist im Lichten weit . . . 17 -

Demnach ist die Gesammtweite aller Syhle in der Stadt Emden 70 Fufs.

Im 13ten und 14ten Bande dieses Journals habe ich eine „Kurze Über-„sicht der physiographisch-hydrographischen Beschaffenheit von Ostfriesland in „Hinsicht auf Entwässerungs-Anlagen, Gröfse der zu entwässernden Flächen, „Zahl, Weite und Erhaltungskosten der Syhle und deren Effect" mitgetheilt. Im 1ten Hefte 14ten Bandes, Seite 59 bis 63 befindet sich ein Verzeichnifs aller Syhle Ostfrieslands für jede der vier Wasserbau-Inspectionen besonders zusammengestellt. Am Schlusse des Verzeichnisses Seite 63 ist eine Übersicht sämmtlicher Wasserbau-Inspectionen aufgestellt. Danach haben

I. In der Bau-Inspection *Leer* sämmtliche Syhle eine Gesammtweite von 536 Fufs für eine dadurch abzuwässernde syhlpflichtige Oberfläche von 74 222 Grasen zu 300 Q. R. rheinl., so dafs im Durchschnitt 138 Grasen auf *einen* Fufs lichte Weite der Syhle kommen.

II. In der Wasserbau-Inspection Emden haben sämmtliche Syhle zusammen 126 Fufs lichte Weite, welche 56 108 Grasen entwässern, so dafs im Durchschnitt 445 Grasen auf 1 Fufs lichte Syhlweite kommen.

III. In der Inspection Norden haben sämmtliche Syhle eine lichte Weite von 82½ Fufs und entwässern 41 706 Grasen, wonach auf jeden Fufs lichte Syhlweite 497 Grasen kommen.

IV. In der Inspection Esens haben sämmtliche Syhle eine lichte Weite von 93 Fufs und entwässern 21 294 Grasen, so dafs 229 Grasen auf jeden Fufs lichte Syhlweite fallen.

Sämmtliche vier Wasserbau-Inspectionen oder ganz Ostfriesland haben zusammen 80 Syhle von 837½ Fufs lichter Syhlweite, welche 193 320 Grasen entwässern, so dafs im Durchschnitt auf jeden Fufs horizontaler lichter Syhlweite 231 Grasen zu 300 Q. R. rheinl. oder 69 300 Q. R. rheinl. auf einen Fufs lichte Syhlweite kommen.

Nun haben die 4 Syhle in der Stadt Emden zusammen eine lichte Syhlweite von 70 Fufs. Auf jeden Fufs Syhlweite sämmtlicher Syhle in der Bau-Inspection Emden fallen durchschnittlich 445 Grasen, also würden die Syhle in der Stadt Emden 70mal 445 Grasen entwässern müssen, oder 31 150 Grasen,
sie entwässern aber, wie wir vorhin gesehen haben, nur . 30 660 –
mithin weniger, als die Durchschnittszahl auf den Fufs lichter Weite giebt, ... 490 Grasen;
was nur einen geringen Unterschied von etwa 1 Fufs lichter Syhlweite giebt, den diese Syhle zu viel haben, für welche demnach etwa 69 Fufs hinreichen würden.

Als fernere Erfahrung von den Entwässerungs-Anstalten und der syhlpflichtigen Oberfläche der Wasserbau-Inspection Emden wollen wir aus der oben citirten Abhandlung Seite 62 des 14ten Bandes noch Folgendes ausheben.

In der Wasserbau-Inspection Emden befinden sich folgende Syhle.

1. Zu Oldersum ein Syhl von 18 Fufs Weite für 5400 Grasen gut zu entwässernder Oberfläche; thut 300 Grasen auf 1 Fufs Syhlweite.
2. Zu Petkum ein Syhl von 10 Fufs Weite für 3030 Gr. Oberfläche; thut 300 Grasen auf 1 Fufs Syhlweite.

3. Zu Emden. *a*) Faldernsyhl (Taf. III. 53) von 20 Fufs Weite für 10 000 Grasen Oberfläche, thut 500 Grasen auf 1 Fufs Syhlweite.

   Emden. *b*) Neupfortsyhl (56), von 18 Fufs Weite für 11 600 Grasen auf 1 Fufs Syhlweite.

   Emden. *c*) Gasthaussyhl (55), von 15 Fufs Weite für 900 Grasen Oberfläche, thut 604 Grasen auf 1 Fufs Syhlweite.

   Emden. *d*) Stadt- oder rothe Syhl (54), von 17 Fufs Weite, ohne syhlpflichtiges Land, so dafs keine durchschnittliche Anzahl auf den Fufs Syhlweite kommt, sondern der Syhl vielmehr als Hülfssyhl für die drei andern zu betrachten ist.
4. Zu Larrelt ein Syhl von 18 Fufs Weite auf 14 800 Grasen Oberfläche; thut 822 Grasen auf 1 Fufs Syhlweite.
5. Zu Carmer, ein Syhl von 4 Fufs Weite für 866 Grasen Oberfläche; thut 217 Grasen auf 1 Fufs Syhlweite.
6. Zu Knocke, ein Syhl von 8 Fufs Lauf für 1952 Grasen Oberfläche; thut 244 Grasen auf 1 Fufs Syhlweite.

Demnach haben, mit Ausschlufs des Emder Stadt- oder rothen Syhles von 17 Fufs weit, der kein syhlpflichtiges Land zu entwässern hat, sämmtliche 8 Syhle in der Wasserbau-Inspection Emden 126 Fufs Weite und entwässern 56 108 Grasen, und so kommen im Durchschnitt 445 Grasen auf 1 Fufs Syhlweite; wie wir es vorhin gesehen haben. Vergleicht man mit dieser Durchschnittszahl die Gröfse der zu entwässernden Oberfläche, so findet sich, dafs, wenn diese Oberfläche nach Maafsgabe der Syhlweiten verhältnifsmäfsig vertheilt werden sollte, einige Syhle zu viel, andere zu wenig zu entwässern haben.

So hat der Oldersumer Syhl zu wenig auf jeden Fufs Syhlweite	145	Grasen.
Der Petkumer desgleichen	142	-
In Emden der Faldern-Syhl zu viel	55	-
- - - Neupfort-Syhl zu viel	199	-
- - - Gasthaus-Syhl desgleichen	159	-
- - - Stadt- oder rothe Syhl hat gar nichts, mithin zu wenig	445	-

In der oben erwähnten Abhandlung habe ich in §. 4. Seite 64 des 14ten Bandes u. s. w. erwiesen, dafs in Ostfriesland bei Weitem mehr, und etwa noch einmal so viel Grasen entwässert werden, als syhlpflichtig dafür bezahlen müssen. Es giebt nemlich in Ostfriesland 35 Quadratmeilen, oder 466 666 Grasen, zu 300 Q. R. rheinl. cultivirtes Land. Davon sind aber nur

194 000 Grasen zu den Entwässerungs-Anstalten zahlungs- oder syhlpflichtig, und 272 666 Grasen sind es nicht, sondern werden gratis durch die Syhle entwässert. Aufserdem sind noch an wüstem Haidfeld und Leegmoor 17½ Quadratmeilen oder 233 297 Grasen vorhanden

Die Ursachen und Gründe, weshalb die Gesammtweite aller Syhle vermehrt werden mufs, oder zum Theil Entwässerungsmühlen angelegt werden müssen, habe ich in obiger Abhandlung angegeben. Indem ich mich hierauf beziehe, entnehme ich daraus für den vorliegenden Gegenstand den Schlufs, dafs für das ganze Amt Emden die lichte Weite der Syhle vermehrt, nicht vermindert werden müsse, indem die ganze Wasserbau-Inspection Emden, so wie die Inspection Norden, im Vergleiche mit den Inspectionen Esens und Leer, wie wir vorhin gesehen haben, etwa das Doppelte der Oberfläche der Bau-Inspectionen Esens und Leer, von ganz Ostfriesland auf einen Fufs Syhlweite zu entwässern haben, mithin damit überladen sind. Aus diesem Grunde, und da die neue Schleuse aus zwei Schleusenkammern bestehen mufs, deren Ausflufsweite hinreichend zur Entwässerung und Schiffahrt sei, wollen wir, alle unzuverlässige Theorie bei Seite setzend und nur Erfahrungen aus hiesiger Provinz zum Grunde legend, die jeder Betheiligte sehen und begreifen kann, und darnach hier urtheilend und projectirend, die Gesammtweite der Ausflufs-Öffnungen lieber vermehren, als verringern; was in keinem Fall schaden, sondern nur Nutzen bringen kann; besonders für nasse Zeiten, oder bei Wasersnoth durch Deichbrüche, wie in den Jahren 1825 und 1826, in welchen Fällen man das Binnenland nicht schnell genug wieder entwässern kann.

Wir sahen also vorhin, dafs die Gesammtweite der in der Stadt Emden vorhandenen 4 Syhle . . . . 70 Fufs
beträgt. Zur Beförderung der Entwässerung des Binnenlandes der ganzen Wasserbau-Inspection Emden, so wie zum Spülen des neuen Fahrwassers und zur Beförderung des Umlaufs des Wassers in den Stadtcanälen von Emden, wird es sehr nützlich und nöthig sein, die Gesammtweite der Ausflufs-Öffnungen bei Emden noch um . . . 20 -
zu vergröfsern; thut zusammen 90 Fufs.
Demnach wäre in und nahe bei Emden eine Gesammtweite der Syhle von 90 Fufs nöthig.

Hiezu müssen zwei neue Syhle bei Emden in der jetzigen alten Bedeichung gebaut werden: der eine am nordwestlichen Ende der Emsmauer am Ende des Burggrabens, No. 44 (Taf. I.), hinter der Caserne, *a* No. 19, um den Burggraben 44 mittelst dieses Syhles und eines innerhalb des parallel mit der Emsmauer zu legenden Seedeiches *OVW*, mit dem neuen Fahrwasser gleich unterhalb der langen Brücke bei *M*, 21, 84 an der Ausmündung des Rathhausdelftes, zu verbinden. Der zweite Syhl würde südwestlich von der Stadt, im Strohdeiche, zwischen der alten Bastion No. 82 und den Pallisaden No. 81 (Taf. I.) hinter der Thorwache des Herrenthores bei *Y* anzulegen sein, um das vor dem Herrenthore in den Stadtgraben einmündende, von Oldersum kommende Binnentief mit dem neuen Fahrwasser vor der Ausmündung des Falderndelftes bei *X* ebenfalls zu verbinden und zugleich das aufserhalb des Haupt-Emsdeiches im Ringschloote nach dem Fahrwasser hin abfliefsende Wasser der einzudeichenden Insel Nesserland und des angrenzenden Anwachses in das neue Fahrwasser abzuleiten. Jeder dieser beiden Syhle bei *O* und *Y* wird etwa 10 Fufs im Laufe weit sein müssen, beide zusammen also 20 Fufs. Wir kommen darauf weiterhin zurück und beschränken uns hier vorerst auf die Weite und die sonstigen Maafse der neuen Schleuse und des neuen Fahrwassers.

Die horizontalen Maafse der auf dem Nesserlande bei *d* (Taf. III.) in der Ecke der neuen Bedeichung zu bauenden Schleuse, mit zwei neben einander liegenden, durch eine Zwischenmauer geschiedenen Kammern, würden folgende sein.

1. Die lichte Weite zwischen den Schleusenthoren der gröfsten Schleusenkammer	40 Fufs,
2. Die lichte Weite der zweiten, kleineren Schleusenkammer zwischen den Thoren	30 -
Zusammen an lichter Weite	70 Fufs.
Dazu kommen noch vier Umläufe oder sogenannte Rinketts, mit Aufziehschützen in den Mauern neben den Fluth- und Ebbethoren, um die Schleusenkammern mit Wasser zu füllen oder sie zu leeren, wenn Schiffe durchgeschleuset werden, jedes von 5 Fufs lichter Weite, thut zusammen	20 -
Ganze lichte Weite der Schleuse	90 Fufs,
Die vorhandenen vier Syhle in Emden haben zusammen an lichter Weite	70 -
mithin die Schleuse mehr	20 Fufs.

Diese mehre Weite wird dadurch noch vergröfsert, dafs die neue Schleuse um etwa 6 Fufs im Boden oder Schlagbalken niedriger zu liegen kommt, als die jetzigen vier Syhle in Emden. Dies beträgt ein gröfseres Ausflufsprofil von etwa 70 Fufs breit und 6 Fufs hoch, also von etwa 420 Q. F., durch welches allein schon während jeder Ebbe eine bedeutende Wassermasse mehr als jetzt durch die 4 Syhle in Emden abfliefsen wird; sowohl gewöhnlich, als auch besonders, wenn die Fluth aufserhalb der Schleuse bis zur Ems gröfstentheils abgelaufen ist und dann das höher stehende Binnenwasser zur Reinigung des Canals oder zur Entwässerung abgelassen wird. Aus diesem Grunde können auch noch die vorhin vorgeschlagenen beiden neuen Syhle, jeder von 10 Fufs und zusammen von 20 Fufs lichter Weite, bei Emden eben so angelegt werden, durch welche dann die lichte Weite der alten und neuen Syhle ebenfalls 90 Fufs, wie die der neuen Schleusen-Öffnungen betragen, der Querschnitt für die Entwässerung der letzteren aber, mithin deren Entwässerungs-Fähigkeit, noch gröfser sein wird.

Sollte aber in Zukunft eine noch gröfsere Entwässerung als diese nöthig werden, so bietet sich dazu in der Nähe von Emden und in Verbindung mit dessen Entwässerung das zunächst für die Syhlacht Larrelt und im Allgemeinen für die Wasserbau-Inspection Emden erspriefsliche Mittel dar, das jetzige Larrelter Syhl zu erweitern und im Boden mit der neuen Schleuse gleich tief zu senken.

Wir haben vorhin gesehen, dafs das Syhl zu Larrelt 18 Fufs im Lichten horizontal weit ist und dafs auf jeden Fufs lichter Weite . . . 822 Grasen kommen. Da nun auf jeden Fufs lichter Syhlweite sämmtlicher Syhle der Wasserbau-Inspection Emden nur . . . . 445 –

fallen, so ist der Larrelter Syhl **Z** (Taf. III.) auf den Fufs lichter Weite mit . . . . 377 Grasen

und im Ganzen mit 18mal 377 oder mit . . . . 6768 Grasen

überlastet, und es ist eine mehre Syhlweite von etwa 15 Fufs, mithin ein neuer Syhl von etwa 33 bis 36 Fufs Weite nöthig. Sobald das Bedürfnifs des Neubaues des Larrelter Syhles **Z** künftig einmal eintritt, wird nicht allein dessen Erweiterung auf etwa 33 bis 36 Fufs lichter Weite, sondern auch die Senkung seiner Schlagschwellen oder seines Drempels bis zur Tiefe der Schlagschwellen der neuen Seeschleuse nützlich und nöthig und als ein allgemein nützliches Rettungsmittel bei hohen Überströmungen für Larrelt, für die Stadt und für das ganze Amt Emden rathsam sein.

Wir haben also Mittel genug, um die Gesammtweite der Syhle in der Wasserbau-Inspection Emden bei Emden zu vergröfsern.

Da in, bei und unterhalb Emden mehr Gefälle für das Binnenwasser vorhanden ist, als stromauf zu Petkum und Oldersum, so ist aus diesen und andern Gründen die Erweiterung und Senkung des Bodens des Larrelter Syhles *Z* (Taf. III.) der jener beiden Syhle vorzuziehen.

Die grofsen Vortheile, welche durch diese Erweiterung der Syhle zunächst für die Emder und Larrelter Syhlachten und dann für das Amt Petsum und Emden und für die ganze Wasserbau-Inspection Emden entstehen würden, sind gewifs dem Local- und Sachkundigen einleuchtend, und ich darf also diese Vorschläge nicht erst anpreisen. Wir kehren zu der neuen Schleuse bei *d* (Taf. III.) zurück.

Die Längenmaafse dieser Schiffahrts-Schleuse richten sich nach der Länge der gröfsten Seeschiffe, welche sie passiren müssen. Die gröfsten Schiffe, welche die Ems befahren, nemlich Barken, Fregatten, Briggs und Koffschiffe, haben eine Tragfähigkeit von etwa 150 bis 200 Lasten, gehen beladen 12 bis 15 Fufs und ledig 6 bis 8 Fufs tief ins Wasser, sind 22 bis 24 Fufs breit, 90 bis 100 Fufs lang im Rumpfe, 16 bis 20 Fufs hohl im Raume und mit 10 bis 14 Mann besetzt. Nach der Tiefe, Breite und Länge dieser Schiffe mufs die gröfsere Schleusenkammer, und die kleinere nach den mittlern und kleinern See- und Stromschiffen eingerichtet werden, deren Maafse und Tragfähigkeit vorhin angegeben ist. Da für die Länge der Steuerruder und der Boogspriete, so wie für die freie Bewegung der Schiffe hinlänglicher Spielraum in der Weite und Länge der Schleuse vorhanden sein mufs, so wollen wir die Länge, Breite und Tiefe derselben folgendermafsen ansetzen:

Die lichte *Weite* zwischen den Thoren der gröfsten Schleusenkammer zu	40 Fufs,
die der kleinen Schleusenkammer	30 -
Zusammen beide Kammern	70 Fufs.
Rechnet man dazu die Breite der Fundamente zweier Seiten- und einer Mittelmauer, jede von 12 Fufs dick, so macht dies . .	36 -
Ferner zwei Reihen äufserer Strebepfeiler an den Seitenmauern, 6 Fufs im Fundamente dick, thut	12 -
Mithin würde der Schleusenboden in den Fundamenten	118 Fufs

breit werden.

Die *Länge* der Schleuse würde folgende sein müssen.

Die Länge der hier auf der Ems fahrenden gröfsten Seeschiffe ist	100 Fufs.
Nimmt man dazu für die Länge des Steuerruders und des Boogspriets	20 -
so ergiebt sich für die Länge der Schleuse zwischen den Pünten oder Thoren der Ebbe- und Flutschlagbalken	120 Fufs.
Dazu für die Länge des Ebbe- und Flutbettes zwischen den Aufsenflügeln, für jedes etwa 25 Fufs, thut	50 -
Also wäre die ganze Länge der Schleuse	170 Fufs.
Die Breite der Fundamente war	118 -
Mithin beträgt der Quadrat-Inhalt des Fundaments der Schleuse	20060 Q. F.

Die Tiefe des Bodens und des Schlagbalkens oder Drempels der Schleuse unter der gewöhnlichen täglichen Fluth, so wie unter der Ebbe und dem Maifelde, läfst sich nahe genug nach folgenden Erfahrungssätzen bestimmen.

Die gröfsten auf der Ems üblichen Seeschiffe gehen beladen 15 Fufs, und ledig 8 Fufs tief. Im erstern Falle müssen sie bei hohem Wasser oder voller See, im zweiten bei der mittleren Ebbe den Canal und die Schleuse passiren können und etwa noch 1 bis $1\frac{1}{2}$ Fufs Wasser unter dem Kiele behalten, um flott zu bleiben.

In Emden beträgt der Höhen-Unterschied zwischen der täglichen Ebbe und dem täglichen Hochwasser oder der Flut durchschnittlich 8 und bei Springfluten während des Voll- und Neumondes etwa 10 Fufs, je nachdem Wind, Wetter und das Alter des Mondes sind.

Man kann annehmen, dafs im Durchschnitt bei gewöhnlicher niedriger Ebbe das ablaufende Binnenwasser 2 Fufs über den Syhlschlagbalken der Syhle in Emden stehen bleibt, dafs also die Schlagbalken etwa 10 Fufs unter der gewöhnlichen täglichen Flut liegen. Damit nun die oben benannten gröfsten Seeschiffe bei hohem Wasser oder voller See beladen durch die Schleuse über die Schlagbalken gehen können, würden diese Schlagbalken etwa 16 Fufs unter der gewöhnlichen täglichen Fluthöhe, also 8 Fufs unter der gewöhnlichen täglichen Ebbe und der Boden der Schleuse $1\frac{1}{2}$ bis 2 Fufs niedriger, also etwa $17\frac{1}{2}$ bis 18 Fufs unter der gewöhnlichen Flut liegen müssen: folglich würde der Boden des Canals in gleiche Tiefe, mithin bis 18 Fufs tief unter die gewöhnliche Flut zu graben sein. Da nun die Oberfläche oder das Maifeld der Insel Nesserland etwa $1\frac{1}{2}$ bis 2 Fufs über der gewöhnlichen Fluthöhe liegt, so wird dasselbe im Durchschnitt 18 Fufs über den Schlagbalken der Schleuse liegen.

Die Schleusenthore, welche 1 Fufs tief vor der Pünte des Schlagbalkens vorschlagen, würden 9 Fufs unter und 8 Fufs über der gewöhnlichen Ebbe bis zur Flutlinie und dann 14 Fufs über der gewöhnlichen Flut bis zur Sturmflutslinie vom 3ten und 4ten Februar 1825, und noch 5 Fufs höher, also $9+8+14+5=36$ Fufs hoch sein müssen, um nicht bei Sturmfluten überströmt zu werden. Eben so hoch wie die Thore müfsten auch aus gleichem Grunde die Schleusenmauern sein; also vom Boden an 37 Fufs hoch. Ihre Dicke kann unten in dem Fundamente 10 bis 12 und oben in der Krone 5 bis 6 Fufs sein.

Da die Schlagbalken der Syhle in Emden etwa 2 Fufs, die Schlagbalken der Schleuse aber 8 Fufs unter der täglichen gewöhnlichen Ebbe liegen, so kommen letztere nur 6 Fufs tiefer zu liegen; was bei einer lichten Weite der Schleuse von 70 Fufs zwischen den Thoren, ohne die lichte Weite der Umläufe oder Rinketts in den Schleusenmauern von 20 Fufs lichter Weite zu rechnen, wegen welcher noch 6mal 20 oder 120 Q. F. hinzukommen, eine Vergröfserung des Querschnitts von 420 Q. F. ausmacht, welche die vier Syhle der Stadt Emden jetzt nicht besitzen und wodurch sie also in dieser Hinsicht ebenfalls der Schleuse sehr nachstehen.

Über jede Schleusenkammer mufs eine Zugbrücke mit 15 Fufs breiter Fahrbahn, die gröfste Zugklappe 42, die kleinste 32 Fufs lang sein, um mit Wagen und Pferden darüber fahren und die Zugpferde, welche bei Windstillen die gröfsten Schiffe an der Leine von der Schleuse bis in die Stadt oder umgekehrt ziehen, über die Brücken führen zu können. Die Flut- und Ebbethore, so wie die Umläufe, erhalten hinreichend hohe und weite Aufziehschützen, um das Wasser nach Belieben ein- und auslassen zu können. Die Schleusenthore werden von Rahmwerk mit Bekleidung gemacht.

Neben der Schleuse wird ein ganz feuersicheres, gewölbtes steinernes, gegen Feuer, Sturmfluten und Eisgang sicheres Schleusenwärterhaus, nebst Lootsenwache, zwei Stockwerke hoch erbaut, dessen obere Etage ganz über die Kappe des Deichs hervorragt, um die ein- und auslaufenden Schiffe beobachten zu können. Aufserhalb der Schleuse wird eine hinreichende Anzahl Duc-d'Alben an den Ufern errichtet. Da die Schleuse und das Schleusenwärterhaus gerade in der nordwestlichen Ecke am westlichen Ende und Ufer der Insel Nesserland, nahe an der täglichen Flutlinie und 360 Ruthen von der Ebbelinie der Ems liegen würden, so ist es nöthig, und auch möglich, ein sichtbares Signal auf der Schleusenwärterwohnung nebst einer Signalkanone anzubringen, um bei stürmischer, nebliger oder dunkler Witterung die einlaufenden Schiffe, aufser durch Lootsen, auch durch Signale zu benachrichtigen, wenn sie etwa die vor der Mündung des Fahrwassers auf der Ems zu legenden Seetonnen nicht mehr erkennen können.

Ich enthalte mich, der Kürze wegen, eine specielle Beschreibung und eine Abbildung dieser Schleuse, so wie der bei Emden oder Larrelt zu erbauenden Syhle zu geben, und deren Baukosten zu berechnen, da im 13ten und 14ten Bande dieses Journals für die Baukunst zwei Abhandlungen von mir sich befinden, worin ich die Bau- und Erhaltungskosten von 44 steinernen und hölzernen ostfriesischen Syhlen, so wie im letztgenannten Aufsatze, im 14ten Bande, die Abbildung und Kosten-Anschläge zweier neuen hiesigen Syhle, von Steinen und von Holz, imgleichen die Abbildung und Beschreibung zweier holländischen Schiffahrtsschleusen, namentlich einer grofsen Stromschleuse von Steinen mit zwei Kammern und mit einer Zugbrücke, so wie einer sogenannten Blankenschleuse, geliefert habe; was auf den vorliegenden Fall Anwendung findet.

Die Maafse des neuen Fahrwassers, nach Tiefe, Länge und Breite, sind jetzt, nach Ermittelung der Maafse der Schleuse, leicht zu finden.

Die lothrechte Tiefe des Canalbodens (Taf. IV.) unter dem Maifelde des Nesserlandes läfst sich durchschnittlich, bis auf nähere Ermittelung durch ein Nivellement, zu 20 Fufs rheinl. annehmen. Die Böschung der Ufer des Canals kann zweifüfsig sein. Die Breite des Bodens mufs der lichten Weite der beiden Schleusenkammern gleich, also 70 Fufs und, einschliefslich der mittlern Scheidemauer von 12 Fufs, 82 Fufs sein. Mit zweifüfsiger Böschung der Ufer und 20 Fufs lothrechter Tiefe des Canals unter dem Maifelde ist daher die obere Breite des Canals 4mal 20 = 80 + 82 = . . 162 Fufs.
Die Breite im Boden . . . . 82 -

Thut zusammen 244 Fufs.

und im Mittel . . . . 122 -
Die Höhe ist . . . . 20 -

Also der Querschnitt . . . . 2440 Q. F.

Giebt an Cubik-Inhalt für die laufende 12füfsige rheinländische Ruthe eine Erdmasse von . . . . 29280 C. F.
oder in Pütten zu 1600 Cubikfufs . . . . $18\frac{1}{4}$ Pütt.

Dies beträgt auf die Länge *abcd* (Taf. III.) von 600 Ruthen rheinl., von der langen Brücke vor Emden bis zur neuen Schleuse, . . . 10950 Pütt.

Aufserhalb der Schleuse, von derselben bis zur Ebbelinie der Ems, Litt. *def* (Taf. III.) ist auf 360 Ruthen rheinl. Länge der Aufsencanal durch das rohe Watt zu graben. Das Watt ist an der Flutlinie oder dem Ufer der begrünten Insel Nesserland unterhalb der Schleuse etwa 3 Fufs niedriger als das Maifeld der Insel und liegt an der Ebbelinie der Ems 8 Fufs tief unter der gewöhnlichen Flut, nach der Ebbelinie hin abfallend. Da nun das Aufsenfahrwasser wenigstens eben so tief im Boden sein mufs, wie der Canalboden, nemlich 9 Fufs unter der gewöhnlichen Ebbe, mithin 17 Fufs unter der gewöhnlichen Flut, so mufs dieses Aufsenfahrwasser theils mit der Hand, theils durch Baggermaschinen, die durch Menschen, Pferde, oder Dampfmaschinen bewegt werden, auf etwa 84 Fufs, oder 7 Ruthen Weite im Boden, 9 Fufs mittler Tiefe über der Ebbe und mit 4füfsiger Uferböschung, also mit einer obern Breite im Watt von durchschnittlich 8 mal 9 oder 72 + 84 = 156 Fufs ausgetieft und die Erde mit 24 Fufs reiner Aufsenberme an jeder Seite in Form von runden Dückeldämmen zu beiden Seiten aufgeschüttet werden.

Die mittlere Breite ist	120	Fufs,
die Tiefe	9	-
mithin der Querschnitt	1080	Q. F.
thut auf die laufende rheinl. Ruthe von 12 Fufs	12 960	C. F.
oder	8	Pütt.
und auf 360 Ruthen, von der Schleuse bis zur Ebbelinie der Ems,	2880	-
Davon kommt auf jede Seite die Hälfte der Erde, 24 Fufs vom Ufer,	1440	-
und auf die laufende Ruthe	4	-

Aus dieser Erde wird an jeder Seite ein Dückeldamm von 9 Fufs mittler Höhe, 12 Fufs Kappenbreite, 76 Fufs Grundschlag und 44 Fufs mittler Breite, mit abgerundeter Kappe aufgeworfen: beträgt auf die laufende Ruthe an jeder Seite des Fahrwassers . . . . 3 Pütt,

und auf 2mal 360 Ruthen	2160	Pütt.
Es erfolgten aus dem Fahrwasser	2880	-
also etwa ein Drittheil mehr, nemlich	720	Pütt;

welche als gewöhnlicher Verlust im Wasser nicht in Rechnung kommen.

Die beiden Dückeldämme müssen an jeder Seite mit einer Buschberme bis zur Fluthöhe und oben auf der abzurundenden Kappe mit einer bezäunten Rauhwehr von 1 Fufs dick oder einem sogenannten Buschbeschlage, und vielleicht künftig auch mit einer darauf zu legenden Steinbekleidung befestigt werden, damit sie sich erhalten, indem sie dazu dienen, dafs Fahrwasser bis zur Höhe der gewöhnlichen Flut zusammenzufassen, damit es durch Spülung mittels des Binnenwassers den Aufsencanal von der Schleuse bis zur Ebbelinie der Ems rein und hinreichend tief erhalte. Zugleich dienen diese befestigten Leit- oder Dückeldämme oder Molen zum Schutz gegen den Abbruch des Ufer der Insel Nesserland und als Mittel zur Erhaltung und Beförderung des Anwachses und der Begrünung desselben; wozu dann auch noch vier Dückeldämme *oooo* (Taf. III.) zwischen diese Molen und die Landspitze von Klein-Borsum am Ufer der Insel in der Linie *elk* und zwischen diesen die nöthige Anzahl von Schlickzäunen gelegt und erhalten werden müssen; wie wir weiterhin sehen werden. Wir kehren zum Binnenfahrwasser zurück.

Es ist schon bemerkt, dafs zur Förderung der Entwässerung des Binnenlandes und zur Spülung und Reinhaltung des neuen Fahrwassers, so wie zur Vermehrung des Hafenraums, an beiden Seiten der vereinigten Ausmündungen des Rathhaus- und Falderndelftes *X, W*, so wie endlich zur Gewinnung einer Eindeichung der Stadt Emden an der Nordwestseite, parallel mit der jetzigen Emsmauer, zwei neue Syhle *O* und *Y* gebaut werden müssen, jedes 10 Fufs im Lichten weit. Das eine dieser beiden Syhle würde am nordwestlichen Ende der Emsmauer am Ende des Burggrabens *O* neben der Caserne (Taf. I. 19. No. 44.) in den jetzigen Emsdeich *oa* zu legen sein; von welchem Puncte aus der neue Deich nach meinem Projecte bis zur Ausmündung des Rathhausdelftes bei der langen Brücke (Taf. I. *M* 51.) statt der abzubrechenden Emsmauer fortgeführt und an den neuen Canaldeich (Taf. III. *ade* 65.) angeschlossen werden müfste, welcher von der Vereinigung des Rathhaus- und Falderndelftes bis zur neuen Schleuse (Taf. III. *d*) an der Südseite des jetzigen alten Fahrwassers und an der Nordseite des projectirten neuen Fahrwassers von der ausgegrabenen Erde aufzuführen ist, wie wir alsbald sehen werden.

Um nun den genannten Flügeldeich vom nordwestlichen Puncte der Emsmauer (Taf. I. *o* No. 51.) neben der Caserne bis zum Rathhausdelfte von der auszugrabenden Erde zu machen und die andern obengenannten Zwecke der Förderung der Entwässerung und des Hafenraums zu erreichen, mufs zwischen diesem neuen Flügeldeiche und der Emsmauer ein Canal-Arm gegraben werden, so lang, breit und tief, dafs daraus die nöthige Erdmasse zum Flügeldeiche erfolgen möge.

Der Flügeldeich mufs, zur völligen Sicherheit der Stadt gegen Sturmfluten, dieselben Maafse haben, wie der projectirte neue Seedeich am neuen Fahrwasser (Taf. III. *abcd* und Taf. IV. Fig. 1.); nemlich eine Höhe über dem

Maifelde von	16 Fufs.
An Kappenbreite	12 -
Aufsen eine sechsfüfsige, innen eine zweifüfsige Böschung, also eine Breite im Boden von	140 -
Dieses giebt einen Querschnitt von	1216 Q. F.
und an Cubik-Inhalt auf die laufende rheinl. Ruthe von 12 Fufs	14592 C. F.
oder etwa	$9\frac{1}{8}$ Pütt.
Der Cubik-Inhalt auf die ganze Länge von 120 Ruthen Flügeldeich, in Pütten von 1600 Cubikfufs, ist	975 Pütt.

Danach müssen sich also die Abmessungen des Binnencanals von gleicher Länge, aus welchem die Erde zu dem Deiche genommen werden soll, richten. Da dieser Nebencanal zugleich zum Hafenraum mitbestimmt ist, so mufs er für die am tiefsten gehenden hiesigen Seeschiffe hinreichend tief sein.

Die Tiefe des Canal-Arms (*o* 51. Taf. I.) unter dem Maifelde bis zum Boden mufs	20 Fufs.
die Bodenbreite	42 -
die obere Breite bei zweifüfsiger Böschung der Ufer . .	80 -
also die mittlere Weite	61 -
und der Querschnitt, 61mal 20 Fufs	1220 Q. F.
betragen. Der Querschnitt des Deiches war	1216 - -
mithin letzterer kleiner um	4 Q. F.

Sollte die so erfolgende Erdmasse zum Deiche wegen des Schwindens noch nicht hinreichen, so kann man die Weite des Canals noch vergröfsern, oder auch die fehlende Erde aufserhalb des Deichs aus Pütten nehmen. In diesem Canal-Arme können etwa 30 gröfsere und kleinere Schiffe überwintern, wenn es nöthig ist; auch vergröfsert derselbe nicht allein den Hafenraum, sondern auch den Sammelbusen zum Spülen des Canals (Taf. III. *abcd*).

Nachdem der Syhl (Taf. I. 19. 44.) bei der Caserne am Ende des Burggrabens und der Emsmauer in dem Deiche erbaut worden ist, wird der Burggraben mittels dieses Syhles mit dem neuen Canale vereinigt. Da nun der hinter der Caserne und innerhalb des Mittelwalles (*oo* Taf. I.) herlaufende Burggraben No. 44 mit dem Larrelter Tiefe No. 45 bei *qq* sich vereinigt, da wo weiterhin aufserhalb der Stadt und westlich des Boltenthores No. 69 die sogenannte Boltentille nebst dem Larrelter Verlaat 57 liegt, so hat das Larrelter Syhltief durch den neuen Syhl und den neuen Canal-Arm und dessen Fahrwasser eine freie Verbindung, die durch das Larrelter Verlaat nach

Bedürfnifs und Belieben gesperrt werden kann. Ebenso hat der neue Canal-Arm nebst Syhl durch den Burggraben 44 eine freie Gemeinschaft mit dem durch die Stadt fliefsenden Hinter-Syhltiefe 39, so wie mit allen übrigen Syhltiefen, Binnen- und Aufsencanälen von Emden, auf die Weise, dafs der neue, bei der Caserne 19 *a* im Deiche anzulegende Syhl nicht allein ein Hülfsmittel für die Entwässerung der Larrelter und Emder Syhlachten, sondern auch für die Vergröfserung des Hafenraums und der Spül-Anstalten ist.

Imgleichen kann dieser und der andere neue Syhl neben der Stadt Emden mit deren Zu- und Ableitungs-Canälen dazu dienen, mittels der in und vor der Stadt in den Syhltiefen und Canälen befindlichen Verlaate und Syhle durch deren Schliefsung oder Öffnung mehr Umlauf hervorzubringen; was zur Reinigung der Canäle und zur Erfrischung des Wassers zum Besten der Gesundheit nützlich und nöthig ist.

Nach der Ausführung des neuen Flügeldeiches und Canal-Arms kann die überflüssig werdende Emsmauer entweder ganz bis auf den Boden, oder bis 4 Fufs über demselben, abgetragen werden. Zwischen der Emsmauer und dem Canal-Ufer, so wie zwischen dem neuen Flügeldeiche und dem Canale, mufs aber an jeder Seite eine Berme von etwa 60 Fufs breit bleiben, die mit der Zeit gepflastert werden kann; was für den Verkehr am Hafen nothwendig ist.

Das zweite neue Syhl würde an der südöstlichen Seite der Vereinigung des Rathhaus- und Falderndelfts, im Deiche zwischen dem Bastion (Taf. I.) No. 82 und den Palisaden No. 81, westlich vom Herrenthor zu bauen und von diesem Syhle nach innerhalb bis in den Stadtgraben eine Canalverbindung mit demselben und dem daselbst einmündenden Oldersumer Tiefe No. 42 (Taf. I.) zu graben sein. Von dem neuen Syhle würde aufserhalb des Strohdeiches *Fff* ein Canal-Arm oder Syhltief bis zur Einmündung der beiden Delfte zu ziehen sein. Da aber neben demselben kein Flügeldeich von eben dem Bestecke wie der vorhin genannte Flügeldeich nöthig ist, indem die ganze Insel Nesserland, nebst dem südlich daran bis Klein-Borsum grenzenden Anwachs an der Nordseite (*abcdimnk* Taf. III.), durch den neuen Canaldeich und an der Westseite oder dem Ems-Ufer bis Klein Borsum mit einem Seedeiche eingedeicht und dadurch die Stadt gegen Sturmfluten hinreichend gesichert wird, so kann der südliche Canal-Arm nur die Abmessungen einer gewöhnlichen Syhlmude oder eines Aufsentiefes für einen Syhl von 10 Fufs lichter Weite bekommen und braucht also auch nicht so tief zu sein, wie der nordwestliche Canal-Arm und das neue Fahrwasser. Es wird aber zur Verbesserung des Binnenlandes nöthig sein, dafs der Schlagbalken des neuen Syhles etwa 2 Fufs tiefer gelegt werde, als die Schlagbalken der Syhle in Emden liegen, die sich 10 Fufs tief unter der gewöhnlichen Flut befinden; so dafs also der Schlagbalken des neuen Syhles etwa 12 Fufs unter die gewöhnliche Flut und etwa 14 Fufs unter das Maifeld zu liegen käme. Demnach können also die Abmessungen des Aufsentiefes (*Fff* Taf. I.) für das neue, 10 F. weite Syhl etwa folgende sein.

a. Die Tiefe unter dem Maifelde	14 Fufs
b. Die Breite im Boden	14 -
c. Die Uferböschungen 1füfsig, mithin die obere Breite 3mal 14 F., also	42 -
d. Die mittlere Breite	28 -
e. Also der Querschnitt	392 Q. F.
f. und der Cubik-Inhalt für die laufende Ruthe	5704 C. F.
oder etwa	3½ Pütt.
g. Dies beträgt auf 120 R. Länge	420 Pütt.
h. Das Binnentief, vom neuen Syhle bis in den Stadtgraben bei der Einmündung des Oldersumer Tiefes in denselben beim Herrenthor (42. 79. Taf. I.), mufs nach demselben Bestecke gegraben werden und enthält auf etwa 60 R. Länge . . .	210 Pütt.

Die Erde, welche aus dem äufsern Canal-Arm oder der Syhlmude vom neuen Syhle bei dem Bastion No. 82 bis zum neuen Fahrwasser an der Einmündung des Falderndelftes erfolgt, braucht aus den angeführten Gründen nicht zum Seedeich, sondern kann als erhöhter Weg neben dem Canal-Arme, oder zur Durchdeichung des jetzigen alten Fahrwassers gebraucht werden; was von dem Bedürfnisse und dem Beschlusse der ausführenden Baubehörde abhängt.

Was die Verarbeitung der aus dem neuen Fahrwasser erfolgenden Erde und Soden betrifft, und zwar von der vereinigten Ausmündung des Rathhaus- und Falderndelftes bei der langen Brücke vor Emden bis zur neuen Schleuse (Taf. III. *abcd*) auf etwa 600 Ruthen lang, so haben wir vorhin gesehen, dafs diese Erdmasse auf die laufende rheinl. Ruthe . . . . 18¼ Pütt,
und auf 600 Ruthen ganze Länge . . . . 10 950 Pütt,
oder in runder Zahl etwa . . . . 11 000 Pütt
ohne Senkung und Schwindung und sonstigen Verlust beträgt; wofür man wenigstens 10 pr. C. und noch mehr rechnen mufs, wenn der aus der Tiefe

von 20 Fufs erfolgende Erboden aus Moor, Darg oder Sand besteht, und als solcher nicht bauwürdig zu einem wehrbaren und sichern Seedeiche ist; was hier in einem seit mehrern Jahrhunderten aufgeschwemmten Lande wohl der Fall sein dürfte. Wir wollen jedoch nur einen Zusatz von 10 p. C. zur besteckmäfsigen Ausführung eines sichern und gegen die höchsten Sturmfluten (wie sie im Jahr 1825 waren) wehrbaren Seedeiches annehmen. Dies giebt folgende summarische Berechnung.

Zufolge des Bestecks des Deichs und Canals nebst Zubehör (Taf. IV.) hat der neue Deich (Fig. I.) eine Höhe über dem Maifelde von 16 Fufs,

eine Kappenbreite von	12	-
aufsen eine sechsfüfsige, innen eine zweifüfsige Böschung.		
Im Boden eine Breite von	140	-
Die mittlere Breite des Querschnitts beträgt also	76	-
und der Querschnitt	1216	Q. F.
Die laufende 12füfsige rheinl. Ruthe enthält daher an Pütten, zu 1600 Cub. F., ...	$9\frac{1}{8}$	Pütt.
Und die ganze Länge von 600 Ruthen oder 7200 Fufs rheinl.	5475	Pütt.

Die Binnenberme (Fig. II. Taf. IV.) des Deiches ist im Maifelde 60 Fufs bis an das rechte oder nördliche Canal-Ufer breit. Auf diese Breite befindet sich ein erhöhter Weg von 48 Fufs breit und 4 Fufs hoch, und zwischen dem Canal-Ufer und dem Zieh- oder Leinen-Pfade eine 12 Fufs breite Berme, die nicht erhöht ist.

Der erhöhte Weg hat einen Querschnitt von	192	Q. F.
Die laufende Ruthe enthält	2304	C. F.
oder etwa	$1\frac{1}{2}$	Pütt.
Thut auf 600 Ruthen Länge	900	Pütt.
Dazu kommen für den Deich selbst	5475	-
Thut	6375	Pütt,
und hiezu noch 10 pr. C. mit	637	-
Giebt die vorhin angegebenen	7012	Pütt.
oder in runder Zahl etwa	7000	Pütt.

Die Maafse des Canals waren nach (Fig. IV. Taf. IV.) folgende. Die Breite im Boden war 82 F., die Tiefe unter dem Maifelde 20 F.: giebt bei 2füfsiger Böschung der Ufer 162 F. obere und 122 F. mittlere Breite, 2440 Q. F. Querschnitt und an Cubik-

Inhalt, zu 18¼ Pütt auf die laufende Ruthe, auf 600 Ruthen ganze Länge in runder Zahl etwa . . . 11000 Pütt.

Hievon die obige Püttenzahl abgezogen, bleiben . . . 4000 Pütt.

An der linken oder südlichen Seite des Canal-Ufers ist die Berme 64 Fufs im Maifelde breit. Darauf liegt ein erhöhter Weg Fig. V. von 4 F. hoch und 30 F. in der Kappe, also mit 2füfsiger Böschung der Ufer, am Boden 52 F. breit. Sie hat also 196 Q.F. Querschnitt und 2352 C. F. oder etwa 9½ Pütt Inhalt; thut auf 700 Ruthen Länge . . . 900 -

Dieselben vom obigen Reste abgezogen, bleiben noch übrig . . 3100 Pütt.

Da wahrscheinlich aus dem untern Theile des Canals schlechte, zum Deichbaue nicht brauchbare Erde, als Darg, Moor, Sand u. s. w. erfolgen wird, und der Seedeich wo möglich nur aus guter Klai-Erde und begrünten Klai-Soden bestehen darf, so mufs der Rest von 3100 Pütt, falls er nicht gebraucht wird, theils auf die etwa 60 bis 100 Fufs zwischen ihm und dem jetzigen Fahrwasser breite Aufsenberme Fig. VII. verbreitet, theils von Strecke zu Strecke zu Dückeldämmen zur Dämpfung und Beförderung der Zuschlickung verbraucht werden. Auch wird zur Durchdämmung des alten Fahrwassers vor dem Rathhaus- und Falderndelfte, die auf Sinkstücken von Faschinenbetten fundamentirt werden mufs, um vor dem Versinken und Auseinandertreiben gesichert zu sein, eine bedeutende Masse Erde nöthig sein; und zwar beste Klai-Erde und begrünte Klaisoden. Vor die Dämmung mufs aufserhalb und innerhalb eine 40 Fufs breite Berme gemacht werden, zu welcher, wie zu sonst noch möglicher Senkung und Schwindung des neuen Deiches, eine hinreichende Reservemasse von guter Klai-Erde vorhanden bleiben mufs, um bei der Ausführung so sicher zu gehen, wie es Vorsicht und Erfahrung gebieten. Über den Bau solcher Deiche auf Faschinenbetten von Sinkstücken sehe man meine deutsche Übersetzung der gekrönten Preisschriften „Über die Abdammung des Y oder Meerbusens bei Amsterdam, von ***Goudriaan*** und ***Menz***," im 4ten und 5ten Bande dieses Journals.

Nachdem auf diese Weise der Hauptseedeich am rechten oder nördlichen Ufer des neuen Canals oder Fahrwassers (*abcd* Taf. III.), von der Stadt bis zur neuen Schleuse, beschrieben worden ist, durch welchen die Insel Nesserland nebst deren südlichen Anwächsen, so wie die Stadt an der Nordseite, von dem nordwestlichen Ende der Emsmauer und dem Burggraben bei der Caserne an bis zur neuen Schleuse, auf 720 Ruthen lang sicher einzudeichen sein würde, ist nun auch von der Schleuse *d* an, der Frontdeich *imnk* am Ufer der Ems, von Norden nach Süden, bis gegen Kleinborsum, 800 Ruthen lang, zur Eindeichung der Insel Nesserland und deren Anwächse bestimmt, in Betracht zu ziehen.

Das Besteck dieses Frontdeiches ist das nemliche (Taf. IV. Fig. I.), wie am nördlichen oder rechten Ufer des Canals; auch mufs an beiden Seiten des Deiches eine Berme von 60 Fufs breit bleiben. Die Erde zu diesem Deiche mufs theils aus einem, innerhalb des Deichs zu grabenden Syhltiefe, welches zur Entwässerung des eingedeichten Terrains unentbehrlich ist, theils aus Pütten am Ufer der Ems aufserhalb der Aufsenberme genommen werden, die dann in 10 Jahren wieder zuschlicken und begrünen werden; besonders, wenn vor diesem Ufer, auf dem Strande, die zwischen dem neuen Aufsencanal und der Landspitze von Borsum projectirten vier Dückeldämme *oooo* (Taf. III.) bald angelegt werden, welche nicht allein den bisherigen Abbruch des Ems-Ufer der Insel verhindern, sondern auch die Aufschlickung und Begrünung des Watts an diesem Ufer schnell befördern werden, weshalb sie so weit vom Lande ab gelegt werden müssen, dafs sie mit ihren Spitzen bis an die gerade Linie *pq* (Taf. III.) von der Landspitze beim Logumer Vorwerk *p* bis zur Landspitze *q* von Grofsborsum stofsen, in welcher Richtung dann dereinst, etwa in 150 Jahren, wenn aller roher Anwachs nördlich und westlich vom Nesserlande begrünt und einen Seedeich zu tragen fähig sein wird, ein solcher von obigem Bestecke geschüttet werden kann.

Das Besteck und die Construction dieser vier Dückeldämme oder Schlickfänge kann das der beiden Leit- oder Seitendämme an dem Aufsen-Fahrwasser des neuen Canals von der neuen Schleuse bis zur Ebbelinie der Ems sein; vielleicht aber im Boden, Querschnitt und in der Erdmasse geringer. Der neue Frontdeich *imnk* (Taf. III.) am Ufer der Ems, von der Schleuse *d* bis zum Hauptdeiche bei Kleinborsum *k*, würde also auf 800 Ruthen Länge

$9\frac{1}{8}$ Pütt auf die Ruthe, mithin	7300 Pütt,
und dazu 10 pr. C..	730 –
zusammen	8030 Pütt

Erde erfordern.

Aufser dem zur Entwässerung des eingedeichten Landes, hinter und vor dem Frontdeiche am Ufer der Ems zu grabenden Syhltiefe, durch welches das Wasser nach der neuen Schleuse geleitet wird, würde auch noch ein Ringschloot *kv* (Taf. III.) vom alten Deiche von Kleinborsum an bis zum neuen Syhle beim Bastion No. 82 bei Emden, etwa 700 R. lang, und von da ein Ringschloot *abcd* (Taf. III.) südwärts am neuen Wege des südlichen Ufers des neuen Fahrwassers, von 600 Ruthen lang, zur Aufnahme und Ableitung des aus den Binnenschlooten in den neuen Canal abfliefsenden Wassers nöthig sein; welches Sache der künftigen Eigenthümer oder Erbpächter des neuen Polders sein wird, die die innern Wege, Brücken und Schloote auf ihre Kosten machen müssen.

Aus Vorstehendem geht im Allgemeinen meine Idee und mein Project, mit seinen Bewegungs- und Erfahrungsgründen, selbstständig hervor. Ich schmeichle mir, dafs es die am Ende von §. 7. gestellten fünf Bedingungen zur Erreichung mehrer Zwecke im Wesentlichen erfüllen werde, wenn auch die einzelnen Gegenstände hin- und wieder einer Verbesserung bedürfen; was ich wohl glaube, und was bei specieller Ausarbeitung eines zur wirklichen Ausführung bestimmten Planes wird nachgeholt werden können und Denen überlassen bleibt, die dazu werden berufen werden.

§. 9.

Aus §. 8. ergiebt sich, dafs sämmtliche Syhle in der Bau-Inspection Emden, so wie in der von Norden, im Vergleiche mit denen in den Inspectionen Esens und Leer, im Ganzen, so wie die einzelnen Syhle, mit einer zu grofsen Oberfläche, also mit einer zu grofsen Wassermasse, besonders in nassen Jahreszeiten, überladen sind; wodurch die Grundbesitzer grofsen Schaden leiden. Zur Verminderung dieses Schadens habe ich mich veranlafst gefunden, Vorschläge zur Erbauung neuer und zur Erweiterung des Larrelter Syhls zu machen, deren auch noch mehre vorhandene Syhle fähig und bedürftig sind; besonders wenn sie einst neu gebaut werden müssen.

Aufser den zahlungspflichtigen Grundstücken in den sämmtlichen oben benannten Syhlachten der Wasserbau-Inspection Emden, von 56 108 Grasen, die durch eine Gesammtweite aller Syhle von 126 Fufs entwässert werden sollen, aber nicht hinreichend entwässert werden, indem im Durchschnitt 445 Grasen auf jeden Fufs Syhlweite kommen, was zu viel ist, da im Durchschnitt sämmtlicher Syhle von ganz Ostfriesland nur 231 Grasen auf jeden Fufs Syhlweite gerechnet werden dürfen, sind auch noch mehrere Vehne oder regelmäfsig angeschnittene Torfgräbereien in den Ämtern Leer und Aurich vorhanden, deren Wasser mittels nicht an beiden Ufern bedeichter Canäle in die unterhalb liegenden Marschgegenden oder sogenannten Hammriche abfliefst, dieselben in nassen Jahreszeiten, und selbst öfters im Sommer, regelmäfsig aber im Winter überströmt und dann durch die Syhle des Emder Amts, besonders von Oldersum, Petkum, Emden und Larrelt weiter entströmt.

Die nähere Beschreibung dieser Vehne und aller Vehne Ostfrieslands findet man in folgenden Schriften: „Über die Vehne oder Torfgräbereien, von *Johann Conrad Freese;* mit 1 Carte und 1 Kupfer, Aurich 1789," und: „Ostfriesland und Jever, 3ter Band 11te Abtheilung, von *Friedrich Arends*"; auch in dessen „Erdbeschreibung des Fürstenthums Ostfriesland und des Harrlingerlandes. Emden 1824."

In meiner Abhandlung: „Kurze Übersicht der physiographisch-hydrographischen Beschaffenheit von Ostfriesland," §. 3., 13ter Band, 4tes Heft dieses Journals, habe ich die sämmtlichen Vehne Ostfrieslands, deren Gröfse, Einwohnerzahl und Nutzen, so wie die schädlichen Folgen ihrer Entwässerung in die Marschgegenden beschrieben, auch die mit der Zeit nöthigen abhelfenden Mittel vorgeschlagen. Ich beziehe mich hierauf und gebe hier nur die Gröfse der in der Wasserbau-Inspection Emden zu entwässernden Vehne an.

1.	Das Bookzeteler-Vehn im Amte Aurich enthält an Moordiematen, von 450 16füfsigen rheinl. Q. R.	300 Diemat.
2.	Das Timmeler oder grofse Vehn	772 -
3.	Das Lübbersvehn	224 -
4.	Das Hüllener-Vehn	200 -
5.	Des neue Vehn	400
6.	Das Iserings-Vehn	600 -
7.	Das Spetzer-Vehn	316 -
8.	Das Islower-Vehn	435½ -
9.	Das Warsings-Vehn liegt theils im Amte Aurich, theils im Amte Leer, und enthält, einschliefslich von 375½ Diemat Grünland, ...	1296½ -
10.	Das Stickkamper- oder Beninga-Vehn liegt im Amte Stickhausen. Die Gröfse ist unbekannt; es soll enthalten etwa 163 bis	164 -
	Summe der Gröfse obiger Vehne, in Moordiematen zu 450 sechszehnfüfsigen rheinl. Q. R., ...	4708 M. Diem.

also, das Moordiemat zu 800 zwölffüfsigen Q. R. rheinl. gerechnet, an Grasen zu 300 Q. R.	12 888	Grasen.
Rechnet man hiezu die bereits syhlpflichtigen Grasen der Wasserbau-Inspection Emden mit	56 108	-
so beträgt die ganze zu entwässernde Fläche	68 996	Grasen.

welche durch 126 Fufs lichte Syhlweite entwässert wird, so dafs also auf

jeden Fufs Syhlweite durchschnittlich	547	Grasen
kommen. Ohne die Vehne kommen auf jeden Fufs	445	-
also wegen der Vehne mehr	102	Grasen.

Hieraus erhellet deutlich genug, dafs die Syhle des Amtes Emden mit einer zu grofsen Abwässerungsfläche belastet sind, die noch in nassen Jahreszeiten aus den übrigen unter Wasser kommenden Gegenden der Ämter Aurich, Norden und Leer vergröfsert und wahrscheinlich verdoppelt wird, indem die Syhlachten Heisfelde, Nüttermoor, Thedinga, Vehnhusen und Terborg, mit einer Oberfläche von 6395 Grasen, die nicht syhlpflichtige, oberhalb liegende Moor- und Haidgegend ungerechnet, in nassen Zeiten und bei hohem Aufsenwasser, wenn die Syhle sich wenig oder gar nicht öffnen, ihr hohes Binnenwasser in die unterhalb liegende Emder Syhlacht ungehindert und unwillkürlich abfliefsen lassen müssen, weil die Leerer Syhlachten an der Amtsgrenze zwischen Terborg und Oldersum nicht eingedämmt sind; was indessen die Syhlachten des Amts Leer sehr wünschen und auf ihre Kosten ausführen lassen wollen, aber dazu die Erlaubnifs nicht erhalten haben.

Es ist demnach keinem Zweifel unterworfen, dafs, da die Syhle der Wasserbau-Inspection Emden schon durch ihre eigene zu entwässernde Oberfläche überlastet sind, nicht allein die von mir vorgeschlagenen zwei neuen Syhle bei Emden, sondern auch die Erweiterung des Larrelter Syhles durchaus nöthig, aber doch noch nicht hinreichend sind, und dafs in der Zukunft, wenn auch nicht sogleich, die Anlegung neuer, oder die Erweiterung vorhandener Syhle ebenfalls noch wird geschehen müssen, wenn die Wasserbau-Inspection Emden nicht fortwährend der bedauernswerthe Sammelbusen mehrer benachbarter Ämter sein und zuletzt den Untergang in den Wellen finden soll, wie es im Jahr 1277 mit dem Dollart der Fall war.

Wir wollen das Beste hoffen; die Ausführung gut gemeinter und wohlbegründeter Rathschläge der nächsten Zukunft überlassend. Man prüfe Alles und behalte das Gute.

Fünfter Abschnitt.

Über die früheren und die jetzigen Anlagekosten, und über die zu deren Aufbringung gemachten Vorschläge.

§. 10.

Die genaue und specielle Angabe der Bau- und Erhaltungskosten, nach den frühern und den jetzigen Projecten, ist aus mehreren Gründen unmöglich, und man mufs sich mit Annäherungssummen begnügen. Es ist schon sehr schwierig, bei gewöhnlichen Wasserbauwerken die wirkliche Ausgabe-Summe auf 10 und mehre Procent genau vorher zu veranschlagen, da Witterungsverhältnisse, Grund und Boden, und andere unvorhergesehene Umstände verursachen können, dafs auch der genauste, von dem erfahrensten Practiker entworfene specielle Kosten-Anschlag überschritten wird. In dem vorliegenden Falle beruhen aber aufserdem noch alle bisherigen frühern und spätern Angaben der Baukosten mehr auf annähernde Schätzungen, als auf wirkliche, genaue Ausmessungen und Berechnungen der einzelnen Theile; auf die ich mich auch, eben so wenig wie die andern Sachverständigen, hier einlassen konnte, sondern mich damit begnügen mufste, die Längenmaafse aus vorhandenen Carten und Zeichnungen zu entnehmen und die Höhenmaafse der Wasserstände und des Terrains nach den hier allgemein bekannten Erfahrungen und auch nach den in den frühern Vorschlägen von meinen Vorgängern angenommenen Maafsen, als für den vorliegenden Zweck hinreichend genau, vorauszusetzen. Eine gröfsere Genauigkeit ist aber auch bei den vorläufig in allgemeinen Grundzügen entworfenen Planen nicht nöthig; sie bleibt der Veranschlagung im Einzelnen und der Ausführung vorbehalten. Die Bausumme, welche zur Ausführung disponibel gestellt werden mufs, ergiebt sich so schon hinreichend genau, und die Baurechnung giebt am Ende das wahre Ergebnifs der wirklichen Ausgabe. Zur Beurtheilung des Gegenstandes im Allgemeinen wird es einstweilen genügen, die vermuthliche Ausgabe für die verschiedenen Projecte in runden Zahlen anzugeben.

Es kommt hier nicht darauf an, dasjenige Project auszumitteln, dessen Ausführung Anfangs die ***wenigsten Anlagekosten*** erfordern würde und welches also anscheinend das wohlfeilste ist, sondern ***dasjenige***, welches nach Erfahrungsgründen die Bedürfnisse am ***vollkommensten befriedigt***, die längste Dauer verspricht, andere künftige Palliativmittel unnöthig macht, und also so auf die

Dauer der Zeit *wirklich* das wohlfeilste und einträglichste für die Betheiligten ist, die dazu bezahlen müssen. Ephemere Palliative sind in allen Dingen, besonders beim Wasserbau, und namentlich in vorliegendem Falle, die kostbarsten von allen, indem dadurch die bessern Mittel doch nicht umgangen werden und dieselben dennoch angewendet werden müssen, nachdem das Geld für die Palliative vergebens ausgegeben wurde; wie solches auch hier die Erfahrung seit einer Reihe von Jahren leider gelehrt hat, indem weit gröfsere Summen ausgegeben und mehr durch Sturmflutschaden etc. verloren gegangen ist (namentlich von 1717 bis 1825), als eine sichere und alle Zwecke erfüllende Anlage jemals gekostet haben würde. Es kommt hier nur auf die Lösung der Frage an: „Soll die Stadt Emden etc. von dem ihr drohenden physischen und „merkantilischen Untergange gerettet werden? Ist irgend eine Summe Geldes „dafür anzuschaffen und anwendbar, oder nicht? und endlich, was noch mehr „ist: soll eine bedeutende Seeprovinz, wie Ostfriesland, ihre Haupt-See-„handelsstadt verlieren, oder nicht?" Ich gehe von dem Grundsatze einer wahren Kosten-Ersparung für ferne Zeiten, der Erfüllung der vorgesetzten Zwecke und der Erreichung des möglichsten Nutzens für die Betheiligten aus, ohne ängstlich ein Mittel zu suchen, welches wenig Geld kostet und seinen Zweck nicht erreicht. Von diesem Grundsatze ausgehend, in welchem mir jeder verständige und gewissenhafte Sachkenner beipflichten wird, bemerke ich über die mir bekannt gewordenen Baukosten Folgendes.

Der verstorbene Deichcommissair etc. *Bley* hat sein Project zur Erbauung einer Seeschleuse im alten Fahrwasser beim Hammrichshause auf dem Nesserlande und zum Durchstich des Fahrwassers von dort bis zur Deichspitze des Logumer Vorwerks in den Jahren 1801 und 1802 veranschlagt zu 384 725 Thlr., wofür wir die runde Summe von . . . . 385 000 Thlr. annehmen wollen.

Der Stadtbaumeister *Nanninga* (S. §. 5.) schlägt seine sämmtlichen Anlagen zusammen auf . . . . 470 000 Thlr. an, wovon die Schleuse allein 120 000 Thlr. kosten soll; welche Summe aber eben so unzureichend sein würde, wie die von Herrn *Paschier* etc. angegebene Summe für die Schleuse zu Harlingen von . . . . 73 361 Thlr. und die darnach berechneten Kosten für Emden von . . . 130 000 Thlr. für die Schleuse und die Bedeichung der Stadt.

Der Durchschnitt der beiden von Herrn etc. *Bley* und *Nanninga* angegebenen Summen von 385 und 470 Tausend Thalern beträgt 427 500 Thlr.

Courant. In No. 1. der Ostfriesischen Zeitung vom 3ten Januar 1840 S. 7 giebt der unbekannte Verfasser des Aufsatzes: „Concordia res parvae crescunt," die Bausumme zu 400 000 Thlr. an.

Wenn die Anlage nach den von mir ausgesprochenen Grundsätzen ausgeführt werden soll, so finde ich meinerseits nichts Übertriebenes in der Geld-Angabe der Herrn *Bley* und *Nanninga*. Was die Anlagekosten des hier vorgeschlagenen Projects betrifft, so habe ich durch approximative Berechnung gefunden, dafs die Bausumme dazu jener Durchschnittsumme nahe komme, und will also, um mich in runden Zahlen auszusprechen, 400 000 Thlr. Cour. dafür annehmen. Die Schätzungen der beiden Bauverständigen *Bley* und *Nanninga* sind demnach nicht sehr von einander und von der meinigen unterschieden. Es kommt nur darauf an, zu sagen:

1. welches Project für eine etwa gleiche Summe den Vorzug habe; was dann nur durch unpartheiische Localkundige und erfahrene practische Wasserbaukundige entschieden werden kann; und dann:
2. ob die angegebene Summe dazu verwendet werden könne und solle, und woher sie zu nehmen sei.

§. 11.

Fortsetzung des vorigen Paragraphs.

Obgleich hier nicht die Absicht und der Zweck ist, und es auch dem Techniker nicht obliegt, die Geldquellen aufzusuchen, welche zur Bestreitung der Bau- und Erhaltungskosten projectirter Anlagen nöthig und nachhaltig hinreichend sind, sondern diese finanzielle Frage den betreffenden Administrations-Behörden und Zahlungspflichtigen anheim fällt: so erlaube ich mir doch einige Bemerkungen über diejenigen Vorschläge zur Aufbringung der Kosten, welche der verstorbene Stadtbaumeister *Nanninga* in seiner oben erwähnten Schrift: „Bemerkungen und Vorschläge zum Besten des Vaterlandes", so wie Hr. *Friedr. Arends* in seiner Schrift: „Ostfriesland und Jever" etc. gemacht haben.

1. Nach dem Vorschlage des Herrn *Nanninga* sollen alle Häuser der Stadt Emden, welche durch die Eindeichung derselben gegen Sturmfluten und deren schädliche Folgen gesichert werden, und welche bei der Sturmflut im Jahr 1825 nach *Arends* Angabe einen Schaden von 142 841 Thlr. erlitten haben, nach Maafsgabe ihres Werthes zu den Kosten herangezogen, und zu diesem Ende geschätzt werden.

Wir haben oben in §. 2. gesehen, dafs nach dem statistischen Repertorio des Herrn Canzleirath *Ubbelohde* die Stadt Emden im Jahr 1823 2445 Feuerstellen hatte, und dafs nach dem im Amtsblatte vom 19ten Septbr. 1840, No. 75. enthaltenen Verzeichnisse des landständischen Administrations-Collegii von den in der städtischen Feuerversicherungs-Gesellschaft versicherten Wohngebäuden 1915 Feuerstellen zur Gesammtsumme von 2 849 870 Thlr. versichert waren. Es waren also im Jahr 1823 530 Feuerstellen mehr in Emden vorhanden, als im Jahr 1840; es werden aber im letztern Jahre nicht alle Feuerstellen versichert gewesen sein, indem die Stadt Emden in jenen 17 Jahren sich nicht um 530 Feuerstellen vermindert hat. Dies ist auch im vorliegenden Falle einstweilen gleichgültig; so wie auch der Umstand, dafs nicht alle Häuser in der Stadt Emden, nemlich die am höchsten liegenden, von der Sturmflut im Jahr 1825 nicht erreicht wurden. In dem Plane des *Cramer* (Taf. I.) ist die Gegend der Stadt, welche trocken blieb, nicht blau illuminirt, und die Erklärung bezeichnet diese Stellen durch *N, O,* No. I. in der Altstadt und durch *P, Q, R, S, T, U, V, W, X, Y, Z,* und No. V. in der Boltenthors-Vorstadt *B, O.*

Es dürfte die Frage sein, ob die Besitzer derjenigen Häuser, welche von den höchsten Sturmfluten bisher nicht erreicht wurden, sich einer zur allgemeinen Rettung und Beschützung der Stadt nöthigen und billigen Abgabe, die der bei weitem gröfste Theil der Einwohner sich gefallen liefse, nach Billigkeit und Recht entziehen könnten; besonders da es möglich und selbst wahrscheinlich ist, dafs, da die Sturmflut vom Jahr 1825 höher war, als alle früheren, auch künftig *noch* höhere Sturmfluten eintreten, die erhöheten Deiche überströmen und durchbrechen und die ganze Stadt Emden, auch noch mit dem bisher trocken gebliebenen Theile derselben, überschwemmen und beschädigen können. Aus diesem Grunde, welchen Niemand bestreiten kann, da die Gesetze der Natur und deren Ereignisse in Zeit und Maafs keine bestimmten Grenzen haben, mufs man also annehmen, dafs nicht blofs die versicherten 1915 Feuerstellen, sondern *sämmtliche* vorhandene Gebäude, 2445 an der Zahl, oder so viele wie deren alsdann da sein werden, nach ihrem dermaligen Werthe zu einer von ihnen zu erhebenden billigen Abgabe verhältnifsmäfsig beizutragen haben dürften.

Um eine Pauschsumme zu ermitteln, deren jährliche Aufbringung möglich scheint, wollen wir beispielsweise annehmen, dafs der Werth sämmtlicher Feuerstellen in der Stadt Emden sich nach dem Feuerversicherungs-Quanto von 1840 auf 2 849 870 Thlr. oder, da das Feuerversicherungs-Quantum eines Gebäudes gewöhnlich etwas niedriger angenommen wird, auf die runde Summe von 3 Millionen Thaler belaufe. Nimmt man hievon den reinen jährlichen Miethwerth, zu 4 pr. C. des Capitals, so würde dies ein jährliches Einkommen der Hausbesitzer von 120 000 Thlr. geben. Von dieser reinen Einnahme an Miethe 2 pro Ct. oder 20 pro Mille als jährliche Abgabe zu den Bau- und Erhaltungskosten genommen, giebt 2400 Thlr., welche sämmtliche Bürger pro rata ihres Besitzthums beizutragen haben würden. Ob sie dies *können, wollen* und *müssen*, darüber erlaube ich mir kein Urtheil.

Nach Vollendung der vorliegenden Schrift kommt mir die Beilage des Ostfriesischen Amtsblattes No. 50. vom 23ten Juni 1843 zu Händen, welche „Den Betrag der Communal-Ausgaben in Ostfriesland, insbesondere in den 5 Städten, vom Jahr 1842" angiebt. Da die Angaben officiell und neuer sind, als die obigen statistischen Zahlen für die Stadt Emden aus früheren Jahren, so wollen wir diese neuesten Ergebnisse vom Jahr 1842 mittheilen, insofern sie die Stadt Emden angehen. In Emden betrugen die etatsmäfsigen Ausgaben . . . . 43 043 Thlr.
Das Ausgabebudget für 1843 ist zu . . . . 44 173 Thlr.
festgestellt. Wahrlich eine ansehnliche Summe! Die Stadtschulden, welche allmälig vermindert werden, betragen jetzt noch . . . . . 35 137 Thlr.

Unter den zur Deckung der jährlichen Ausgabe-Budgets von den Bürgern direct erhobenen Beiträgen belief sich die Abgabe von den Häusern nach ihrem Miethwerthe, oder das sogenannte Stübergeld, im Jahr 1842 auf 5200 Thlr.

Die Stadt Emden hatte am 1ten Juli 1842 zufolge der Zählung 2084 Wohngebäude und 11 907 Einwohner. Nach den vorhin erwähnten früheren statistischen Angaben betrug die Zahl sämmtlicher in Emden vorhandener Gebäude im Jahr 1840 2445, also 361 mehr als 1842. Woher dieser bedeutende Unterschied rühre, vermag ich nicht zu sagen, vermuthe aber, dafs die im Jahr 1842 angegebene Anzahl von 2084 die der wirklichen Wohngebäude ohne alle Nebengebäude sei, welche gegen Feuersgefahr versichert sind, und deren Anzahl im Jahr 1840 1915 betrug, also 169 weniger als 1842. Wenn nun, wie es im Jahr 1842 der Fall war, vom Miethwerthe sämmtlicher Wohnungen bereits 5200 Thlr. zu städtischen Ausgaben erhoben wurden, und eben davon zu den Wasserbau-Anlagen jährlich noch 2400 Thlr., also etwa 50 pr. Ct. mehr als jetzt erhoben werden sollen, so fragt es sich, ob dies möglich sei, oder nicht.

2. Herr *Nanninga* sagt, dafs die bisherige jährliche Ausgabe von durchschnittlich 3000 Thlr. für Mudder- oder Reinigungskosten der Delfte und des Fahrwassers aufserhalb der Syhle, welche die Zinsen von 5 pr. Ct. eines Capitals von 60 000 Thlr. ausmachen, nach Ausführung der neuen Anlage nicht mehr Statt finden würde.

Wiewohl es nun gewifs ist, dafs die Verschlämmung des Fahrwassers und der Delfte nach Ausführung meines Entwurfs bei weitem so stark nicht mehr statt haben würde, als bisher, und dafs das dafür verwendete Capital gröfstentheils erspart werden würde, so treten doch statt dessen künftig die Erhaltungskosten der Deiche, der Schleuse und aller mit der neuen Anlage verbundenen Bauwerke an die Stelle; und zwar *aufser* den noch zu rechnenden Zinsen des Baucapitals; so dafs die jährlichen Kosten sich vermehren statt vermindern werden. Wieviel die Erhaltungskosten künftig jährlich betragen werden, kann nur die Erfahrung lehren und jetzt noch nicht angegeben werden.

3. Die von dem Herrn *Nanninga* erwartete Erhöhung der Miethe von den Stadt-Anwächsen, welche jetzt durch die zum Muddern der Delfte nöthige Einlassung des Seewassers durch die Syhle in den Stadtgraben, an welchem Anwächse liegen, sehr leiden sollen, ist zwar nicht unwahrscheinlich, dürfte aber für die Cämmerei-Casse der Stadt keinen grofsen Ertrag geben; den man also, als unbedeutend, nicht in Anschlag bringen und den Aufräumungskosten der Stadtgräben höchstens gleich stellen kann.

4. Der Gewinn von besserer Entwässerung des Binnenlandes der durch die Stadt und deren Fahrwasser hindurch entwässernden Syhlachten, so wie die künftige mehrere Sicherheit derselben gegen die Zerstörung durch Sturmfluten, wie die von 1717 bis 1825, ingleichem die Verminderung der jährlichen Erhaltungskosten der vier Syhle in der Stadt und der bessere Schutz derselben gegen Zerstörung durch Sturmfluten u. s. w. wird, wie Herr *Naninga* sagt, allerdings nach Ausführung einer allerseits zweckmäfsigen Anlage Statt finden; und zwar nicht allein für die durch die Stadt Emden bis jetzt auswässernden Syhlachten, sondern für sämmtliche Syhlachten des ganzen Amtes Emden, die, wie wir vorhin gesehen haben, zusammen durch 9 Syhle entwässert werden, welche zusammen eine Weite von 126 Fufs haben und 56 108 syhlpflichtige Grasen entwässern, so dafs durchschnittlich auf einen Fufs horizontaler Syhlweite 445 Grasen kommen; was im Vergleiche mit der Wasserbau-Inspection Leer, wo nur 138 Grasen auf 1 Fufs Syhlweite kommen, und mit der Inspection Esens, wo 229 Grasen darauf fallen, bedeutend mehr, und zwar im Amte Emden das Dreifache des

Amtes Leer und das Doppelte des Amtes Esens ist, so dafs also die Erweiterung der Abflufs-Öffnung durch zwei nahe bei Emden zu beiden Seiten der Stadt projectirten Syhle von zusammen etwa 20 Fufs mehrer Syhlweite als jetzt, so wie die Erweiterung des Larrelter Syhles von 18 auf 36 Fufs, also zusammen von etwa 38 Fufs mehrer Weite, mithin von einen Drittheil der jetzigen Weite aller im Amte Emden vorhandenen Syhle, desgleichen die Erweiterung und Senkung der Schlagbalken von etwa 6 Fufs in der projectirten doppelten Schleuse, eine bedeutend bessere und schnellere Abführung der Wassermasse des ganzen Amtes Emden herbeiführen wird und mufs. Jetzt ist jährlich das grofsentheils durch Binnenwasser überströmte Land der Syhlachten Emder Amts bedeutend im Nachtheil; was künftig bei Weitem nicht so oft und nicht in der Höhe und Ausdehnung, wie bisher, der Fall sein kann.

Da nun durch die neue Anlage, nemlich durch die Erweiterung der neuen Doppelschleuse, so wie des Larrelter Syhles, und durch die beiden süd- und nordwärts der Stadt Emden projectirten Syhle sämmtlichen Syhlachten des Amtes Emden ein bedeutender Nutzen erwachsen wird, so ist es allerdings billig und Recht, dafs sie alle zusammen mit gemeinschaftlichen Kräften und Kosten nicht allein ihre Syhle verbessern, sondern noch aufserdem jährlich eine billige Zulage zur Erhaltung der andern neuen Anlagen zahlen, von welchen sie ebenfalls directen Nutzen für ihre Entwässerung haben werden und indirecten Nutzen von der Vermehrung des Handels und der Schiffahrt, durch welche ihre Landesproducte und das Land selbst im Werthe steigen werden.

Wieviel die jährliche Beisteuer zu den neuen Anlagen betragen könne, ohne den Grund-Eigenthümern lästig zu fallen, können nur erfahrene orts- und sachkundige Landwirthe und Sachkundige ermitteln, und ich darf mir kein Urtheil darüber anmafsen. Wenn die Syhlachten auch nur einen für sie ganz unbedeutenden jährlichen Beitrag, z. B. von *zwei Gutengroschen* auf das Gras, zahlten, so betrüge dies schon jährlich von 56 108 Grasen 4676 Thlr., und diejenigen Deich-Achten, deren jetzige Deichlinie durch die neu anzulegenden Deiche in Schutz kämen, so dafs sie wenig oder gar keiner Erhaltung mehr bedürften und zu sogenannten Schlaperdeichen würden, die keine Erhaltungskosten erfordern, müfsten billig verhältnifsmäfsig ebenfalls Beiträge zahlen. Endlich wird die Entwässerung der in den Ämtern Leer und Aurich liegenden Vehne, die jetzt durch das Veentjer Tief und die Groge durch die Stadt Emden hindurch entwässert werden, durch die neuen Anlagen bedeutend gewinnen, namentlich das Bookzeteler-, das Timmeler- oder grofse-, das Lübbers-,

Hüllener-, neue-, Iserings-, Spetzer-, Warsings- und Stickelkamper-, oder Beninga-Vehn, welche zusammen, mit Ausnahme des Stickelkammer-Vehns, dessen Gröfse nicht bekannt ist und auf 112 Moordiemat von 450 Q. R. angenommen wird, 4708 Moordiemat zu 450 Q. R. von 16 Fufs rheinl., oder 12 888 Grasen von 300 Q. R rheinl. enthalten. Wenn nun diese Vehne, als Moor- und Sandland, welches keinen so hohen Ertrag hat, wie das kleihaltige Hammrichsland, das als solches doppelt so viel Syhllasten trägt, jährlich auch nur die Hälfte des vorhin erwähnten Beitrages vom Hammrichslande, nemlich nur *einen Gutengroschen* auf das Gras zu den jährlichen Erhaltungskosten der neuen Anlage beitrüge, so gäbe dies noch jährlich 537 Thlr.; welches keine drückende Abgabe für die Vehne sein kann, besonders da sie bisher von allen Deich- und Syhllasten frei waren und der Gewinn, welchen sie von der neuen Anlage haben, ihren Ertrag bedeutend erhöhen würde. Durchweg würde die Abgabe dem Nutzen angemessen sein, und dann eine nicht unbedeutende Beihülfe zur Erreichung des Zweckes gewähren.

Auch noch wohl einige benachbarten Ämter, zuerst Aurich, dürften sich finden, die gleichfalls wegen des zu erlangenden Nutzens Beiträge zu zahlen hätten.

5. Eine fernere Quelle zur Vermehrung der jährlichen Einnahme, um die Erhaltungskosten und die Zinsen des Bau-Capitals aufzubringen, wäre auch unstreitig ein billiges Lastengeld auf alle see- und stromfähige Schiffe, welche die neue Schleuse im Emder Fahrwasser passiren. (S. Abschnitt V. §. 15.)

Wir sahen in §. 1., dafs in den 3 Jahren 1826, 1827 und 1828 784 Schiffe von 22 183 Lasten Tracht in Emden durchschnittlich jährlich ein- und ausclariret wurden. Nach der in der Einleitung befindlichen Tabelle liefen im Jahr 1842 in Emden ein 725 Schiffe mit 13 590 Lasten und aus 606 Schiffe mit 13 018 Lasten. Nimmt man nun, da auf eine Vermehrung des Handels und der Schiffahrt zu hoffen ist, auch nur an, es werden in Zukunft durchschnittlich jährlich 800 Schiffe, zusammen 24 000 Lasten tragend, die Schleuse passiren, (was gewifs keine zu grofse Zahl ist, die sich vielmehr in dem Falle noch erhöhen würde, wenn der Staat den Emder Hafen, gleich den übrigen Häfen an der Ems, in welchen Seehandel getrieben wird, zum Freihafen erklärte, um den Seehandel mehr nach dem Hannöverschen zu ziehen, oder, was, wenn auch dieser fromme Wunsch nicht erfüllt werden sollte, schon der Fall sein würde, wenn die jetzt im Entstehen begriffene Dampfschiffahrt der Stadt Emden einen glücklichen Erfolg hat, und besonders wenn sie erweitert und von der

Ems durch die Lippe in den Rhein geführt wird, wie es nach dem neusten, zwischen den Kronen Hannover und Preufsen am 13ten März 1843 zu Berlin geschlossenen Tractat zu hoffen steht): so wird das von jener Zahl von Schiffen und Lasten zu erhebende Schleusengeld ein nicht unbedeutendes Einkommen und vielleicht das Doppelte des Nothwendigen der jährlichen Erhaltungskosten, Zinsen u. s. w. gewähren. Bezahlen nemlich die ein- und auspassirenden Schiffe im Durchschnitt auch nur 2 *Gutegroschen* von der Last, so betrüge dies jährlich jetzt schon von 24 000 Lasten 2000 Thlr. an Schleusengeld, die zu dem vorliegenden Zwecke verwendet werden könnten. (Man sehe hierüber Abschnitt V. §. 15, das Lootsenwesen und die von den eingehenden Schiffen berechnete Einnahme betreffend.)

6. Alle hier genannten Mittel werden indessen immer noch unzureichend sein, um die Haupt-Ausgaben ganz oder gröfstentheils zu decken, und es werden dazu andere, ergiebigere Quellen eröffnet werden müssen. Dieselben dürften sich auf folgende Weise darbieten. Sie sind zwar nicht in ihrem ganzen Umfange nach aus der Erfahrung entnommenen Zahlen zu verbürgen, dürften aber doch im Allgemeinen die sichersten und besten sein.

Indem ich auch in diesem Punct dem einmal gewählten historischen Faden und den von bekannten Schriftstellern Ostfrieslands in öffentlichen Schriften seither geäufserten Ansichten fortwährend folge und mir nur die jedem Schriftsteller zustehende Erlaubnifs nehme, meine freimüthige Meinung zu sagen, bemerke ich zunächst, was *Friedrich Arends* in seiner Schrift: „Ostfriesland und Jever" Seite 243 u. s. w. über den vorliegenden Gegenstand äufsert; nemlich: „dafs die Ausführung dieser Anlagen den Nutzen gehabt haben würde, dafs „dadurch eine Strecke Landes von wenigstens 2 Millionen Thaler an Werth „wäre gewonnen worden; was der Krone jährlich 10 000 Thlr., und mehr, „hätte eintragen können (?)."

Herr *Arends* geht hiebei augenscheinlich von der Voraussetzung aus, dafs der ganze Anwachs an beiden Seiten der alten Insel Nesserland, welche nach seiner frühern Angabe 3000 Grasen oder 2333$\frac{1}{3}$ Diemat oder 4867 Calenberger Morgen grofs sein soll, am Ufer der Ems in gerader Linie pq (Taf. III.) zwischen der Landspitze des Logumer Vorwerks und der Landspitze von Borsum als Polder sicher und gegen tägliche Überströmung und aufserordentliche Sturmfluten eingedeicht werde (in welchem Falle die obige Gröfse der Oberfläche dieses Inbusens vorhanden sein mag,) und dafs dann dies eingedeichte Polderland nach hiesigem landwirthschaftlichen Systeme und Gebrauche bearbeitet und benutzt und nach Maafsgabe anderer Ostfriesischen Polder am Dollart und an der Ems, wie z. E. des Heiniz- und Landschaftspolders u. s. w., einen verhältnifsmäfsigen jährlichen Ertrag liefern werde; woraus sich weiter der Capitalwerth des Grundstückes in runder Summe nahe genug ermitteln läfst. Aber gegen diese Voraussetzung von Etwas, so noch nicht vorhanden, dürfte Vieles zu erinnern sein.

Wenn nemlich auch nach *Arends* Angabe der ganze Inbusen *A, B* und *C* oder *pqkrap* (Taf. III.) zwischen der Landspitze am Logumer Vorwerk und der von Borsum bei Emden und Larrelt herum, einschliefslich der Insel Nesserland, 3000 Grasen oder 2333⅓ Diemat Oberfläche haben sollte, (was einstweilen angenommen werden mag, aber nicht verbürgt werden kann, sondern erst auf speciellere Nachweisungen, die uns jetzt nicht zur Hand sind, beruht): so sind doch diese 2333⅓ Diemat begrünten nutzbaren Anwachses, welcher der Bedeichung fähig und werth wäre, jetzt noch nicht vorhanden, sondern nur erst 2000 Grasen oder 1500 Diemat, und zwar in zwei, durch rohes Watt getrennten Theilen, von welchen nur der gröfste, südliche *A, C* oder *abcdmnk,* einschliefslich der alten Insel Nesserland, zwischen der Stadt Emden, dem jetzigen Fahrwasser der Ems und der Landspitze von Borsum, etwa 800 Grasen oder 600 Diemat grofs, der Bedeichung fähig und werth ist. Der zweite, nördliche Theil zwischen der Stadt Emden, Constantia, Larrelt, der Ems und dem jetzigen Emder Fahrwasser, ist zwar begrünt, aber der Bedeichung nicht werth und fähig und enthält etwa 200 Grasen oder 150 Diemat. Wir haben dies schon im 2ten Abschnitt §. 3. angemerkt. Statt 3000 Grasen also, worauf *Arends* einen Capitalwerth von 2 Millionen Thaler rechnet, sind nur 1000 vorhanden, und von diesen sind nur 600 der Bedeichung werth und fähig und zur Anlage eines neuen Fahrwassers nebst Schleuse geeignet, 200 Grasen aber sind nur zur Benutzung als offen liegender Anwachs tauglich, und zwar so lange, bis nach etwa 150 Jahren das ganze noch übrige rohe Watt zwischen der Landspitze vom Logumer Vorwerke bis zur Spitze von Borsum begrünt und der Bedeichung fähig und werth sein wird; wie wir dies in §. 3. bemerkt haben und wie es aus der Carte ersichtlich ist.

Hienach ist der nutzbare Werth und der Capitalwerth, welchen das vorhandene Grundstück theils jetzt hat, theils durch den in etwa 150 Jahren zu erwartenden Anwachs bis zur letzten Bedeichung bekommen wird, ein ganz anderer, und nicht so beträchtlich, wie *Arends* es aus guter Absicht angiebt. Ich will bei der ungefähren Schätzung des Werthes des fraglichen Grundstückes von den Erfahrungen ausgehen, die ich seit 25 Jahren an einem, etwa 3 Stunden von Emden am Dollart liegenden Polder und an dem vorliegenden herrschaftlichen Anwachse gemacht habe, da mir die Data für den nutzbaren und den Capitalwerth des Anwachses und der Insel Nesserland bei Emden selbst nicht zu Gebote stehen.

Im Jahr 1795 wurde nemlich der Heinitzpolder am Dollart eingedeicht. Er ist im Ganzen 1114 Diemat oder 1485$\frac{1}{3}$ Grasen grofs. Die Aufführung des Deichs, von 2355 Ruthen zu 12 Ruthen rheinl. lang, nebst Syhl, kostete damals in runder Summe etwa 100 000 Thlr.; was für die laufende 12füfsige Ruthe Deich im Durchschnitte 43$\frac{3}{4}$ Thlr. und auf das Diemat 81$\frac{2}{3}$ Thlr., auf das Gras aber 61$\frac{1}{4}$ Thlr. Eindeichungskosten beträgt. Die Landesherrschaft bedingte damals den Erbpächtern einen jährlichen Canon von 5 Thlr. Gold für die Diemat, wobei die Erbpächter die Bedeichungskosten aus eigenen Mitteln aufbringen mufsten.

Um nun ein Beispiel des *Werths* eines ganzen Platzes im Heinitzpolder zu liefern, wie er im Jahr 1840 war, bemerke ich, dafs im genannten Jahre der Platz der Familie *Franzius* von 97 Diemat an die Landesherrschaft für 30 000 Thlr. in Gold, also, nach jetzigem Agio, die Pistole zu 5$\frac{1}{3}$ Thlr. gerechnet, für 40 000 Thlr. Courant verkauft wurde. Diesemnach ist der rohe Kaufwerth eines Diemats, einschliefslich der Wohn- und Wirthschaftsgebäude, etwa 412$\frac{1}{3}$ Thlr. Courant.

Die Abgaben des Pachters sind folgende:

1. Jährliche Heuer vom ganzen Platze, an die Landesherrschaft, als Eigenthümerin, 3 pro Cent des Kaufpreises, oder in Courant . . 1200 Thlr.
   Thut auf 97 Diemat, durchschnittlich für die Diemat, an jährlicher Miethe . . . . 12 Thlr. 8 Ggr.
2. An Grundsteuer jährlich für die Diemat 2 Thlr. Gold oder . . . . 2 - 4 -
3. An jährlichen Deich- und Syhllasten auf die Diemat im Durchschnitt . . . . 1 - 12 -

   Thut zusammen an Abgaben des Heuermannes jährlich auf die Diemat . . . . 16 Thlr. Cour.
4. Die Erbpacht, oder der jährliche Canon, welcher an die Holländischen Cessionarien bezahlt ward, ist von der Landesherrschaft als Eigenthümerin übernommen worden und beträgt für die Diemat . . 5 Thlr. Gold, oder 5$\frac{1}{3}$ Thlr. Cour.

Das jährliche Einkommen des Eigenthümers ist also hier die jährliche

Miethe von . . . . 12⅓ Thlr. Cour.,

von welcher der Erbpachtscanon mit . . . . 5⅓ Thlr. Cour.

abgeht, so, dafs das wirkliche reine Einkommen jährlich . . 7 Thlr. Cour.

auf die Diemat für den Eigenthümer beträgt; wozu der Heuermann aufserdem noch jährlich 8⅔ Thlr. für die Diemat an Abgaben zahlen mufs; alle Ackerwirthschafts- und Haushaltungskosten ungerechnet. Der reine Kaufwerth des Landes war für die Diemat . . . . 412⅓ Thlr. Cour.

Vergleicht man nun mit diesem Capital- und nutzbaren Werthe des eingedeichten Polderlandes den Werth des unmittelbar vor demselben liegenden herrschaftlichen Anwachses, insofern er jetzt begrünt und zum Heugewinn und Viehweiden nutzbar ist, so ergiebt sich Folgendes.

Der nutzbare, begrünte Anwachs betrug im Jahr 1833 nach der Vermessung 470½ Diemat oder 627 Grasen, oder 918 Calenberger Morgen, ist aber in den letzten 7 Jahren, bis 1840 einschliefslich, jährlich um etwa 10 Diemat angewachsen, also jetzt etwa 540 Diemat grofs. Wir wollen aber bei den obigen 470½ Diemat vom Jahr 1833 stehen bleiben.

In den 18 letztverflossenen Jahren von 1823 bis 1840 incl. brachten der herrschaftliche Heinitz-Anwachs durch Verkauf an Queller und Landwirthe im Durchschnitt und im Ganzen jährlich . . . . 2694 Thlr.

ein. Davon gingen an Beförderungskosten des Anwachses, im Durchschnitt von 18 Jahren jährlich . . . . 827½ -

ab; blieb reiner Überschufs . . . . 1866½ Thlr.

Hiezu kam an Zeitpacht jährlich für ein verheuertes Stück Anwachs . . . . 27 -

und es war also die jährliche reine Einnahme . . . . 1893½ Thlr.,

welche 470½ Diemat unbedeichten Anwachs aufbrachten und was für die Diemat im Durchschnitte jährlich . . . . 4 Thlr.

beträgt. Dagegen beträgt die Einnahme des eingedeichten Polderlandes an jährlicher Heuer auf die Diemat . . . . 12⅓ Thlr.

Nach Abzug des jährlichen Erbpachtcanons von 5⅓ Thlr. beträgt die reine Einnahme für den Eigenthümer auf die Diemat . 7 Thlr.,

mithin letztere mehr . . . . 3 Thlr.

und die jährlichen Beförderungskosten des Anwachses betragen auf die Diemat . . . . 1¾ Thlr.

Vergleicht man nun nach diesem Erfahrungsbeispiele den Anwachs bei Nesserland und Emden hinsichtlich seines Werthes im unbedeichten und bedeichten Zustande, und zwar sowohl den Anwachs nebst Insel, welcher der Bedeichung fähig und werth ist, als den Anwachs, welcher noch nicht bedeicht werden kann und der bis zur völligen Begrünung und Fähigkeit einen Deich zu tragen noch lange Jahre anwachsen und bis dahin nur als begrünter Aufsendeich liegen bleiben und benutzt werden mufs, so erhält man Folgendes.

Das der Bedeichung werthe und fähige Grundstück *A*, *C* (Taf. III.) besteht in der alten Insel Nesserland, nebst Anwächsen, südwärts zwischen dem jetzigen Fahrwasser der Stadt Emden und Borsum, und enthält ungefähr 800 Grasen oder . . . . 600 Diemat.

Nach der Bedeichung wird dieses Land einen Kaufwerth von 412⅓ Thlr. für die Diemat also von . . . . 247 400 Thlr. haben. Die jährliche Heuer, zu 12⅓ Thlr. auf die Diemat, beträgt . 7200 Thlr.

Der jährliche Erbpachtscanon zu 5⅓ Thlr. für Diemat . . . 3200 Thlr.

Nach Abzug des Letztern von der Heuer bleibt an reinem jährlichen Überschufs für den Eigenthümer 7 Thlr. für die Diemat, thut . . . . 4000 Thlr.

Das Grundstück, welches nordseits des jetzigen Fahrwassers und zwischen demselben und der Stadt Emden und der Deichlinie von Emden neben Constantia und dem Larrelter Kolke bis zum Larrelter Syhle als Anwachs liegt und wegen seiner geringen Gröfse einer kostbaren Bedeichung nicht werth ist, sondern nur zum kleinsten Theile unmittelbar an der Emsmauer der Stadt Emden einen Deich zur Sicherung der Stadt nebst Binnencanal bekommt, enthält etwa 200 Grasen oder . . . . 150 Diemat.

Davon würde der durchschnittliche jährliche Brutto-Ertrag etwa 4 Thlr. für die Diemat sein, thut . . . . 600 Thlr.

Die jährlichen Anwachsbeförderungskosten, zu 1¾ Thlr. auf die Diemat gerechnet, betragen . . . . 262½ Thlr.

Bleibt jährlicher reiner Überschufs . . . . 337½ Thlr.

Da einschliefslich dieses begrünten Anwachses von 200 Grasen oder 150 Diemat noch ungefähr 2000 Grasen oder 1500 Diemat Grundfläche vom aufschlickenden Watte übrig sind, die nach der Erfahrung am Heinitz-Anwachse jährlich um 10 begrünte Diemate im Durchschnitt zunehmen dürften, so dafs die 1500 Diemat in etwa 150 Jahren begrünt und der Bedeichung werth und fähig sein können, wie wir es in §. 3. gesehen haben: so vermehrt sich die Einnahme von diesem Anwachse für die Eigenthümer oder künftigen Erbpächter desselben jährlich, und zwar an Brutto-Einnahme um 10mal 4 Thlr., thut . . 40 Thlr.

Davon geht die Ausgabe ab, mit 10mal $1\frac{3}{4}$ Thlr., thut. . . $17\frac{1}{2}$ –

Also bleibt jährliche reine Mehr-Einnahme . . . . $22\frac{1}{2}$ Thlr.

Die vorhin berechnete Summe des jährlichen reinen Überschusses von dem zunehmenden Anwachse, zum Belaufe von . . . . $337\frac{1}{2}$ Thlr.

für das erste Jahr, vermehrt sich also jährlich um . . . $22\frac{1}{2}$ –

und es würde also der reine Überschufs nach Abzug der Anwachskosten im zweiten Jahre sein . . . . 360 –

im dritten Jahre . . . . $382\frac{1}{2}$ –

im vierten Jahre . . . . 405 –

u. s. w. Die Rechnung auf diese Weise bis zum Ende des 150ten Jahres fortgesetzt, giebt eine steigende arithmetische Reihe von 150 Gliedern, jedes um $22\frac{1}{2}$ Thlr. zunehmend, so dafs, wenn man zum ersten Gliede 149mal $22\frac{1}{2}$ Thlr. addirt, die einzelnen Glieder und die Totalsumme sich ergeben. Im letzten oder 150ten Jahre würde die jährliche Einnahme von dem jährlich um 10 Diemat durchschnittlich zunehmenden Anwachse . . . . 3690 Thlr., also etwas mehr als das 10fache des ersten Jahres von $337\frac{1}{2}$ Thlr. sein.

Die ganze Summe des reinen Überschusses in 150 Jahren würde betragen . . . . 53 977$\frac{1}{2}$ Thlr.

Diese Summe könnte dann als Ersatz der Anlagekosten einer Deichlinie von dem neuen Fahrwasser bis zur Landspitze, den sogenannten Hoek von Loge, so wie eines daselbst im Larrelter Fahrwasser zu bauenden neuen Syhles von 20 Fufs Weite betrachtet werden.

Nach der alsdann wahrscheinlich möglichen Eindeichung dieses Anwachses von 2000 Grasen oder 1500 Diematen würde der Werth des ganzen Grundstückes, als Polderland, in dem vorhin bemerkten Verhältnisse steigen, und zusammen betragen:

a. An Kaufwerth, 1500 Diemat, zu $412\frac{1}{3}$ Thlr., ... 618 500 Thlr.

b. Für jährliche Heuer die Brutto-Einnahme für 1500 Diemat, zu $12\frac{1}{3}$ Thlr., ... 18 500 Thlr.

c. und nach Abzug des jährlichen Erbpachtscanon, zu $5\frac{1}{3}$ Thlr. für die Diemat, 7mal 1500 Thlr., an reiner Einnahme . 10 500 Thlr.

Dies giebt den Maafsstab, nach welchem der Erfahrung zufolge die Einnahme von dem Polderlande und dem Anwachse verhältnifsmäfsig sich ermitteln lassen wird. Sind über die Kauf- und Miethpreise und den Ertrag des Polderlandes und der Anwächse andere Erfahrungs-Ergebnisse vorhanden, als die obigen vom Heinitzpolder und Anwachse, so müssen *diese* bei der Berechnung zum Grunde gelegt werden; was ich nicht vermag, weil ich nicht im Besitz derselben bin, mithin obige Zahlen nur als Beispiel, aber nicht als Norm geben kann.

Vergleicht man mit der vermuthlichen Einnahme die vermuthliche Ausgabe, so findet man weiter nach den vorhin aufgestellten Daten für die Baukosten folgende Summen.

a. Das zur Eindeichung der Stadt Emden und eines Polders von etwa 600 Diematen, so wie zu dem neuen Fahrwasser nebst Doppelschleuse und allem Zubehör nöthige Capital haben wir vorhin näherungsweise geschätzt auf . . . . 400 000 Thlr.

b. Wenn die Anlage in einem Zeitraume von 4 Jahren ausgeführt und die Bausumme zu gleichen Theilen jährlich mit durchschnittlich 100 000 Thlr. verbraucht wird, so betragen davon, im Falle einer Anleihe oder ähnlichen Negotiation, die jährlichen Zinsen zu 4 pr. C. . . . . . . 40 000 -

Das Bau-Capital mit 4jährigen Zinsen beträgt demnach 440 000 Thlr.

Betrachten wir diese Summe als eine zu 4 pr. C. verzinsbare Schuld, so betragen davon die jährlich aufzubringenden Zinsen . . . . 17 600 Thlr.

Rechnet man die jährlichen Erhaltungskosten der Erfahrung zufolge auch nur zu 4 pr. C. von dem Bau-Capital der 400 000 Thlr., so kommen noch hinzu . . . . 16 000 -

Also belaufen sich die jährlichen Zinsen und Erhaltungskosten zusammen etwa auf . . . . 33 600 Thlr.

Die summarische Vergleichung zwischen Ausgabe und Einnahme ist folgende. Wir gehen dabei von dem Grundsatze aus, dafs nur alles Dasjenige in Rechnung kommen kann, was die projectirte Anlage zu bauen und zu erhalten kostet und wieder werth ist und aufbringt, nicht aber Das, was der künftig, nach etwa 150 Jahren einzudeichende Theil des jährlich zunehmenden Anwachses von 1500 Diemat kostet und einbringt; der vielmehr als ein eigenes, von voriger Anlage und Grundfläche für sich bestehendes Ganze, was erst über etwa 150 Jahre seinen vollen Werth erhalten wird, betrachtet und von der jetzigen Berechnung ausgeschlossen werden mufs, da das endliche Ergebnifs davon noch unbekannt, noch lange problematisch ist, und die projectirte Anlage nicht danach sich aufschieben läfst.

1. Die vorläufige vermuthliche Ausgabe an Baucapital und 4jährigen Zinsen während der Bauzeit zu 4 pr. C. betrug . . . . 440 000 Thlr.
2. Dagegen wird für 600 Diemat einzudeichendes Polderland gewonnen ein Capitalwerth von . . . . 247 400 –

Es *fehlen* also 192 600 Thlr.

3. Die Ausgabe an jährlichen Zinsen und Erhaltungskosten für die neue Anlage betrug . . . . 33 600 Thlr.
4. Dagegen ist die muthmafsliche jährliche Einnahme:
   a. An reinem Überschufs nach Abzug des jährlichen Erbpachtscanons etc. . . . . 4200 Thlr.
   b. Die muthmafslich mögliche Steuer von den Feuerstellen der Stadt Emden, zu 1 pr. C. vom Miethswerthe, jährlich 2400 –
   c. Die muthmafsliche Einnahme von 56 108 syhlachtspflichtigen Grasen aller Syhlachten des Amtes Emden mit 4676 Thlr. bis etwa . . . . 4700 –
   d. Die Einnahme von den Vehnen . . . . 537 –
   e. Lastengeld von den die neue Schleuse ein- und auspassirenden Schiffen . . . . 2000 –

Summe der muthmafslichen jährlichen Einnahme 13 837 Thlr.

Die muthmafsliche jährliche Ausgabe betrug . . . . . 33 600 –

Es *fehlen* also jährlich 19 763 Thlr.

Mithin ist an Hauptdeficit . . . . 192 600 Thlr.

und an jährlichem Deficit . . . . 19 763 Thlr.

zu decken. Wie dies geschehen kann und soll, ist eine Frage, die ich nicht zu lösen vermag, sondern sie den Behörden überlasse.

Vergleichen wir endlich noch die obige Angabe des Herrn *Arends* in seinem Werke: „Ostfriesland und Jever": dafs durch die neue Anlage eine „neue Strecke Landes von wenigstens 2 Millionen Thaler Werth zu gewinnen „wäre, die der Krone jährlich 10 000 Thlr. einbrächte;" so sehen wir aus der vorigen Berechnung Folgendes:

a. Der Kaufwerth der jetzt schon mit einzudeichen möglichen 600 Diemat ist etwa . . . . 247 400 Thlr.

b. Der Kaufwerth der etwa über 150 Jahren muthmafslich einzudeichen möglichen 1500 Diemat ist . . . . . . 618 500 Thlr.

Zusammen 865 900 Thlr.

Nach *Arends* soll aber ein Capitalwerth für die Krone entstehen von
2 000 000 Thlr.

Es ist also ein Unterschied vorhanden von etwa 1 134 100 Thlr.
oder von mehr als einer Million Thaler, und es fehlt über die Hälfte des von *Arends* prophezeiten Gewinns.

Der indirecte Nutzen, welchen der Staat und die Stadt Emden durch die Vermehrung des Handels und der Schiffahrt, so wie durch die Abwehrung des herannahenden physischen und commerciellen Absterbens der Stadt und durch den Schutz gegen Verluste bei Sturmfluten und das Binnenland der Syhlachten des Amtes Emden etc., so wie die Vehne durch Verbesserung ihrer Abwässerung erlangen würden, ist zwar nicht zu verkennen, und nicht unbedeutend: er läfst sich aber nicht in Zahlen angeben und in Rechnung bringen. Die eiserne Nothwendigkeit der endlichen Rettung der Stadt Emden und des Binnenlandes mehrer Ämter von Sturmfluten und deren verderblichen Folgen legt dagegen ein bedeutendes Gewicht in die Schaale der Berechnungen, die man vorher macht und machen mufs. Dieserhalb habe ich mir erlaubt, die Berechnungen anderer Schriftsteller zu beleuchten, ohne die meinigen für absolut sicher und zutreffend ausgeben zu wollen.

Unter den oben angeführten Umständen und wegen der völligen Unmöglichkeit, dafs die Stadt Emden, oder auch selbst die ganze Provinz Ostfriesland, die bedeutenden Bau- und Erhaltungskosten von etwa einer halben Million Thaler allein aufbringen und aufser den vorhin nachgewiesenen möglichen jährlichen Abgaben noch ein Mehreres zu den jährlichen Erhaltungs- und Administrationskosten etc. beitrage, dürfte denn wohl kein anderes Mittel übrig bleiben, als dafs das Baucapital vorerst auf dieselbe Weise aufgebracht werde, wie das im Königreiche Hannover vom Staate und deren Landständen zu den projectirten Eisenbahnen in diesem Jahre bewilligte Capital von etwa 12 Millionen Thaler; und die Erhaltungskosten, nach Abzug der von der Hafen-Anlage und von sonstigen Gegenständen erfolgenden Einnahmen, ebenfalls auf dieselbe Weise, wie die Erhaltungskosten der öffentlichen Kunststrafsen und der Eisenbahnen.

Da es hier das Bestehen einer ganzen Stadt von 11 000 Einwohnern und das Wohl einer grofsen Seeprovinz von 166 000 Seelen gilt, wobei der ganze Staat eben so betheiligt ist, wie bei den Chausséen, Eisenbahnen, Canälen und der Schiffbarmachung der Ströme, und die zur Aus- und Einfuhr der Waaren, welche auf den Land- und Wasserstrafsen im Innern weiter transportirt werden, bestimmten See- und Stromhäfen und deren Ein- und Ausgänge als ein unentbehrlicher Theil jener Staats-Anlagen billiger Weise mit in dieselbe Cathegorie zu rechnen sind: so sind sie auch aus denselben Fonds zu erbauen, aus welchen die Eisenbahnen, die Kunststrafsen, die Stromfahrten und Canäle im Innern des Staats angelegt und erhalten werden.

Aus diesen klaren und schlagenden Gründen wollen wir daher mit allen Betheiligten hoffen und wünschen, dafs recht bald ein zweckmäfsiger Plan entworfen und ausgeführt, dafs der dazu nöthige Geldfonds angewiesen, dafs die Stadt Emden endlich für immer gerettet und dafs sie, wie einst, wieder wohlhabend, blühend und grofs und der Wahlspruch eine Wahrheit werde:

„Insignis portu, sic cernitur celebris Emda!"

(Die Fortsetzung folgt.)

17.

Technische Auseinandersetzungen über die sogenannten atmosphärischen Eisenbahnen; insbesondere über die Bahn bei Dublin. Urtheile verschiedener Sachverständiger über diese neue Eisenbahn-Art. Desgleichen Einiges von den Vorschlägen zu noch andern Arten von Eisenbahnen.

(Fortsetzung der Abhandlung No. 2. im ersten und No. 9. im zweiten Heft dieses Bandes.)

Vierter Abschnitt.

Vergleichung der Kosten der Benutzung der Dampfwagen- und der atmosphärischen Eisenbahnen.

76. Ich werde die Kosten des Eisenbahnbetriebes mit Dampfwagen nicht im Einzelnen berechnen, sondern den Satz von 2 Thlr. 6¼ Sgr. annehmen, welchen die Gesellschaft der Eisenbahn zwischen Paris und Rouen für jede Meile bezahlt, die ein Dampfwagen 12 Personenwagen, 1164 Ctr. schwer, oder 25 Güterwagen, mit 1940 Ctr. Gütern beladen, fortschafft. Dieser Satz ist das Ergebnifs der *Erfahrung*, und man kann ihn als zuverlässig betrachten, da er aus beträchtlichen Interessen hervorgegangen und mit Einsicht und Sorgfalt festgestellt ist.

77. Ich setze die Geschwindigkeit der Personenzüge 38¼ F. in der Secunde; was etwa 5½ Meile in der Stunde ausmacht. Die 18 Meilen zwischen Paris und Rouen werden also in 3 Stunden 10 Minuten zurückgelegt werden. Die Fahrt dauert 4 bis 4¼ Stunden. Die Geschwindigkeit ist demnach etwas geringer, als ich angenommen habe; auch nimmt der Aufenthalt auf den Stationen viel Zeit weg. Die Geschwindigkeit der Güterzüge setze ich halb so grofs.

Der einzelnen Bahnstrecken sind 15; also ist im Durchschnitt jede 2400 R. lang. Ich werde statt dessen 2655 Ruthen (10 000 Metres) annehmen. Die stehenden Maschinen für die atmosphärische Eisenbahn sollen um die Hälfte dieser Länge von einander entfernt sein. Ich betrachte nur eine einzelne Strecke von 2655 R. lang und nehme 24 Fahrten täglich, 12 in jeder Richtung an. Die Hälfte davon soll Personen, die andere Hälfte Güter fortschaffen.

Die Wagenzüge für ***Personen*** bestehen, der Übereinkunft nach, aus 12 Wagen. Aber drei davon können auch Güter einnehmen. Die 9 übrigen, voll besetzt, würden 270 Personen fortschaffen. Also würden täglich 12.270 = 3240 Personen fahren können; was mehr als hinreichend ist. Güter gehen fast nur von Rouen nach Paris; die Güterwagen kehren von Paris nach Rouen beinahe leer zurück; daher der mäfsige Preis von 2 Thlr. 6¼ Sgr. für 1940 Ctr. Güter auf die Meile. Der Preis würde in der That fast das Doppelte sein (nicht ganz), weil Einiges an Gütern von Paris nach dem Havre gesendet wird. [Man sollte meinen, wenn die Güterwagen ***beladen*** zurückführen, könnte der Preis geringer sein. D. H.]

Täglich werden 11 640 Ctr. transportirt, was jährlich, mit Rücksicht auf die Ruhetage, etwa 4 Millionen Ctr. ausmacht, als soviel die in den Hafen von Rouen jährlich einlaufenden 4000 Schiffe, jedes mit 1000 Ctr. Ladung, zuführen.

Man setzt das Gewicht eines beladenen Wagens auf der Eisenbahn nach Rouen gleich 116½ Ctr. Jeder Güterzug von 25 Wagen, beladen von Rouen nach Paris, wiegt also 2910 Ctr. und unbeladen, von Paris nach Rouen, zu 38⅘ Ctr. der leere Wagen, 970 Ctr. Durch die 12 Fahrten [6 hin und 6 zurück] werden folglich 11 642 Ctr. Güter und ein Gewicht der Fahrzeuge von 11 642 Ctr. fortgeschafft. Der Preis für den Gütertransport ist dem des Personentransports gleich; also wird täglich auf die Strecke von 2655 Ruthen 70 Thlr. 12 Sgr. bezahlt. [Und zwar für 12 Güter- und 12 Personenzüge. D. H.]

78. Ich komme nun zu den Transportkosten auf der ***atmosphärischen*** Eisenbahn; und zwar zuerst für ***Personen.***

Ich nehme eine Triebröhre wie die bei Dalkey an, und eine Verdünnung der Luft bis auf 21⅓ Zoll Quecksilberhöhe, die in 5 Minuten hervorgebracht werden kann. Dieses giebt, wie oben nachgewiesen, nach Abzug der Reibung des Kolbens etc., eine Kraft des Kolbens von 1814 Pfd.

79. Die 26 655 R. lange Bahnstrecke wird von den Dampfwagen in 13 Minuten 53 Sec. durchlaufen, wofür 14 Minuten angenommen werden mag. Der Vergleichung wegen wollen wir für die atmosphärische Bahn die Ladung und die Geschwindigkeit so annehmen, dafs die Fahrt ebenfalls etwa 14 Minuten währt. Die Geschwindigkeit wird nicht gleichförmig sein. Die gröfste Geschwindigkeit sei 54 F. in der Secunde oder etwa 8 Meilen in der Stunde. Gegen

gröfsere Geschwindigkeiten soll ***gehemmt*** werden. Der Druck auf den Kolben ist eine ***gleichförmig beschleunigende*** Kraft, ähnlich der Schwere. Nachdem die Eintrittsklappe für den Kolben geöffnet ist, nimmt derselbe, von der Ruhe ab, eine gleichförmig beschleunigte Bewegung an. Die dieselbe ausdrückenden Gleichungen sind also denen für die Schwere ähnlich. Bezeichnet man durch $2g = 31\frac{1}{4}$ F. die von der Schwere in einer Secunde hervorgebrachte Geschwindigkeit, durch k die Zunahme der Geschwindigkeit des Kolbens in einer Secunde, durch c, wie oben, den Theil, welcher der Luftdruck auf den Kolben von dem Druck der Atmosphäre ist, den Druck der Atmosphäre durch p, den Halbmesser des Kolbens durch r und die zu bewegende Last durch P, so ist die ***bewegende*** Kraft, welche auf den Kolben wirkt, $= \pi r^2 cp - \frac{1}{250}P$, also die ***beschleunigende*** Kraft $= \frac{\pi r^2 cp - \frac{1}{250}P}{P}$, und da die beschleunigende Kraft der Schwere durch 1 ausgedrückt wird und die durch verschiedene constante beschleunigende Kräfte hervorgebrachten Geschwindigkeiten sich wie die Kräfte verhalten,

$$1.\quad k = 2g.\frac{\pi r^2 cp - \frac{1}{250}P}{P}.$$

Dann ist weiter, wenn v die Geschwindigkeit des Kolbens bezeichnet,

$$2.\quad v = \sqrt{(2kl)} \quad \text{und}$$

$$3.\quad v = kt,$$

wenn l die Länge des durchlaufenen Raumes und t die Zahl der Secunden bezeichnet, welche die Bewegung gewährt hat. [Nemlich beim freien Fall ist die ***beschleunigende*** Kraft $= 1$. ***Hier*** ist die beschleunigende Kraft zufolge der Gleichung (1.) $= \frac{k}{2g}$. Von der Schwere $= 1$ getrieben, durchläuft ein Körper in der ersten Secunde den Raum g, von der beschleunigenden Kraft $\frac{k}{2g}$ getrieben also den Raum $\frac{k}{2g}.g = \frac{1}{2}k$. Nun verhalten sich die durchlaufenen Räume wie die Quadrate der Zeiten, also ist der Raum l, welchen hier die Masse, von der beschleunigenden Kraft $\frac{k}{2g}$ getrieben, in t Secunden durchläuft, $l = \frac{1}{2}t^2 k$. Andrerseits ist bekanntlich dieser Raum ***die Hälfte*** dessen, welchen die Masse durchlaufen haben würde, wenn sie gleichförmig die Endgeschwindigkeit v gehabt hätte; also ist auch $2l = vt$. Der erste Ausdruck von l giebt $t^2 = \frac{2l}{k}$, der zweite $t^2 = \frac{4l^2}{v^2}$. Beides einander gleich gesetzt, giebt $\frac{2l}{k} = \frac{4l^2}{v^2}$ oder $v^2 = 2kl$ und $v = \sqrt{(2kl)}$. Dieses ist die Gleichung (2.); die Gleichung (3.) folgt *daraus*, dafs in *jeder* der t Secunden die Geschwindigkeit v um k zunimmt. D. H.]

Setzt man in (2.) die zu erlangende Geschwindigkeit $v = 54$ F. und $k = 0{,}1274$ F., so ergiebt sich aus (2.) $l = \frac{v^2}{2k} = 11\,508$ F. und aus (3.) die Zeit $t = \frac{v}{k} = 425$ Sec. Von der ganzen angenommenen Länge von 2655 R. = 31 860 F. sind noch 31860 — 11 508 = 20 352 F. ferner zu durchlaufen. Geschieht dies mit der erlangten Geschwindigkeit von 54 F. in der Secunde, so sind dazu noch 376 Sec. nöthig, also zu der ganzen Fahrt 425 + 376 = 801 Sec. = 13 Min. 21 Sec., mithin etwa so viel als zu der Fahrt mit Dampfwagen. (**P.** Eine Kraft des Kolbens von 1814 Pfd. und eine Geschwindigkeit von 54 F. in der Secunde geben einen Nutz-Effect von 97 956, also von 193 Pferden Kraft. Diese Wirkung einer Maschine von 100 Pferden Kraft ist ***unmöglich,*** besonders weil die Maschine auch noch den Verlust an Wirkung durch die Undichtigkeit der Klappe zu ersetzen hat. [Allerdings, wenn die Maschine nur *eben so lange* wirkte, als die Bewegung dauert: aber sie soll auch schon *vor* dem Anfang der Bewegung wirken, um erst die Luft in der Triebröhre zu verdünnen. D. H.] Herr *Mallet* nimmt an, dafs man mit voller Geschwindigkeit eine Zwischenstation passiren solle; was aber *sehr* gefährlich sein würde. In seiner Rechnung ist nur die Reibung der Wagenräder auf der Bahn berücksichtigt; es ist aber auch noch der Widerstand der Luft zu überwinden, welcher sehr bedeutend ist.)

80. Das Gewicht, welches fortgeschafft werden kann, ergiebt sich aus der Gleichung (1.). Nemlich aus (1.) folgt $Pk = 2g(\pi r^2 cp - \frac{1}{250}P)$ und

$$4. \quad P = \frac{2g\pi r^2 cp}{k + \frac{2g}{250}} = \frac{250 g\pi r^2 cp}{125k + g}.$$

Dies giebt für das obige $k = 0{,}1274$ F., $P = 224\,102$ Pfd. = 2029 Ctr. Davon 107 Ctr. für das Gewicht des Leitwagens abgezogen, giebt ungefähr das Gewicht des Wagenzuges, welcher fortzuschaffen war. Die Gewichte der durch Dampfkraft und durch den Druck der Luft fortbewegten Wagenzüge verhalten sich also etwa wie 3 zu 5.

(**P.** Wir haben weiter oben gezeigt, dafs auf der Eisenbahn zwischen Paris und Rouen die Dampfwagen für Personenwagenzüge 2134 und diejenigen für Güterzüge 3201 Pfd. Zugkraft haben, also mehr als die Kraft des

Luftkolbens von 1814 Pfd.; folglich müssen sie auch auf einer ähnlichen Bahn mehr fortzuschaffen vermögen. Die Resultate des Herrn ***Mallet*** sind daher nicht richtig, und zwar, weil in seiner Rechnung der Widerstand des Windes nicht berücksichtigt ist.)

Liefse man die Beschleunigung des Luftdruckes durch die ganze Länge des Wagens fortwähren, so würde man $v = \sqrt{(2kl)} = 87$ F. finden, also eine Geschwindigkeit von etwa 13 Meilen in der Stunde. Die Zeit der Fahrt würde 708 Secunden, also nur um $801 - 701 = 93$ Secunden oder etwa um den 8ten Theil geringer sein. Dieses kommt daher, dafs der gröfsere Theil der Zeit, nemlich schon 425 Sec., nöthig ist, um die Geschwindigkeit von 54 F. zu *erlangen.* Ich werde weiterhin ein Mittel angeben, diesen Übelstand zu vermeiden. Zuvor werde ich von den Güterzügen sprechen.

80. Diese Züge würden mit ihrer Geschwindigkeit von 19 F. in der Secunde 28 Minuten brauchen, um die 2655 Ruthen Weges zurückzulegen. Ich will daher ***die Hälfte*** der Geschwindigkeit der Personenwagenzüge, also 27 F. Geschwindigkeit annehmen. Rechnet man danach, so mufs man $k = 0{,}0319$ setzen. Dieses giebt 12 777 F. für den Raum, welcher durchlaufen werden mufs, um die 27 F. Geschwindigkeit zu erlangen, und es gehören dazu 15 Min. 44 Sec. Zeit. Die übrige Länge von $31\,860 - 12\,777 = 19\,083$ F. mit 27 F. Geschwindigkeit zurückzulegen, sind noch 11 Min. 45 Sec. nöthig, also zusammen 27 Min. 29 Sec.; welches ungefähr eben so viel ist, als bei der Fahrt mit Dampfwagen. Für die Last P, welche fortgeschafft wird, finden sich, nach Abzug von 112 Ctr. Gewicht des Leitwagens, 3259 Ctr. Mit 12 Fahrten würden also 39 108 Ctr. fortgeschafft werden. Ich habe oben gesagt, dafs die Dampfwagen 23 282 Ctr. wegbringen: also verhalten sich die beiden Transportmassen wie 3 zu 5. Zieht man Ein Drittheil für das Gewicht der Fahrzeuge ab, so ergeben sich statt der obigen 39 108 Ctr. nur 26 172 Ctr. Gütergewicht. Die Dampfwagen schaffen nur 11 642 Ctr. fort. In der Rücksicht, dafs Paris auch einige Güter nach Rouen sendet, nehme ich nur das Verhältnifs von 1 zu 2 an. Allerdings können die Dampfwagen 23 282 Ctr. ***Güter*** transportiren, aber für den oben angegebenen ***Preis*** nur die Hälfte. Und auf die ***Kosten*** kommt es hier an. (***P.*** Es läfst sich nicht zugeben, dafs ein Dampfwagen mit 3201 Pfd. Zugkraft weniger fortschaffen sollte, als ein Luftkolben mit 1814 Pfd. Kraft.)

81. Eine der Eigenschaften der Luftkraft ist die, ***grofse*** Geschwindigkeiten hervorbringen zu können. Aber, um Vergleichungen anstellen zu können, mufste ich annehmen, dafs die Bewegung ***nicht*** schneller sein solle,

als die auf der Eisenbahn zwischen Paris und Rouen. (*P.* Wir haben oben bemerkt, dafs, weit entfernt die Geschwindigkeit mäfsigen zu müssen, die Dampfmaschine mit 100 Pferden Kraft *zu schwach* ist, um die Geschwindigkeit von 54 F. in der Secunde hervorzubringen.) Bei ermäfsigter Geschwindigkeit würde die Triebröhre länger gebraucht, als die Erfinder voraussetzen. Es war zu untersuchen, ob dies statthaft sei. Ich habe mich dessen versichert, indem ich in einer Tafel die Zeitpuncte der Abfahrten und der Ankunft auf den Zwischenstationen einschrieb. Ich habe aber für die Personenzüge 6 Abfahrten von den Endpuncten angenommen. Es wäre natürlich, sie von zwei zu zwei Stunden geschehen zu lassen; aber das würde nicht angehen. Die Züge würden auf den Zwischenstationen die ihnen entgegenkommenden Züge erwarten müssen. Man mufs $2\frac{1}{2}$ *Stunden* Zwischenzeit annehmen und, wenn der Zug z. B. um 6 Uhr von Paris abgeht, den von Rouen um $6\frac{1}{4}$ Uhr abgehen lassen. Die Züge können abgehen:

von Paris um 6, $8\frac{1}{2}$, 11, $1\frac{1}{2}$, 4 und $6\frac{1}{2}$ Uhr,
von Rouen um $6\frac{1}{4}$, $8\frac{3}{4}$, $11\frac{1}{4}$, $1\frac{3}{4}$, $4\frac{1}{4}$ und $6\frac{1}{4}$ Uhr.

Alsdann begegnet der z. B. um 6 Uhr von Paris abgehende Zug dem Zuge, welcher von Rouen um $6\frac{1}{4}$ abging, auf der 9ten Station von Paris, um 8 Uhr, und dem Zuge, welcher um $8\frac{3}{4}$ Uhr von Rouen abging, auf der 14ten Station, um $9\frac{1}{4}$ Uhr. Der um $8\frac{1}{2}$ Uhr von Paris abgehende Zug begegnet dem Zuge, welcher von Rouen um $6\frac{1}{4}$ Uhr abgeht, auf der 4ten Station, um $9\frac{1}{4}$ Uhr, und dem um $8\frac{3}{4}$ Uhr von Rouen abgehenden Zuge auf der 9ten Station, um $10\frac{1}{2}$ Uhr u. s. w. In den Zwischenzeiten kann man die Güterzüge abgehen lassen, aber es ist im allgemeinen nicht nöthig, dafs diese Züge zu *bestimmten* Stunden ankommen; sie können auf den Stationen warten, bis die Röhren frei sind. (*P.* Dieses würde einen sehr schwierigen Dienst geben und grofsen Aufenthalt verursachen.)

Jede Röhrenstrecke würde von den 12 Wagenzügen, die mit der *gröfseren* Geschwindigkeit sich bewegen, während $12.15 = 180$ Minuten $= 3$ Stunden benutzt werden, und von den 12 Zügen mit *geringerer* Geschwindigkeit während $12.30 = 360$ Min. $= 6$ Stunden. Man sieht also, dafs noch Zeit übrig bleibt, und dafs durch eine einzelne Röhre zwischen Paris und Rouen noch mehr fortgeschafft werden kann als oben angenommen wurde.

82. Ich sagte oben, dafs ich ein Mittel angeben würde, um die Langsamkeit zu vermeiden, mit welcher die 54 F. Geschwindigkeit erreicht werden. Dieses Mittel würde eine *abhängige* Bahnstrecke bei jeder Station sein. Meistens wird das Terrain dazu günstig sein. Wäre es dies aber nicht, so

würde es doch noch vortheilhaft sein, den Abhang zu *machen.* Er würde von 1 auf 40, nur auf eine geringe Länge, etwa von 500 F., nöthig sein, folglich nur etwa $12\frac{1}{2}$ F. hoch. Die obige Gleichung (1.) verwandelt sich dann in

$$5.\quad k = 2g.\frac{\pi r^2 cp - \frac{1}{250}P + \frac{1}{40}P}{P},$$

und das giebt für $P = 2029$ Ctr., $k = 0{,}924$ F., für $l = 500$ F., $v = 31\frac{1}{2}$ F. und $t = 33$ Sec., so dafs am Fufse des Abhanges in 33 Sec. schon $31\frac{1}{2}$ F. Geschwindigkeit erlangt sind. Vom Fufse des Abhanges an, auf der horizontalen Bahn, ist wie oben $k = 0{,}1274$ F. und, um nun weiter 54 F. Geschwindigkeit zu erreichen, ist L in

$$6.\quad 2kL = v^2 - v_0^2$$

die nöthige Länge, wenn man $v = 54$ und $v_0 = 31\frac{1}{2}$ F. setzt. Dieses giebt $L = 7813$ und die dazu nöthige Zeit

$$7.\quad t = \frac{v - v_0}{k} = 184 \text{ Sec.}$$

Die gesammte Zeit ist also bis hieher $33 + 184 = 217$ Sec. $= 3$ Min. 37 Sec. und der durchlaufene Raum $7813 + 500 = 8313$ F. Wäre die Bahn ohne den Abhang, also durchweg horizontal, so wären 7 Min. 5 Sec. Zeit nöthig, um 54 F. Geschwindigkeit zu erlangen. Hier ist der Einflufs des Abhanges von 500 R. lang nicht sehr bedeutend, und dies rührt von dem Gewicht des Wagenzuges her. Wöge derselbe z. B. nur etwa 600 Ctr., so würden 54 F. Geschwindigkeit schon nach 1434 F. durchlaufenem Raum und in 45 Secunden erreicht werden.

83. Man könnte wissen wollen, in wiefern die obigen Gleichungen zu den Ergebnissen der Versuche bei Dalkey passen. Ich habe gesagt, dafs man dort mit einem Wagenzuge von 749 Ctr. schwer in den Krümmen $8\frac{1}{2}$ bis $9\frac{1}{2}$ Meile auf die Stunde zurücklegte. Die Kraft war 2134 Pfd.; aber man erstieg einen Abhang von 1 auf 111. Es findet sich, dafs nach 4142 bis 4460 F. durchlaufenem Raum die obige Geschwindigkeit erreicht werden mufste.

84. Für die nun folgende Berechnung der *Kosten* der Transportkraft auf der atmosphärischen Eisenbahn bemerke ich zuerst, dafs von den 3 Dampfmaschinen für 2655 R. Bahn nur zwei in Bewegung kommen. Für die Abfahrt des ersten Wagenzuges ruht die Maschine am Endpuncte. Die Maschinen in der Mitte und die am Ausgangspuncte arbeiten 5 Minuten lang, um die Luft zu verdünnen, 7 Minuten *während* der Fahrt der Personenzüge und 14 Minuten *während* der Fahrt der Güterzüge. Bei den zurückkommenden Zügen

ruht die Maschine an den ersten Stationen, und die beiden andern werden in Bewegung gesetzt. Während eines Tages also arbeitet die Maschine in der Mitte 144 Minuten für die Personenzüge und 228 Minuten für die Güterzüge, zusammen also 372 Minuten oder 6 St. und 12 Min. Die beiden andern Maschinen *zusammen* haben eben so lange gearbeitet. Also kommen auf 2655 R. Bahn 12 St. 24 M. Arbeitszeit *einer* Maschine; wofür ich, mit Einschlufs der Zeit zum Heizen und zur Erhaltung des Feuers während der Ruhe, 16 St. annehme.

85. Die Maschine zu Dalkey braucht 4,802 Pfd. Kohlen in der Stunde auf Eine Pferdekraft, also für die 100 Pferdekraft in 16 Stunden 7684 Pfd. oder 70 Ctr. Kohlen.

Der Ctr. Kohlen kostet etwa 16½ Sgr. (Bei den Maschinen zu Chaillot und Gros-Caillou bezahlt man etwa 14½ Sgr.) Dies thut	38 Thlr.	12 Sgr.
Dazu kommt: Für zwei Maschinisten	3 -	6 -
Für zwei Heizer	1 -	18 -
Für Öl, Talg, Hanf etc.	4 -	8 -
Für einen Wagenführer	1 -	10 -
Für Leder zum Kolben	— -	24 -
Für die Verdichtungsmasse der Luftröhre	— -	24 -
Zinsen der Anlagekosten der Maschine, Abnutzung derselben etc., zu 7½ pr. C., ...	10 -	28 -
Thut zusammen	61 Thlr.	10 Sgr.

86. Um diese Kosten auf die Personen- und die Güterzüge verhältnifsmäfsig zu vertheilen, erinnere man sich, dafs von den obigen 12 St. 24 Min. 4 St. 48 Min. auf die Personenzüge und 7 St. 36 Min. auf die Güterzüge kommen. Da sich diese Zahlen wie 5 zu 8 verhalten, so kommen von den 61 Thlr. 10 Sgr.

Auf die Personenzüge	23 Thlr.	18 Sgr.
Und auf die Güterzüge	37 -	22 -
Thut	61 Thlr.	10 Sgr.

Dafür sind durch die 12 Fahrten 23 283 Ctr., das Gewicht der Wagen und von wenigstens 6000 Personen 2655 R. weit fortgeschafft worden. Dies thut für den Centner $\frac{23 \text{ Thlr. } 18 \text{ Sgr.}}{23\,284} = 0{,}365$ Spf. Mit Dampfwagen sind die Kosten für den Centner 0,916 Spf. Für die Güter findet sich, da die Luftkraft 23283 Ctr., die Dampfkraft aber nur die Hälfte fortbringt, 0,584 Spf. für den Ctr. Transportkosten mit Luftkraft und 1,140 Spf. mit Dampfkraft.

86. Hier ist nun aber eine Berücksichtigung nöthig. Die Eisenbahn nach Rouen hat nemlich ***sehr günstige Gefälle.*** Einige derselben betragen 1 auf 333, aber die meisten sind nicht steiler als 1 auf 500. Die obigen Rechnungen setzen die Bahn ***horizontal*** voraus. Es wäre zu viel, ***durchgehends*** eine Steigung von 1 auf 333 anzunehmen, aber ich will ***durchgehends*** 1 auf 500 annehmen. Ich setze dadurch gewifs nicht zu wenig voraus, denn, wie oben gezeigt, ist die Triebkraft fast überall überschüssig und mufs ermäfsigt werden. Statt sie durch Hemmen theilweise zu vernichten, wäre es gewifs besser, damit Abhänge zu ersteigen. Jedenfalls will ich das vorhin genannte Gefälle annehmen und danach die Resultate ermäfsigen.

87. Die Triebkraft von 1814 Pfd. zieht auf ***horizontaler*** Bahn $\frac{1814.250}{110}$ $= 4123$ Ctr. fort und auf einen Abhang von 1 auf 500, $\frac{1814}{110(\frac{1}{500}+\frac{1}{250})} = \frac{1814.500.250}{110.750} = 2749$ Ctr. Da sich diese beiden Zahlen wie 3 zu 2 verhalten, so erhält man statt der obigen 0,365 Spf. für den Personentransport $\frac{3}{2}.0{,}365 = 0{,}547$ Spf. und statt der 0,584 Spf. für den Gütertransport $\frac{3}{2}.0{,}584 = 0{,}876$ Spf. Die 0,547 Spf. sind gerade drei Fünftheile von den 0,916 Spf. der Transportkosten durch Dampfwagen: also folgt, dafs der Transport der Personen auf der atmosphärischen Eisenbahn zwei Fünftheile weniger kostet, als der durch Dampfwagen. Bei dem Frachttransport verhalten sich die Kosten wie 4 zu 5, und es wird also Ein Fünftheil erspart.

(***P.*** Bei diesen Rechnungen dürften mehrere Berichtigungen nöthig sein.

Erstlich nemlich ist die Triebkraft des Luftkolbens in einer Röhre von 15 Zoll im Durchmesser ***geringer,*** als die von Dampfwagen, und die Luftkraft bringt durch einen solchen Kolben nicht mehr Lasten fort, als die Dampfkraft.

Zweitens. Man darf die Kosten des Transports nicht nach ***Personen*** berechnen, sondern mufs die Kosten des Transports von ***Wagenzügen*** suchen; denn die Zahl der Reisenden steht nicht in dem Willen der Eigenthümer der Eisenbahn und ist immer geringer als die, welche die Bahn fortschaffen ***könnte.***

Drittens. Statt, wie Herr ***Mallet*** thut, einen durchgängigen Abhang von 1 auf 333 oder 1 auf 250 anzunehmen, müfste man für die atmosphärischen Eisenbahnen auf einen Abhang von 1 auf 40 rechnen. Nachdem man eine so grofse Ersparung an den Anlagekosten durch die Möglichkeit starker Gefälle vorausgesetzt hat, sollte man auch auf Wagenzüge rechnen, die diesen Gefällen angemessen sind; und dann sind nicht Personenwagenzüge von 1940 Ctr.

und Frachtwagenzüge von 3299 Ctr. schwer, sondern nur Züge von 563 Ctr. schwer anzusetzen; welches nach der obigen Berechnungs-Art die 3fachen Transportkosten giebt. [Allerdings, wenn in der Bahn wirklich Abhänge von 1 auf 40 vorkommen; dann mufs allerdings die Triebkraft für diese Abhänge vorhanden sein; und zwar ist es, da die Kraft auf der atmosphärischen Bahn, anders wie auf der Dampfwagenbahn, ***immer gleich stark*** ist, so, als wenn der Abhang von 1 auf 40 ***durchweg*** vorhanden wäre. Aber wenn ***nicht*** so starke Abhänge vorkommen, ist auch nicht darauf zu rechnen. D. H.]

Viertens. Herr ***Mallet*** rechnet auf 24 Wagenzüge täglich, während auf der Eisenbahn zwischen Paris und Rouen nur 12 bis 14 täglich vorkommen. Die Kosten des ***Dampfwagen***-Transports verhalten sich ganz wie die Zahlen der Wagenzüge: die Kosten der ***Luftkraft*** dagegen nehmen, weil die Maschinen, welche sie hervorbringen, bleiben, nicht ganz in diesem Verhältnifs ab. [Die Maschinen, welche die Dampfkraft erfordert, bleiben auch dieselben; aber freilich ist hier nicht auch noch die kostbare Triebröhre vorhanden. D. H.])

88. Ich habe 24 Wagenzüge täglich angenommen; was nicht zu viel ist. Jetzt bewegen sich zwischen Paris und Rouen, mit den Wagen von Mantes her, täglich wenigstens 12 Personenzüge und 6 Güterzüge, also in allem 18 bis 20. Von London nach Brighton und zurück fahren täglich 18, nach Southampton 24, auf der Grand-junction Eisenbahn 22, von London nach Birmingham und zurück 26, zwischen Dublin und Kingstown 28, zwischen Paris und Versailles, auf dem linken, wie auf dem rechten Ufer der Seine, ebenfalls 28. Die zuletzt genannten Eisenbahnen machen freilich Ausnahmen. Aber wenn ich auch weniger Wagenzüge angenommen hätte, würden die Ergebnisse der Rechnung doch ungefähr die nemlichen geblieben sein, und es wäre noch leichter gewesen, nachzuweisen, dafs ein einzelnes Schienenpaar hinreichend ist. Man darf indessen bei den Voraussetzungen niemals das Maafs überschreiten, für welches überhaupt nur noch eine Eisenbahn, möge sie durch Dampfkraft oder durch Luftkraft befahren werden, die Zinsen und Kosten einbringt.

(***P.*** Man erlaube uns hier, unsere Berechnung für 8 Wagenzüge herzusetzen. Wir nehmen eine Bahn von 26 550 Ruthen (100 Kilom.) lang an.

1. Die Transportkosten ***durch Dampfwagen*** sind folgende.

Es werden 7 Dampfwagen geheizt, und davon 3 zur Reserve, während 24 Stunden. Sie stehen 148 Stunden still und sind 20 Stunden in Bewegung. Es sind 14 Maschinisten und Heizer nöthig. Die Maschinen durchlaufen jährlich 39 875 Meilen. Die Maschinen kosten . . . . 320 000 Thlr.

Die Zugkraft für 39 875 Meilen beträgt, zu 2 Thlr. 6¼ Sgr., 88 000 -

Für Zinsen und Amortisation des Anlage-Capitals, zu 6 pr. C., ... 19 280 -

Thut zusammen jährlich 107 200 Thlr.

2. Zum Transport durch *Luftkraft* sind 21 stehende Maschinen zu heizen, welche jede etwa 1¾ Stunden arbeiten müssen. Die Maschinen sind also etwa 37 Stunden in Bewegung und stehen die übrigen 467 Stunden still. Es sind 42 Maschinisten und Heizer, 4 Wagenführer und mehr als 110 Bahnwärter wegen der Triebröhre und ihrer Klappen nöthig. Die Anlagekosten für die bewegende Kraft betragen für ein Schienenpaar 2 933 333 Thlr. Die jährlichen Kosten der Transportkraft sind folgende.

Für Brennstoff 534 Pfd. Kohlen für jede Maschine auf die Stunde Bewegung, und 43 Pfd. auf die Stunde Ruhe, thut 131 038 Ctr., zu etwa 16½ Sgr., 73 067 Thlr.

Erhaltung und Wartung von 21 Maschinen, zu 2866 Thlr. 20 Sgr., ... 39 200 -

Zur Aufsicht und Erhaltung der Triebröhre 120 Personen, zu 400 Thlr., ... 48 000 -

Für die Leitwagen etc. . . . . 5 066 -

Thut zusammen an Transportkosten 165 333 Thlr.

Hiezu für Zinsen und Amortisation des Anlage-Capitals von 2 933 333 Thlr., zu 6 pr. C., ... 176 000 -

Thut an gesammten Kosten jährlich 341 333 Thlr.

Also kostet der Transport durch Luftkraft *dreimal so viel,* als der durch Dampfkraft. Der Unterschied nimmt freilich ab, so wie die Frequenz zunimmt: aber die *Gleichheit* der Kosten wird erst durch eine Transportmasse erreicht, die alle Wahrscheinlichkeit übersteigt.

Ich habe hier *nur ein Schienenpaar und nur eine Triebröhre* angenommen, aber ich gebe gar nicht zu, dafs eine atmosphärische Eisenbahn mit *nur einer* Triebröhre practicabel ist, sobald sich darauf Wagenzüge *hin- und zurück* bewegen sollen.)

89. In der Wirklichkeit sind zwar die Wagenzüge bei weitem nicht immer voll beladen, aber ich wiederhole, dafs ich nur *vergleichende* Rechnungen habe anstellen wollen, und dafs ich *deshalb* für beide Arten von Eisenbahnen *gleiche* Umstände annahm und so auf das *Maximum* ihrer Leistungen

rechnete. Gewöhnlich fahren mit einem Wagenzuge nur 80 bis 100 Personen, und so ist die Ersparung, welche oben gefunden wurde, ein *Minimum*. Denn die Bezahlung für einen Wagenzug mit Dampfkraft auf der Eisenbahn zwischen Paris und Rouen ist die nemliche, er mag viel oder wenig Personen fortschaffen, während sich auf der atmosphärischen Eisenbahn die Triebkraft nach der fortzuschaffenden Ladung ermäfsigen läfst. Es wird z. B. in der Regel eine Quecksilberhöhe von 12 bis 13 Zoll zureichen, und diese läfst sich in 2 Minuten hervorbringen; man erspart also 3 Minuten für jede Maschine und für jeden Wagenzug. (*P.* Wie es mir scheint, verhält es hier gerade umgekehrt.)

90. Es wäre noch die Frage, in welchen Fällen es vortheilhaft sein dürfte, auf *schon vorhandenen* Eisenbahnen die Luftkraft statt der Dampfkraft zu benutzen. Es würde sich ohne Schwierigkeit eine Triebröhre zwischen die Schienen legen lassen. Auf den Bahnhöfen, auf den Stationen, und sonst im Dienst, würde sich nichts ändern. Die horizontalen Strecken würden bleiben, wie sie sind. Blofs die Brücken über die Eisenbahn hinweg, so wie die Tunnels, würden höher sein, als nöthig ist. Die Dampfwagen und ein Theil der Schienen würden verkauft werden können. Die Quer-Unterlagehölzer würde man aufbewahren; denn es ist kein Vortheil bei der Veräufserung derselben; auch würde ich nicht vorschlagen, *alle* überflüssig gewordenen Schienen zu verkaufen; [Der Herr Verfasser spricht wahrscheinlich von den jetzigen Eisenbahnen, die *zwei* Schienenpaare haben. D. H.], sondern ich würde einen Theil davon, etwa den vierten, zu Ausweichestellen zurückbehalten. Für Dampfwagen ist auf die Meile 46 000 Thlr. gerechnet worden. Ich nehme an, dafs man aus diesen Wagen nur 24 000 Thlr. löse, weil die Maschinen nicht mehr neu sind und man vielleicht nicht Käufer genug findet. Die Schienen und Schienenstühle würden vielleicht ebenfalls nur etwa die Hälfte Dessen einbringen, was sie gekostet haben. Ich setze also, man löse überhaupt für die Meile nur etwa . . . . 48 000 Thlr.

Die Anlagekosten der Triebröhre etc. betragen auf die Meile in runder Zahl		220 000 Thlr.
Dazu noch für Ausweichestellen		38 000 -
	Thut	258 000 Thlr.
Abgezogen hievon die obigen		48 000 -
	Bleiben	210 000 Thlr.
Die Zinsen davon zu 5 pr. C. sind		10 500 Thlr.

91. Ich nehme nun an, die Eisenbahn sei blofs zum ***Personentransport*** bestimmt. Es wird der Fahrpreis zu bestimmen sein. In dem Bericht des Herrn ***Talabot*** vom Jahre 1842 finde ich, dafs auf der Eisenbahn im Gard-Departement 8 Spf. für die Meile bezahlt worden sind. Bei Paris werden die Fahrkosten theuerer sein, weil es der Brennstoff ist; und auf diese Gegend rechne ich. Setzt man 80 Personen für jeden Wagenzug, für welchen auf der Eisenbahn nach Rouen 2 Thlr. 6 Sgr. bezahlt werden, so macht dies für die Person etwa 10 Spf. Die Kosten auf der atmosphärischen Eisenbahn werden $\frac{3}{5}$ davon, also 6 Spf. sein, folglich 4 Spf. weniger. Um die obigen Zinsen von 10 500 Thlr. zu decken, sind also etwa 1 Million Passagiere nöthig. Die Umänderung einer Dampfwagen-Eisenbahn in eine atmosphärische würde also nur da rathsam sein, wo eine Frequenz Statt findet, wie zwischen Paris und Versailles. Wollte man die ***Ausweichestellen*** weglassen, so würde eine Frequenz von etwa 750 Tausend Personen nöthig sein. Es folgt daraus, dafs die Fälle, wo die Umänderung einer Dampfwagen-Eisenbahn in eine atmosphärische vortheilhaft sein würde, nur sehr selten sind. Die beiden Systeme schliefsen einander gänzlich aus. Es kommt nur darauf an, ob das Luftdrucksystem überhaupt rathsam sei; denn alsdann mufs man andere Regeln als die bisherigen für die Gefälle annehmen.

92. Es giebt aber noch einen andern Fall: nemlich den der Bahnen, deren ***Dämme*** fertig und zu welchen die Schienen noch nicht gelegt sind. Hier kostet die Meile Dampfwagenbahn 258 000 Thlr., die Meile atmosphärische Bahn mit einem Schienenpaar 312 000 Thaler, und mit zwei Schienenpaaren, auf ein Viertel der Länge, 380 000 Thlr. In dem ersten Fall also kostet die Luftdruckbahn 54 000 Thlr. mehr, und um die Zinsen davon aufzubringen sind 245 500 Passagiere nöthig; im zweiten Fall 122 000 Thlr. mehr, und dazu sind 550 000 Passagiere erforderlich. Es ist also ungefähr ***gleich,*** auf welche Art man Eisenbahnen, deren Dämme fertig sind, vollendet. Von den 245 000 Passagieren (was eine gewöhnliche Frequenz ist) wird vorausgesetzt, dafs sie die ***ganze*** Linie befahren. Die 550 000 Passagiere, unter eben dieser Bedingung, sind schon ein aufsergewöhnlicher Fall. Man kann also die angefangenen Eisenbahnen ohne Nachtheil für Dampfkraft vollenden. [Indessen wird doch unmöglich von den ***Kosten allein*** die Rede sein können. Auch die ***Sicherheit der Personen*** dürfte in Betracht kommen. D. H.]

93. Ich erachte mich weit entfernt, den Beweis gegeben zu haben, dafs das atmosphärische System auf Bahnen ***von beliebiger Länge*** anwend-

bar sei. Die Lösung der Frage ist noch nicht so weit gediehen; aber die Wahrscheinlichkeit schon macht es nothwendig, dafs die Regierung dem neuen Systeme ihre Aufmerksamkeit zuwende. Nimmt man an, dafs die Baukosten beider Arten von Eisenbahnen *dieselben* sind, so ist es wenigstens nicht zweifelhaft, dafs die Transportkosten auf der atmosphärischen Bahn diejenigen auf der Dampfwagenbahn nicht erreichen. Ich habe dies durch Berechnungen zu erweisen gesucht, aber es ist auch fast ohne Rechnung klar: denn man hat hier nicht das ungeheuer grofse Gewicht des Dampfwagens und des Tenders fortzuschaffen, welches öfters ein Drittheil, zuweilen die Hälfte des Gewichts des Wagenzuges ausmacht; was schon auf schwachen Gefällen fast die ganze Dampfkraft wegnimmt. [Man überlasse sich doch ja nicht *solchen* Erwägungen. Sie täuschen gar sehr. Nur Versuche und Erfahrungen in möglichst grofsem Maafsstabe können allein entscheiden. D. H.]

94. Ein anderer Vortheil der atmosphärischen Bahn ist die *Geschwindigkeit*. Wie theuer sie mit Dampfkraft sei, ist bekannt. Durch die Luftdruck-Vorrichtung wird sie gleichsam von selbst hervorgebracht. [! Wieder eine solche Aufstellung. D. H.] Ich weifs wohl, dafs die *Zeit* in Frankreich noch nicht so kostbar ist, als in England: aber das Reisen mit sehr grofser Geschwindigkeit wird sie uns schätzen lehren. Was sind jetzt schon die Eilwagen gegen die Eisenbahnen!

95. Ich wiederhole nicht die übrigen Vorzüge des atmosphärischen Systems. Ich glaube mich darüber hinreichend verbreitet zu haben, um einen *Versuch* verlangen zu dürfen; welches Verlangen ich hier am Schlufs wiederhole. Wie und wo derselbe zu machen sei, hat die Regierung zu bestimmen. Wird der Versuch beschlossen, so werden die zu erfüllenden Bedingungen genau im Voraus zu bestimmen sein.

Hiemit glaube ich den mir gegebenen Auftrag erfüllt zu haben. Ich verhehle mir nicht die Wichtigkeit desselben, und hätte nur gewünscht, dafs meine Fähigkeit dem guten Willen und der Gewissenhaftigkeit, mit welcher ich meine Äufserungen aufgestellt habe, entspräche. Ich habe Alles, was ich vermag, gethan, um diesen Bericht so vollständig zu machen, als möglich; allein wahrscheinlich habe ich noch eine Menge von Erwägungen übergangen. Die Neuheit des Gegenstandes und der Wunsch, die Resultate meiner Sendung *bald* zu überliefern, werden mich in diesem Punct entschuldigen.

Paris, den 10ten Januar 1844. *Mallet.*

Einige andere Vorschläge zur Bewegung von Lasten auf Eisenbahnen, anders als durch Dampfkraft.

1. Triebröhre des Herrn ***Hallette*** *für sogenannte atmosphärische Eisenbahnen.*

(Aus dem Journal des chemins de fer von 1844 No. 8.)

[Die im Eingange gedachte offenbare Unvollkommenheit der Vorrichtung, die längsauslaufende Klappe der Triebröhre auf der Dubliner Eisenbahn zu öffnen und luftdicht zu verschliefsen, hat nothwendig Bestrebungen veranlassen müssen, eine andere, bessere Vorrichtung zu erfinden. Herr ***Hallette***, einer der vorzüglichsten Maschinenbauer in Paris, schlägt eine Vorrichtung vor, die sich durch ihre Einfachheit sehr empfiehlt. Das oben genannte Journal beschreibt dieselbe wie folgt. D. H.]

Statt der längsauslaufenden ledernen, durch eiserne Schienen verstärkten Klappe, die an einer Seite des Schlitzes der Triebröhre frei, an der andern fest, und die bestimmt ist, der Stange, welche den Luftkolben mit dem vordersten Wagen in Verbindung setzt, den Durchgang aus dem Innern der Röhre nach Aufsen zu gewähren, bedient sich Herr ***Hallette*** der ***Elasticität der Luft***, um den Schlitz der Triebröhre unter den hier nothwendigen Bedingungen zu verschliefsen. Er bringt oben an der Triebröhre an den Rändern des Schlitzes der Länge nach zwei halbe Cylinder oder Röhren an, die gegen einander gekehrt sind (Taf. VII. Fig. 25. und 26.). In diese hohlen Cylinder legen sich zwei luft- und wasserdichte Röhren aus einem biegsamen Stoffe. So wie diese Röhren stark genug durch Luft aufgeblasen sind, ***berühren*** sie sich wechselseitig mit einem Theile ihrer äufsern Flächen, gleich den Lippen des menschlichen Mundes, und verschliefsen dadurch der äufsern Luft vollkommen den Eingang in das Innere der Röhre. Bewegt sich nun der Kolben in der Röhre vorwärts, so gleitet die Stange, welche ihn mit dem vordersten Wagen verbindet, zwischen diese Lippen hindurch, die sich unmittelbar hinter ihm wieder schliefsen. Die Stange, deren horizontaler Querschnitt der eines an beiden Seiten convexen Linsenglases (ménisque) ist, und die auf diese Weise, vorn und hinten keilförmig, zwischen die Lippen hindurch gleitet, bringt keine bedeutende Reibung hervor. Um die Lippenröhren dauerhafter zu machen, belegt sie Herr ***Hallette***, so weit sie sich berühren, mit Leder. Er schlägt auch vor, mit diesem Mittel den Luftdruck zur Bewegung der Schiffe auf Strömen und Canälen zu benutzen.

Herr ***Hallette,*** indem er die zahlreichen Vorzüge des atmosphärischen Systems aufzählt, berührt auch den Fall, wenn man die Eisenbahnen unmittelbar auf die Bankette der Chausséen legen wollte; welche Aufgabe noch zu lösen wäre; ungeachtet der Veränderungen die er vorschlägt, und die er natürlich sehr anrühmt. Was uns besonders in dem Aufsatz des Herrn ***Halette*** interessirt, ist sein Anerbieten, eine atmosphärische Eisenbahn für 460 000 Thlr. die Meile zu bauen; welche Summe er wie folgt berechnet.

Für Erd-Arbeiten, Unterlagehölzer, Schienenstühle und Schienen	72 000 Thlr.
Für die Bahnhöfe und andere Bauwerke	20 000 -
Für die Triebröhre, mit Zubehör, ...	320 000 -
Für die Dampfmaschinen und Luftpumpen, etwa auf jede Meile eine, ...	25 000 -
Für Fahrzeuge	20 000 -
Zusammen	457 000 Thlr.

Herr ***Hallette*** verlangt für seine Erfindung nur 10 pro cent Dessen, was, wenn man nach seiner Art baut, an 600 Tausend Thaler auf die Meile erspart wird, welche Summe jetzt kaum in den günstigsten Fällen zureicht; und das erweckt zu seinem Vorschlage Vertrauen. Hier also, wenn irgendwo, ist ein Versuch im Grofsen zu wünschen; und zwar durch einen Maschinenbauer, der solche Proben seiner Kunst abgelegt hat, wie Herr ***Hallette.***

Ungeachtet der zahlreichen Veränderungen, welche Herr ***Hallette*** vorschlägt, finden wir uns indessen doch noch nicht zu dem atmosphärischen System bekehrt, sondern erwarten erst den so lange verheifsenen Bericht des Herrn ***Mallet.*** [Diese Notiz wegen des ***Hallette***schen Systems ist ***früher*** in dem Journal gedruckt, als der Bericht des Herrn ***Mallet.*** D. H.] Herr ***Hallette*** hat sich jedenfalls ein Verdienst um sein Vaterland erworben, durch seine Bemühung, ein System zu vervollkommnen, von welchem er Vortheil und gröfsere Sicherheit für die Transporte auf Eisenbahnen erwartet. [Wie manches solches Verdienst bleibt unbeachtet! D. H.]

Wir geben hier die Zeichnungen der alten und der neuen Art der Triebröhre (Taf. VII. Fig. 24 — 26.) [Die Figuren in dem Journal sind recht deutliche Holzschnitte, und da auch die Zeichnung der ***Samuda***schen alten Art recht deutlich ist, so fügen wir sie, obgleich eine Wiederholung der Figuren zu den obigen Abhandlungen, ebenfalls bei.

Die Idee des Herrn ***Hallette*** ist unstreitig ihrer Einfachheit wegen ungemein sinnreich. Es kommt nur darauf an, ob wirklich so die Triebröhre hinreichend luftdicht werde verschlossen werden, und ob die Lippenröhren ***dauerhaft*** genug werden gemacht werden können. Die Erfahrung von einem Versuch im Grofsen kann allein darüber entscheiden. Ist der Erfolg günstig, so ist ohne Zweifel diese neue Art des Verschlusses der Triebröhre besser, als die alte. D. H.]

II. Des Herrn Pecqueur Vorschlag, die Spannung zusammengeprefster Luft als bewegende Kraft auf Eisenbahnen zu benutzen.

(Von Herrn Dr. *J. Guyot.* Aus dem „Journal des chemins de fer" von 1844 No. 31.)

Ohne specielle Zeichnungen läfst sich von Dem, was das System des Herrn ***Pecqueur*** für die Sicherheit, Leichtigkeit und Einfachheit der Bewegung der Lasten auf Eisenbahnen zu versprechen scheint, nicht besser ein Begriff geben, als durch die einfache Beschreibung, welche Herr ***Arago*** davon in der Deputirtenkammer gemacht hat.

Herr ***Pecqueur*** legt zwischen die gewöhnlichen Schienen einer Eisenbahn längsaus eine Röhre aus gegossenem Eisen und verdichtet in derselben mittels einer von einer stehenden Dampfmaschine in Bewegung gesetzten Luftpumpe die Luft bis auf 2, 4 und, wenn man will, 10 Atmosphären. Die Dampfmaschine, so wie die Luftpumpe, welche Herr ***Pecqueur*** anwenden will, sind von seiner Erfindung. Es sind Maschinen mit kreisförmiger, also stetiger Wirkung. Die Maschinen wirken sehr gut, aber sie sind nicht wesentlich nöthig. Man kann sich auch anderer Maschinen zum Zusammenpressen der Luft, so wie zur Triebkraft anderer fortrückender Maschinen bedienen.

Oben in der mit zusammengeprefster Luft gefüllten eisernen Triebröhre befinden sich von 3 zu 3 F. [statt 1 Metre gesetzt, D. H.] cylindrische (?) Öffnungen, welche von innen nach aufsen vermittels conischer Ventile durch die Spannung der Luft selbst verschlossen werden. Werden diese Ventile von aufsen nach innen durch einen ***Druck*** geöffnet, so strömt die Luft vermöge ihrer Spannung durch sie aus. Stellt man sich nun vor, dafs in dem Augenblick, wo eine Klappe auf diese Weise geöffnet ist, die Öffnung von einer genau darauf passenden Röhre umfafst und bedeckt wird, welche Röhre dann die gespannte Luft in die Cylinder einer mitfahrenden Maschine [also eines ***Luftwagens,*** der hier die Stelle des ***Dampfwagens*** einnimmt, D. H.], oder zwischen die Schaufeln und den Kolben der ***Pecqueur***schen Maschine leitet, so wird man leicht sehen, dafs jene Luft, von beträchtlicher Spannung, ganz eben so wirken wird, wie der Dampf auf Dampfwagen. Es ist also nur die Schwierigkeit vorhanden, die Leitröhre von der Triebröhre nach dem Luftwagen hin mit geringer Reibung und luftdicht schliefsend über die äufsere Öffnung der Ventile gleiten zu lassen, in dem Augenblick und während des Zeitraums, welche die Ventile offen sind, dann aber auch die Klappen wieder luftdicht zu verschliefsen, sobald die Leitröhre sie verlassen hat. Herr ***Pecqueur*** löset diese Aufgabe durch eine einfache und dauerhafte Vorrichtung. Der Luftwagen nemlich führt einen gebogenen Hebel mit sich, welcher, über die Klappen hingleitend, sie aufdrückt, gerade in dem Augenblick, wo die Öffnung der Leitröhre, die einen ausgehöhlten verlängerten Ansatz hat, in einer Rinne fortgleitet, in deren Boden sich die Öffnungen der Luftklappen befinden. Sobald der Hebel über eine Klappe hinweg ist, und also nicht mehr auf sie drückt, schliefst sich die Klappe durch den Druck der Luft von innen augenblicklich wieder. Hebt man den Hebel auf, so dafs er nicht mehr auf die Klappe drücken kann, so hört auf der Stelle die Wirkung des Luftwagens auf, weil ihm nun keine gespannte Luft mehr zugeführt wird, und der Wagenzug auf der Bahn bewegt sich nur noch mit der erlangten Geschwindigkeit weiter. Auch ist leicht zu sehen, dafs man mit dieser Vorrichtung eben so wohl rückwärts als vorwärts fahren kann.

Ich sage nichts Näheres von der doppelten Reihe der Klappen und der längsauslaufenden Vorrathsröhre, so wie von dem Gebläse, welches auf eine sinnreiche Weise die Reibung auf der Öffnung der Klappen regelt, sondern komme sofort zu der Hauptsache, nemlich zu der Vergleichung der Wirkung der ***Zusammenpressung*** der Luft mit der des Ausschöpfens derselben.

Bei dem ***Ausschöpfen*** der Luft ist, abgesehen von der Reibung und dem Widerstande der Trägheit der Masse, der Unterschied der aufgewandten Kraft und des Nutz-Effects 14 pr. C. für $\frac{1}{4}$ Atmosphären, 33 pr. C. für $\frac{1}{2}$, und 60 pr. C. für $\frac{3}{4}$ Atmosphären. Bei dem ***Zusammenpressen*** der Luft ist der Nutz-Effect, wieder abgesehen von der Reibung und der Trägheit, der angewandten Kraft gleich. [Wir werden über diesen Gegenstand und das hier noch Folgende in dem zweiten Theile des gegenwärtigen Artikels nähere Untersuchungen anstellen. D. H.]

Diese Verschiedenheit kommt daher, dafs, je mehr die Luft beim Ausschöpfen verdünnt wird, die *Saugpumpe,* während sie an der äufsern Luft einen zunehmenden Widerstand findet, einen immer abnehmenden Theil der noch in der Röhre vorhandenen Luft ausschöpft: wohingegen die *Druckpumpe,* die aus der äufsern Luft stets dieselbe Luftmasse schöpft, in der Röhre stets einen gleichen [?] Widerstand antrifft.

Die Maschinen zum *Ausschöpfen* der Luft müssen einander *nahe* stehen, weil die Pumpe um so weniger wirkt, je kleiner ihr Stiefel gegen den Raum der Röhre ist. Abgesehen von der Undichtigkeit der auszuschöpfenden Röhre, kann die Wirkung eines Kolbenhubes so gering werden, dafs das Ausschöpfen allzuviel Zeit erfordert. Wird dagegen die Luft in die Röhre *eingepumpt,* so können die Luftpumpen, abgesehen von der Undichtigkeit der Röhre, *beliebig* weit von einander entfernt sein, weil jeder Kolbenschlag immer dieselbe Masse Luft in die Röhre prefst.

Bei der Englischen Triebröhre ist der Verlust durch die Undichtigkeit der Röhre unvermeidlich, und wegen der Länge der Klappe bedeutend. Bei der *Pecqueur*schen Triebröhre sind die Ventile die gewöhnlichen und können so dicht gemacht werden, dafs nichts verloren geht.

Bei dem *Ausschöpfen* der Luft ist die Stärke der Triebkraft, welche sich hervorbringen läfst, auf $\frac{1}{2}$ oder $\frac{3}{4}$ Atmosphären beschränkt: bei dem *Zusammenpressen* der Luft ist diese Kraft unbeschränkt.

Bei dem *Ausschöpfen* mufs der Stiefel und der Kolben der Pumpe *grofs* sein, um die Wirkung ein wenig zu verstärken: bei dem *Zusammendrücken* wirkt schon ein kleiner Kolben bedeutend. Es verhält sich hier gerade so, wie beim niedrigen und hohen Druck bei Dampfmaschinen.

Bei dem *Ausschöpfen* würde ein Kolben von 1 Q. F. (1000 Centimetres superficiels) nur 40 Ctr. auf einen Abhang von 45 Graden hinaufbringen [?]: bei dem *Zusammenpressen* auf 10 Atmosphären 400 Ctr.

Durch eine *ausgeschöpfte* Triebröhre läfst sich ein Wagenzug nur nach einer Richtung forttreiben [?]: durch die *Pecqueur*sche Röhre eben so wohl rückwärts, als vorwärts.

Über der *auszuschöpfenden* Röhre hat ein aufzuhaltender Wagenzug gegen die erlangte Geschwindigkeit und aufserdem gegen den fortdauernden Luftdruck zu kämpfen: über der *Pecqueur*schen Röhre nur gegen die erstere, und man kann dieser durch *Zurückbewegung,* den Hemmschuhen zur Hülfe, entgegenwirken.

U. s. w. Argenteuil, den 31ten July 1844. *Guyot.*

[Der Herausgeber des gegenwärtigen Journals hat zufällig Gelegenheit gehabt, durch einen ausgezeichneten Französischen Ingenieur, der sich vor Kurzem einige Zeit in Berlin aufhielt und der die ***Pecqueur***sche Vorrichtung genau kannte, von derselben durch mündliche Beschreibung und Handzeichnungen eine noch etwas nähere Vorstellung zu erhalten. Dieser zufolge besteht die ***Pecqueur***sche Röhre eigentlich aus zwei mit einander verbundenen und aus einem Stück gegossenen Röhren, eine über die andere: die untere, in welcher sich der Kolben bewegt, von kreisförmigem Querschnitt, die obere mit ebenem Deckel. In der Wand oder dem Deckel zwischen beiden Röhren, also in dem obersten Theil der cylindrischen Wand der untern Röhre, befinden sich, mehrere Meter weit von einander entfernt, einzelne Klappen, die durch einen Hebel vom Luftwagen her vermittels Stangen, welche durch die Röhrenwand gehen, geöffnet werden. Die obere Röhre oder, wenn man will, der obere Theil der ganzen Triebröhre, dient gleichsam zum ***Luftbehälter.*** In seiner obern Decke befindet sich alle 3 F., wie es in der obigen Beschreibung gesagt ist, eine Klappe, die, ebenfalls der Beschreibung zufolge, durch einen Hebel niedergedrückt wird. Die aus dieser Klappe ausströmende Luft in die Leitröhre, die sie nach dem Luftwagen hinführt, ***aufzufangen,*** dient ein Ventil, ähnlich dem ***Gleitventil*** an Dampfwagen, welches über die Klappen hingleitet.

Nach dieser Beschreibung wäre die Vorrichtung doch ziemlich complicirt; und wie es möglich sei, das ***Gleitventil*** so einzurichten, dafs nicht Luft ***verloren*** geht, ist schwer einzusehen. Doch auch hier können nur Versuche, möglichst im Grofsen, und die Erfahrung entscheiden. Die von Herrn ***Guypt*** berührte Vergleichung der Wirkungen der beiden Methoden, die Luft ***auszuschöpfen*** und sie ***zusammenzupressen,*** und die Vorzüge der einen vor der andern in Rücksicht der dazu nöthigen Kraft, werden wir, wie gesagt, im zweiten Theile dieses Artikels näher erörtern. D. H.]

III. Versuche mit einer Zugmaschine für Eisenbahnen, auf welche die zusammengeprefste Luft so wirkt, wie der Dampf auf Dampfwagen.

(Aus dem „Journal des chemins de fer" No. 35. vom 31. August 1844.)

In dieser Woche hat man auf der Eisenbahn zwischen Paris und Versailles auf dem linken Ufer der Seine sehr interessante Versuche angestellt. Es kam darauf an, ob wirklich nach dem Vorschlage des Herrn ***Andraud zusammengeprefste Luft*** auf den Eisenbahnen die Stelle des ***Dampfs*** vertreten könne. Der Ingenieur Herr *Andraud* beschäftigt sich mit dieser wichtigen Frage seit fünf Jahren. Er hat jetzt einen ziemlich grofsen Luftwagen vollendet und ihn vorigen Montag zum erstenmal auf der Versailler Eisenbahn fahren lassen; indessen blofs erst in der Absicht, um zu sehen, ob die Maschine regelmäfsig wirke. Dieser Versuch, welcher gleichsam im Geheimen Statt fand, ist sehr wohl gelungen. Die Maschine, auf 6 Rädern stehend, wiegt 90 bis 100 Centner. Sie hat keinen Tender; denn sie bedarf weder Wasser noch Kohlen. Ihr Mechanismus ist sehr einfach und ihr Äufseres nicht ohne Eleganz [!]. Der Behälter für die Triebkraft hat 107 Cubikfufs [3300 Litres] Inhalt und ist aus 6 bis 7 Linien [13 bis 15 Millimetres] dickem Eisenblech gemacht. Dieses Blech würde eine Spannung von 100 Atmosphären aushalten können: aber die Luft in dem Behälter soll nur bis auf 25 Atmosphären zusammengeprefst werden. Bei dieser Spannung wiegt die zusammengeprefste Luft 228 Pfd. und die Maschine hat die Kraft von etwa 9 Pferden, eine Stunde lang.

Wir haben zu sagen, weshalb die ersten Versuche mit dieser Maschine mit einer nur schwachen Luftspannung angestellt wurden. Die Eisenbahnverwaltung hatte dem Herrn *Andraud* einen unbeschäftigten Dampfwagen zum Zusammenpressen der Luft angewiesen; aber dieser Dampfwagen wurde bald darauf verkauft und weggeschafft. So behielt Herr *Andraud* für seine Luftpumpen nur die Kraft von Menschen-Armen, durch welche sich mit starken Vorrichtungen nur eine Luftspannung von 4 bis 5 Atmosphären erlangen liefs. Demungeachtet setzte sich der Luftwagen leicht und kräftig in Bewegung und erlangte schnell eine Geschwindigkeit von 3½ bis 4 Meilen auf die Stunde. Die Herren *Baude* und *Bineau* waren als Commissarien der Regierung bei diesem ersten Versuch zugegen, und ungeachtet der vielen unvorhergesehenen Zufälle, die eine neue Maschine treffen können, hatten sie so viel Vertrauen zu derselben, dafs sie sie bestiegen; mit dem Erfinder, welcher sie lenkte. Man fuhr nur etwa 265 Ruthen weit; aber man wollte auch nur von dem leichten und regelmäfsigen Gange der Maschine sich überzeugen. Es wird nun weiter darauf ankommen, die *Kraft* dieses Wagens als *Zugmaschine* zu ermitteln. Dieses wird auch geschehen, sobald man eine Vorrichtung zum Zusammenpressen der Luft erlangt haben wird, welche hinreichende Kraft dazu besitzt. Man versichert uns, Herr *Andraud* habe die Absicht, von der Eisenbahn-Verwaltung die Erlaubnifs zur Errichtung einer vom *Winde* getriebenen Maschine zu diesem Zwecke zu begehren. So würde die, gleich den Wassergefällen unerschöpfliche und nichts kostende Kraft des Windes gleichsam sich selbst in zusammengeprefste Luft verwandeln und sich als solche sammeln und aufbewahren lassen, um dann auf Eisenbahnen zur Fortschaffung der Wagenzüge zu dienen. Dieses ist ein wichtiger Gegenstand; und wenn die Aufgabe auch noch nicht gelöset ist, wird doch die Lösung nicht ausbleiben. Es läfst sich solches von der muthigen Beharrlichkeit des Erfinders erwarten. Der Erfolg des ersten Versuchs hat schon viele Ungläubige bekehrt, und es ist jetzt wenigstens für Niemand mehr zweifelhaft, dafs die Maschine sich *bewegen kann.* Es fragt sich nur noch, unter welchen ökonomischen und practischen Bedingungen sie *benutzbar* sei.

[Der Gedanke, zusammengeprefste Luft statt des Dampfes die Zugmaschinen auf Eisenbahnen treiben zu lassen, ist schon vielleicht 30 Jahre alt und, so viel mir bekannt, zuerst von Herrn *v. Baader* in München geäufsert. Im Jahre 1833 gedachte seiner der Herr Oberbergrath *Henschel* in Cassel in einer Schrift: „Neue Construction der Eisenbahnen, und Anwendung comprimirter Luft zur Bewegung der Fuhrwerke, Cassel bei Hotop 1833," aber fast nur andeutungsweise; denn die Schrift beschäftigt sich mehr mit der Construction der Eisenbahnen selbst. Nachher sollen in England Versuche mit dem Zusammendrücken der Luft angestellt worden sein; unter andern auch von *Brunel,* dem Erbauer des Tunnels in London. Im Jahre 1838 berührte ich den Gegenstand in einer der Berliner Akademie der Wissenschaften im October und November 1838 vorgelesenen und im 2ten und 3ten Heft 13ten Bandes des gegenwärtigen Journals gedruckten Abhandlung, betitelt: „Einiges über die Ausführbarkeit von Eisenbahnen in bergigen Gegenden." Ich stellte in dieser Schrift einige Berechnungen über die Wirkung an, welche die Spannung der Luft bei dieser Anwendung haben würde. Späterhin aber habe ich erkannt, dafs, wenn man die Art der Anwendung der Luftkraft verändert, die Resultate dieser Berechnungen, welche dort an sich ganz richtig sind, bei weitem mehr zu *Gunsten* der Ausführbarkeit dieser Benutzung ausfallen, als in der erwähnten Abhandlung. Ich habe jetzt beinahe die *Überzeugung,* dafs diese Art von bewegender Kraft auf Eisenbahnen vielleicht *die vortheilhafteste und beste von allen ist; und zwar in allen den Fällen, wo Dampfwagen ausreichen.* Ich werde dieses im zweiten Abschnitt des gegenwärtigen Artikels ausführlich und mit Gründen auseinanderzusetzen bemüht sein. Der hier oben beschriebene Versuch des Herrn *Andraud* ist daher meines Erachtens auch *ungemein wichtig;* nicht sowohl, um die Möglichkeit der Benutzung der zusammengepreſsten Luft statt des Dampfs zu beweisen (denn es giebt keinen vernünftigen Grund, zu zweifeln, daſs die zusammengepreſste Luft, die ganz eben so eine elastische Flüssigkeit ist, wie der Dampf, eben wie dieser wirken werde), sondern um dem ***Publico*** von der Wahrheit durch ***Anschauung*** die Überzeugung zu geben. Die Fortsetzung der Versuche des Herrn ***Andraud*** sind gewiſs angelegentlichst zu wünschen und Jeder, der sich für das Nützliche interessirt, wird die Nachricht davon zweifelsohne mit groſsem Interesse erwarten. D. H.]

IV. Vorschlag eines Ungenannten in No. 17. des „Journal des chemins de fer" von 1844 zu Triebröhren auf Eisenbahnen, die durch zusammengepreſste Luft hinter dem Kolben aufgebläht werden.

Man beginnt in der Technik, mit einer neuen Art, die Wagenzüge auf Eisenbahnen fortzutreiben, angelegentlich sich zu beschäftigen. Dieses Mittel ist ungemein einfach und eine französische Erfindung.

Man nehme eine kleine biegsame und luftdichte Röhre mit einer Mündung, lege sie auf einen Tisch, ohne sie darauf zu befestigen, und auf die Röhre irgend einen Cylinder, z. B. eine gefüllte Flasche, so daſs der Cylinder die Röhre mit seinem ganzen Gewicht drückt. Nun blase man stark in die Mündung der Röhre und man wird den Cylinder schnell fortrollen sehen; selbst Abhänge ersteigen.

Der Vermittler zwischen der bewegenden Kraft (einer Dampfmaschine z. B.) und dem Widerstande der Wagenzüge wäre also hier ein weiches Kissen, und das Innere der Röhre kann sich nicht abnutzen. Die äuſsere Seite der Röhre wird sich, so wie der Druck der Luft die Röhre aufbläht, ohne alle Reibung an den Cylinder anlegen, welche er forttreibt; wie etwa ein Riemen ohne Ende, der um ein Rad geschlungen ist, um dessen Bewegung einem andern Rade mitzutheilen. Wie dauerhaft das Letztere sei, weiſs Jeder.

Von den zahlreichen Anwendungen, die sich von der Vorrichtung machen lassen, ist ihr Erfinder besonders bei folgender stehen geblieben. Er will mitten zwischen die Schienen einer Eisenbahn zwei halbe hohle Cylinder legen, gegen einander gerichtet, und die offenen Seiten gegen die Schienen. Die andere Hälfte der Cylinder verschlieſst er mit Leder oder einem anderen biegsamen Stoffe. An den Wagen, welcher fortgetrieben werden soll, befestigt er zwei horizontale Räder, deren Felgen in die hohle Hälfte der Cylinder passen und mittels Federn hineingedrückt werden. Das Leder nimmt alsdann die Gestalt der Höhlung an. Wird nun durch eine Dampfmaschine Luft in die Röhre hinter die Räder hineingeprefst, so blähen sich die halb aus Eisen, halb aus Leder bestehenden Cylinder auf, und der Wagen wird fortgetrieben.

So kann man über jeden Abhang und durch jede gewöhnliche Strafsenkrümme kommen; eben wie über horizontale Stellen. Auch die Abzweigungen sind leicht. Es ist hier kein Luftkolben und kein längsauslaufendes Ventil nöthig. Die Luft, welche gedient hat, einen Abhang zu ersteigen, kann auch die Geschwindigkeit des Herabfahrens mäfsigen, indem sie nur allmälig entweicht. Die Triebkraft ist also hier in allen Beziehungen vortheilhafter angewendet, als auf den sogenannten atmosphärischen Eisenbahnen.

[Dafs das Mittel nicht *auf die Weise* anwendbar sein dürfte, die hier beschrieben ist, dürfte wohl ziemlich gewifs sein. Da nemlich das Leder, welches von den Rädern in den hohlen eisernen halben Cylinder hineingedrückt werden soll, eben deshalb nothwendig ebenfalls einen halben Cylinder bilden mufs, so würden wohl, da der *convexe* halbe lederne Cylinder in einen *concaven* halben Cylinder hineingedrückt werden soll, sehr bald Brüche in dem Leder entstehen, durch welche es undicht wird; auch würden die cylinderförmig oder ringförmig abgerundeten Felgen der Räder allerdings das Leder *reiben;* so dafs dasselbe unmöglich lange vorhalten könnte. Man wolle aber dennoch den Vorschlag nicht übersehen, oder ganz von der Hand weisen. Der Herausgeber des gegenwärtigen Journals ist der Meinung, dafs der Vorschlag auf eine andere Weise sich ganz füglich und mit Vortheil dürfte benutzen lassen und dafs die Benutzung ganz wohl practisch ausführbar sein dürfte. Er wird solches in dem zweiten Abschnitt nachzuweisen versuchen. Die Grund-Idee ist übrigens dieselbe, welche schon vor mehreren Jahren ein Königlich-Preufsischer Baumeister gehabt hat, der sie damals zu einer Wasserhebemaschine benutzen wollte. Ob derselbe sie bekannt gemacht habe, ist mir unbekannt. D. H.]

V. Shuttleworths hydraulische Eisenbahn.

Herr *Shuttleworth* hat diese seine Idee in einer besondern Schrift auseinandergesetzt. In dem Blatte vom 3ten Febr. 1844 des „Journal des chemins de fer" steht ein *erster Brief* des Herrn *Shuttleworth* aus Bath vom 25ten Januar 1844 an den Redacteur des Journals, welcher den Anfang der Entwicklung der Idee enthält; die weitern Briefe hat der Herausgeber des gegenwärtigen Journals aber bis jetzt (im October 1844) nicht gefunden, und die

Schrift des Herrn *Shuttleworth* selbst kennt er ebenfalls nicht. Aber aus jenen ersten Briefen geht schon der Grundgedanke ziemlich deutlich hervor. Der Herausgeber theilt vorläufig denselben hier mit.

In einer zwischen den Schienen einer Eisenbahn längsaus gelegten eisernen Röhre, ganz der für die sogenannten atmosphärischen Eisenbahnen ähnlich, oben mit einem längsauslaufenden Schlitz, nur dafs die Klappe hier den Schlitz nicht von oben nach unten, sondern von innen nach aufsen verschliefst, soll der Druck vom *Wasser* auf den Kolben wirken und denselben und durch ihn den vordersten Wagen und den Wagenzug forttreiben. Herr *Shuttleworth* protestirt sehr eifrig dagegen, dafs er etwa den Druck des Wassers überall durch eine *Wassersäule*, die für 6 Atmosphären 180 F. hoch sein müfste, hervorzubringen und also das Wasser auf diese Höhe emporzuheben beabsichtigte. Er will sich des Drucks einer Wassersäule blofs da bedienen, wo sie etwa zufällig von hinreichender Höhe vorhanden ist. Er will vielmehr das Wasser durch eine Maschine in einen Behälter pressen, der über dem Wasser Luft enthält, also, wie es scheint, in einen Behälter, der etwa der Luftblase bei Feuerspritzen ähnlich ist. Die Spannung der Luft über dem Wasser soll dann die Stelle des Drucks einer Wassersäule vertreten; welche Anordnung übrigens an der Grund-Idee selbst nichts ändert. Diese ist immer die, dafs hier das Wasser statt der Luft durch seinen Druck den Kolben forttreiben soll, werde nun die Druckkraft des Wassers durch das Gewicht einer Wassersäule, oder durch die Spannung einer auf das Wasser wirkenden Luftmasse, oder wie sonst hervorgebracht.

Mir scheint bei der Ausführung dieser Idee nur besonders die Schwierigkeit zu sein, dafs, wenn die Röhre, wie es hier der Fall sein wird, sehr *lang* ist, der Widerstand der Röhrenwände gegen das in der Röhre fliefsende Wasser einen *grofsen* Theil der bewegenden Kraft unwirksam machen und also nutzlos verzehren wird. Der Widerstand der Röhrenwände gegen bewegte *Luft* ist bei weitem geringer. Auch würde es wohl schwierig sein, auf jeder Station Wasser in hinreichender Menge herbeizuschaffen; desgleichen ist nicht wohl einzusehen, weshalb das Wasser, als Mittel der Übertragung der Kraft von der stehenden Maschine nach dem Kolben hin, vortheilhafter sein sollte, als die Luft. Doch möge man die Idee nicht absprechen, sondern die weitern Erfolge derselben erwarten. (Die Fortsetzung folgt.)

20.

Hydrotechnische Beschreibung der Wasserstrafse von der Nordsee nach dem Schwarzen Meere, welche durch die Verbindung mehrerer Ströme und Flüsse gebildet ist.

(Von dem verstorbenen Königl. Preufs. Geheimen Regierungs- und Baurath *J. C. Wutzke.*)

(Fortsetzung des Aufsatzes No. 12. im dritten, No. 15. im vierten Heft 20ten, No. 5. im ersten Heft und No. 10. im zweiten Heft 21ten Bandes.)

Neunter Abschnitt.

Die ersten Deiche in Ostpreufsen wurden, wie schon oben bemerkt, in den Jahren 1288 bis 1292 unter den Deutschen Rittern auf Anordnung des Landmeisters *Meinhardt von Querfurth* an der Weichsel und Nogat 25 Meilen lang angelegt. Zur Verbesserung der Wasserstrafse auf der Weichsel und Nogat waren schon früher die Einrisse in die Ufer verdämmt oder coupirt worden. Diese Verdämmungen wurden nun zur Grundlage der Deiche benutzt und es entstanden hier so die unregelmäfsigen Deichlinien, wie man sie auch in andern Gegenden an den Strömen und Flüssen findet.

Die fortwährenden Klagen der schon auf den Thalflächen an der Memel, Rufs und Gilge angesiedelten Bewohner über die Überschwemmungen, von welchen sie den Grund nun schon in der Regulirung der Wasserstrafse suchten, gaben Anlafs zur völligen Bedeichung dieser Ströme.

Nach der jetzt vor einigen Jahren aufgestellten Dammrolle hat die Linkuhner Societät 10 193 laufende Ruthen Dämme von 2530 Hufen Preufsisch und die Kuckerneser Societät 11 427 laufende Ruthen Dämme oder Deiche von 1226 Hufen Preufsisch urbarem Ackerlande und Wiesen zu erhalten. Die Linkuhner Niederung, mit Einschlufs der sogenannten Heinrichwaldschen und Seckenburgschen Niederungen, und die Kuckerneser Niederung enthalten, mit Ausschlufs von Rautenberg, auf $6\frac{1}{4}$ Quadratmeilen 249 Dörfer mit etwa 20 215 Einwohnern; die Fischerdörfer am Haf und einige Quadratmeilen Bruchwälder sind hiebei nicht mitgerechnet. Die Grafschaft Rautenburg enthält $\frac{4}{5}$ Quadrat-Meilen und 33 Dörfer, mit 2486 Einwohnern. Man sehe die Carte (Band 20. Heft 3.), wo man die Niederungen benannt findet.

Die Gebäude in der Niederung sind grofsentheils aus Holz in sogenanntem Gehrsafs oder Füllholzverbande gebaut; wo der Boden fest ist, findet man auch steinerne Gebäude. Die Bewohner sprechen gröfstentheils deutsch; viele jedoch noch litthauisch. In den Schulen bemüht man sich, es dahin zu bringen, dafs nur *eine* Sprache geredet werde. Es ist hier aber für Beförderung der Cultur und Industrie noch viel zu thun.

Es waren hier an den Strömen schon früher viele Einrisse und Vertiefungen, durch welche das Wasser in die Niederung abflofs, coupirt worden, und mehrere Bewohner der Niederung hatten zum Schutz ihrer Grundstücke gegen die Fluten und Eisgänge kleine Dämme angelegt. Die Coupirungen benutzte man auch hier zur Grundlage der Deiche, und die kurzen Schutzdämme schlofs man dann leider! aus unrichtiger Ersparung in die Deichlinie ein. So entstanden auch hier, zu beiden Seiten der Gilge, eines Theils der Memel und am linken Ufer des Rufsstroms, unregelmäfsige Deiche. Auch *Silberschlag* bemerkt in seinem Bericht aus Königsberg vom 30ten Januar 1786, dafs die Deiche an der Gilge an einigen Stellen viel zu eng zusammengezogen seien, wodurch Eisstopfungen und Deichbrüche entstehen müfsten; wie solches 1786 bei dem Dorfe Norwaischaiten geschehen und was mit der Anlafs zur Anordnung der Commission und der Local-Untersuchung gewesen sei.

Durch die Unregelmäfsigkeit der Deiche entstanden neue Eisstopfungen in dem Flutbette, und diese verursachten Durchbrüche, Überschwemmungen und Versandungen der so fruchtbaren Gegend. Man hat deshalb gewünscht, die Dämme oder Deiche *wieder abtragen* zu dürfen; was aber zu unendlichen Störungen in den Verhältnissen der nun schon bewohnten Niederung Anlafs geben würde. Die Bewohner der Niederung trugen am 20ten August 1786 bei den Untersuchungs-Commissarien, zu welchen *Silberschlag* gehörte, darauf an, die Dämme oder Deiche schleifen, oder sie zurückzulegen und ihnen Auslafsschleusen geben, oder aber nur Sommerdeiche bauen zu dürfen; aber die Ausführung würde grofse Summen gekostet und die Verhältnisse der Niederung ganz umgeschaffen haben: darum blieb diese Angelegenheit auf sich beruhen.

Weit wünschenswerther wäre es gewesen, wenn die Deiche früher gar nicht gemacht, sondern die Thal-Ebene, die früher die Wildnifs hiefs, von dem Holz und Gesträuch befreit, die Wasserläufe geräumt und ihre Betten zu Wasserwegen regulirt worden wären; dann hätte das Flutwasser über die ganze Niederung sich ergiefsen und abfliefsen, die Tiefen mit den Sinkstoffen ebenen und das Land mit dem Schlick düngen können.

Beim Graben von Brunnen hat sich gezeigt, dafs der Boden in dieser Niederung fast gleichförmig aus folgenden Erdschichten besteht: zuerst oben aus einer Schicht schwarzer Damm-Erde, zum Theil mit Sand gemengt, von 3 bis 6 Fufs dick; darunter aus einer Lehmschicht von 2 bis 3 Fufs dick; häufiger aus Torf- und Moor-Erde, oben mit einer Lage Sand von mehreren Schichten bedeckt, und dann darunter aus wasserhaltigem Sande; welcher letztere beweiset, dafs die Oberfläche der tiefliegenden Niederung früher mit Wasser bedeckt war und dafs sich auf dem Sandgrunde der Boden durch die Abschwemmung der Erdtheile von den Anhöhen und durch die Vegetation nach und nach erhöhte. Die Wohnplätze hätten auf den Hügeln in der Thal-Ebene oder Niederung, die wie die Dünen auf den Haf-Nehrungen durch Anschwemmung und Anhägerung des Sandes entstanden sind, oder auch auf den Rändern der Niederung erbaut werden können, und dann hätte die Thal-Ebene, welche tiefer blieb und vom Flutwasser im Herbst und Frühling überschwemmt wurde, als Wiese vortheilhaft benutzt werden können, um so mehr, weil es auf den Anhöhen der Niederung an Land zum *Kornbau* nicht fehlt. Die Wasserstrafsen konnten durch Strombauwerke eben so gut erhalten werden, wie es an andern unbedeichten Strömen und Flüssen geschieht. Auch hier erhält der Staat noch die Wasserstrafsen auf der Memel, Rufs und Gilge: dagegen erhalten die Grundbesitzer, welche sich in Societäten verbunden haben, die Deiche, zum Schutz ihrer Ländereien gegen Überschwemmungen. Beim Überblick der Lage sieht man leicht, welche grofse Last den Grundbesitzern durch die vielen Deichbrüche, von welchen die Acten sprechen, erwachsen mufste; allein das Übel ist einmal da, und nicht so leicht zu heben. Der Fall kann zur Lehre dienen, wie vorsichtig beim Entwurf von Bedeichungen zu verfahren sei. Übrigens ist es gewifs, dafs die Deiche immer nicht auf die Dauer werden bestehen können; denn die Betten der bedeichten Ströme haben sich schon an vielen Stellen durch den Sinkstoff oder Niederschlag über die angrenzenden Thal-Ebenen erhoben, und die Deiche müssen, um das Flutwasser zu fassen, immerfort erhöht werden. Dies hat aber seine Grenzen. Übersteigt es erst die Kräfte der Anwohner und der örtlichen Verhältnisse, so mufs dann Alles nothwendig in den ursprünglichen Zustand zurückkehren.

Dadurch werden dann viele Menschen verarmen; wovon es schon an Beispielen in einigen Gegenden nicht fehlt. Das Nähere liegt aufser den Grenzen meines Plans.

Zehnter Abschnitt.

Der schwierigste Theil des Wasserweges hier war sonst der alte Gilgestrom, von Tawelningken bis nach dem Dorfe Gilge, wo er in das Haf fällt. Es wurde zwar das Bett desselben wiederholt aufgeräumt, aber es verflachte sich bei Eisgängen und Sturmfluten, welche diese Gegend überschwemmen, immer bald wieder. Aufserdem war die Beschiffung dieses Theils der Wasserstrafse mit den schwer beweglichen grofsen Stromfahrzeugen, den Wittinnen, wegen der vielen Krümmen des Flusses sehr schwierig. Hiedurch bewogen entschlofs man sich, eine andere Wasserstrafse, von der Gilge bei Seckenburg an, bis Petriken, wo sich der Schalteik-, Uschleik- und der Schneckeflufs verbinden und den Nemonien bilden, mit Zuhülfenahme des Klein-Hubbelflusses zu ziehen, um dann den Nemonienstrom bis in das Haf zu beschiffen, und so die Fahrt auf dem Haf bis zur Ausmündung der Gilge zu verkürzen. M. s. die Carte.

Das erste Project zu dieser Verbindung der Wasserläufe ist schon auf der von dem oben genannten *Conrad Burcke* im Jahr 1647 verfertigten Carte angegeben. Die Ausführung erfolgte aber erst von 1689 bis 1697 durch die Gräfin Louise Catharina Reichs-Erb-Truchsefs zu Waldburg, welche auch den Grofsen Friedrichsgraben unter der Leitung des Mühlenmeisters *Stawinski* graben liefs. Um diese beiden Canäle bei der Beschreibung im Zusammenhange zu behalten, werde ich erst die Ausführung des Grofsen-Friedrichsgrabens aus den alten Acten beschreiben.

Es ist schon oben gesagt worden, dafs der Churfürst Friedrich Wilhelm mit dem General-Quartiermeister *Philipp v. Chieze* und mit dem Hauptmann zu Oranienburg *Carl v. Rheden* in Cöln an der Spree am 10ten Mai 1671 einen Contract über diesen Canal schlofs, dessen Ausführung auch sogleich begonnen, aber bald wieder unterbrochen wurde, weil *Chieze* im Jahr 1673 starb.

Auf die fortwährenden Beschwerden über die Wasserstrafse, besonders wegen der gefährlichen Fahrt über das Haf, zwischen der Gilge und Deime, befahl der Churfürst Friedrich Wilhelm am 27ten Juli 1682 eine erneuerte Untersuchung und beauftragte damit aus Potsdam am 15ten December 1682 den ihm wahrscheinlich dazu vorgeschlagenen Rathsverwandten im Kneiphofe zu Königsberg ***Lorenz Göbel*** und den Kunstmeister ***Daniel Wilken***, der in Danzig die Aufsicht über die Wasserleitungen führte. Sie sollten den Entwurf zu einer neuen Wasserstrafse vom Nemonin bei Petricken bis zur Deime bei Labiau, durch die Brücher, das Moor und Steinbruch, mit Benutzung des schon vorgenannten Ordensgrabens vorlegen.

Es läfst sich hier fragen, ob denn damals nicht tüchtige Hydrotechniker auszumitteln waren, denen man solche wichtige Projecte anvertrauen konnte? Nach den Acten scheint aber die Frage mit „Nein" beantwortet werden zu müssen. Es wurden durch diesen Mangel ungeheure Kräfte und Kosten verschwendet.

Die beiden Commissarien berichteten, dafs die vom Ordensgraben durch die Wildnifs nach dem Deimeflufs durchgeschalmte Linie schon wieder verwachsen sei und von Neuem durch die Unterthanen aufgeräumt werden müsse; welche wiederholte oberflächliche Operation natürlich nicht genehmigt wurde.

Nun wurde der Hauptmann von der Artillerie, ***Heinrich Steutner***, mit der weitern Prüfung der schon entworfenen Plane zur Abhülfe der Beschwerden beauftragt; und dieser berichtete aus Königsberg am 18ten März 1686, dafs wenn die Wittinnenfahrt (so nannte man damals diese Wasserstrafse) durch die Brücher oder Wildnifs von dem Ordensgraben nach Agilla und dem alten Jagdgraben bei Labiau gezogen würde, so könnten die Schleusen bei Labiau, Grofs- und Kleinschleuse, so wie auch bei Tapiau, welche zur Ordenszeit auf der Deime gebaut worden (wie schon früher angeführt), füglich eingehen; wovon aber die Beweise nicht näher angegeben sind. Zugleich sagte er, dafs, da der Ordensgraben wegen des Bruchs nicht weiter habe ausgeführt werden können, er vorschlagen müsse, den Graben oder Canal, um 200 Ruthen dem Haf näher, im festen Boden zu ziehen; welches auch genehmigt ward.

Dies giebt wieder einen Beweis, wie wenig man damals bei solchen Dingen auf die Naturwirkungen und die örtlichen Verhältnisse rücksichtigte. Wäre es anders gewesen, so würde es dem Baumeister nicht entgangen sein, dafs das Ufer des Hafs in dieser Gegend beständig von den Sturmfluten angegriffen wird und im Abbruch ist, also sich in der Folge leicht mit dem neuen Canal vereinigen könne. Diesem vorzubeugen, mufste auch späterhin das Ufer durch Bauwerke, nemlich durch den Wehrdamm etc., von Agilla bis Juwend (M. s. die Carte), welcher schon ungeheure Kosten verursacht hat, geschützt und erhalten werden; wovon weiter unten mehr.

Der Graben sollte nach dem Vorschlage des *Steutner* nur erst zur Probe 1 Ruthe breit gezogen werden, und dies etwa 2000 Thlr. kosten. Darauf einzugehen schien doch nicht rathsam, und der Churprinz Friedrich ordnete aus Potsdam am 17ten Mai 1686 eine neue Commission zur Untersuchung und Prüfung des Projects an, bestehend aus *Steutner, Lorenz Göbel, Daniel Wilken* und dem Jägermeister *v. Halle.* Diese Commission trat in ihrem Bericht vom 17ten Juny 1686 dem Projecte des *Steutner* bei; um so mehr, da der Ordensgraben auf dem grundlosen Bruche gleich bei der Anlage nicht habe zu Stande gebracht werden können und jetzt schon völlig verwachsen sei.

Darauf zeigten aber die Oberräthe der Ostpreufsischen Regierung, welche den Befehl erhalten hatten, bei der Ausführung mitzuwirken, dem Churprinzen am 24ten Juny 1686 an, dafs *Steutner* zur Ziehung der Wittinnenfahrt, von der Deime bei Labiau bis zum Nemonin und von Klein-Srubbel (jetzt Szubbel) nach der Gilge hin, täglich 1000 Arbeiter (wie sie damals allgemeine Landesdienste leisten mufsten) verlange und dafs, wenn diese Arbeiter täglich Tafelbier (Halbbier) und Brod erhielten, die Arbeit, mit dem Schanzzeuge, den Spaten, Hacken, Picken und Schöpfwerken, Pumpenschnecken etc., etwa 40 000 Thlr. kosten würde. Wollte man Soldaten anstellen, welche natürlich Zulage erhalten müfsten, so würden etwa 80 000 Thlr. nöthig sein.

Die Forderung gründete sich weder auf Plane, Überschläge, noch Erfahrungen, sondern auf ein Gerathewohl, und wurde nicht angenommen. Allein die Wichtigkeit des Werks für Beförderung des innern Verkehrs wurde von den Verkehrtreibenden immer mehr anerkannt und dem Churfürsten dringend empfohlen.

Nun befahl endlich der Churfürst Friedrich Wilhelm am 23ten July 1686, zur Übersicht einen *Situationsplan* aufnehmen zu lassen; womit *Steutner* beauftragt wurde. Er reichte den Plan der zu ziehenden Wasserstrafse am 5ten Nov. 1686 ein und schlug in seinem Bericht vor, erst einen Probegraben von 1½ Ruthen breit und 12 Fufs tief zu ziehen, und denselben nachher bis auf 60 Fufs zu verbreiten und bis auf 12 bis 15 Fufs zu vertiefen; was etwa 150 000 Thlr. kosten würde.

Diesen Vorschlag trugen die Oberräthe zu Königsberg am 4ten Nov. 1686 dem Churprinzen Friedrich schriftlich vor. Er genehmigte die Vorschläge des *Steutner* am 19ten Januar 1687 und sagte, dafs der Baggermeister *Wölke,* welcher in dergleichen Arbeiten sehr geübt sei, bald in Ostpreufsen eintreffen werde; aber auch der Burggraf *Johann Stawinsky* zu Kuckernese (welcher sich wahrscheinlich dazu gemeldet hatte) könne die Ausführung dieser Grabenziehung übernehmen. *Stawinsky* erklärte hierauf am 6ten März 1687, dafs er den Probegraben nach der Deime, oben 20, in der Sohle 4 Fufs breit und 8 Fufs tief, mit 5füfsiger Wassertiefe, wie es *Steutner* entworfen habe, für 10 000 Gulden (zu 10 Silbergroschen) so ziehen wolle, dafs Butterkähne (kleine Kähne, wie sie die Producte aus der Niederung nach Königsberg bringen) darauf würden fahren können. Auch sagt er in dem Berichte an den Churfürsten vom 10ten März 1687, dafs er die Ziehung des Grabens auf Rechnung auszuführen wünsche, aber bitten müsse, dafs das Terrain, durch welches der Graben gezogen werden solle, abgewogen (nivellirt) werde; was bis jetzt nicht geschehen sei.

Es ist merkwürdig, dafs, da es damals hier so sehr an Hydrotechnikern fehlte, nicht schon die Deutschen Ritter, die aus so vielen Gegenden nach Preufsen zur Eroberung des Landes zogen, wo so viel zu melioriren war, Sachverständige mitbrachten. Der Mangel derselben verursachte, dafs die oben gedachte, zu den Ritterzeiten unter dem Landmeister *Meinhardt von Querfurth* von 1288 bis 1292 in der Weichselniederung angelegten Deiche nicht regelmäfsig, sondern ordnungslos gezogen wurden und dafs die *Deime* zur Erweiterung des Verkehrs nach dem Hinterlande im Jahr 1255 (nach *Goldbeck*) zum Theil gerade gezogen und dafs in der Folge darauf vier Schiffsschleusen, bei Tapiau, Kleinschleuse, Grofsschleuse und bei dem Schlofs Labiau unnützerweise gebaut wurden, die dann auch schon lange eingegangen sind. Die Ritter übertrugen (nach Baczko) im Jahr 1263 dem Ritter Ulrich die Ober-Aufsicht über die Schiffahrt, die ihnen, um auf der Wasserstrafse nach Litthauen und Polen weiter vordringen zu können, immer wichtiger wurde. Ferner war der Mangel an Sachverständigen Schuld, dafs der von den Rittern im Jahr 1414 vom Wieppflufs am Nemonin in der Richtung nach der Deime bei Labiau angefangene und früher erwähnte Ordens- oder Probegraben wieder aufgegeben werden mufste; der Ordens-Trefsler schrieb an den Hochmeister (leider ohne Datum) und bat um Wäger (Nivelleure), um den Graben zu wägen (zu nivelliren), damit keine unnütze Arbeit gemacht werde. Aber erst viel später erwachte die Kunst und Wissenschaft in dieser Gegend; und das besonders durch den unsterblichen *Copernicus*. Auch das Nivelliren und die Grundzüge zur Anlage von Wasserbauwerken brachte derselbe hier zuerst in Anwendung und gab Beispiele zur Nachahmung. Nach seinem Tode kam die Wasserbaukunst wieder sehr zurück, und erst im 18ten Jahrhundert wurde sie durch Friedrich den

Grofsen, besonders bei der Melioration der Warthe-, Oder- und Netzbrücher wieder ins Leben gerufen. Der grofse König liefs mehrere Baumeister (unter welchen auch der nachherige Geheime-Ober-Bau-Rath *Gilly*) und einige andere nach Berlin kommen, als der Posten seines ersten Prachtbaumeisters in Berlin wieder zu besetzen war und prüfte sie mündlich selbst. Er fragte sie besonders, ob sie auch nivelliren könnten, weil er darauf grofsen Werth lege. Dies ist mir von *Gilly* oft mündlich erzählt worden. Jetzt gehört das Nivelliren zu den gewöhnlichen Arbeiten eines Feldmessers und er erhält erst dann ein Qualifications-Attest, wenn er nachgewiesen hat, dafs er darin geübt ist. So sind in neuerer Zeit durch das Ober-Bau-Departement und nachher durch die jetzige Ober-Bau-Deputation bedeutende Fortschritte in der Bildung der Techniker gemacht worden.

Auf die Erklärung des *Stawinsky,* dafs das Terrain noch nicht nivellirt worden sei, verwies nun der Churfürst denselben mit seinen Vorschlägen an die Oberrathsstube. Aber *Steutner* protestirte gegen die Vorschläge des *Stawinsky* am 26ten April 1687 und sagte, er könne den Graben eben so gut ausführen, als der Burggraf *Stawinsky* zu Kuckernese, welcher jetzt Amtsschreiber in Balga sei. *Stawinsky* fand sich bewogen, am 28ten April 1687 zu erklären, dafs er von der Ausführung der Ziehung des Grabens, wozu er bereits den Contract entworfen habe, unter diesen Umständen ganz abstehe.

Es wurde darauf, in der Rücksicht, dafs der Churprinz Friedrich schon am 18ten Januar 1687 geäufsert hatte, *Stawinsky* könne den Graben ebenfalls ausführen, mit demselben der Contract darüber am 21ten Mai 1687 geschlossen und genehmigt. Nach demselben wollte *Stawinsky* den Probegraben für 9000 Gulden, wovon ihm die Gräfin Truchsefs schon 3000 Gulden geliehen hatte, ausführen. Als man das Werk anfing, erklärte *Stawinsky* in einem Bericht vom 8ten July 1687, er habe sich jetzt überzeugt, dafs sich der Probegraben in einen grofsen Graben von 60 Fufs oben breit und 11 Fufs tief, mit 8 Fufs Wassertiefe, verwandeln lasse und bat, den Wald in der dazu nöthigen Breite durchschalmen zu lassen. Auch bemerkte er, dafs der Contract, welcher mit *Chieze* über die Ziehung dieses Canals geschlossen sei, sich noch in dessen Familie befinde, und zwar in den Händen der Wittwe Gräfin Louise Catharine v. Truchsefs-Waldburg, deren erster Gemahl *v. Chieze* war. Der Churfürst Friedrich (König Friedrich I.) schlofs nun am 4ten Juny 1689 in Wesel über die Ziehung des Grabens, von Labiau aus der Deime bis an den Nemonin, mit der Wittwe *Chieze,* unter Vertretung ihres Bruders, des Churfürstlich-

Brandenburgischen Obristen und Hauptmanns zu Preufs. Holland, *v. Rauter,* einen neuen Contract. Die Wittwe und ihre Erben übernahmen durch diesen Contract, in der Richtung des schon durch den Churfürstlich-Königsbergschen Mühlenmeister *Stawinsky* (welchem jetzt die Aufsicht über die Mühlen- und Wasserleitungen in Königsberg übertragen war) ausgeführten Probegrabens, einen gröfseren Graben von 60 Fufs breit, mit 6 Fufs Wassertiefe, unter folgenden Bedingungen ziehen zu lassen. Sobald nemlich der Graben soweit ausgeführt sein werde, dafs die erste Wittinne durchgehen könne, solle der Churfürst 60 000 Thaler zahlen. So lange diese Zahlung nicht erfolgt sei, behielt die Unternehmerin den Zoll und die Jurisdiction über den Graben. Der Zoll sollte nur von den den Graben passirenden Wittinnen erhoben werden und es den Schiffern überlassen bleiben, ferner über das Haf zu schiffen. Zur Ausführung sollten alles nöthige Holz aus den Churfürstlichen Wäldern unentgeltlich hergegeben und die bei Labiau vorhandene Pferde-Baggermaschine, nebst den Schnecken zum Ausmahlen des Grundwassers, geliehen werden. Endlich wurden der Unternehmerin 2 Hufen Land zur Urbarmachung und Bebauung, als Eigenthum, nebst noch mehreren Begünstigungen verliehen.

Die Ausführung des Grofsen-Friedrichsgrabens, welcher weder Schleusen noch Gefälle hat, wurde nun im Jahr 1689 begonnen. Es wurden dazu durch eine Bekanntmachung des Churfürsten selbst aus entfernten Gegenden Teichgräber herbeigerufen; die specielle Leitung der Ziehung des Grabens ward dem Mühlenmeister *Stawinsky* übertragen und der Graben unter schwierigen Umständen in dem Torfboden, welcher sich in grofsen Massen von dem Sandgrunde trennte und in die Höhe schwamm, am 11ten July 1697, dem Geburtstage des Churfürsten Friedrich, beendigt und zur Schiffahrt eröffnet; weshalb denn auch der Canal der Grofse-Friedrichsgraben genannt wurde. In demselben Zeitraume wurde auch von der Unternehmerin der kleine Canal oder die Greituscke, von der Gilge nach dem Nemonin, wie schon oben bemerkt, ausgeführt; und zwar wurde hier ein schmaler Graben gezogen, der sich nachher durch das durchströmende Wasser so verbreitet und vertieft hat, dafs späterhin Einschränkungswerke haben gebaut werden müssen. Dieser letztere Canal hiefs früher Truchsefs-Graben; jetzt heifst er der Kleine-Friedrichsgraben.

Nach dem Tode der Gräfin Truchsefs zu Waldburg fiel der Grofse- und der Kleine-Friedrichsgraben im Jahr 1701 an ihren Schwiegersohn, den Reichsgrafen zu Solms-Tecklenburg. Dieser bezog den Zoll oder das Stromgeld von den Wittinnen, Strusen, Holzgellen oder Triften, Reisekähnen, Fischer-

und andern Kähnen, bis zum Jahr 1712, wo König Friedrich I. den Grofsen- und Kleinen-Friedrichsgraben, über deren Nützlichkeit zur Beförderung des innern Verkehrs ihm am 12ten Mai 1707 Bericht erstattet worden war, ankaufte und von da ab das Stromgeld als ein Königliches Regal erheben liefs.

Bei der Übernahme des Grofsen-Friedrichsgrabens, welche dem Bau-Director ***Joachim Ludwig v. Unfried,*** dem Steuerrath ***Hoffmann*** und dem Kammerverwandten ***Lilienthal*** übertragen worden war, ergab sich, dafs der Graben an einigen Stellen nicht breit und tief genug war, und nach dem Berichte des ***v. Unfried*** vom 13ten Juny 1712 sollten noch 3 Bagger 3 Jahre lang an der Vertiefung des Grabens arbeiten, welches etwa 3000 Thlr. kosten würde. Auch schlug ***von Unfried*** vor, die Krümmungen im Wieppflufs zu durchstechen, welches aber damals nicht geschah, sondern erst im Jahr 1811, unter meiner Leitung, am Kruge Wiepp. (Man sehe die Carte.)

Der Grofse-Friedrichsgraben erhielt nun auch einen Leinenpfad von Labiau ab bis Grabenhoff auf der östlichen und von da ab bis an den Nemonin auf der westlichen Seite. Dieser Leinenpfad ist später zu einem Fahrwege eingerichtet worden. Zu beiden Seiten des Grabens ging jetzt die Ansiedelung so rasch vor sich, dafs König Friedrich Wilhelm I., als er im Jahr 1723, von Rautenburg kommend, auf dem Kleinen- und Grofsen-Friedrichsgraben, der jetzt 4816 Ruthen lang, 6 bis 8 Ruthen breit ist und 5 Fufs tiefes Wasser hat, bis Labiau fuhr, seine Freude über diese Anlagen äufserte. Auch jetzt noch wird der Staatswirth, der Wasserbaumeister und Jeder, der das Aufblühen des Landes und solche Anlagen liebt, diese Wasserstrafse wegen ihrer Eigenthümlichkeiten, so wie auch wegen der Sitten und Sprache (es wird hier deutsch und litthauisch gesprochen) und wegen der eigenthümlichen Gebräuche der Bewohner der Gegend, mit Interesse bereisen.

Das Land vom Hafe bis zu den Anhöhen, in welchem die Flüsse Timber, Lauckne und Schmecke ihre Quellen haben, und durch welches der Canal gezogen ist, ist von Labiau an bis jenseit des rechten Ufers des Russes ganz flach und liegt mit dem Wasserspiegel des Hafs fast gleich hoch. Es besteht aus Torf- und Wiesen-Moor-Erde, die auf Sandgrund liegt, also durch die Vegetation allmälig entstanden ist. Durch diesen Boden ziehen sich durch die Natur zusammengeschüttete Steinlagen von verschiedenem Korn und Gröfse, als Überreste von frühern Höhenzügen, von Westen nach Osten, und ragen noch an mehreren Stellen aus der Erdfläche hervor. Die Thal-Ebene wird von Fluten aus dem Lande und durch den Rückstau aus der Ostsee in das Haf, von diesem oft ganz überschwemmt, so dafs die Gebäude dann mehrere Fufs tief im Wasser stehen; wodurch die Bewohner sehr leiden. Besonders waren hier in neuerer Zeit die Überschwemmungen oft sehr grofs und anhaltend; z. B. am 7ten April 1818, am 2ten Decbr. 1821, am 1ten April 1822, im Monat Decbr. 1824 und im Frühlinge 1829. Das Wasser stieg in mehreren Gegenden der Niederung oder Thal-Ebene 4 bis 5 Fufs über die Erdfläche hoch; selbst in die Gebäude, in welchen man auf kleinen Kähnen umherfuhr; die Back-Öfen und Stuben-Öfen wurden erweicht, stürzten ein, und die Bewohner mufsten von Aufsen her verpflegt werden. Solche Überschwemmungen erstrecken sich dann vom Haf bis nach der Stadt Memel hin, mehr oder weniger hoch, je nachdem die Nord- und Nordweststürme anhaltend wehen. Öfters wird die Eisdecke auf dem Haf in dicke Massen zerbrochen und durch den Sturm so an das östliche Ufer geschleudert, dafs sich hohe Eisdämme bilden, die dann den Wehrdamm neben dem Grofsen-Friedrichsgraben und die Gebäude schon oft gegen die Zerstörung geschützt haben.

Die Gebäude sind in dieser Gegend, wie auch weiterhin vom Haf-Ufer ab, aus Holz, in Gehrsafs oder Schürzholz gebaut; dem Bedarfe der Bewohner angemessen, welche Fischerei treiben und Gemüse und Heu bauen. Nur nach Labiau hin, wo fester Boden ist, finden sich einige steinerne Gebäude. Dort ist auch der Canal an den Ufern mit Feldsteinen, dagegen unterhalb, nach dem Nemonin hin, mit Packwerken aus Weidenstrauch eingefafst, welches eine bessere, lebendige Schutzwehr gewährt.

Das Ufer des Hafs, 10 bis 20 F. tief aus Torf bestehend, wird durch die Sturmfluten sehr angegriffen. Beim Aufgehen der Eisdecke werden oft ganze Erdflächen aufgehoben, wie kleine schwimmende Inseln fortgeführt und an das jenseitige Ufer, die sogenannte Nehrung, abgesetzt; oder sie werden von den Wellen zerschlagen und in Schlamm oder in die sogenannte Pilve aufgelöset und dann an die Ufer, besonders an das östliche Ufer neben den Canal durch die Sturmfluten gelagert; so dafs daraus zuweilen grundlose Landflächen entstehen, welche aber von anhaltenden Sturmfluten wieder mit den Wellen gemischt und von ihnen fortgeführt werden. Mehrere Versuche, diese torfartigen Massen festzuhalten, sind mifsgelungen.

Es ist oben bemerkt worden, dafs der Friedrichsgraben im Jahr 1686, nach dem Vorschlage des Artillerie-Hauptmanns *Steutner, zu nahe* an das Haf gezogen sei, dessen Ufer an der östlichen Seite fortwährend im Abbruch ist. Dies hat sich nach der Zeit vollständig erwiesen. Denn als der Grofse-

Friedrichsgraben gezogen wurde, war das Haf noch eine Viertelmeile davon entfernt: jetzt, bei Juwendt, hat er sich dem Canal bis auf 35 Ruthen genähert. Da nun der Abbruch des aus Torf-Erde bestehenden östlichen Ufers des Hafs fortwährt, so liefs sich voraussehen, dafs das Haf endlich mit dem Grofsen-Friedrichsgraben zusammenfliefsen würde.

Diesem vorzubeugen wurde, den alten Acten zufolge, dem Ingenieur *v. Collas* am 11ten September 1718 von der Rathskammer aufgetragen, den Abbruch des Haf-Ufers zu untersuchen und Vorschläge zu dessen Befestigung zu machen. Man fand aber seine Vorschläge nicht dem Zwecke entsprechend, sondern es wurde dem Major vom Ingenieur-Corps *v. Boder* am 11ten Mai 1723 und dem Ingenieur *Mattern* im Jahr 1724 die Untersuchung und letzterem die Ausführung der vorgeschlagenen Projecte eines Wehrdammes übertragen; welcher denn auch im Jahr 1731 ausgeführt wurde.

Diese damalige Ufersicherung, von welcher noch Zeichnungen der Querprofile vorhanden sind, bestand aus einem Erddamme von 6 Fufs hoch und über 100 Ruthen lang, in ordnungsloser Linie. Vor den Damm waren drei Reihen Pfähle gerammt und die Zwischenräume mit Feldsteinen auf einer Bettung von Faschinen ausgepackt; was natürlich der Kraft der Wellen, besonders beim Aufbruch des Eises auf dem Hafe, wo die Wellen grofse Eismassen mit sich führen, nicht widerstehen konnte.

Wegen der fortwährenden Zerstörungen der Ufersicherung oder des Wehrdammes wurde der Krieges- und Domainen-Rath *Unfried,* der Krieges-Rath *v. Staffelstein* und der Ingenieur-Capitain *Muttern* am 7ten Januar 1732 beauftragt, das Sachverhältnifs zu untersuchen und Vorschläge zu diesem Uferbau zu machen. Ihre Vorschläge wurden nicht annehmbar gefunden und es wurde der Ober-Deich-Inspector *v. Suchodolletz* zu andern Vorschlägen aufgefordert. Dieser liefs einen Situationsplan von dem Haf-Ufer zeichnen; entwarf von 50 zu 50 Ruthen 100 Fufs lange Zangen (Buhnen) von 36 Fufs breit, aus starken Pfählen und dazwischen gepacktem Strauch, die Wipfel nach aufsen gelegt und mit Feldsteinen belastet; was er für eine neue Bauart erklärte.

Dieser Plan wurde genehmigt, und *v. Suchodolletz* führte ihn von 1732 bis 1748 aus. Auch ward ihm noch übertragen, dem oben erwähnten, von 1724 bis 1731 geschütteten Damm, welcher nun schon fast ganz zerstört war, eine bessere Form und Construction zu geben. Die von ihm angeordnete Form bestand darin, dafs unten eine Bettung von Faschinen gelegt werden und dieselbe nach der Wasserseite mit Feldsteinen belastet werden sollte. Die Dossirung war aber zu steil; die Last der Steine drückte die schmale Faschinenlage nach und nach in den fast grundlosen Torf- und Moorboden hinein, und gleiches Schicksal hatten auch die Buhnen: was nicht in den Grund sank, wurde durch die Wellen und Eismassen so zerstört, dafs jetzt nur noch von einer Buhne ein Überrest vorhanden ist.

Der Ober-Deich-Inspector *v. Suchodolletz* trug nun am 29ten Juny 1750 darauf an, durch den Ingenieur und Lizentrath *Lilienthal* einen Situationsplan von dem Haff-Ufer, welches nun schon sehr von den Sturmfluten angegriffen sei, so wie von dem Friedrichsgraben, welcher immer flacher werde, aufnehmen zu lassen. Da *Lilienthal* anderweite Dienstgeschäfte hatte, wurde das Geschäft dem Ingenieur und Lizentrath *Morstein* am 17ten Mai 1752 übertragen. Die Wasserbauten waren damals mit dem Lizent-Amte verbunden. Am 1ten Juli 1754 reichte *Morstein* die Plane ein, welche noch vorhanden sind. Nach denselben hat der Damm schon eine dem Widerstande gegen die Wellen mehr entsprechende Form; nämlich eine breitere Grundlage von Faschinen; die Böschung ist mit Steinen eingefafst und auch auf diese Weise 1478 Ruthen lang ausgeführt, als so weit sich der Ufer-Abbruch ausgedehnt hatte.

In diesem Zustande ist der Damm durch achtmal wiederholte Reparaturen bis zum Jahr 1822 erhalten worden. Am 1ten April 1822 aber wurde derselbe, nebst dem durch Kunst hervorgebrachten Vorlande und den Anpflanzungen, durch eine fürchterliche Sturmflut zum Theil zerstört, zum Theil versank er in den tiefen Torfgrund, welcher am Fufse des Dammes durch die Flut unterminirt wurde.

Nun wurden durch den Ober-Deich-Inspector *Winkelmann* Plane entworfen, dem Damm eine bessere Richtung und eine zweckmäfsige Bettung von Faschinen zu geben, auch an der Wasserseite, an den Stellen, wo der Damm besonders dem Angriffe der Wellen ausgesetzt ist, eine Reihe Pfähle, mit dem Wasserspiegel gleich hoch, einschlagen zu lassen, die Böschung 3füfsig mit grofsen Steinen im Verbande fest einzufassen und die Krone des Dammes, nebst dem Banquet hinter demselben, 1 Ruthe breit mit Nesterpflanzungen von Weidenstrauch, als einer lebendigen Schutzwehr, befestigen zu lassen. Diese Pläne und die Kosten von 14 194 Thlr. wurden genehmigt und es wurde nun der sogenannte Wehrdamm, 1600 Ruthen lang, bis zum Jahr 1827 unter der Leitung des Wasserbau-Inspectors *Cochius*, 3 Fufs über den höchsten Wasserstand hoch, so ausgeführt, dafs er bis jetzt allen Sturmfluten widerstanden hat.

Die Kosten der Sicherung des Ufers am Kurischen Hafe, von dem Dorfe Agilla bis hinter Juwendt (m. s. d. Carte), oder des sogenannten Wehrdammes, von der ersten Anlage an bis jetzt, waren nach den Acten zusammen folgende.

Von 1725 bis 1747 wurden nach den Anschlägen des Ingenieur-Capitains *Mattern,* des Bau-Inspectors *Adler* und des Ober-Deich-Inspectors *v. Suchodolletz* verwendet	30940 Thlr.
Im Jahr 1750, nach dem Anschlage des *v. Suchodolletz,* .	2531 Thlr.
Nach dem Anschlage des Ingenieurs und Lizentraths *von Morstein* im Jahr 1752	5229 Thlr.
Nach dessen Anschlage wurden im Jahr 1759, als die Russischen Truppen Ostpreufsen besetzt hatten, auf Befehl der Kaiserin Elisabeth Feodorowna, der Kaiserl. Krieges- und Domainenkammer zu Königsberg angewiesen	248 Thlr.
Im Jahr 1759 wurden in ähnlicher Art	152 Thlr.
und im Jahr 1761	2943 Thlr.
angewiesen. Im Jahr 1763, am 23ten Juni, wurden wieder, auf den Anschlag des *v. Morstein,* aus Berlin von dem Preufs. Ministerio angewiesen	1033 Thlr.
Ferner im Jahr 1770 nach dem Anschlage des Ober-Bagger-Inspectors *Reccius*	760 Thlr.
Desgleichen im Jahr 1773	885 Thlr.
Im Jahr 1775	1686 Thlr.
Im Jahr 1779	4308 Thlr.
Im Jahr 1780	2168 Thlr.
und im Jahr 1682	189 Thlr
Vom Jahr 1795 bis 1799 waren nach den Anschlägen des Ober-Bagger-Inspector *Laddey* und des Ober-Deich-Inspector *Schlegel* erforderlich	4750 Thlr.
Im Jahr 1800, nach dem Anschlage des Ober-Deich-Inspectors *Dreves,*	1934 Thlr.
und im Jahr 1817, nach dem Anschlage des Ober-Deich-Inspectors *Winkelmann,*	7257 Thlr.
Desgleichen im Jahr 1822	14194 Thlr.

Ich führe diese Sachverhältnisse und Thatsachen nach den Acten deshalb speciell an, weil die Erhaltung dieses Wehrdammes oder dieser Ufersicherung eine wichtige Aufgabe für die Hydrotechniker ist und bleiben wird.

Mehrere der dabei beschäftigt gewesenen achtbaren Männer habe ich persönlich gekannt.

Die Beträchtlichkeit des Kosten-Erfordernisses zur Erhaltung dieses Wehrdammes lag keinesweges, besonders nicht bei dem zuletzt genannten Hydrotechniker, in Unkunde, sondern in der ersten Anlage des *Canals*, so nahe am Haf. Solche ursprüngliche Fehler mufs also der Hydrotechniker insbesondere vermeiden und sich, ehe er seine Plane entwirft, mit den örtlichen Naturwirkungen bekannt machen. Deshalb habe ich es auch während meiner vieljährigen Dienstzeit und bei meinen vielen Reisen immer für Pflicht gehalten, Thatsachen zu sammeln und solche dann zum Nutzen unserer Nachkommen zu veröffentlichen, damit diese dann richtigere und dem Zweck entsprechendere Pläne entwerfen mögten *). In meinen Bemerkungen über die Gewässer, die Ostseeküste und die Beschaffenheit des Bodens in Ostpreufsen, ingleichen in meinen Beiträgen zur Kunde Preufsens, so wie in dem gegenwärtigen Journal und in den Preufsischen Provinzialblättern, habe ich Mehreres davon mitgetheilt.

Über die nicht zweckmäfsige Linie des Grofsen-Friedrichsgrabens bemerke ich noch Folgendes. Nicht allein nemlich, dafs die vorhin aufgezählten grofsen Ausgaben nicht nöthig gewesen wären, wenn man dem Canal eine bessere Linie gegeben hätte, dauern nun auch noch andere bedeutende Ausgaben fort, welche ebenfalls daraus entstehen, dafs der Grofse-Friedrichsgraben zu nahe an das Haf gezogen ist. Es ist nemlich schon oben bemerkt, dafs die Thalfläche, durch welche sich der Grofse-Friedrichsgraben hinzieht, besonders bei anhaltenden Sturmfluten aus Nordwest, oft viele Wochen lang mehrere Fufs tief so unter Wasser gesetzt wird, dafs die Wellen darauf bedeutend rollen, den Torfgrund, besonders am Ufer des Hafs, auflockern und dann den Canal durch die Sinkstoffe oder den Niederschlag so anfüllen, dafs er schleunig wieder aufgeräumt und die Fahrbahn wieder vertieft werden mufs. Dazu sind beständig drei vollständige Pferde-Baggermaschinen zum Gebrauch in Bereitschaft und werden in vorkommenden Fällen, hier und auf andern Puncten der Wasserstrafse, zur Erhaltung der Schiffahrtsbahn angewendet; nebst oft noch mehreren hundert Arbeitern mit Handbaggern. Ferner wird der Grofse-Friedrichsgraben, wenn ihn auch nicht jährlich die Überschwemmungen überströmen, doch in dem Torf- und Moorgrunde, in welchem er sich befindet, durch die Auflösung des Bodens vermöge der Schälung beim Durchgehen der Schiffs-

*) Möchten doch alle practischen Baumeister so denken und verfahren!

fahrzeuge verflacht, weshalb die Strom- und Ufer-Ordnung das Durch*segeln* und das *schnelle* Treideln verbietet. Die Kosten der Erhaltung der schiffbaren Tiefe von 5 Fufs am Pegel in Labiau im Grofsen-Friedrichsgraben betragen oft jährlich 1500 bis 2000 Thlr. Rechnet man diese als Zinsen, und auch nur die Hälfte davon, weil ein tiefer im Lande gezogener Canal doch auch erhalten werden müfste, so ergiebt sich auch in diesem Punct die Verschwendung eines bedeutenden Capitals durch die nicht umsichtige Wahl der Linie des Canals.

Dies mag denn zu der Lehre dienen, dafs es rathsam ist, die Canäle wo nur irgend möglich nicht durch den Sumpf, sondern am Fufs der Anhöhen, oder doch wenigstens im festen Boden, wenn auch in krummen Linien, weil Canäle nicht zum Segeln, sondern nur zum Treideln bestimmt sind, zu ziehen.

Oben ist bemerkt, dafs der Kleine-Friedrichsgraben, um die Wasserstrafse von der Gilge nach dem Nemoninstrom zu ziehen, zu gleicher Zeit mit dem Grofsen-Friedrichsgraben gegraben wurde, und welche Beschwerden darüber in der Folge von den in der Seckenburgschen Niederung angesiedelten Bewohnern entstanden sind. Hierüber will ich hier noch einiges Weitere sagen, weil dieser Gegenstand ebenfalls für den Hydrotechniker wichtig und belehrend sein dürfte.

Als der Kleine-Friedrichsgraben von 1689 bis 1697 ausgeführt wurde, um das Wasser aus der Gilge nach dem Nemoninstrom zu leiten und dadurch die Wasserstrafse zu verbinden, mufsten mehrere kleine Wasserläufe, welche sich durch das Terrain schlängelten, coupirt werden; was zugleich den Grund zum Leinenpfad, dem sogenannten Greituschker Treideldamm am östlichen Ufer legte. Man fing die Wasserläufe durch einen Graben auf und leitete sie nach Petricken, wo sich der Schnecke, Balut, Uschteik und Schalteik zum Nemoninstrom verbinden. Die Erde aus den Durchstichen, welche sich schon auf der im Jahr 1647 von *Conrad Burke* verfertigten Carte projectirt finden, wurde auf die Coupirungen und überhaupt auf das östliche Ufer abgesetzt und es wurde so nach und nach der Leinenpfad von Seckenburg, von der Gilge, bis zum Nemonin bei Petriken, von 1712 bis 1715 durch den Ober-Ingenieur und Kammerrath *v. Collas* auf eine bedeutende Strecke lang ausgeführt. Im Jahr 1759 wurde der 1300 Ruthen lange Treideldamm bis an den Nemonin angeschlossen und der Strom bei Petricken, wo er seinen Namen erhält, coupirt. In dieser Zeit wurde auch die hölzerne sogenannte Welmschleuse gebaut, der Welmgraben und der Welmdamm gezogen und dadurch die Niederung zum Polder, aber viel zu früh eingeschlossen. Die Finanzmänner machten nun sogleich Plane, diese tiefliegende Ebene, selbst noch ehe sie zum Polder eingeschlossen war, zu bevölkern, und es wurde von 1726 bis 1731 in der Seckenburgschen Niederung auf den Vorschlag des Kammer-Präsidenten *v. Bredow* und des Geheimen Finanz-Raths *v Thiele* die sogenannte Elbingsche Colonie angelegt und mit Deutschen aus der Elbingschen Niederung bevölkert. Desgleichen wurden die Vorwerke Alt-Seckenburg, Ginkels, Mittels und Polenzhoff angelegt, aber es wurde durch diese zu frühe Benutzung der Grund zu den künftigen Beschwerden erzeugt.

Die Welmschleuse hat den Zweck, das Wasser aus der Niederung abzuführen und der Welmdamm und die Schleuse den Zweck, das Stauwasser aus dem Haf, welches bei starken anhaltenden Nordweststürmen durch den Rückstau aus der Ostsee und dem Haf oft bis 4 Fufs hoch gegen den Damm steigt, abzuhalten. Zur Beschiffung der Flüsse in der Niederung auf der grofsen Wasserstrafse mit kleinen Fahrzeugen, zum Absatz der Producte, baute man in dem Welmdamm neben der Welmschleuse eine hölzerne Schiffschleuse. Auch wurden mehrere Windmühlen zum Ausmahlen des Wassers von der Art wie in der Weichselniederung erbaut, so dafs alles geschah, was zur Beförderung der Cultur geschehen konnte. Allein die tägliche Erfahrung lehrt, wie wenig Dergleichen öfters von den Bewohnern anerkannt wird, sobald das Interesse der Einzelnen ins Spiel kommt. Actenmäfsige Nachrichten über diese Meliorations-Angelegenheiten geben davon auch hier den Beweis.

Nach den Acten vom Jahr 1746 z. B., in Sachen der Gebrüder *v. Skirps* wegen Erhaltung der Dämme am Memelstrom und wegen der vom Amtsrath *Skirps* vorgeschlagenen Ableitung der Neuen-Gilge und Zudämmung des Kleinen-Friedrichsgrabens oder der sogenannten Greituschke (deutsch *Geschwind*, weil das Wasser hier schnell strömt), wurde das Wasser bei anhaltenden West- und Nordweststürmen, als der Treideldamm noch nicht vorhanden war, aus der Ostsee in das Haf und aus diesem bis 3 Meilen weit in die Niederung zurückgestaut, und die Besitzungen der Gebrüder *Skirps* wurden überschwemmt, weshalb sie die Dienstleistungen zur Erhaltung der Dämme an der Memel verweigerten. Der Amtsrath *Skirps* suchte den Grund der Überstauung der Niederung in dem Kleinen-Friedrichsgraben, trug seine Klage im Jahr 1744 dem Könige schriftlich vor und erklärte nach Lage der Acten Jeden für unwissend, oder für seinen Feind, der nicht seiner Ansicht beiträte. Er wurde so das Organ seiner Nachbaren, wiewohl späterhin für einen unruhigen Einwohner erklärt. Im Jahr 1746 und am 29ten Mai 1747 beschwerte sich *Skirps* von Neuem und trug auf eine Local-Untersuchung an. Als er im Jahr 1749 starb, war schon das Nöthige zur Bildung einer Commission verfügt, welche aus den Krieges- und Domainenräthen ***Staffelstein***, ***Domhardt***, dem Lizentrath und Ober-Deich-Inspector ***Lilienthal*** und dem Landbaumeister ***Bergius*** bestand. Diese überreichten am 12ten October 1752 nach einer Local-Untersuchung ihre Verhandlungen über die Gegenstände der Beschwerde und fügten denselben einen Situationsplan, durch ***Bergius*** aufgenommen, bei. Es ergab sich daraus, dafs ***v. Skirps*** seine Besitzungen stets wasserfrei haben wollte, obgleich sie es früher, den örtlichen Verhältnissen nach, nie gewesen waren. Er war also nur auf seinen Nutzen bedacht, ohne alle Rücksicht auf die mit so grofsen Kosten für den innern Verkehr geschaffene Wasserstrafse. Nach seinen Vorschlägen wäre alles wieder in den rohen Zustand zurückgekommen, in welchem sich die Wasserläufe befanden, als die deutschen Ritter nach Preufsen kamen; die vielen Kosten der Melioration und der Schiffbarmachung der Flüsse in der Niederung wären verschwendet gewesen und die schon geregelte Ansiedelung und Ordnung in der Niederung wäre zerstört worden. Gleichwohl sind die Beschwerden des ***v. Skirps*** in neuerer Zeit und bis jetzt fortgesetzt worden.

Die oben genannten Commissarien machten auf den Grund ihrer Local-Untersuchungen den Vorschlag, bei Kriszahnen einen Durchstich von 100 Ruthen lang zu ziehen; die alte Gilge bis Tawelninken durch Baggerung zu vertiefen, und von da bis an den Nemoninstrom bei Wiepp einen Canal, 1800 Ruthen (Kulmisch Maafs) lang, 11 Ruthen breit und 15 Fufs tief (aber dem Haf und dem Rückstau näher) zu ziehen, um dann den Kleinen-Friedrichsgraben nicht mehr als Wasserstrafse benutzen zu dürfen. Es wurden dazu auch Anschläge entworfen und die klagbaren Grundbesitzer zur Theilnahme aufgefordert, welche auch nach einer gewissen Vertheilung viele Dienstleistungen versprachen, aber sich nachher, wie gewöhnlich, zurückzogen. Dabei blieb es, weil sich das schiffahrtsverkehrtreibende Publicum keinen Nutzen von diesem Canale versprach und mehrere erfahrene Hydrotechniker die Ausführung desselben wegen der Bodenlage und der Überschwemmungen durch den Rückstau aus dem Haf für sehr schwierig hielten.

In neuerer Zeit sind die Beschwerden des ***Skirps***, wie schon bemerkt, wieder fortgesetzt worden und haben viele Untersuchungen und selbst Vorarbeiten veranlafst, nach welchen auch die Ausführung des Canals von Travelnicken nach Wiepp durch die Königl. Regierung zu Gumbinnen begonnen ist und wovon nun der Erfolg erwartet werden mufs.

Eilfter Abschnitt.

Von Dem, was in neuerer Zeit für die Verbesserung der Wasserstrafse vom Frischen Haf an bis Schmaleningken in Preufsen und von da ab weiter bis Grodno und nach dem Schwarzen Meere, in Rufsland geschehen ist, gebe ich folgende Nachrichten.

Es wurde an den in früherer Zeit von Königsberg bis zur Ausmündung der Pregel am rechten Ufer angelegten $1\frac{1}{8}$ Meilen langen Treideldamm im Jahr 1819 bis 1821 eine Mole von Feldsteinen auf Sinkstücken von Faschinen, 1000 Fufs lang ausgeführt, und zwar in einer sanften Serpentine, auf welche der Stromstrich wirkt und das Strombett zum schiffbaren Wasserwege vertieft. Weiterhin im Haf, wo die Mole nicht mehr wirken kann, mufs die Fahrbahn noch immer jährlich durch Baggerung mit Baggermaschinen vertieft werden; weshalb sehr zu wünschen ist, dafs die Mole nach dem schon entworfenen Projecte weiter fortgesetzt werden möge.

Man hat jetzt auch hier die Idee gehabt, statt der Pferde-Baggermaschinen Dampfbagger sich zu bedienen; allein dafs sie nach örtlichen Verhältnissen besser sind, hat noch nicht bewiesen werden können. (Siehe meine Abhandlung über das Frische Haf etc. in dem gegenwärtigen Journale.)

Oberhalb Königsberg ist die Fahrbahn bei Langendorf durch Einschränkungswerke und Baggerungen vertieft worden; imgleichen bei Tapiau, unterhalb der Einmündung der Deime.

Zur Scheidung der Wasserwege der Deime vom Pregel ist vor mehreren Jahren ein Theilungswerk von Faschinen gebaut worden, welches die Wassermasse nun so theilt, dafs ein Drittheil auf die Deime und zwei Drittheil auf den Pregel kommen.

In der Mündung der Deime lagern sich oft die Sinkstoffe bei Fluten, so dafs Verflächungen entstehen und dann durch Baggerungen die schiffbare Tiefe erhalten werden mufs. Nur eine wirksame Strompolizei kann hier, und überhaupt, die Schiffahrtsbahn im Bette des Pregels und der Deime gehörig erhalten. Es ist deshalb in Labiau ein Wasserbaubeamter angestellt worden. Ein zweiter Wasserbaubeamter, zu gleichem Zweck für den Alleflufs, ist in Guttstadt angestellt.

Im Bette der Deime bei Labiau, wo der Grofse-Friedrichsgraben anfängt, lösen sich oft grofse Torfmassen von dem Sandboden ab, schwimmen bis zur Höhe des Wasserspiegels auf und müssen dann durch Baggerung weggeschafft werden. Eben so ist es öfters im Grofsen-Friedrichsgraben. Die Strombaupolizei wird nach der Strom-Ordnung für den Grofsen- und Kleinen-Friedrichsgraben in Ostpreufsen, aus Berlin vom 14ten April 1806, durch den in Labiau angestellten Wasserbaubeamten ausgeübt, welcher zugleich Ober-Baggermeister ist, und welchem drei Baggermeister nebst dem Strom-Aufseher untergeordnet sind, und es wird mit drei Pferde-Baggermaschinen gebaggert, welche in Bereitschaft gehalten werden.

Der Nemoninstrom hat ganz flache Ufer in der breiten Thalfläche und die Schiffahrtstiefe wird durch Einschränkungswerke, kleine Buhnen, Schlickzäune und durch Baggerung erhalten. Eben so ist es mit dem Kleinen-Friedrichsgraben und dem Gilgestrom von Seckenburg bis zur Theilungsspitze bei Schanzenkrug im Litthauischen Departement, wo die Hydrotechniker immer auf die richtige Vertheilung der Wassermenge für die Schiffahrtswege aufmerksam sein müssen.

Von Petriken (m. s. die Carte) bis zur Russischen Grenze führen zwei Wasserbaubeamte die strombaupolizeiliche Aufsicht über die Wasserstrafsen und die Bedeichungen der Niederung, nach der allgemeinen Strom-, Deich- und Ufer-Ordnung für Ostpreufsen und Litthauen vom 14ten April 1806.

Seit einigen Jahren ist durch das einverständliche Wirken der Hydrotechniker in den beiden Bezirken der Regierungen zu Königsberg und Gumbinnen die grofse Wasserstrafse bis zur Russischen Grenze in solchen schiffbaren Zustand gebracht worden, dafs keine gegründeten Klagen von dem verkehrtreibenden Publicum bis zum Jahr 1834 mehr entstanden sind. Die spätern Beschwerden beziehen sich nur auf den jetzt in der Ausführung begriffenen, oben gedachten neuen Canal.

Dieser bessere Zustand ist besonders die Folge der Wirkung einer von dem Minister für Handel und Gewerbe angeordneten Commission zur Untersuchung der Schiffbarkeit der Wasserstrafse von Petricken bis Schmaleningken im Gumbinnenschen Regierungsbezirk. Diese Commission war aus dem Geheimen-Ober-Baurath *Cochius*, dem Verfasser dieses Aufsatzes, dem Landbaumeister *Vogt*, jetzt Regierungs- und Baurath in Gumbinnen, dem Ober-Deich-Inspector *Winkelmann*, den Deputirten des Vorsteher-Amts der hiesigen Kaufmannschaft, Stadträthen *Böhm* und *Andersch*, dem Deich-Inspector *Hartmann* und dem Deich-Inspector *Reimann* zusammengesetzt. Die Commissarien trafen am 8. August 1821 in Schmalleningken an der Russischen Grenze zusammen, besichtigten von da ab die Wasserstrafse bis Petricken, sahen, wie sehr der Memel- und Gilgestrom ihr Bette nach der natürlichen Wirkung der strömenden Wasser zu verändern streben, und ordneten die Strombauwerke zur Erhaltung der Wasserstrafse an, welche auch nach und nach ausgeführt worden sind und durch welche nun eine gute Wasserstrafse erlangt worden ist. (Im traurigen Gefühl der Rückerinnerung habe ich zu bemerken, dafs vier der genannten achtbaren Männer, die Herren *Cochius*, *Winkelmann*, *Hartmann* und *Reimann* das Zeitliche schon verlassen haben *).)

Aus frühern Zeiten sind die Acten mit Klagen über die Wasserstrafse angefüllt, und selbst noch bis zum Jahr 1821 war die Schiffahrt auf der Gilge so schlecht, dafs Tilsit, zum gröfsten Nachtheile für Königsberg und für den Verkehr auf der Wasserstrafse, beinahe ein Stapel-Ort geworden wäre.

Zwölfter Abschnitt.

Wie wichtig der Memelstrom selbst schon bei dem Vordringen der Deutschen Ritter in das Hinterland bis Grodno hinauf war, ist geschichtlich bekannt. Was in neuerer Zeit hier zur Verbesserung der Schiffahrt geschehen ist, werde ich berichten.

Der Memelstrom fliefst von Grodno an bis zum Einflufs des Swentflusses, der dort die Grenze zwischen Rufsland und Preufsen bei dem Zoll-Amte Schmaleningken bildet, gröfstentheils zwischen hohen, geschlossenen Ufern; besonders von Grodno bis oberhalb Kauen, wo die zum Theil 50 bis 80 Fufs hohen, zum Theil ganz schroffen Ufer so im Abbruch sind, dafs die Eisgänge und das hohe Flutwasser die Feldsteine aus den Ufern erdfrei machen, die dann in die Tiefe des Strombettes stürzen und der Beschiffung gefährlich werden. Das Wasser arbeitet hier kräftig, sein Bette sich zu formen und in Beharrungsstand zu bringen.

Zur Verbesserung der Schiffahrtsbahn auf der Memel wurden schon in frühern Zeiten unter dem Minister *v. Tiesenhaus*, welcher die Polnischen Kron-Tafel-Güter verwaltete und Fabriken und andere nützliche Anlagen an der Memel und am Lossofsnaflufs ausführen liefs, die ich noch im Jahr 1801 bei der Untersuchung des Memelstroms zum Theil in gutem Zustande, zum Theil

---

*) Jetzt auch leider! der Herr Verfasser dieses Aufsatzes. D. H.

aber schon in Ruinen sahe, auf der Strecke von Kauen bis Grodno unter der Polnischen Regierung die Steinlagen an mehreren Stellen aus dem Strombett geschafft. Es würde noch mehr geschehen sein, wenn man *v. Tiesenhaus* für sein thätiges Wirken nicht, wie es so oft geschieht, mit Undank belohnt hätte.

Die Herstellung einer Wasserstrafse ward nun späterhin vom Memelstrom aus durch die Verbindung des Oginskischen Canals mit dem Dnieper und weiter nach dem Schwarzen Meer hin Kaiserl. Russischer Seits beabsichtigt und auch die Ausführung jenes Canals angefangen, über welchen ich weiterhin mehr sagen werde.

Über die Wasserstrafsen in dem grofsen Russischen Reich überhaupt haben mir der Ingenieur-General-Major *v. Falconie* und der Obrist *v. Mencke,* die, wie ich, Mitglieder der Königlich-Preufsischen und Kaiserlich-Russischen combinirten Wasserbau-Commission waren (S. meine Abhandlungen in den Beiträgen zur Kunde Preufsens, 3ter Band, 2tes, 3tes und 4tes Heft), manche schätzbare Nachrichten mitgetheilt. Es wäre gewifs sehr zu wünschen, dafs diese, zum Theil sehr wichtige Anlagen Russischer Seits bekannter gemacht würden.

Die Wichtigkeit der Wasserstrafse auf der Memel kam bei dem Grenz-Tractat zu Grodno am 21ten Juni 1796 besonders wieder zur Sprache. Es wurde der Stromstrich des Memelstroms, vom Einfall des Lossofsner Flusses, ½ Meile unterhalb Grodno an, bis zur Ausmündung des Swenteflusses bei dem Grenzzoll-Amt Schmaleningken zur Grenze zwischen dem Preufsischen und Russischen Staate angenommen. Da wo der Stromstrich, nemlich die Linie, in welcher sich die Wassertheilchen in dem Wasserspiegel eines fliefsenden Gewässers *am schnellsten* bewegen, durch die zum Theil im Strombette liegenden, jetzt schon grofsen Inseln oder sogenannte Kämpen getheilt wird und das Wasser in zwei Armen fliefst, wurde die Linie der Landesgrenze über die Inseln selbst gezogen, und zwar in der Mitte von beiden Ufern der Strom-Arme, vom festen Boden an gerechnet. Die Landflächen auf den Inseln, welche zum Theil mit Weidenstrauch bewachsen waren, erhielten die Grundbesitzer an beiden Ufern des Stromgebiets zur Benutzung. Sie wurden zum Theil zu Wiesen und Acker, zum Strauch-Anwachs und zur Weide, letzteres besonders Russischer Seits von den am Ufer in Wachtbuden aus Strauch, oder in den nächsten Ortschaften postirten Kosaken für ihre Pferde benutzt. Daraus entstand denn das Bestreben, die Landflächen auf den Inseln, so wie an den Ufern zu vergröfsern. Man wandte dazu einfache Strombaue eigenmächtig an: nemlich, wo sich Sandflächen im Strombette an den Ufern gelagert hatten, suchte man sie durch Zäune und Bepflanzung zu befestigen. Zu der Bepflanzung zog man mit dem in dortiger Gegend üblichen einfachen Pfluge in die Sandfelder Furchen, streute zerhackte Weidenreiser von dem Gebüsch auf den Inseln hinein, etwa von 6 Zoll lang, und überliefs nun das Ebenen der Furchen dem Winde, wenn der Sand trocken war. Das Auskeimen und Ausschlagen der Reiser erfolgte sehr bald, und wenn das Wasser höher stieg und darüber hinströmte, wurde die Oberfläche der Sandfelder durch den Sinkstoff oder Niederschlag gedüngt und zur Aufnahme des Saamens, welchen die Winde von den Weiden auf den Inseln herbeiführten, oder welcher vom Wasser mitgenommen und abgesetzt wurde, vorbereitet. Der Erfolg war bei der kräftigen Vegetation in dortiger Gegend so wirksam, dafs die Sandfelder bald mit jungen Weiden-Schöfslingen wie ein Kornfeld bewachsen waren. Ich habe dieses einfache Verfahren, dessen sich jene Naturmenschen ohne alle Kenntnifs von der Strombaukunde bedienten, späterhin in den Jahren 1803 bis 1806 am Memelstrom, zwischen Kauen und Schmaleningken, zur Verminderung der Kosten der Festlegung der Sandschollen im Strombette, so wie auch auf der Kurischen Nehrung in Ostpreufsen, mit günstigem Erfolge angewendet.

Wegen jenes Verfahrens, das einem hydrotechnischen Kriege glich, so wie über die thätlichen Angriffe der gegenseitigen Bewohner, bei welchen die Kosacken nicht unthätig waren, entstanden nun vielseitige Beschwerden. Der Gegenstand kam bei den beiderseitigen Behörden zur Sprache, und man mufste fürchten, dafs die Schiffahrtsbahn durch jenen Unfug bald sehr leiden und dafs neue Inseln und grofse Verflächungen im Stromgebiete entstehen würden. Um die Verhältnisse zu untersuchen, wurden der Kriegsrath und Wasserbau-Director *Schüler* (nachheriger Deich-Hauptmann in Cüstrin und dort im Jahr 1829 verstorben) und ich, weil wir zur gemeinschaftlichen Bearbeitung der Projecte zur Melioration und Schiffbarmachung der Gewässer im damaligen Neu-Ostpreufsen im Plocker und Bialystocker Kammer-Departement angestellt waren, beauftragt, den Memelstrom zu bereisen, zu untersuchen und Vorschläge zur Verbesserung der Wasserstrafse dem Ministerio zu übergeben. (M. s. die Beiträge zur Kunde Preufsens, 3ter Band 3tes Heft.) Wir trafen von Pultusk aus, am Narewflufs, welches uns zum Wohnorte angewiesen war, im October 1801 in dem Dorfe Lossofsna, wo sich der Lossofsnaflufs $\frac{1}{2}$ Meile unterhalb Grodno in die Memel ergiefst und dort die Grenze zwischen Rufsland und Preufsen bildet, ein, und bereiseten und untersuchten den Strom unter manchen schwierigen Umständen bis zur Ausmündung des Klein-Swenteflusses bei Schmaleningken. Diese Bereisung des bei Fluten reifsenden Stromes, welcher sich in vielen Windungen durch schroffe, 60 bis 80 Fufs hohe Ufer, die noch im Abbruch sind, hindurcharbeitet und sein Bette, was noch nicht so alt als das bei Kauen, wo der Wiliaflufs einfällt, bis Schmaleningken, zu sein scheint, noch erst zu formen und in Beharrungsstand zu setzen strebt, hatte für uns grofses Interesse; besonders auch die Umgegend weiter unterhalb, wo die hohen Ufer zum Theil mit Lindenwäldern bewachsen sind und wo sich die üppigste Vegetation findet. Wären die Ufer hier felsig, wie zum Theil an der Donau, am Rhein und an der obern Elbe, so würden diese Gegenden hier mit jenen an einigen Stellen manche Ähnlichkeit haben. In der That bilden die Ufer an einigen Stellen angenehme Parthieen; die zum Theil schönen adeligen Güter, Klöster, Kreuze und Heiligenbilder ragen aus den Waldgruppen hervor und man wird angezogen, sie näher kennen zu lernen. Dann aber findet man freilich in den fruchtbarsten Gegenden, neben grofsartigen Gebäuden die armseligsten hölzernen Hütten, und ihre Bewohner, besonders an der Memel, nach Grodno hinauf, noch im rohen Naturzustande. Was könnte nicht noch hier auf diesem herrlichen Boden, der jetzt mit Sumpf und Gesträuch bedeckt ist, geschehen! Beispiele davon wurden gegeben, als dieses Land unter der Preufsischen Verwaltung stand.

Wir entwarfen schon auf unserer Reise vorläufig die uns anwendbar scheinenden Projecte und die ungefähren Überschläge zur Regulirung der Schifffahrtsbahnen, mit Bezug auf die eingezogenen Nachrichten, dafs im Durchschnitt jährlich 9 Wittinnen auf den Steinlagen und Cataracten im Strombette, besonders zwischen Kauen und Olitta, verunglückten, und übergaben unser Gutachten der Behörde am 24ten Nov. 1801.

Die Wichtigkeit des Gegenstandes wurde von den höheren Behörden erwogen, die Nützlichkeit der Verbesserung der Schiffahrt auf der Memel anerkannt, und wir erhielten den Auftrag, einen generellen Überschlag der Kosten einzureichen; welches wir auch sogleich thaten, und worauf denn die Angelegenheit bei den Preufsischen und Russischen Höfen berathen und die Ausführung beschlossen wurde.

Der Kaiser Alexander, welcher das Gute und Nützliche so gerne beförderte, hatte auch diesen Gegenstand der Belebung des innern Verkehrs wohl aufgefafst und sich selbst die Übersicht der Localverhältnisse vorbehalten. Er bereisete das Land am rechten Ufer der Memel, passirte am 15ten Juni 1802 die Gegend bei Dworalischken, 3 Meilen oberhalb Kauen, wo die Landstrafse sich längs des rechten Ufers der Memel hinzieht, und wurde aufmerksam auf das Rauschen des Wassers, welches sich durch die Steinlagen im Strombette, welche Überfälle und kleine Cataracte bilden, hindurcharbeitete und über welche Wasserfälle die Wittinnen bei hohem Wasserstande übergehen mufsten; wobei sie dann oft verunglückten. Ein solcher Unfall ereignete sich mit einer beladenen Wittinne, die von Grodno kam, eben als der Kaiser neben dem Cataracte nahe am Strom auf der Landstrafse am Fufse des 70 Fufs hohen Ufers vorbeifuhr. Wahrscheinlich war die Aufmerksamkeit der Bemannung der Wittinne zu sehr auf den hohen Reisenden gerichtet gewesen, denn das Fahrzeug stiefs mit der gröfsten Schnelligkeit auf die nahe an der Fahrbahn im Strombette liegenden, zum Theil 10 bis 12 Fufs im Durchmesser grofsen Steine, wurde auf der Stelle zertrümmert und ein Mensch schwer verwundet. Der theilnehmende Kaiser liefs den Mann aus der tobenden Flut an das Ufer schaffen und dessen Wunden durch seinen Leibarzt verbinden, wozu er sein eigenes Taschentuch hergab, und setzte darauf, nach Verabreichung eines reichen Geschenks, seine Reise nach Grodno fort. Diese edle Handlung habe ich nachher in einem Gemälde in dortiger Gegend vorgestellt gesehen, und Augenzeugen erzählten davon mit Rührung. Auch im Jahr 1807, als ich den Auftrag hatte, ein Russisches Armee-Corps im April bei dem Eisgange über den durch das Flutwasser ausgetretenen Memelstrom zwischen Georgenburg und Kydullen in Gegenwart des Kaisers und unseres Königs zu führen (Siehe die Beiträge zur Kunde Preufsens, 3ter Band 4tes Heft), hatte ich eine neue Gelegenheit, die edle Theilnahme und Vorsorge zur Verhütung von Unglücksfällen von unserm edlen Könige und dem Kaiser zur Stelle am Ufer des Stroms zu sehen. Ich hatte das Glück, dafs auch in der gröfsten Gefahr nicht die mindesten Unglücksfälle entstanden.

Nachdem der Kaiser Alexander in Grodno angekommen war, liefs er sich dort die Sachverhältnisse in ihrem ganzen Umfange vortragen; zu welchem Behuf dort schon die Preufsischen Commissarien, der damalige Kammer-Director aus Bialystock, nachherige Polizei-Präsident in Königsberg und später Regierungs-Präsident in Bromberg, Herr *von Stein*, und der Kriegsrath und Wasserbau-Director *Schüler* aus Pultusk eingetroffen waren (Siehe die Beiträge zur Kunde Preufsens, 3ter Band 2tes Heft). Diese Commissarien wurden dem Kaiser vorgestellt, kaiserlich beschenkt, und mit der Äufserung entlassen, dafs Russischer Seits gewünscht werde, es möchten die zur Verbesserung der Wasserstrafse von der Ostsee nach dem Schwarzen Meer nöthigen Operationen bald gemeinschaftlich zur Ausführung kommen. Für den Preufsischen Staat war die Schiffahrtsverbesserung auf der Memel auch schon wegen des Transports des Salzes nach den grofsen Salzmagazinen am Memelstrom in Bialla, Olitta, Ponimon und Kydullen, imgleichen wegen des Verkehrs mit dem Korn in den unter der Preufsischen Regierung erbauten Landmagazinen zu Pawillen und Kydullen, und endlich wegen des Absatzes des Holzes aus den grofsen Forsten von der höchsten Wichtigkeit.

Es wurde nun von den Commissarien der hohen Mächte in Grodno am 30ten December 1802 eine Übereinkunft über den Stromstrich der schiffbaren Memel entworfen, der die Grenze zwischen Rufsland und Preufsen, von dem Einfall des Lossofsnaflusses bis zur Ausmündung des Swenteflusses, für immer bilden sollte. Die Vermessung des Stromgebiets, das Setzen der Wasserstandspegel und das Nivelliren wurde Preufsischer Seits sogleich durch 6 Conducteure unter meiner Leitung begonnen: Russischer Seits durch eben so viel Ingenieur-Officiere, unter der Leitung des General-Major *Falconi* und des Obrist *v. Mencke*. Die Überschläge der Kosten zur Verbesserung der Schiffahrt wurden durch den Kriegsrath *Schüler* und mich verfertigt und beliefen sich auf 401 529 Thlr. 17 Ggr., welche von den beiden Staaten herzugeben waren. Die Prüfung der Kosten-Anschläge und die Einleitung der Operationen ward dem Ober-Landes-Bau-Director *Eytelwein* übertragen, zu welcher auch derselbe an der Memel im Jnni 1803 eintraf; wo er den förmlichen Operations-Plan zur Verbesserung der Schiffahrt auf der Memel entwarf, und worauf denn auch die schon entworfene Convention von den hohen Monarchen abgeschlossen wurde.

Die Ausführung der Werke ward nun auch sogleich gemeinschaftlich begonnen, und zwar von unten den Strom hinauf; der Regel gemäfs. Die Werke bestanden in Buhnen, Coupirungen, Festlegung der Sandschollen durch Schlickzäune, und Bepflanzen mit Weidenstrauch in sogenannten Nestern; so wie im Durchbrechen der Steinlagen, welche die Cataracten bildeten. Zur Sicherung dieser Anlagen in landespolizeilicher Hinsicht ward zu gleicher Zeit Preufsischer und Russischer Seits eine Strom- und Ufer-Ordnung festgesetzt.

Die für die Schiffahrt zu verbessernde Strombahn ist vom Einfall des Lossofsnaflusses bis zur Ausmündung des Swenteflusses 54¼ Meilen lang und hat 326 Fufs Gefälle und zwar:

	Länge des Stroms.	Normal-Breite beim mittleren Wasserst.	Gefälle des Stroms.
	Meilen.	Ruthen.	Fufs.
Vom Lossofsna bis zum Johanniskruge . . .	6¼	25	36
Von da bis zur Russischen Stadt Morcz . .	6¼	30	41½
Von da bis Balwierszisken	13½	35	92
Von da bis zum Einfall des Jesseflufs . .	13¼	40	100
- - - - Wiliaflufs	1	45	5
- - - - Niewczeflufs	1¼	65	5
- - - - Dubissaflufs	4¼	70	19½
- - - - Swenteflufs	7½	75	27
Thut zusammen	54¼	—	326

Die flachsten Stellen in der Memel waren beim niedrigen Wasserstande nur 2½ Fufs tief. Das Flutwasser stieg im Memelstrom oft sehr hoch und die Eisgänge waren oft, wenn das Eis in dicken Massen zerbricht, fürchterlich und für die im Flutthal liegenden Ortschaften sehr zerstörend; zum Beispiel für die Stadt Szrednick und mehrere andere. Im Jahr 1804 stieg die Frühlingsflut an dem Pegel bei der Russischen Stadt Georgenburg und dem Preufsischen Domainen-Amte Kydullen über den niedrigsten Wasserstand 23 Fufs 6⅛ Zoll hoch; dabei war der Inhalt des Quer-Profils des Flutbetts 66 316 Quadratfufs grofs; die mittlere Geschwindigkeit betrug 1 Fufs, so dafs in 1 Secunde 66 316 Cubikfufs Wasser in dem Flutbette abflossen.

Vom Jahr 1804 bis zum Jahr 1806 waren schon ausgeführt worden: 18 Coupirungen an beiden Ufern, 37 Buhnen, 2623 Ruthen Flechtzäune und 96 533 Quadratruthen Pflanzungen, unter gegenseitig angeordneter Controlle; die Kosten davon betrugen Preufsischer Seits 96 204 Thlr. 48 Gr. und die Steinräumung kostete 9843 Thlr. 36 Gr. Bei den im Jahr 1806 eingetretenen Kriegs-Unruhen wurde die Ausführung geschlossen.

Hier endigt das Manuscript des verstorbenen Herrn Verfassers. Vielleicht findet sich aber noch in seinen andern nachgelassenen Manuscripten eine Fortsetzung. D. H.

Inhaltsverzeichnifs des vierten Hefts ein und zwanzigsten Bandes.

Berlin, gedruckt bei G. Reimer.

74
85
38
73
89
39
37
91
37
72
89
7
71
38
VI
B
36
7
87
70
92
V
87
61
86

TAF. I.

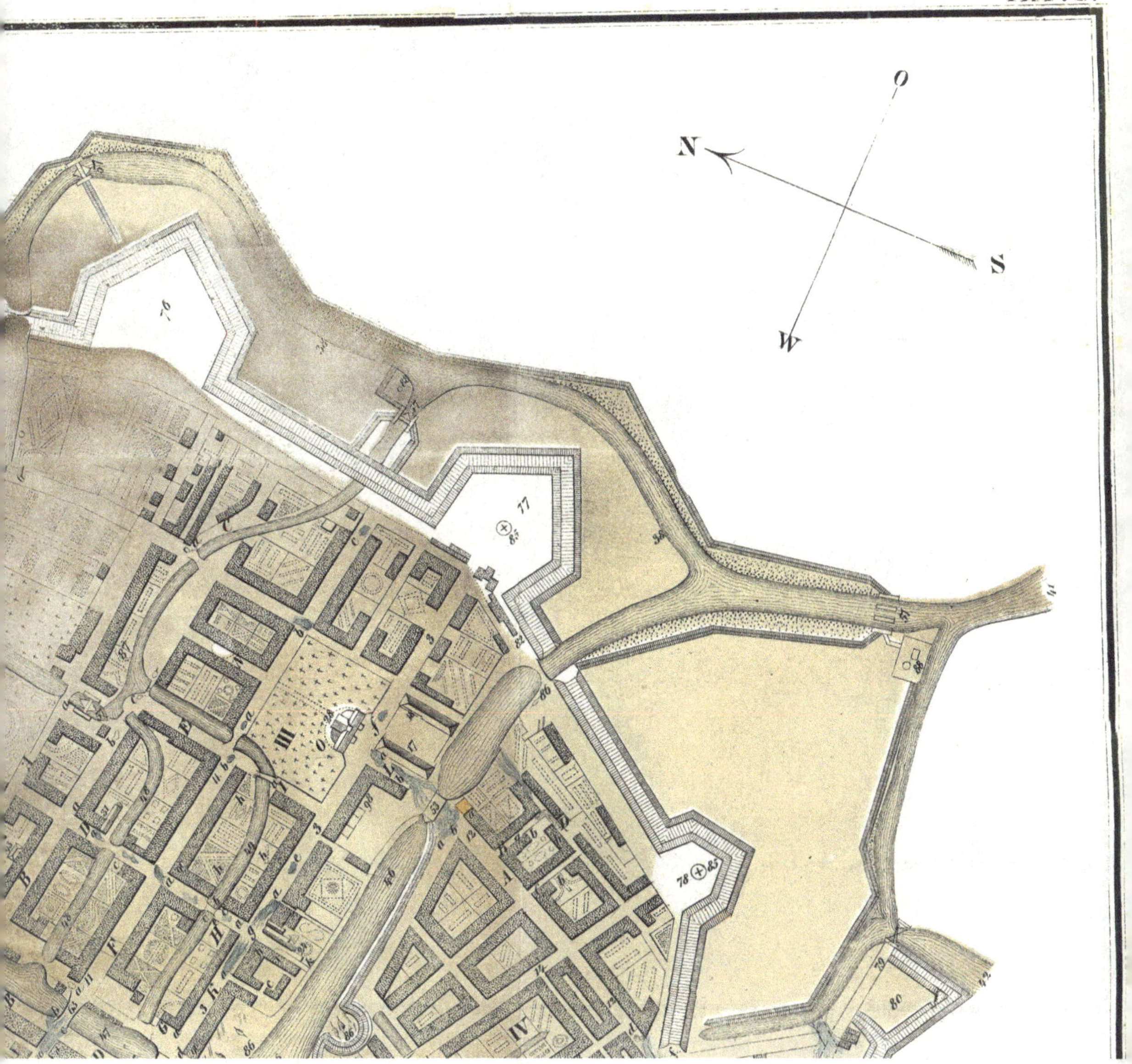

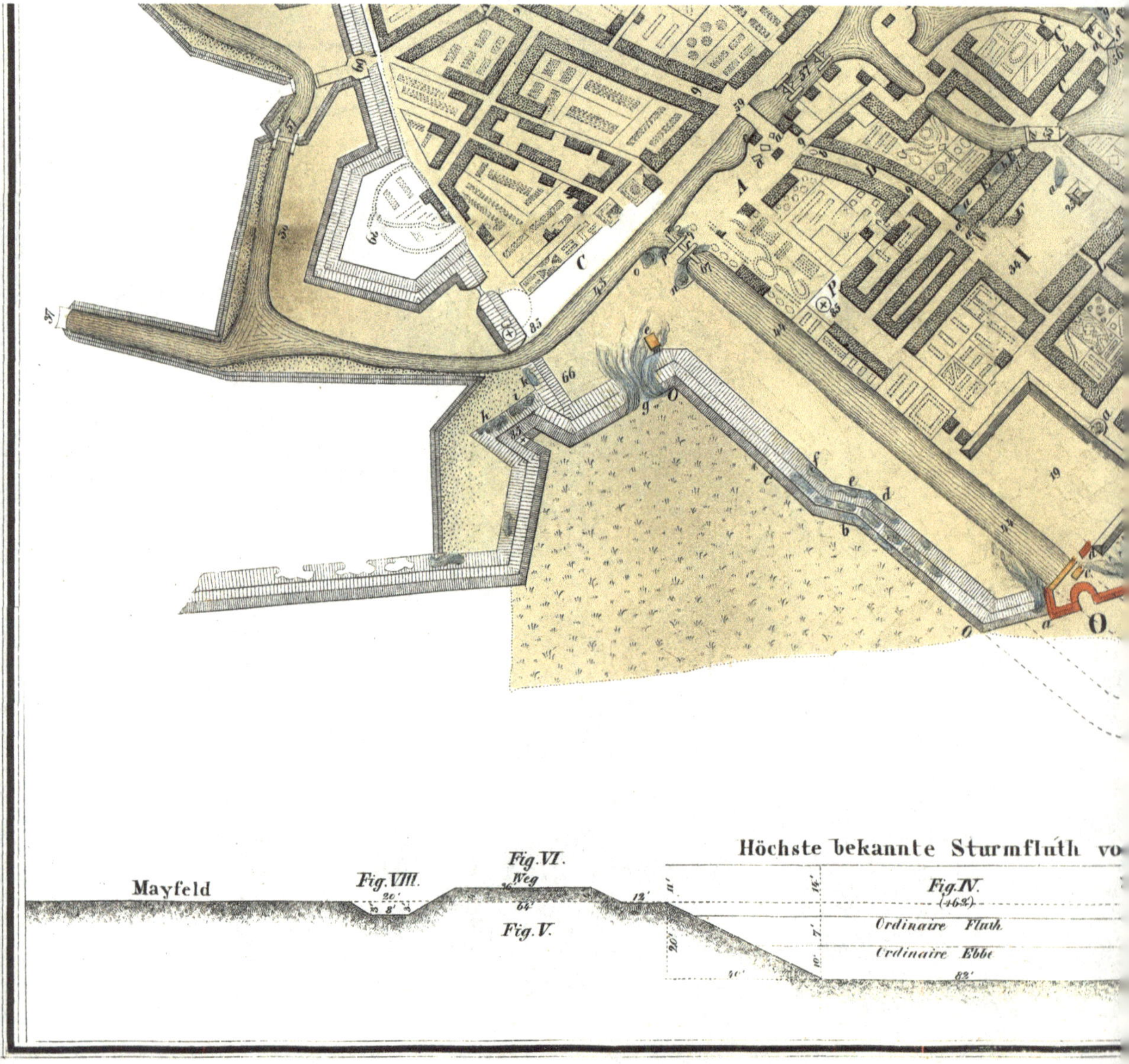
Höchste bekannte Sturmfluth vo
Mayfeld
Fig. VIII.
Fig. VI.
Weg
Fig. V.
Fig. IV.
Ordinaire Fluth
Ordinaire Ebbe

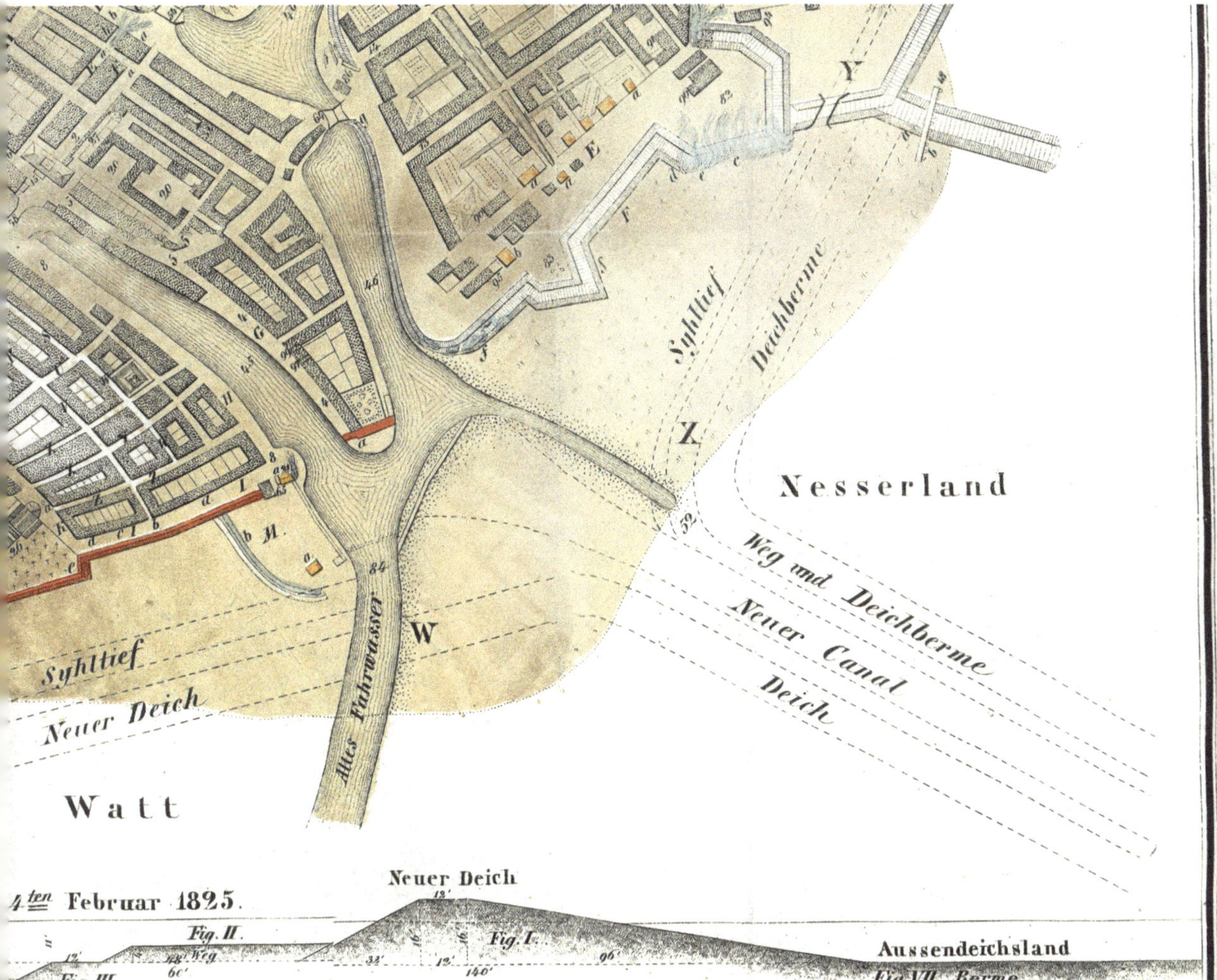

Herwig, litho:

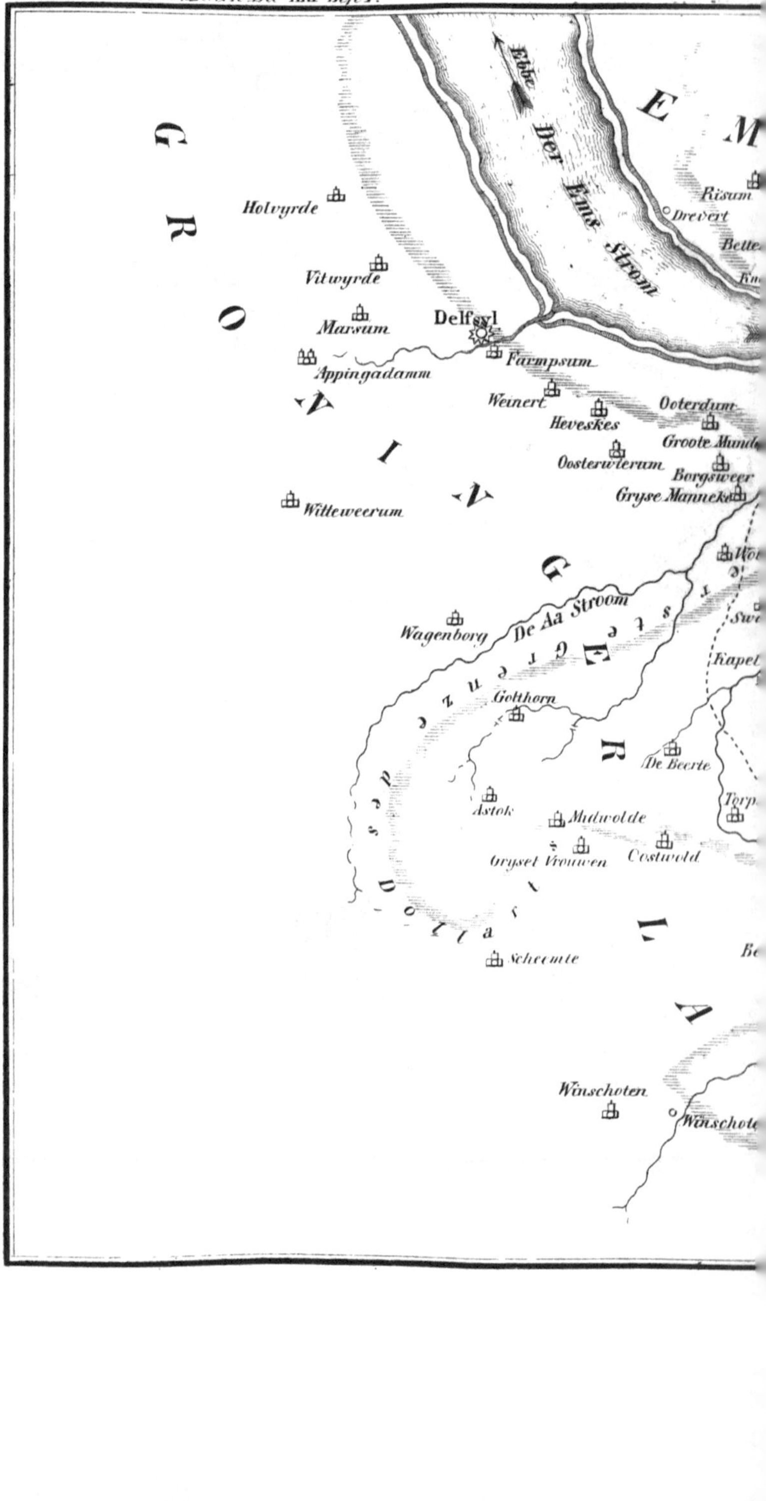
Ebbe
Der Ems Strom
Holvyrde
Vitwyrde
Marsum
Delfsyl
Appingadamm
Farmpsum
Weinert
Heveskes
Ooterdum
Oosterwierum
Borgsweer
Gryse Manneks
Witteweerum
Risum
Drevert
De Aa Stroom
Wagenborg
Golthorn
De Beerte
Astok
Midwolde
Grysel Vrouwen
Oostwold
Scheemte
Winschoten

TAF. II.

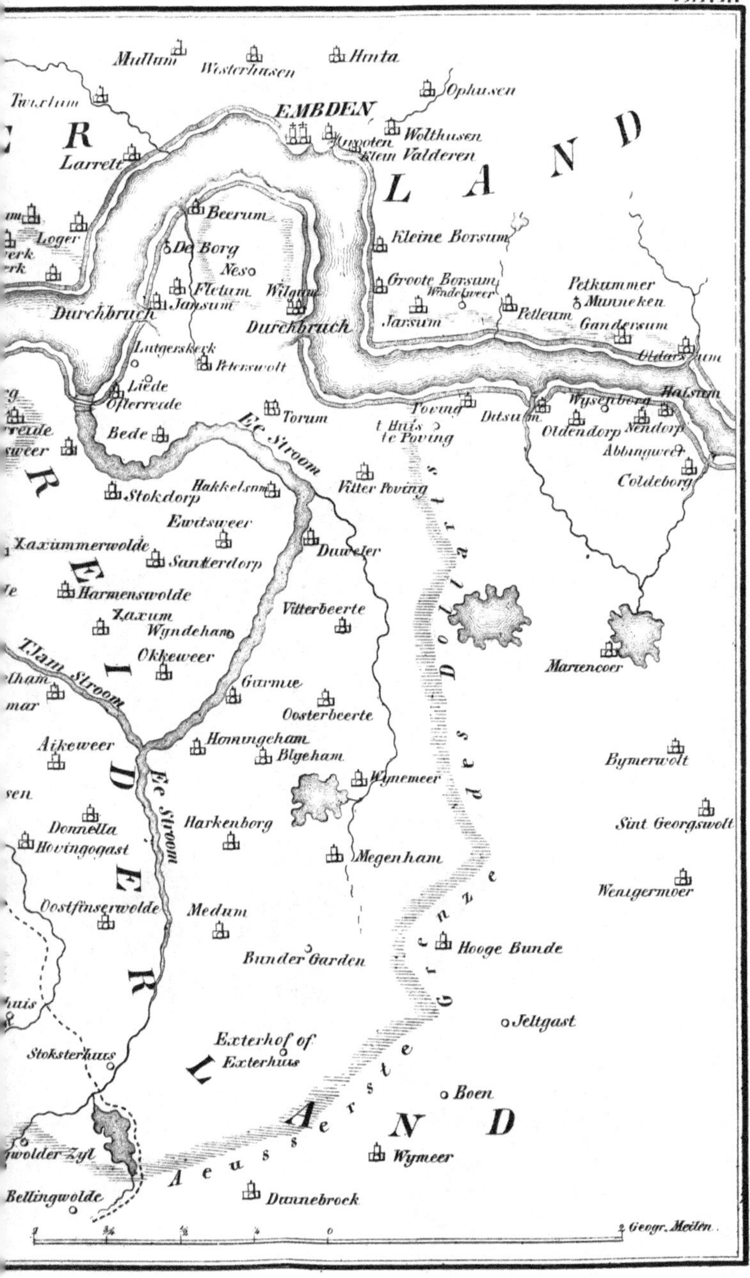

Mullum
Westerhusen
Hinta
Twixlum
Ophusen
EMBDEN
Wolthusen
Larrelt
Klein Valderen
L A N D
Beerum
Kleine Borsum
Loger
De Borg
Neso
Fletum
Wilgum
Groote Borsum
Windelweer
Petkummer
Manneken
Jansum
Durchbruch
Jarsum
Petkum
Gandersum
Lutgerskerk
Peterswolt
Oldarsum
Liede
Osterreede
Halsum
Torum
Poving
Ditsum
Wysenborg
Bede
Ee Stroom
t Huis te Poving
Oldendorp
Nendorp
Abbingweer
Coldeborg
Hakkelsum
Stokdorp
Vilter Poving
Ewitsweer
Xaxummerwolde
Santerdorp
Duweler
Harmenswolde
Xaxum
Vilterbeerte
Wyndeham
Okkeweer
Tjam Stroom
Marienkoer
Garmie
Oosterbeerte
Aikeweer
Homingeham
Blyeham
Bymerwolt
Wynemeer
Sint Georgswolt
Donnella
Hovingogast
Harkenborg
Megenham
Wenigermoer
Oostfinserwolde
Medum
Dollarts
Hooge Bunde
Bunder Garden
Jeltgast
Exterhof of Exterhuis
Stoksterhuis
Boen
Grenze des Aeusserste
Wymeer
Bellingwolde
Dannebrock
Ee Stroom
R E I D E R L A N D
2 Geogr. Meilen.

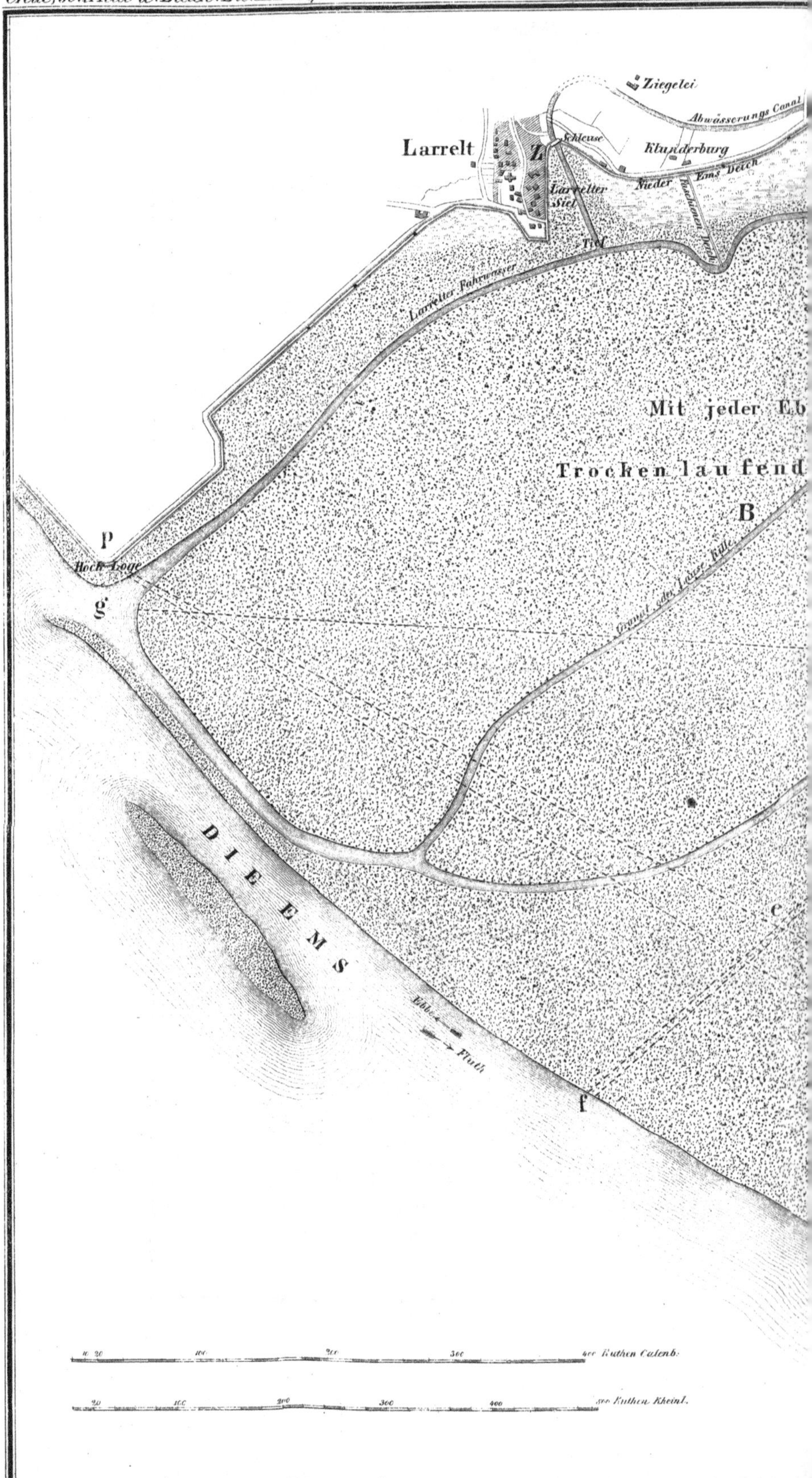
Ziegelei
Abwässerungs Canal
Larrelt
L
Schleuse
Klunderburg
Larrelter Siel
Nieder Ems Deich
Tief
Larrelter Fahrwasser
Mit jeder Eb
Trocken laufend
B
p
Hoch Loge
g
DIE EMS
Ebbe
Fluth
e
f
Ruthen Calenb.
Ruthen Rheinl.

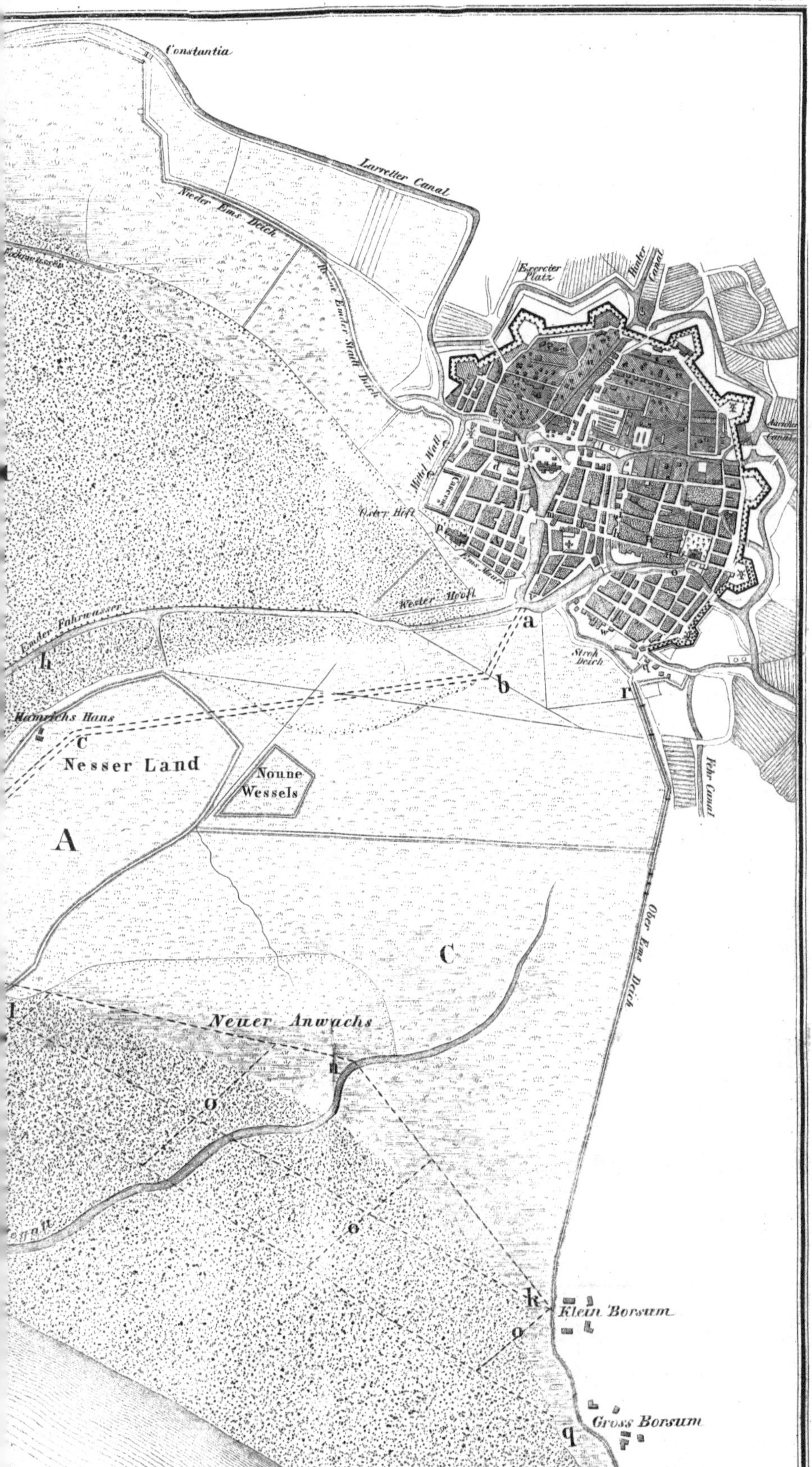
Constantia
Larrelter Canal
Nieder Ems Deich
Neue Emder Stadt Deich
Exercier Platz
Hinter Canal
Aurich Canal
Mittel Wall
Wester Hooft
Emder Fahrwasser
Stroh Deich
Fehr Canal
Ober Ems Deich
Hamrichs Haus
Nesser Land
Nonne Wessels
A
C
Neuer Anwachs
Klein Borsum
Gross Borsum
a
b
c
h
r
l
n
o
k
q

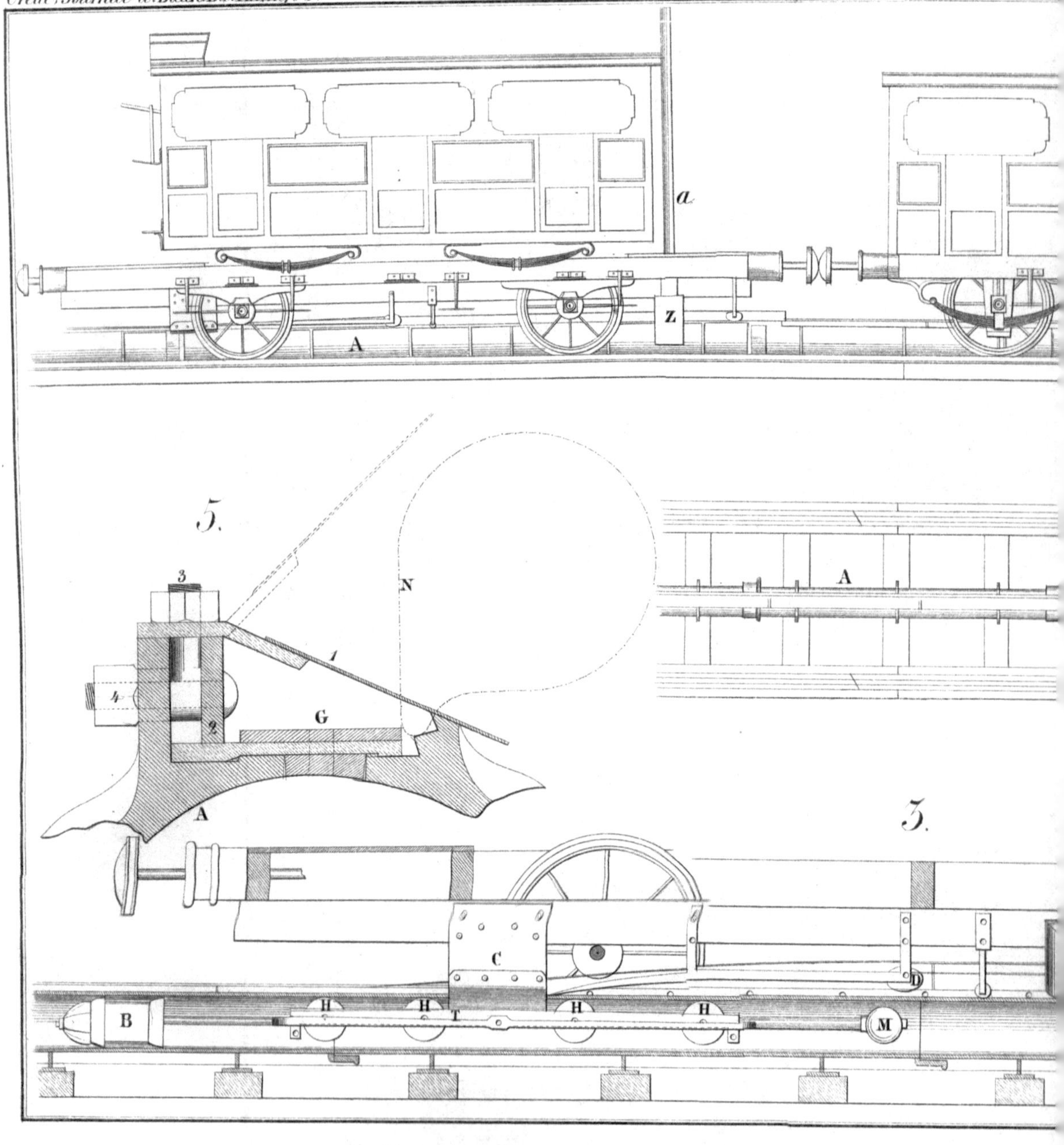
a
A
Z
5.
3
4
2
1
G
N
A
A
3.
C
D
B
H
H
T
H
H
M

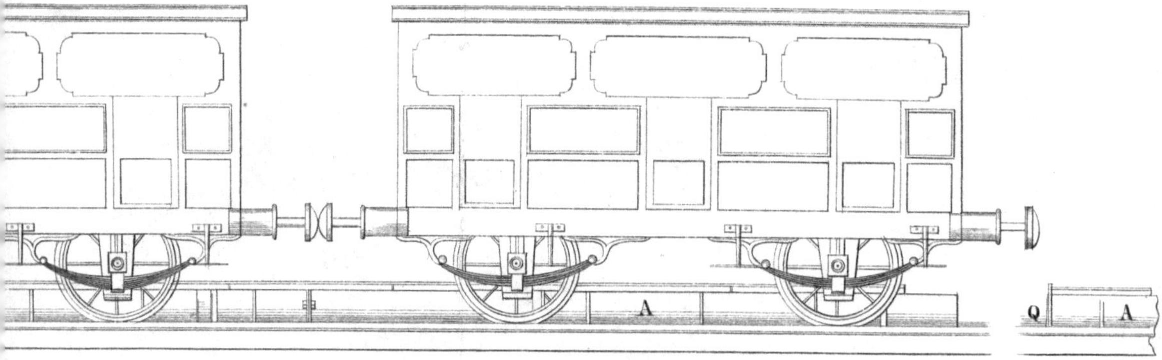

2.

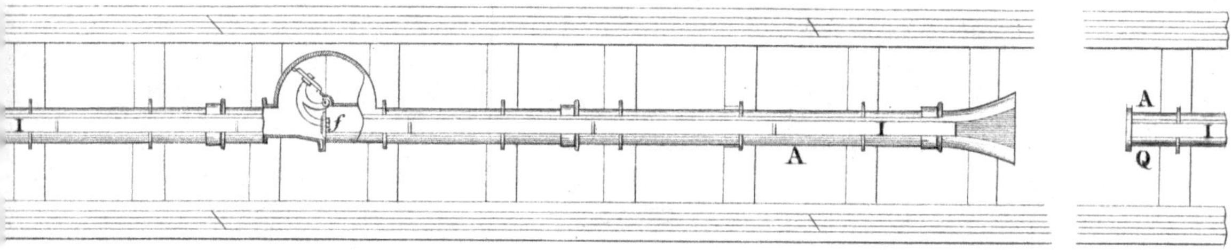

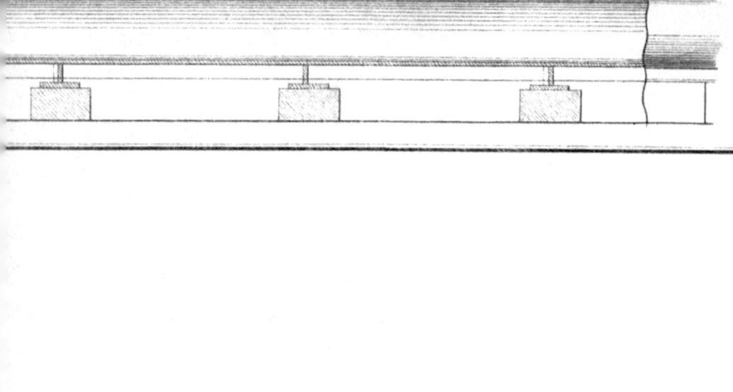

4.

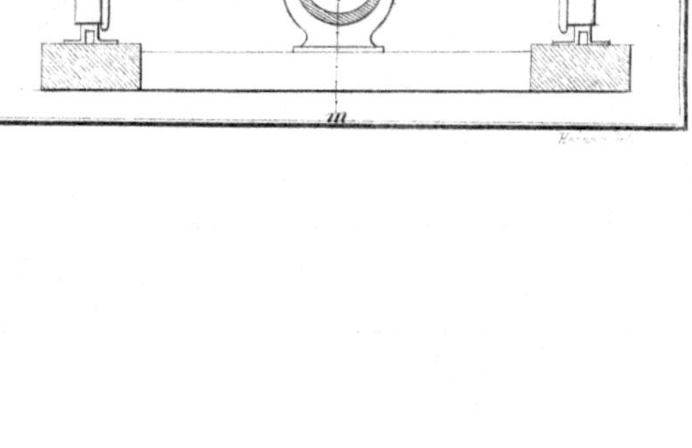

HAFEN VON KINGSTOWN
A
SCOTCH
Hafen
Eisenbahn von Station Kingstown nach Dublin
Station
Eglise
Atmosphärische Eisenb
DUNLEARY
KINGSTOWN
Eglise
4.
B
Station von King'stown
10
1/4 m.
5.
B
3m 60
6.
B
A
100 200 300 400 500
1000 mètres
B
1 2 3 4 5
6 mètres
100 200 300 400
500 mètres
C
1 2 3 4 5 10 15 20 25
mètres
Station von Kingstown
Tunnel
Hutchinsons Brücke.
Hafen Amt
Haddington Wall.
Waage Haus.
Bethel Strasse.
Windsor Wall.
0.0044
0.0064
265.06
205.06
557m 54

1.
Hafen von Bullock
Eglise
QUEENSTOWN
Hafen von Coliemore
Insel Dalkey
DALKEY
town nach Dalkey
Steinbruch von Dalkey
2.
Perrins Allée
Meekins Brücke
Green Strasse
Ende der Röhre
Twiggs
Ende bei Dalkey
eine Meile
3.
Perrins Allée
Höherer Tunnel
Meerkins Brücke
Green Strasse
Ende der Röhre
Twiggs Brücke
Ende bei Dalkey

12.

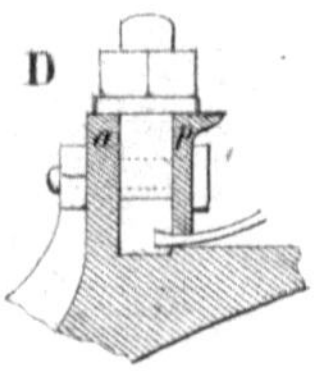

13.

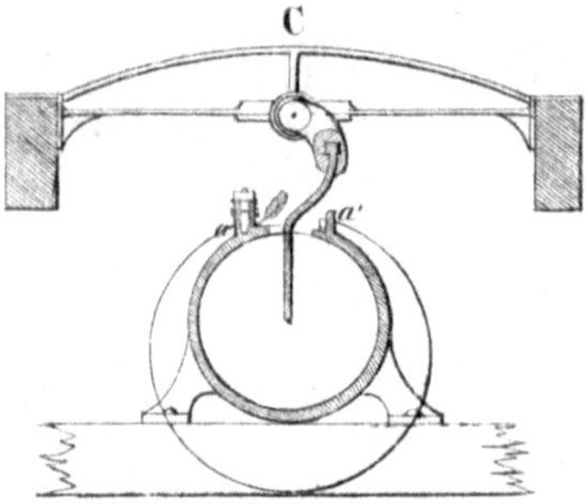

14.

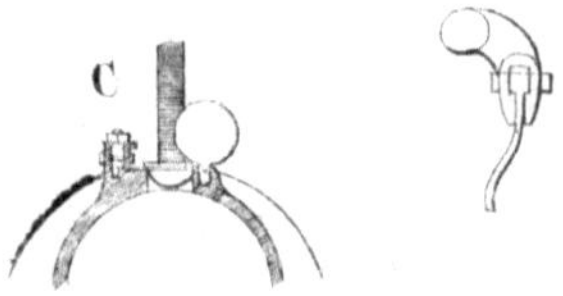

15.

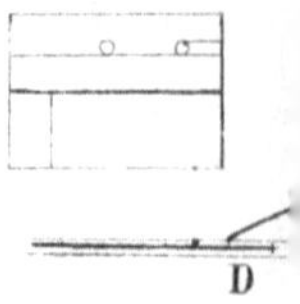

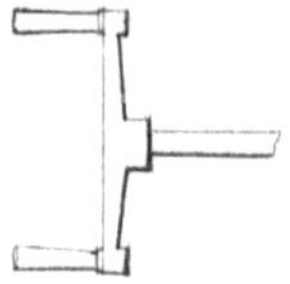

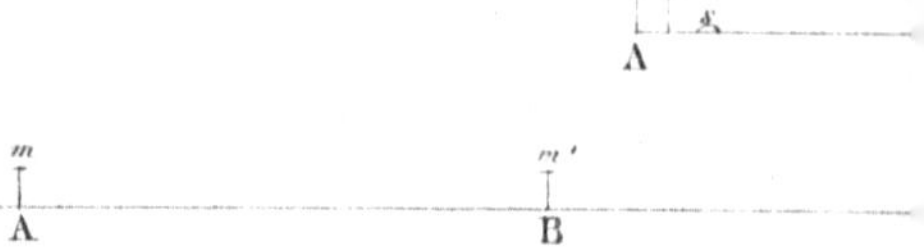

19.

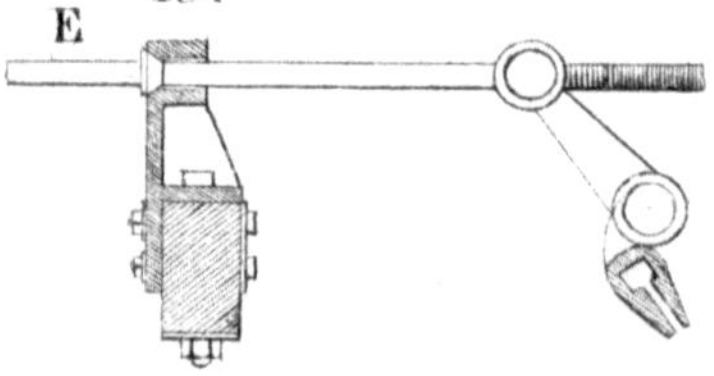

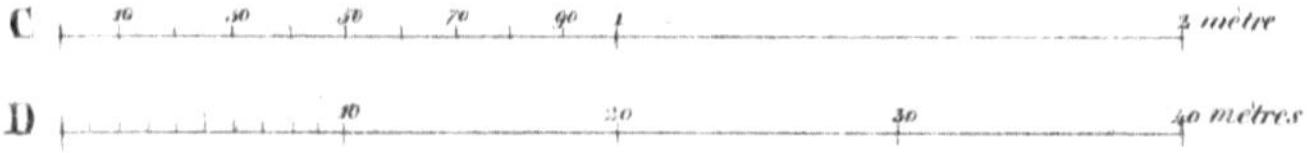

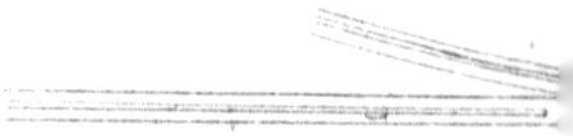

24.

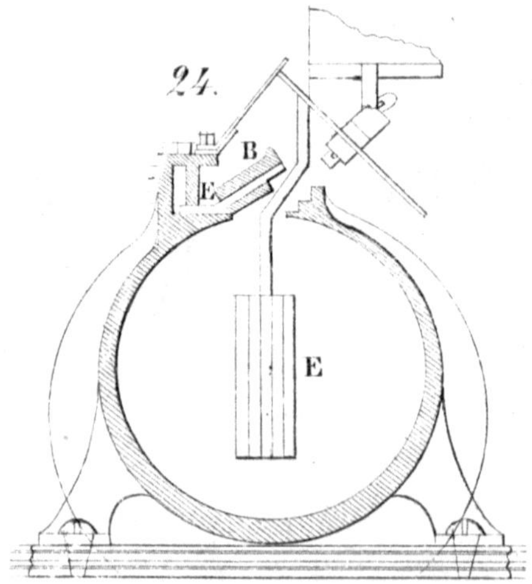

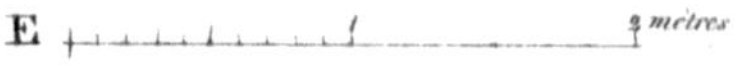

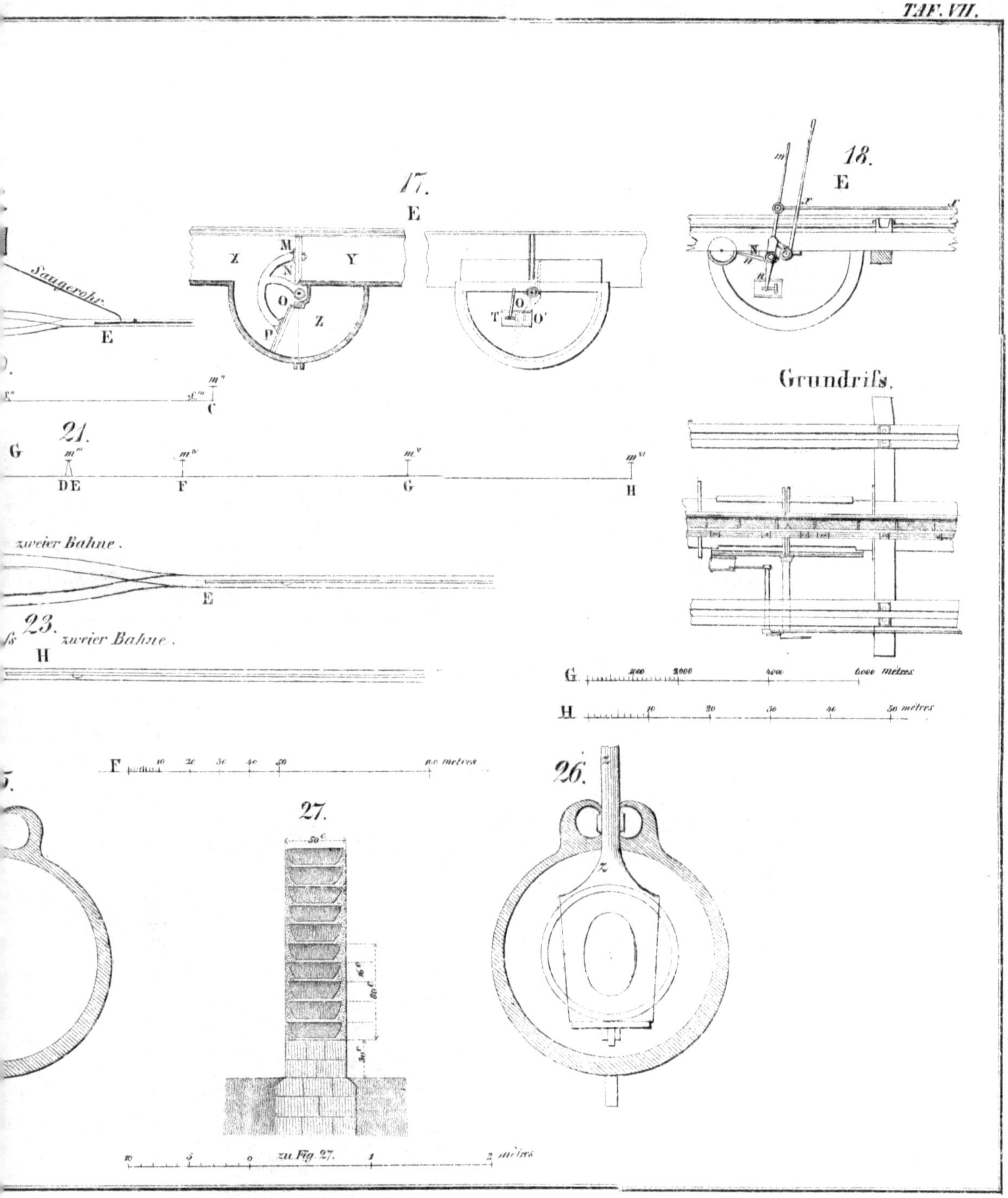
17.
E
M
Z
Y
N
O
Z
P
O
T
O'
Saugerohr.
E
18.
E
N
Grundrifs.
21.
G
DE
F
G
H
zweier Bahne.
E
23.
zweier Bahne.
H
G 2000 4000 6000 mètres
H 10 20 30 40 50 mètres
F 10 20 30 40 50 100 mètres
26.
27.
50c
zu Fig. 27.
2 mètres

45 ' 10 "

Engelhard delin

Ansicht des Zustandes des Octogons zu Wi

Herwig lith.

öhe bei dessen gegenwärtiger Herstellung.

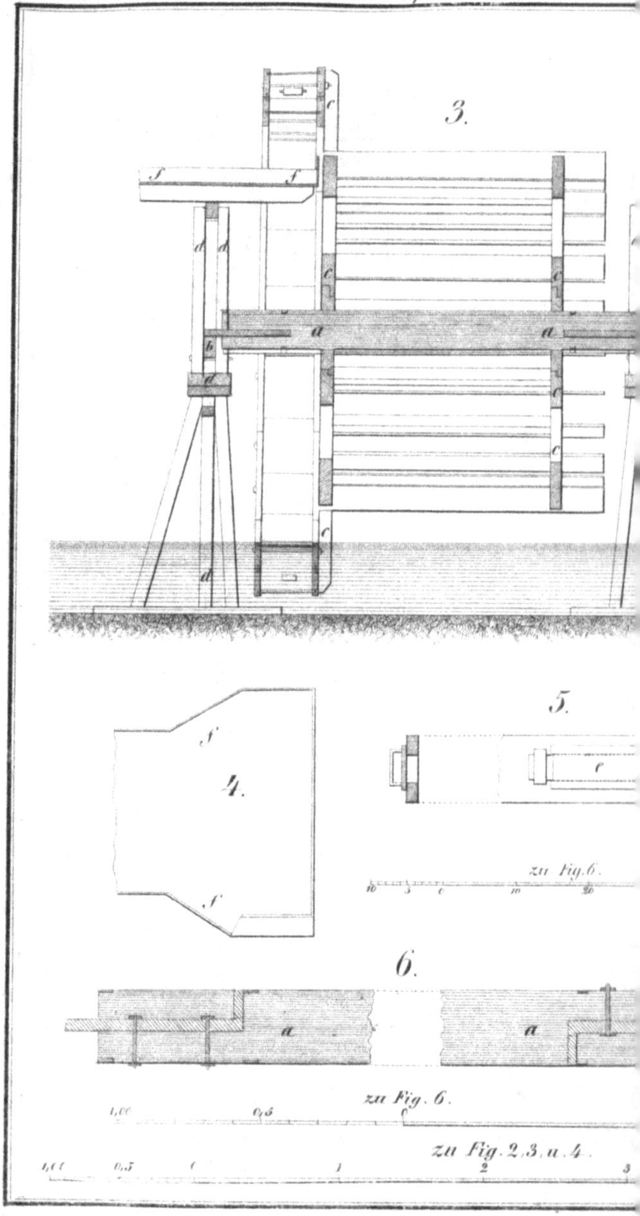
3.
4.
5.
6.
zu Fig. 6.
zu Fig. 6.
1,00
0,5
zu Fig. 2, 3, u. 4.
1,00
0,5
1
2
3

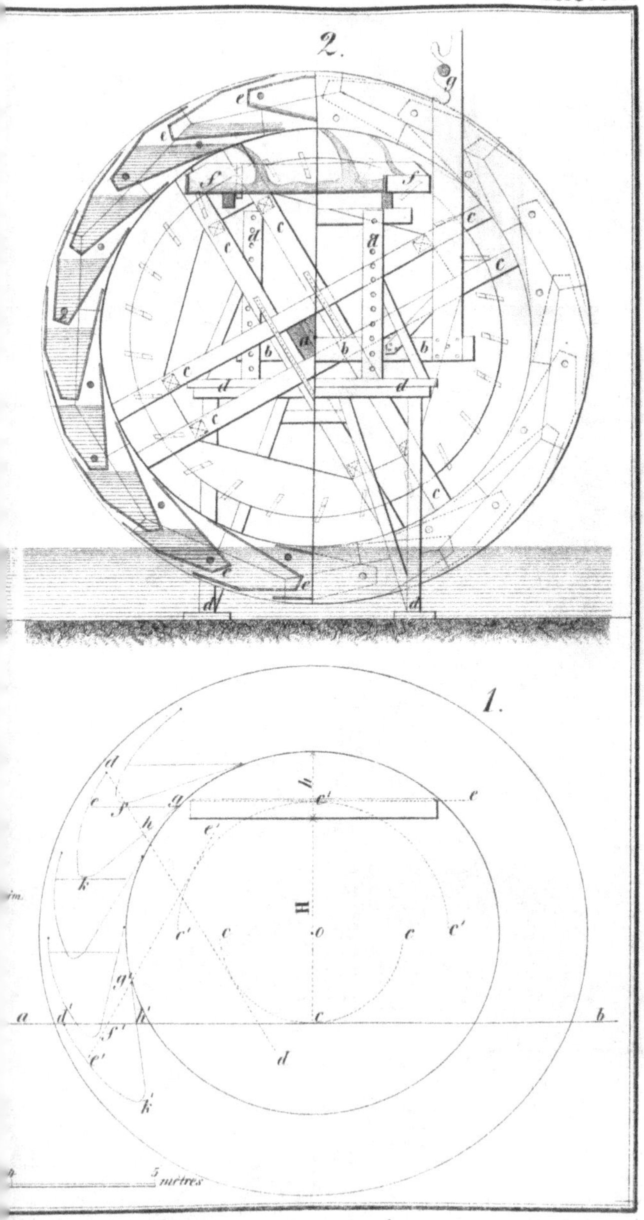
2.
1.
5 mètres

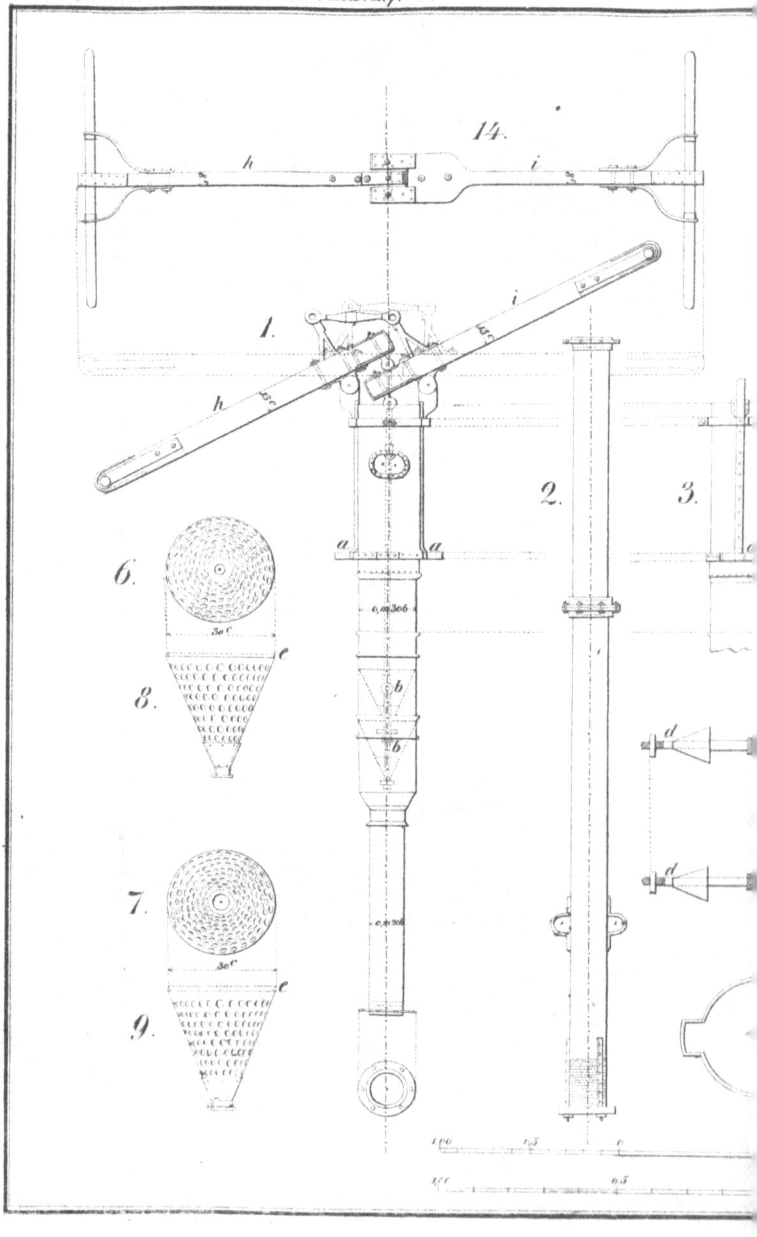
14.
h
i
1.
i
h
2.
3.
a
a
6.
0,m306
30c
e
8.
b
b
d
d
7.
0,m306
30c
e
9.
1,00
0,5
0
1,0
0,5

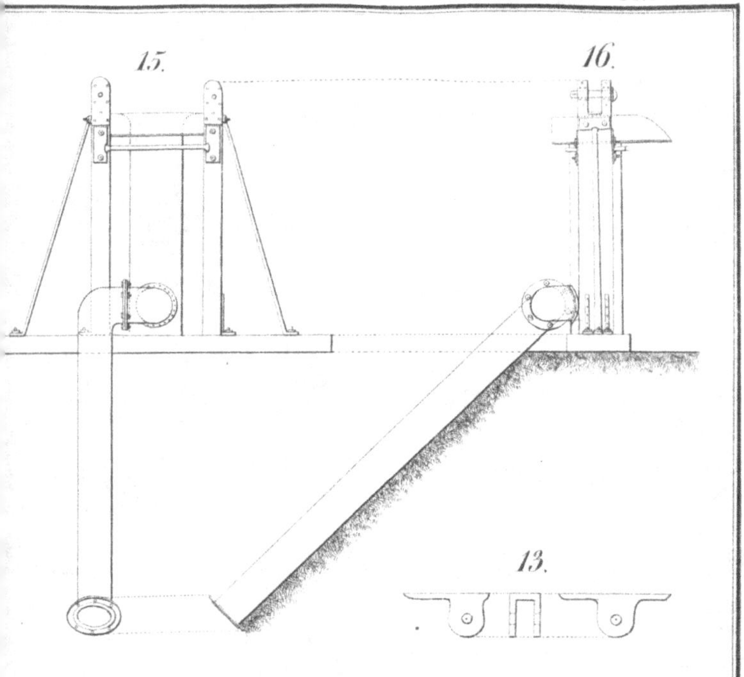
15.
16.
13.
10.
f
g
11.
g
f
g
5.
12.
zu Fig. 1, 2, 3, 14, 15 u. 16.
mètres
zu Fig. 4 — 13.
mètres

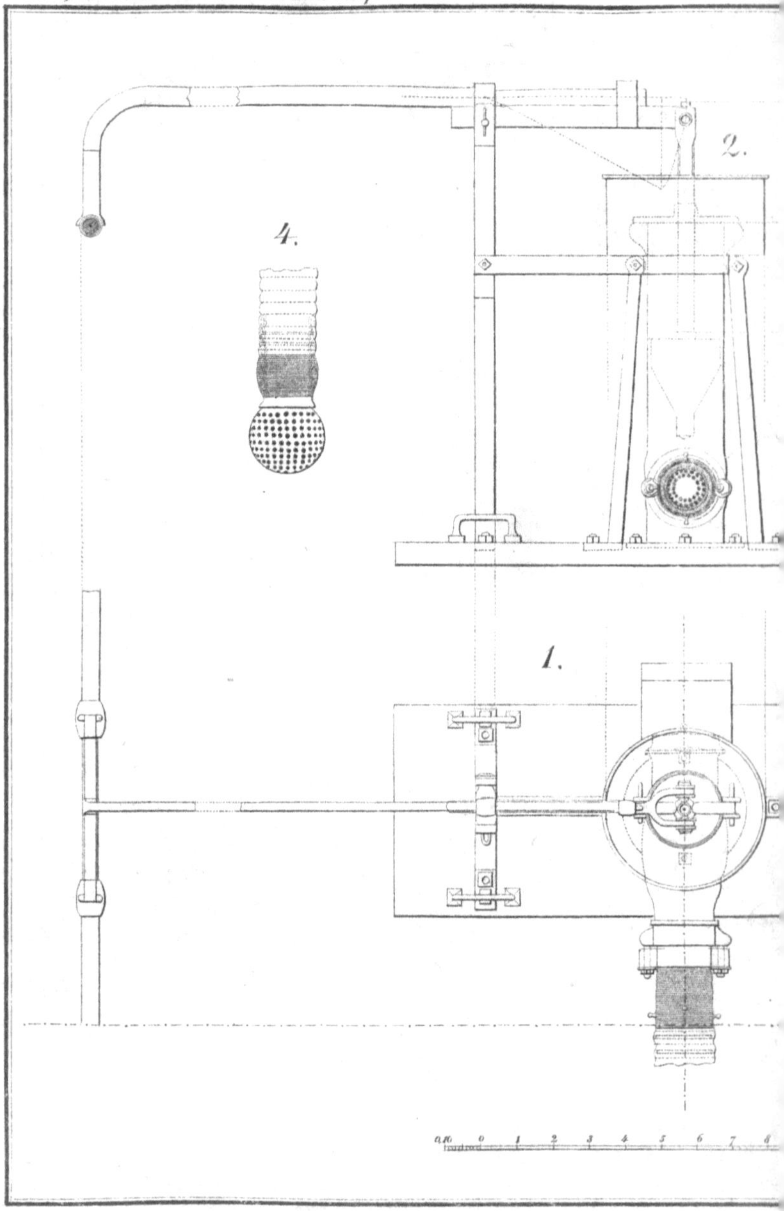
2.
4.
1.

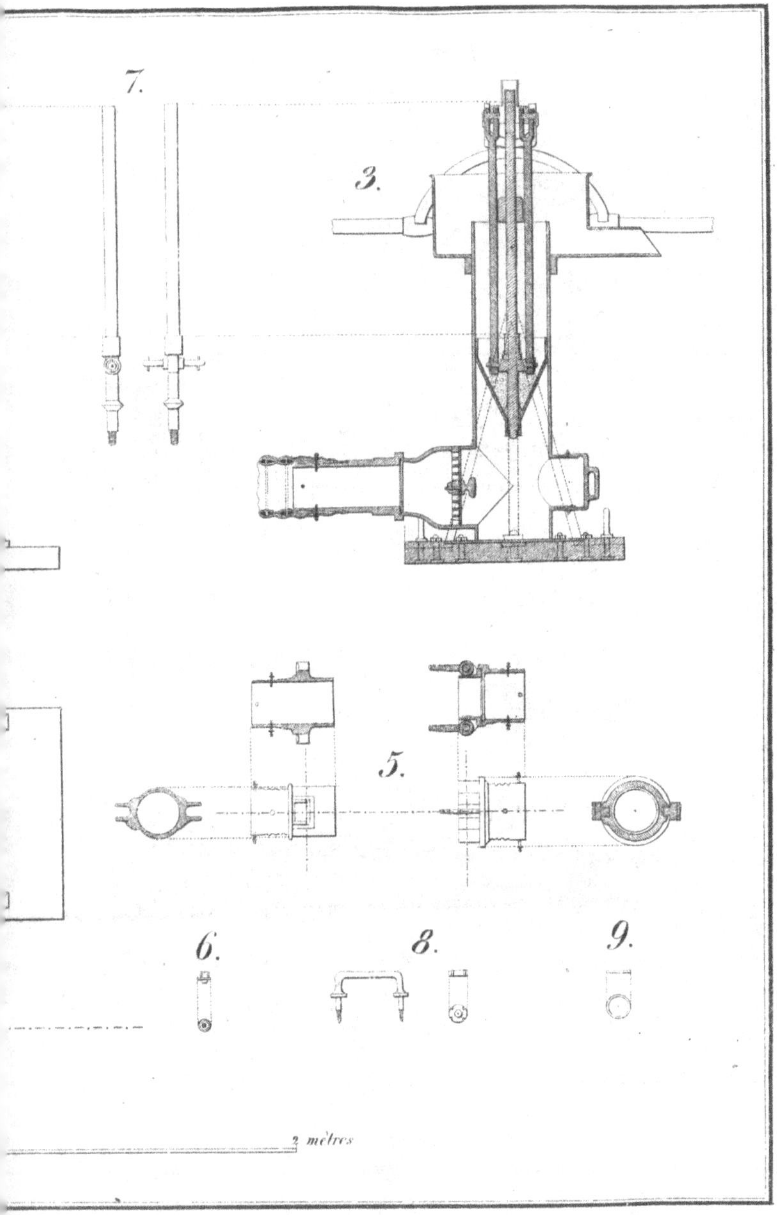
7.
3.
5.
6.
8.
9.
2 mètres

1.

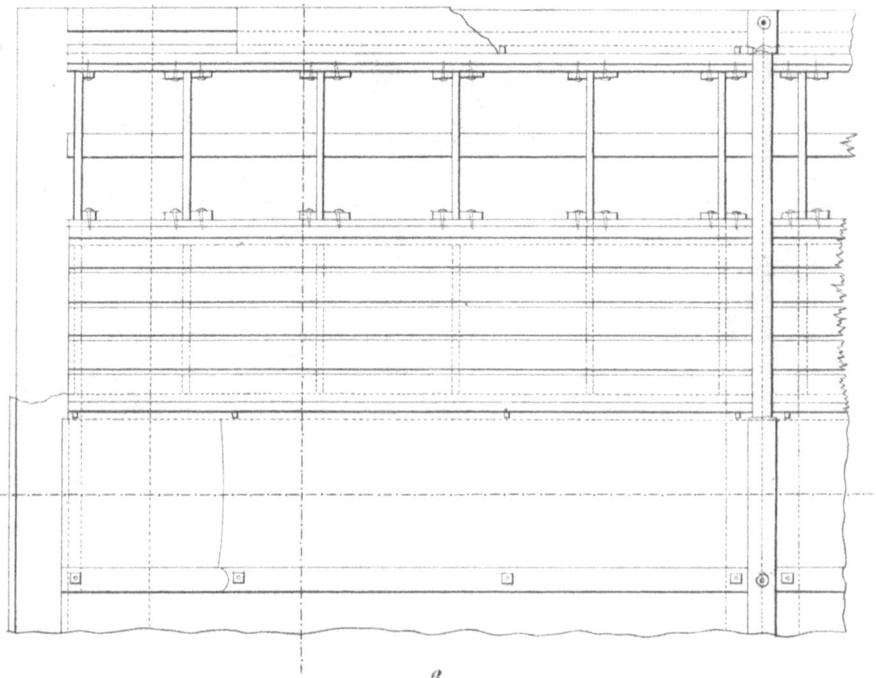

2.

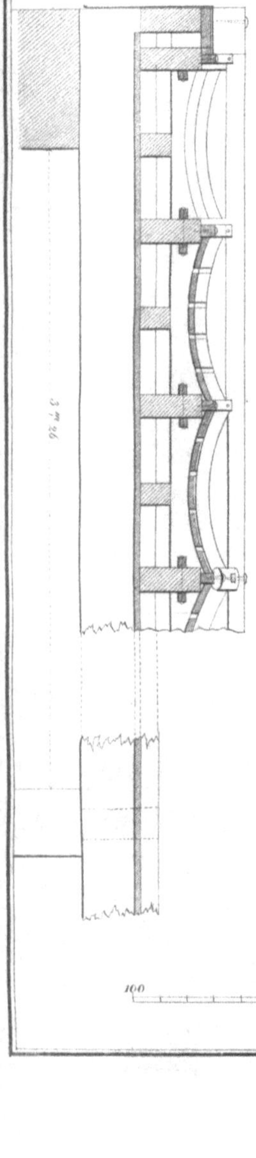

3.

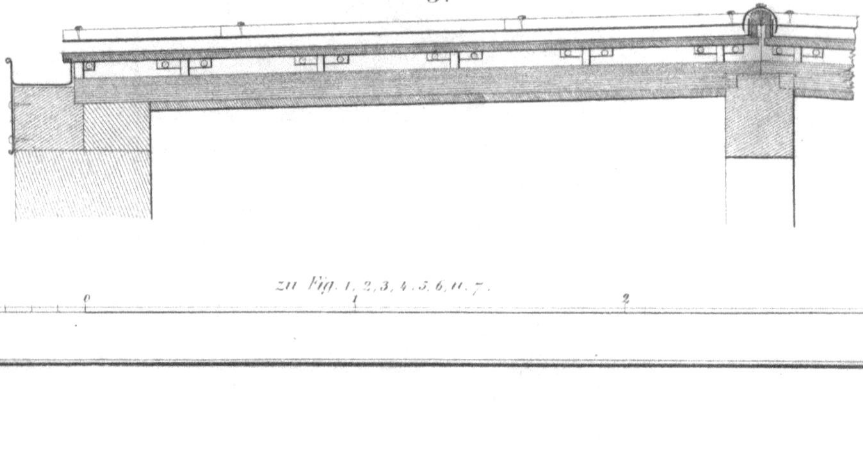

zu Fig. 1, 2, 3, 4, 5, 6, u. 7.

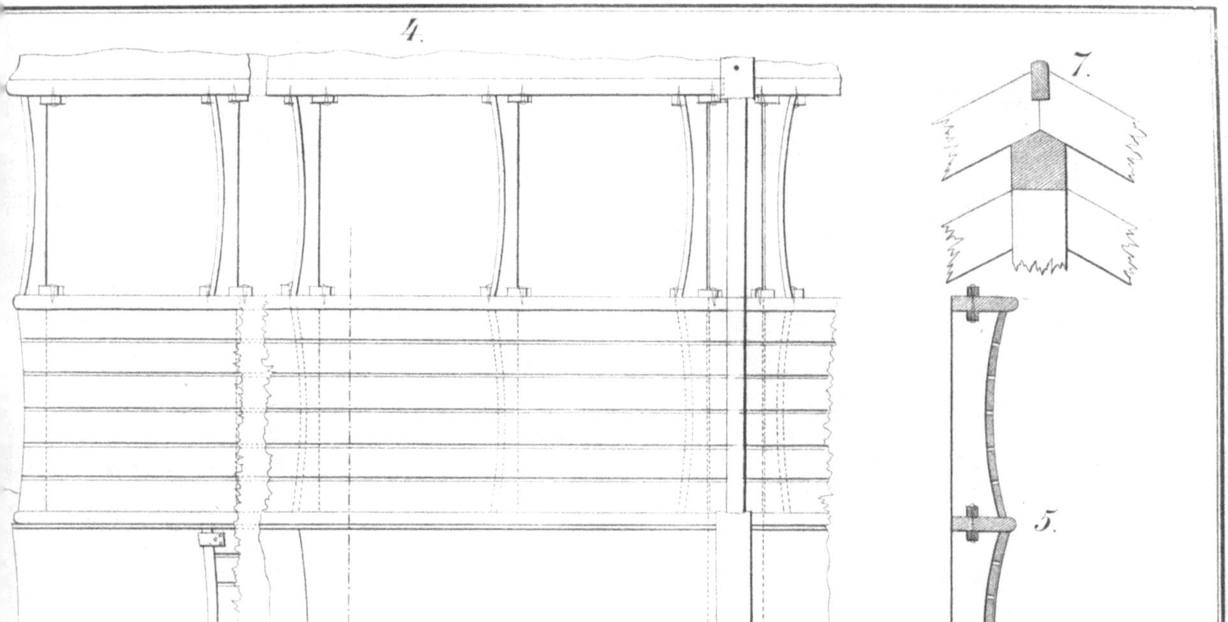

Herwig, lith.

FSC
www.fsc.org
MIX
Papier | Fördert
gute Waldnutzung
FSC® C083411

Kolibri 360 GmbH
Ferdinand-Jühlke-Straße 7
99095 Erfurt, Deutschland
produktsicherheit@kolibri360.de